Wirtschaft und IT

Franz Xaver Bea, Marcus Deininger, Birgit Friedl,
Alexander Hennig, Thomas Kessel, Gerald Pilz,
Marcus Vogt, Jörg Wöltje

Wirtschaft und IT

12 Kernfächer mit Aufgaben, Lösungen
und Glossar

UVK Verlagsgesellschaft mbH • Konstanz
mit UVK/Lucius • München

Bibliografische Information der Deutschen Bibliothek
Die Deutsche Bibliothek verzeichnet diese Publikation in der Deutschen Nationalbibliografie; detaillierte bibliografische Daten sind im Internet über <http://dnb.ddb.de> abrufbar.

ISBN 978-3-86764-800-4 (Print)
ISBN 978-3-7398-0314-2 (EPUB)
ISBN 978-3-7398-0315-9 (EPDF)

Einbandgestaltung: Susanne Fuellhaas, Konstanz
Printed in Germany

UVK Verlagsgesellschaft mbH
Schützenstr. 24 • 78462 Konstanz
Tel. 07531-9053-0 • Fax 07531-9053-98
www.uvk.de

Vorwort

Wirtschaft und IT intensivieren kontinuierlich ihre gegenseitige Wechselbeziehung – sowohl in Ausbildung und Hochschulbildung als auch in der alltäglichen Berufspraxis.

So zielt dieses Buch darauf ab, grundlegende Wissensinhalte in 12 Kernfächern in aller gebotenen Kürze darzustellen.

Für wen ist das Buch gedacht?

- Angehende Studierende der technikorientierten BWL oder wirtschaftsorientierten IT-Studiengänge haben mit diesem Buch die Sicherheit, dass es das Kernwissen umfasst, das in einem Bachelorstudium behandelt wird – und zu einem gewissen Anteil oftmals gar vorausgesetzt wird.
- Immer beliebter werden Fernstudiengänge in diesen Disziplinen. Das Buch ist eine ideale Ergänzung zu den spezifischen Lehrbriefen und Online-Lern-Angeboten.
- Vor allem betriebswirtschaftliche Kenntnisse werden zunehmend in IT-Studiengängen vorausgesetzt und vermittelt, die auf den ersten Blick gar nicht erkennen lassen, dass BWL im Nebenfach Bestandteil des Hochschulabschlusses ist. Gerade hierfür eignet sich dieses Werk außerordentlich gut.
- Das Buch eignet sich darüber hinaus hervorragend für kaufmännisch-technische Ausbildungswege und eine duale Ausbildung: begleitend oder als Lernergänzung.
- Und schließlich profitieren berufliche Quereinsteiger von diesem Buch. Wer weder in Ausbildung noch im Studium oder in der bisherigen Berufspraxis keine Begegnung mit

betriebs- oder informationstechnischen Themen bzw. Fragestellungen hatte, kann mit diesem Werk die Sicherheit gewinnen, grundlegende Zusammenhänge zu verstehen.

Inhaltsübersicht

Inhaltsverzeichnis

Birgit Friedl

A
Kosten- und Leistungsrechnung

1 Zwecke der Kosten- und Leistungsrechnung

Das **Rechnungswesen** dient der Erfassung, Verarbeitung und Auswertung mengen- und wertmäßiger Informationen über die wirtschaftlichen Aktivitäten einer Periode. Nach den Empfängern dieser Informationen wird es in das externe und das interne Rechnungswesen gegliedert. Das **externe Rechnungswesen** umfasst die Bilanz- und die GuV-Rechnung. Es stellt Informationen für unternehmungsexterne Interessierte bereit, wie z. B. Anteilseigner und Gläubiger. Die Kosten- und Leistungsrechnung ist ein Teilsystem des **internen Rechnungswesens**. Es erfasst den bewerteten Einsatzgüterverbrauch für die Erstellung und Verwertung des Leistungsprogramms der Unternehmung und bereitet diese Daten für die Zwecke unternehmungsinterner Informationsempfänger auf.

Zu den Zwecken der Kosten- und Leistungsrechnung gehören
- die Ermittlung von Herstellungskosten für die Bewertung selbst erstellter Anlagen sowie der Bestände fertiger und unfertiger Erzeugnisse in der Bilanz,
- die Unterstützung von Entscheidungen über das Leistungsprogramm der Unternehmung,
- die Erfolgskontrolle sowie
- die Wirtschaftlichkeitskontrolle.

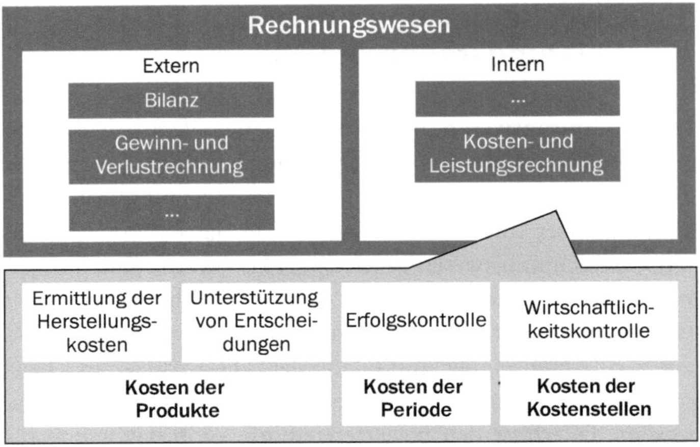

Für die Bewertung in der Bilanz und die Unterstützung von Entscheidungen über das Leistungsprogramm sind die **Kosten der Produkte** zu ermitteln. Um den Erfolg kontrollieren zu können, sind die **Kosten der Periode** zu bestimmen und den Erlösen gegenüberzustellen. Zur Kontrolle der Wirtschaftlichkeit der Leistungserstellung und -verwertung werden die Kosten der Periode mit einer Normgröße verglichen. Bei dieser Normgröße kann es sich um die Kosten der Vorperiode (Zeitvergleich) oder einer anderen Unternehmung (Betriebsvergleich) handeln. Als Normgröße können auch die Kosten geplant werden, die bei wirtschaftlicher Leistungserstellung und -verwertung unter den gegebenen Bedingungen angefallen wären. Um die Verantwortlichkeit für Abweichungen der realisierten Kosten von der Normgröße feststellen zu können, wird dieser Vergleich nicht auf Unternehmungsebene, sondern auf Kostenstellenebene durchgeführt. Für diesen Zweck sind deshalb auch die **Kosten einzelner Kostenstellen** zu ermitteln.

Verständnisfragen

Haben Sie alles verstanden? Mit den folgenden Fragen können Sie das Gelernte schnell prüfen:

1. **Die Ermittlung der Kosten einer Rechnungsperiode ist die Aufgabe der …**

☐ Wirtschaftlichkeitskontrolle
☐ Erfolgskontrolle
☐ Bilanz
☐ Gewinn- und Verlustrechnung
☐ Ermittlung der Herstellungskosten

2. **Erläutern Sie die Einordnung der Kosten- und Leistungsrechnung in das Rechnungswesen.**

3. **Die Zwecke der Kosten- und Leistungsrechnung werden auch als Rechnungsziele der Kosten- und Leistungsrechnung bezeichnet. Nennen Sie die Rechnungsziele der Kosten- und Leistungsrechnung.**

4. **Wie kann die Wirtschaftlichkeit kontrolliert werden?**

2 Gliederung der Kosten- und Leistungsrechnung

Die Informationen über die Kosten der Periode, der Kostenstellen und der Produkte werden in den drei **Teilrechnungen** der Kostenrechnung ermittelt:

- der Kostenartenrechnung,
- der Kostenstellenrechnung und
- der Kostenträgerrechnung mit
  - der Kalkulation und
  - der Betriebsergebnisrechnung.

Die **Kostenartenrechnung** ist eine reine Erfassungsrechnung und gibt Auskunft über die Höhe der Kosten, die während der Periode entstanden sind.

Die **Kostenstellenrechnung** informiert über die Höhe der Kosten, die in den einzelnen Kostenstellen angefallen sind. Kostenstellen sind Teilbereiche der Unternehmung, für die Kosten gesondert erfasst, geplant, kontrolliert und verrechnet werden. In der **Kostenträgerrechnung** werden die Kosten den Kostenträgern zugerechnet, die sie verursacht haben. Kostenträger sind alle End- und Zwischenprodukte sowie die selbst erstellten Anlagegüter. Die Kostenträgerrechnung informiert darüber, wofür die Kosten der Periode angefallen sind.

Die Kostenträgerrechnung umfasst die Kalkulation (Kostenträgerstückrechnung) und die Betriebsergebnisrechnung (Kostenträgerzeitrechnung). In der **Kalkulation** werden die Kosten einem einzelnen Kostenträger zugerechnet. Ermittelt werden die Selbstkosten, d. h. die Gesamtkosten eines Kostenträgers. In der **Betriebsergebnisrechnung** werden die Kosten für die in der Periode abgesetzten Mengen aller Kostenträger ermittelt und den Periodenerlösen gegenübergestellt, um den Periodenerfolg zu bestimmen.

In den Teilrechnungen der Kostenrechnung wird angestrebt, die Kosten bei den Leistungen auszuweisen, für die sie angefallen sind. Die Kostenrechnung wird deshalb um eine **Leistungsrechnung** ergänzt. Diese weist die Leistungen der Unternehmung und der einzelnen Kostenstellen aus.

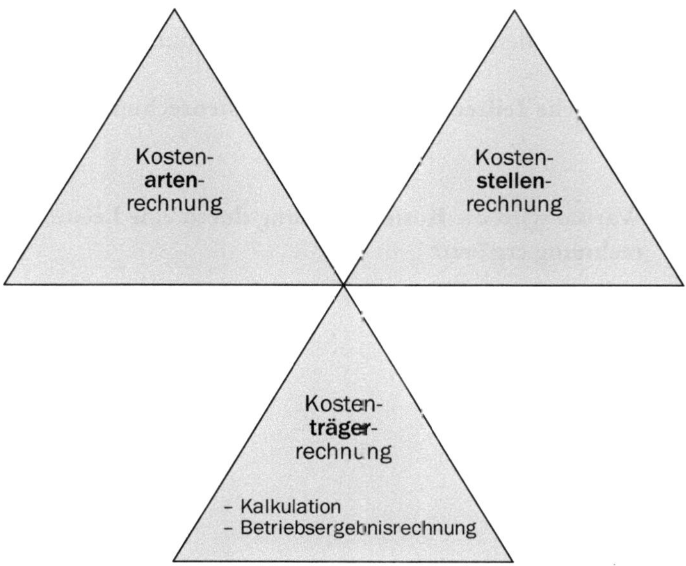

Verständnisfragen

Haben Sie alles verstanden? Mit den folgenden Fragen können Sie das Gelernte schnell prüfen:

1. Die Kostenträgerrechnung enthält …

☐ Kalkulation und Spesenrechnung
☐ Kalkulation und Betriebsergebnisrechnung
☐ Kalkulation und Stellenrechnung
☐ Kostenartenrechnung und Abrechnung
☐ Kostenstellenrechnung und Betriebsergebnisrechnung

2. In welche Teilrechnungen ist die Kostenrechnung gegliedert?

3. Warum wird die Kostenrechnung durch eine Leistungsrechnung ergänzt?

3 Gegenstand der Kosten- und Leistungsrechnung

Kosten sind der bewertete sachzielbezogene Güterverbrauch einer Periode. Mit dem Merkmal „sachzielbezogen" wird zum Ausdruck gebracht, dass nur derjenige Güterverbrauch zu Kosten führt, der mit dem Leistungsprogramm der Unternehmung im Zusammenhang steht, d. h. mit den am Markt abzusetzenden Produkten.

Um den Erfolg zu ermitteln, werden den Kosten die **Erlöse** gegenübergestellt. Sie sind die bewertete, sachzielbezogene Güterentstehung einer Periode.

Unter der **Leistung** wird die art- und mengenmäßige Ausbringung einer Kostenstelle verstanden. Werden in einer Kostenstelle verschiedenartige Leistungen erbracht, wird die Leistung mit Hilfe einer Maßgröße gemessen, die diese Leistungsarten gleichnamig macht. Diese Maßgröße wird als Bezugsgröße bezeichnet.

Als **Bezugsgröße** zur Messung der Leistung einer Mehrproduktfertigung kann z. B. die Fertigungszeit herangezogen werden. In der Beschaffung kann die Leistung z. B. über die Anzahl der Bestellungen erfasst werden.

Im externen Rechnungswesen wird der Güterverbrauch über den **Aufwand** erfasst. Das ist der entsprechend den gesetzlichen Regeln meist mit Ausgaben bewertete gesamte Güterverbrauch einer Periode.

Aufwand		
Neutraler Aufwand ■ Sachzielfremder Aufwand ■ Außerordentlicher Aufwand ■ Bewertungsbedingter Aufwand ...	Zweckaufwand	
	Grundkosten	**Kalkulatorische Kosten** ■ Anderskosten ■ Zusatzkosten
	Kosten	

Gesetzliche Regelungen legen die Art, den Umfang und die Bewertung des Güterverbrauchs fest, der als Aufwand erfasst werden darf. Der als Aufwand abgebildete wertmäßige Güterverbrauch kann sich deshalb von dem unterscheiden, der als Kosten in die Kostenrechnung eingeht. Der **neutrale Aufwand** ist der Teil des Aufwandes, dem keine Kosten oder Kosten in anderer Höhe gegenüberstehen. Nach seinen Ursachen werden u. a. der sachzielfremde, der außerordentliche und der bewertungsbedingte Aufwand unterschieden.

Kalkulatorischen Kosten steht kein Aufwand (Zusatzkosten) oder ein Aufwand in anderer Höhe (Anderskosten) gegenüber.

Für die Teile des Aufwandes (Kosten), die mit den Kosten (Aufwand) übereinstimmen, haben sich die Bezeichnungen „Zweckaufwand" und „Grundkosten" durchgesetzt.

Neutraler Aufwand

Als Aufwand wird der gesamte Güterverbrauch der Periode erfasst. Dagegen wird nur der Güterverbrauch, der durch die Realisation des Leistungsprogramms ausgelöst worden ist, als Kosten berücksichtigt. Hinter dem **sachzielfremden Aufwand** verbirgt sich der Güterverbrauch, der nicht für die Realisation des Sachziels der Unternehmung angefallen ist. Als Beispiel für den neutralen Aufwand können Spenden für karitative Zwecke genannt werden.

Der **außerordentliche Aufwand** ist ein Güterverbrauch, der nach Art oder Umfang im Rahmen der betrieblichen Tätigkeit ungewöhnlich ist, wie z. B. Schäden durch Brand. In die Kostenrechnung wird dieser Güterverbrauch nicht einbezogen, da er zu stark schwankenden Kosten im Zeitablauf führen würde. Diese würden schwankende Produktkosten ergeben, die Erfolgsinformationen der Betriebsergebnisrechnung verzerren, eine Analyse der Erfolgsentwicklung erschweren und unter Umständen sogar zu Fehlentscheidungen führen. An die Stelle des außerordentlichen Güterverbrauchs treten in der Kostenrechnung deshalb **kalkulatorische Wagnisse**. Durch sie werden in der Kostenrechnung nicht versicherte Einzelwagnisse in einer Höhe berücksichtigt, von der erwartet werden kann, dass die erfassten Kosten über einen längeren Zeitraum hinweg mit dem außerordentlichen Aufwand übereinstimmen.

Dem **bewertungsbedingten Aufwand** liegt ein mengenmäßiger Güterverbrauch zugrunde der im gleichen Umfang auch zu Kosten führt. Dieser Güterverbrauch wird im externen und internen Rechnungswesen jedoch unterschiedlich bewertet. Bewertungsunterschiede gibt es z. B. bei den Abschreibungen. Der Wertansatz bilanzieller Abschreibungen unterliegt handels- und steuerrechtlichen Vorschriften. Diese werden nicht zwingend in die Kostenrechnung übernommen, da über die Abschreibungen in der Kostenrechnung (kalkulatorische Abschreibungen) der auf die Periode entfallende Werteverzehr der Anlagegüter möglichst exakt erfasst werden sollte.

Kalkulatorische Kosten

Zusatzkosten liegt der Verbrauch und die Nutzung von Gütern zugrunde, die nicht mit Ausgaben verbunden sind und damit auch nicht zu Aufwand führen. Zu den Zusatzkosten zählen der kalkulatorische Unternehmerlohn und die kalkulatorischen Mieten. **Anderskosten** steht ein Aufwand in anderer Höhe gegenüber, d. h. ein außerordentlicher oder ein bewertungsbedingter Aufwand. Anderskosten sind die kalkulatorischen Abschreibungen, die kalkulatorischen Wagnisse und die kalkulatorischen Zinsen.

Der **kalkulatorische Unternehmerlohn** findet in Einzelunternehmen und Personengesellschaften Eingang in die Kostenrechnung. Bei diesen Rechtsformen ist der Wert der Arbeitsleistung, die der Eigentümer, ein Gesellschafter oder die ohne feste Entlohnung mitarbeitenden Angehörigen erbringen, über den Gewinn zu entgelten und darf im externen Rechnungswesen nicht als Aufwand erfasst werden. Durch die Erfassung des kalkulatorischen Unternehmerlohns in der Kostenrechnung soll zum einen die Vergleichbarkeit der Kosten von Unternehmungen verschiedener Rechtsformen herbeigeführt werden. Zum anderen wird damit die vollständige Erfassung des Güterverzehrs einer Periode angestrebt. Aus diesem Grund werden in der Kostenrechnung für Anlagegüter, die der Unternehmung unentgeltlich oder zu Mieten unterhalb der üblichen Höhe zur Verfügung stehen, **kalkulatorische Mieten** erfasst.

Im externen Rechnungswesen werden die tatsächlich gezahlten Fremdkapitalzinsen als Aufwand berücksichtigt. Die Erfassung nur dieser Fremdkapitalzinsen wird für die Kostenrechnung überwiegend abgelehnt, da dadurch die Höhe der Kosten vom Verhältnis zwischen Eigen- und Fremdkapital abhängig wäre.

In der Kostenrechnung werden deshalb **kalkulatorische Zinsen** erfasst, d. h. Zinsen auf das Eigen- und das Fremdkapital der Unternehmung auf der Basis eines einheitlichen Zinssatzes.

Verständnisfragen

Haben Sie alles verstanden? Mit den folgenden Fragen können Sie das Gelernte schnell prüfen:

1. Die Teile des Aufwandes (Kosten), die mit den Kosten (Aufwand) übereinstimmen, sind …

- ☐ Zeitaufwand und Zusatzkosten
- ☐ Investition und Anderskosten
- ☐ Zweckaufwand und Grundkosten
- ☐ Zweckaufwand und kalkulatorische Kosten
- ☐ Außerordentlicher Aufwand und Grundkosten

2. Nach der Ursache können verschiedene Arten des neutralen Aufwands unterschieden werden. Erläutern Sie diese verschiedenen Formen des neutralen Aufwands.

3. Was wird unter den kalkulatorischen Kosten verstanden?

4. Nennen Sie Beispiele für Zusatz- und Anderskosten.

5. Was wird unter dem kalkulatorischen Unternehmerlohn verstanden? Aus welchen Gründen wird er in der Kostenrechnung erfasst?

6. Führen die folgenden Geschäftsvorfälle in einer Unternehmung, die Fahrräder produziert, zu neutralem Aufwand, Zweckaufwand / Grundkosten, Anderskosten oder Zusatzkosten?

Die Zinsen für einen Bankkredit werden bezahlt.	
Die Rechnung für Reifen wird beglichen.	
Eine Maschine ist für 100.000 € angeschafft worden. Bilanziell wird sie mit 10 % pro Jahr abgeschrieben. In der Kostenrechnung wird sie mit 7,5 % pro Jahr abgeschrieben.	
Ein Kunde hat Insolvenz angemeldet. Die Unternehmung wird informiert, dass 25 % der Forderung gegenüber dem Kunden in Höhe von 50.000 € beglichen werden.	
Für das betriebsnotwendige Kapital sind 12.000.000 € ermittelt worden. Der kalkulatorische Zinssatz liegt bei 8,5 %.	

Zu ihrem 350. Geburtstag werden einer Universität 50 Fahrräder in den Universitätsfarben für die Aktion „campusrad“ auf Dauer zur Verfügung gestellt.	

4 Kostenartenrechnung

Aufgabe der Kostenartenrechnung ist es, die Kosten einer Periode kostenartenweise zu erfassen, die Kostenhöhe festzustellen und die Kosten nach ihrer Zurechenbarkeit zu den Kostenträgern zu gliedern. **Kostenarten** werden durch die Art des verbrauchten Einsatzgutes abgegrenzt. Beispiele für Kostenarten sind Materialkosten, Personalkosten, Abschreibungen und Zinsen. Nach ihrer Zurechenbarkeit zu den Kostenträgern werden die Kosten in der Kostenartenrechnung in Einzel- und Gemeinkosten gegliedert.

Einzelkosten fallen ausschließlich für einen Kostenträger an und können bei diesem erfasst werden. Sie können diesem Kostenträger deshalb direkt zugeordnet werden.

Gemeinkosten sind die Kosten, die entweder für mehrere Kostenträger gemeinsam anfallen oder für mehrere Kostenträger gemeinsam erfasst werden. Sie können einem Kostenträger nicht direkt zugeordnet, sondern nur indirekt über Hilfsgrößen zugerechnet werden. Einzel- und Gemeinkosten werden in der Kostenrechnung nach unterschiedlichen Verfahren auf die Kostenträger verrechnet.

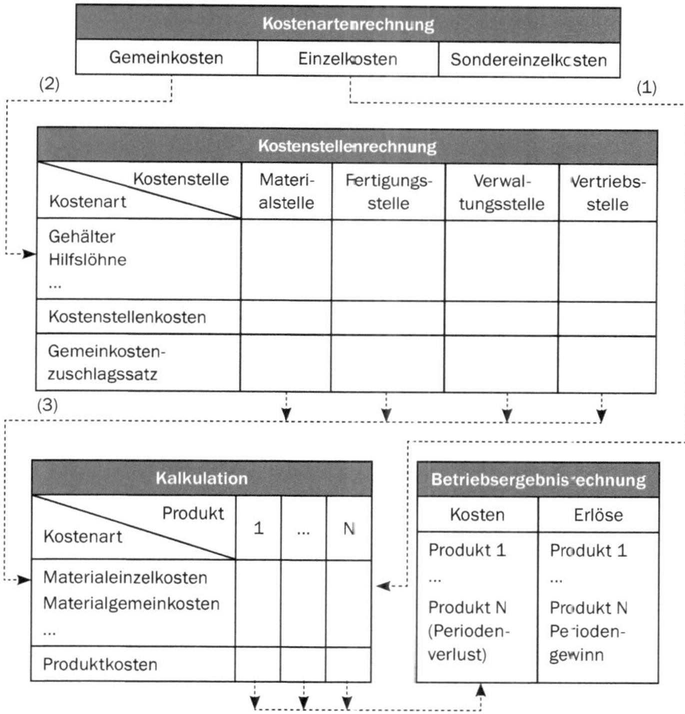

Die **Einzelkosten** werden aus der Kostenartenrechnung unmittelbar in die Kostenträgerrechnung übernommen und den Kostenträgern direkt zugeordnet (1). Nach diesem Verfahren werden Materialeinzelkosten und Fertigungslöhne auf die Kostenträger verrechnet. Materialeinzelkosten sind der direkt bei den Kostenträgern erfasste bewertete Materialverbrauch. Sie fallen für Rohstoffe, Einzelteile und Baugruppen an. Fertigungslöhne sind die Summe aus den Entgelten für unmittelbar an den Kostenträgern erbrachte Arbeitsleistungen und den zugehörigen Sozialkosten.

Die **Gemeinkosten** stehen nur in einer mittelbaren Beziehung zu den Kostenträgern. Sie fallen für die Leistungen an, die in den Kostenstellen erbracht werden (z. B. Bereitstellung von Einsatzgütern, Montageleistungen). Eine Beziehung zu den Kostenträgern entsteht erst, wenn diese Leistungen von den verschiedenen Kostenträgern in Anspruch genommen werden. Die Gemeinkosten werden deshalb aus der Kostenartenrechnung in die Kostenstellenrechnung übernommen und den Kostenstellen zugerechnet (2). Die in den Kostenstellen ausgewiesenen Kosten werden anschließend in der Kostenträgerrechnung im Verhältnis der beanspruchten Kostenstellenleistung auf die Kostenträger verrechnet (3).

Neben den Einzel- und Gemeinkosten werden noch Sonderkosten abgegrenzt. Das sind Einzel- oder Gemeinkosten, die aufgrund eines speziellen Informationsbedarfs gesondert ausgewiesen werden. Als **Sondereinzelkosten** werden meist Kosten ausgewiesen, die einem Produkt oder einem Auftrag direkt zugerechnet werden können. Nach dem Ort ihrer Entstehung werden Sondereinzelkosten der Fertigung (z. B. Kosten für Spezialwerkzeuge) und Sondereinzelkosten des Vertriebs (u. a. Zölle, Frachten, Provisionen) unterschieden. Diese werden aus der Kostenartenrechnung unmittelbar in die Kostenträgerrechnung übernommen und dem jeweiligen Kostenträger direkt zugeordnet.

Erfassung der Kosten

Kosten werden nach der **Mengen- und Wertkomponente** getrennt erfasst. Das setzt jedoch voraus, dass der mengenmäßige Güterverbrauch feststellbar und der Preis pro Mengeneinheit definiert ist. Erfüllt sind diese Voraussetzungen u. a.

beim Verbrauch von Rohstoffen, Einzelteilen, Baugruppen und Hilfsstoffen und bei den kalkulatorischen Zinsen.

Als Mengenkomponente der kalkulatorischen Zinsen wird das **betriebsnotwendige Kapital** herangezogen, d. h. das um das Abzugskapital verminderte betriebsnotwendige Vermögen. Zum betriebsnotwendigen Vermögen zählen alle Teile des Anlage- und Umlaufvermögens, die der Erfüllung des Sachziels der Unternehmung dienen. Das Abzugskapital umfasst den Teil des Fremdkapitals, dessen Überlassung nicht über Fremdkapitalzinsen, sondern in anderer Form entgolten wird, und dessen Überlassungskosten in der Kostenrechnung deshalb bereits erfasst sind. Zum Abzugskapital zählen Verbindlichkeiten aus Lieferungen und Leistungen, deren Überlassung über erhöhte Einstandspreise entgolten wird, und Kundenanzahlungen, wenn sie mit einer Reduzierung der Verkaufspreise verbunden sind. Durch die Multiplikation des betriebsnotwendigen Kapitals mit einem kalkulatorischen Zinssatz ergeben sich die kalkulatorischen Zinsen. Als **kalkulatorischer Zinssatz** kann u. a. der landesübliche Zinssatz für sichere Kapitalanlagen zuzüglich einer Risikoprämie herangezogen werden.

Wenn die Voraussetzungen der getrennten Erfassung nicht vorliegen, wird der **gesamte Kostenbetrag** erfasst, ohne dass auf die Mengen- oder die Wertkomponente zurückgegriffen wird. Bei Steuern, Abgaben, Beiträgen und Dienstleistungen, für die Globalentgelte entrichtet werden, kann als Kostenbetrag der in der Finanzbuchhaltung erfasste Aufwand direkt in die Kostenartenrechnung übernommen werden. Für kalkulatorische Kosten, denen kein messbarer Einsatzgüterverbrauch zugrunde liegt, wie z. B. für kalkulatorische Abschreibungen und kalkulatorische Wagnisse, wird der in der Kostenrechnung zu berücksichtigende Betrag zweckbezogen festgelegt.

Verständnisfragen

Haben Sie alles verstanden? Mit den folgenden Fragen können Sie das Gelernte schnell prüfen:

1. Kostenarten sind z. B. …

☐ Gehälter
☐ Materialeinzelkosten
☐ Vertriebskosten
☐ Verwaltungskosten
☐ kalkulatorische Kosten

2. Welche Aufgabe hat die Kostenartenrechnung?

3. In einer Unternehmung werden Fahrräder produziert. Nennen Sie Beispiele für Einzel- und Gemeinkosten.

4. Wie werden die Einzelkosten auf die Kostenträger verrechnet?

5. Wie werden die Gemeinkosten auf die Kostenträger verrechnet?

6. Welche Zinsen gehen als kalkulatorische Zinsen in die Kostenrechnung ein?

5 Kostenstellenrechnung

Für die Kostenstellenrechnung wird die Unternehmung in Kostenstellen gegliedert, auf welche anschließend die Gemeinkosten verrechnet werden. Für eine verursachungsgerechte Verrechnung der Gemeinkosten auf die Kostenträger sollten die **Kostenstellen** so abgegrenzt werden, dass sich jeweils eine Maßgröße der Kostenstellenleistung (Bezugsgröße) finden lässt, die in einem ursächlichen Zusammenhang mit den Kosten der jeweiligen Kostenstelle steht.

Sind die Kostenstellen gebildet, werden in der Kostenstellenrechnung die folgenden **Aufgaben** ausgeführt: Verrechnung der Gemeinkosten auf die Kostenstellen, innerbetriebliche Leistungsverrechnung sowie Berechnung der Gemeinkostenzuschlagssätze für die Kostenträgerrechnung.

Verrechnung der Gemeinkosten auf Kostenstellen

Nach der Zurechenbarkeit der Gemeinkosten zu den Kostenstellen werden Kostenstelleneinzel- und Kostenstellengemeinkosten unterschieden. **Kostenstelleneinzelkosten** fallen ausschließlich für eine Kostenstelle an und können auch bei dieser erfasst werden. Ist in einem Gebäude nur eine Kostenstelle untergebracht, stellen die Kosten für die Miete des Gebäudes Kostenstelleneinzelkosten dar. Kostenstelleneinzelkosten werden den Kostenstellen direkt zugerechnet.

Kostenstellengemeinkosten fallen entweder für mehrere Kostenstellen gemeinsam an oder werden für mehrere Kostenstellen gemeinsam erfasst. Bei den Mietkosten handelt es sich um Kostenstellengemeinkosten, wenn in dem Gebäude mehrere Kostenstellen untergebracht sind. Kostenstellengemeinkosten können den Kostenstellen nicht direkt, sondern nur über Kostenschlüssel zugerechnet werden. Für die Verrechnung der Miete auf die Kostenstellen in einem Gebäude kann z. B. die Fläche als Kostenschlüssel herangezogen werden. Weitere Beispiele für Kostenschlüssel sind die Lohn- und Gehaltskosten für die Verrechnung der Sozialkosten und der Wert des Anlagenbestandes in der Kostenstelle für die Verrechnung der kalkulatorischen Zinsen.

Innerbetriebliche Leistungsverrechnung

Als „innerbetrieblich" werden Leistungen bezeichnet, die Kostenstellen für andere Kostenstellen erstellen, wie z. B. Reparaturleistungen, welche die Kostenstelle „Werkstatt" für eine Fertigungskostenstelle erbringt. Mit der **innerbetrieblichen Leistungsverrechnung** wird angestrebt, die Kosten der innerbetrieblichen Leistungen bei den Kostenstellen auszuweisen, die sie verursacht haben, d. h. die innerbetriebliche Leistung verbraucht haben. In der Kostenstellenrechnung werden deshalb liefernde Kostenstellen von den Kosten der innerbetrieblichen Leistungen entlastet, empfangende Kostenstellen werden mit diesen Kosten belastet.

Nach den zu erbringenden Leistungen werden in der Kostenstellenrechnung Vor- und Endkostenstellen unterschieden. Vorkostenstellen erbringen ausschließlich innerbetriebliche Leistungen, während Endkostenstellen primär Absatzleistungen erstellen. Die Kosten von **Vorkostenstellen** werden deshalb vollständig auf andere Kostenstellen verrechnet. Nach Abschluss der innerbetrieblichen Leistungsverrechnung weisen damit nur die **Endkostenstellen** Kosten aus. Es werden in der Regel folgende Arten von Endkostenstellen abgegrenzt: Material-, Fertigungs- und Verwaltungs- und Vertriebsstellen.

Die Kosten, die nach der innerbetrieblichen Leistungsverrechnung für diese Endkostenstellen ausgewiesen werden, sind die **Material-, Fertigungs-, Verwaltungs- und Vertriebsgemeinkosten**.

Ermittlung der Gemeinkostenzuschlagssätze

Die für die Endkostenstellen ermittelten Gemeinkosten werden in der Kostenträgerrechnung entsprechend der in Anspruch genommenen Kostenstellenleistungen auf die Kostenträger verrechnet. Für diese Verrechnung werden für die Endkostenstellen **Gemeinkostenzuschlagssätze** berechnet.

Der Gemeinkostenzuschlagssatz einer Endkostenstelle wird ermittelt, indem die ihr zugerechneten Gemeinkosten durch die von ihr erbrachte Leistung dividiert wird. Es ist üblich, für die Messung der Leistungen der Endkostenstellen die Materialeinzelkosten, die Fertigungslöhne und die Herstellkosten heranzuziehen. Die Herstellkosten sind die Summe aus den Materialeinzel- und -gemeinkosten, den Fertigungslöhnen und den Fertigungsgemeinkosten. Die Gemeinkostenzuschlagssätze der Endkostenstellen werden damit wie folgt berechnet:

- Materialstelle: Materialgemeinkostenzuschlagssatz = $\frac{\text{Materialgemeinkosten}}{\text{Materialeinzelkosten}}$
- Fertigungsstelle: Fertigungsgemeinkostenzuschlagssatz = $\frac{\text{Fertigungsgemeinkosten}}{\text{Fertigungslöhne}}$

Die Leistung von Fertigungsstellen kann auch über die erbrachten Maschinenstunden erfasst werden. In diesem Fall wird ein Maschinenstundensatz als Quotient aus Fertigungsgemeinkosten und geleisteten Maschinenstunden berechnet.

- Verwaltungs- / Vertriebsstelle: Verwaltungs- / Vertriebsgemeinkostenzuschlagssatz = $\frac{\text{Verwaltungs- / Vertriebsgemeinkosten}}{\text{Herstellkosten}}$

Betriebsabrechnungsbogen als Instrument

Der Betriebsabrechnungsbogen ist die tabellarische Übersicht über die Verteilung der Gemeinkosten auf die Kostenstellen, die innerbetriebliche Leistungsverrechnung sowie die Berechnung der Gemeinkostenzuschlagssätze. Die **Struktur** eines Betriebsabrechnungsbogens kann durch die Spalten- und Zeilengliederung beschrieben werden. Die Spalten enthalten die Kostenstellen. In den ersten Zeilen werden die Gemeinkosten, die aus der Kostenartenrechnung übernommen werden, auf die Kostenstellen verrechnet. Die zweite Gruppe von Zeilen ist der innerbetrieblichen Leistungsverrechnung gewidmet. Die letzte Zeile des Betriebsabrechnungsbogens enthält die Berechnung der Gemeinkostenzuschlagssätze. Die Struktur des Betriebsabrechnungsbogens soll an einem Beispiel veranschaulicht werden.

Beispiel

In einer Unternehmung sind in einer Periode die folgenden Kosten angefallen:

Kostenart			Kostenbetrag
Einzelkosten		Materialeinzelkosten	291.000 €
		Fertigungslöhne	219.280 €
Gemeinkosten	Kostenstelleneinzelkosten	Gehälter	90.000 €
		Stromkosten	25.200 €
	Kostenstellengemeinkosten	Sozialkosten	45.000 €
		Heizungsenergie	18.000 €
		Miete	28.800 €

Die Unternehmung ist in folgende Kostenstellen gegliedert worden: Gebäudereinigung (Vorkostenstelle), Materialstelle, Fertigungsstelle, Verwaltungs- / Vertriebsstelle (Endkostenstellen). Die nachfolgende Tabelle informiert über die Kostenschlüssel zur Verrechnung der Kostenstellengemeinkosten auf die Kostenstellen.

Kostenstelle / Gemeinkostenart	Kostenschlüssel	Summe der Schlüsselwerte	Schlüsselwerte der Kostenstellen			
			Gebäudereinigung	Materialstelle	Fertigungsstelle	Verwaltungs-/ Vertriebsstelle
Sozialkosten	Gehälter	90.000 €	8.000 €	4.000 €	63.000 €	15.000 €
Heizungsenergie	Raummaß	9.000 m³	900 m³	900 m³	6.900 m³	300 m³
Miete	Flächenmaß	3.000 m²	300 m²	300 m²	2.300 m²	100 m²

Die Gebäudereinigung erbringt in der Periode 180 Arbeitsstunden. Davon entfallen 120 auf die Fertigungsstelle und jeweils 30 Arbeitsstunden auf die Material- und die Verwaltungs- / Vertriebsstelle. Aus diesen Angaben ergibt sich der folgende Betriebsabrechnungsbogen:

Kostenstelle / Kostenart	Summe Gemeinkosten	Gebäudereinigung	Materialstelle	Fertigungsstelle	Verwaltungs-/ Vertriebsstelle
Gehälter	90.000 €	8.000 €	4.000 €	63.000 €	15.000 €
Sozialkosten	45.000 €	4.000 €	2.000 €	31.500 €	7.500 €
Heizungsenergie	18.000 €	1.800 €	1.800 €	13.800 €	600 €
Stromkosten	25.200 €	240 €	1.080 €	22.800 €	1.080 €
Miete	28.800 €	2.880 €	2.880 €	22.080 €	960 €
Summe	207.000 €	16.920 €	11.760 €	153.180 €	25.140 €
Innerbetriebliche Leistungsverrechnung			2.820 €	11.280 €	2.820 €
Summe nach Umlage	207.000 €		14.580 €	164.460 €	27.960 €
Bezugsgröße			Materialeinzelkosten	Fertigungslöhne	Herstellkosten 1)
Gemeinkostenzuschlagssätze			$\frac{14.580\ €}{291.000\ €} \cdot 100 \approx 5\,\%$	$\frac{164.460\ €}{291.280\ €} \cdot 100 \approx 75\,\%$	$\frac{27.960\ €}{689.320\ €} \cdot 100 \approx 4\,\%$

1) Berechnung der Herstellkosten: 291.000 € (Materialeinzelkosten) + 14.580 € (Materialgemeinkosten) + 219.280 € (Fertigungslöhne) + 164.460 € (Fertigungsgemeinkosten) = 689.320 €

Verständnisfragen

Haben Sie alles verstanden? Mit den folgenden Fragen können Sie das Gelernte schnell prüfen:

1. **Was ist ein geeignetes Instrument für die Kostenstellenrechnung?**

- ☐ Kalkulation
- ☐ Betriebsergebnisrechnung
- ☐ Deckungsbeitragsrechnung
- ☐ Leistungsrechnung
- ☐ Betriebsabrechnungsbogen

2. **Erläutern Sie den Aufbau eines Betriebsabrechnungsbogens.**

3. **Welchen Zweck hat die innerbetriebliche Leistungsverrechnung?**

4. **Was sind Kostenstellengemeinkosten? Nennen Sie Beispiele für diese Kostenkategorie.**

5. **Wie unterscheiden sich Vor- und Endkostenstellen?**

6. **Welche Arten von Endkostenstellen werden unterschieden?**

7. **Welchem Zweck dienen die Gemeinkostenzuschlagssätze, die im BAB berechnet werden?**

8. In einer Unternehmung, die Fahrräder produziert, sind in einer Periode die folgenden Kosten angefallen:

	Kostenbetrag
Materialeinzelkosten	3.137.500 €
Fertigungslöhne	351.210 €
Gehälter	240.000 €
Hilfslöhne	40.000 €
Sozialkosten	48.000 €
Kosten für Hilfs- und Betriebsstoffe	26.000 €
Mieten	120.000 €
Kalkulatorische Abschreibungen	150.000 €
Kalkulatorische Zinsen	96.000 €

Die Unternehmung ist in folgende Kostenstellen gegliedert: Gebäudereinigung, Reparaturwerkstatt, Materialstelle, Fertigungsstelle, Verwaltungs- / Vertriebsstelle. Die Gehälter, die Hilfslöhne und die Kosten für Hilfs- und Betriebsstoffe sind Kostenstelleneinzelkosten. Die folgende Tabelle zeigt die Gehälter, die in den einzelnen Kostenstellen verursacht worden sind. Die Hilfslöhne sind je zur Hälfte in der Gebäudereinigung und der Fertigungsstelle angefallen. Von den Kosten für die Hilfs- und Betriebsstoffe sind 2.000 € in der Gebäudereinigung, 4.000 € in der Reparaturwerkstatt und 20.000 € in der Fertigungsstelle angefallen. Die nachfolgende Tabelle informiert über die Kostenschlüssel zur Verrechnung der Kostenstellengemeinkosten auf die Kostenstellen.

Kostenstelle / Gemeinkosten		Sozialkosten	Mieten	Kalkulatorische Abschreibung und Kalkulatorische Zinsen
Kostenschlüssel		Gehälter	Fläche	Gebundenes Kapital
Schlüsselwerte	Gebäudereinigung	20.000 €	300 m²	80.000 €
	Reparaturwerkstatt	40.000 €	1.000 m²	100.000 €
	Materialstelle	60.000 €	1.200 m²	20.000 €
	Fertigungsstelle	60.000 €	8.500 m²	800.000 €
	Verwaltungs- und Vertriebsstelle	60.000 €	1.000 m²	200.000 €

Die Gebäudereinigung und die Reparaturwerkstatt erbringen für die anderen Kostenstellen Leistungen. Folgende Tabelle fasst die Daten über die Leistungsverflechtungen zusammen:

Empfangende Kostenstelle / Liefernde Kostenstelle	Gebäudereinigung	Reparaturwerkstatt
Gesamtleistung	327 St.	350 Std.
Gebäudereinigung	–	–
Reparaturwerkstatt	25 Std.	–
Materialstelle	62 Std.	100 Std.
Fertigungsstelle	140 Std.	200 Std.
Verwaltungs- und Vertriebsstelle	100 Std.	50 Std.

Erstellen Sie den Betriebsabrechnungsbogen in folgenden Schritten:

a) Verrechnen Sie die Kostenstellengemeinkosten auf die Kostenstellen und ermitteln Sie die Summe der Gemeinkosten, die in jeder der fünf Kostenstellen angefallen ist.

b) Führen Sie die innerbetriebliche Leistungsverrechnung durch.

c) Berechnen Sie die Gemeinkostenzuschlagssätze der Endkostenstellen. Die Kosten der Materialstelle sollen über die Materialeinzelkosten, die der Fertigungsstelle über die Fertigungslöhne und die Kosten der Verwaltungs- und Vertriebsstelle über die Herstellkosten verrechnet werden.

6 Kalkulation

Mit der Kalkulation werden die Kosten eines Kostenträgers ermittelt. Da jede **Erscheinungsform der Produktion** andere Anforderungen an die Berechnung der Kosten eines Kostenträgers stellt, haben sich in der Unternehmungspraxis mehrere Kalkulationsverfahren herausgebildet. Ein sehr vielseitig einsetzbares Verfahren ist die Zuschlagskalkulation.

Zuschlagskalkulation

Die Materialeinzelkosten und die Fertigungslöhne werden als **Einzelkosten** direkt auf die Kostenträger verrechnet. Die **Gemeinkosten** der Endkostenstellen, die der jeweilige Kostenträger durchlaufen hat, werden in der Zuschlagskalkulation über die Gemeinkostenzuschlagssätze verrechnet.

Wenn für ein Produkt Materialeinzelkosten von 840 €/St. und Fertigungslöhne von 680 €/St. anfallen, können mit den Gemeinkostenzuschlagssätzen aus dem Betriebsabrechnungsbogen die Selbstkosten pro Stück des Produkts wie folgt berechnet werden:

	Materialeinzelkosten	840,00 €
+	Materialgemeinkosten (5 %)	42,00 €
+	Fertigungslöhne	680,00 €
+	Fertigungsgemeinkosten (75 %)	510,00 €
=	Herstellkosten	2.072,00 €
+	Verwaltungs- und Vertriebsgemeinkosten (4 %)	82,88 €
=	Selbstkosten	2.154,88 €

Eine Sonderform der Zuschlagskalkulation ist die **Maschinenstundensatzkalkulation**. Die Kosten der Fertigungsstellen werden bei diesem Kalkulationsverfahren über Maschinenstundensätze auf die Kostenträger verrechnet.

Weitere Kalkulationsverfahren

Es gibt **einfache Produktionsstrukturen**, bei denen hinreichend genaue Informationen über die Kosten eines Kostenträgers mit Kalkulationsverfahren ermittelt werden können, welche auf eine getrennte Verrechnung von Einzel- und Gemeinkosten verzichten. Zu diesen Verfahren zählen die Divisions- und die Äquivalenzziffernkalkulation.

Die **Divisionskalkulation** ist anwendbar, wenn ein Produkt in großen Mengen hergestellt wird. Bei diesem Kalkulationsverfahren werden zur Ermittlung der Stückkosten dieses Produktes die Gesamtkosten durch die Produktionsmenge dividiert.

Der Anwendungsbereich der **Äquivalenzziffernkalkulation** ist die Sortenfertigung, bei der mehrere Produkte aus den gleichen Ausgangsstoffen nach weitgehend identischen Produktionsverfahren produziert werden. Die Produkte unterscheiden sich nur geringfügig in Abmessung, Gestalt, Qualität oder Format (z. B. verschiedene Abmessungen von Blechen oder Papier). Das Grundprinzip der Äquivalenzziffernkalkulation besteht darin, die Produktionsmenge jedes Produktes über Äquivalenzziffern in die Menge eines Einheitsprodukts umzurechnen, die zu Kosten in identischer Höhe führen würde. Äquivalenzziffern bringen zum Ausdruck, in welchem Verhältnis die Kosten des Produktes zu den Kosten des Einheitsproduktes stehen. Aus den über alle Produkte ermittelten Mengen werden die Stückkosten des Einheitsproduktes ermittelt. Die Stückkosten eines Produktes können anschließend durch die Multiplikation der Stückkosten des Einheitsproduktes mit der jeweiligen Äquivalenzziffer berechnet werden. Dieses Kalkulationsverfahren soll an einem Beispiel veranschaulicht werden.

Beispiel:
Es werden drei Varianten einer Kunststoffplane hergestellt, die sich in der Stärke und der Größe unterscheiden. Die Äquivalenzziffern sollen aus dem Gewicht der Plane ermittelt werden. Die Kosten der Periode betragen 191.250 €. Es liegen weiterhin die folgenden Daten vor:

Variante	Produktionsmenge	Gewicht
A	1.200 St.	4 kg / St.
B	800 St.	3 kg / St.
C	600 St.	5 kg / St.

Wird Variante A als Einheitsprodukt gewählt, werden die Kosten der Varianten wie folgt berechnet:

Variante	Äquivalenzziffer	Produktionsmenge	Kostenidentische Menge des Einheitsproduktes	Stückherstellkosten	Periodenherstellkosten
A	1,0	1.200 St.	1.200 St. · 1 = 1.200 St.	1,0 · 75 € = 75 €	90.000 €
B	3/4 = 0,75	800 St.	800 St. · 0,75 = 600 St.	0,75 · 75 € = 56,25 €	45.000 €
C	5/4 = 1,25	600 St.	600 St. · 1,25 = 750 St.	1,25 · 75 € = 93,75 €	56.250 €
Kostenidentische Gesamtmenge des Einheitsproduktes			2.550 St.		
Stückherstellkosten des Einheitsproduktes = $\frac{191.250}{2.550\text{ St.}}$ = 75 € / St.					

Verständnisfragen

Haben Sie alles verstanden? Mit den folgenden Fragen können Sie das Gelernte schnell prüfen:

1. Welche Kosten können direkt auf die Kostenträger verrechnet werden?

- ☐ Fertigungslöhne
- ☐ Verwaltungskosten
- ☐ Selbstkosten
- ☐ Materialeinzelkosten
- ☐ Gemeinkosten

2. Welche Aufgabe hat die Kalkulation?

3. Wie unterscheiden sich die Divisions- und die Äquivalenzziffernkalkulation von der Zuschlagskalkulation?

4. Kalkulieren Sie mit den in Kapitel 5, Aufgabe 8 berechneten Gemeinkostenzuschlagssätzen die Selbstkosten eines Auftrags über 120 Fahrräder des Typs „Unirad". Für ein Fahrrad dieses Typs entstehen Materialeinzelkosten in Höhe von 550 € und Fertigungslöhne in Höhe von 85 €. Zudem entstehen für den Auftrag Verpackungs- und Transportkosten in Höhe von 1.200 €.

5. Eine Unternehmung stellt vier verschiedene Arten von Stumpenkerzen her, die sich in der Höhe und im Durchmesser unterscheiden. Es liegen die folgenden Daten vor:

Variante	Produktionsmenge	Höhe × Ø (in cm)
A	12.000 St.	10 × 7
B	8.000 St.	20 × 7
C	20.000 St.	8 × 5
D	5.000 St.	10 × 10
Selbstkosten der Periode		102.080 €

Berechnen Sie mit einer Äquivalenzziffernkalkulation die Stückselbstkosten jeder Kerzenart.

7 Betriebsergebnisrechnung

Aufgabe der Betriebsergebnisrechnung ist die Bereitstellung von Informationen über den Erfolg einer Periode. Um Erfolgsentwicklungen frühzeitig erkennen zu können, wird die Betriebsergebnisrechnung mehrfach im Jahr durchgeführt. Als Abrechnungszeitraum werden Quartale, Monate oder Wochen gewählt.

Zur Berechnung des Periodenerfolgs werden in der Betriebsergebnisrechnung die Kosten und Erlöse der Periode gegenübergestellt. In der Kostenrechnung werden die Kosten der während der Periode produzierten Produktmengen erfasst. Die Erlöse der Periode beziehen sich dagegen auf die Absatzmengen. Sind Bestände an fertigen oder unfertigen Erzeugnissen auf- oder abgebaut oder Anlagegüter selbst erstellt worden, stimmen die Produktions- und Absatzmengen nicht überein. Die Kosten und Erlöse einer Periode sind damit nicht unmittelbar vergleichbar und müssen um die **Bestandsveränderungen** oder selbst erstellten Anlagen korrigiert werden. Nach dieser Korrektur werden das Gesamtkosten- und das Umsatzkostenverfahren unterschieden. Beide Verfahren führen zu identischen Periodenerfolgen.

Gesamtkostenverfahren

Beim Gesamtkostenverfahren werden die Erlöse korrigiert. Zur Ermittlung des Periodenerfolges werden die nach Kostenarten gegliederten Gesamtkosten der Periode, d. h. die Kosten der produzierten Produktmengen, den **um den Wert der** Bestandsveränderungen oder selbst erstellte Anlagen korrigierten Erlöse der Periode gegenübergestellt.

Umsatzkostenverfahren

Das Umsatzkostenverfahren nutzt die Kostenkorrektur. Zur Ermittlung des Periodenerfolges werden die Erlöse der Absatzmengen den nach Produkten gegliederten Selbstkosten der Absatzmengen gegenübergestellt. Ermittelt werden diese Kosten, indem die Stückherstellkosten aus der Kalkulation mit den Absatzmengen multipliziert werden. Da Vertriebskosten nur für abgesetzte Erzeugnisse anfallen und dies auch für die Verwaltungskosten angenommen wird, gehen die Verwaltungs- und Vertriebskosten der Periode in vollem Umfang in die Betriebsergebnisrechnung nach dem Umsatzkostenverfahren ein. Das Umsatzkostenverfahren weist den Vorteil auf, dass sowohl die Kosten als auch die Erlöse nach Produktarten gegliedert sind, so dass Informationen über die Erfolgsbeiträge der verschiedenen Produkte für Gewinn- und Verlustquellenanalysen hergeleitet werden können.

Betriebsergebnisrechnung nach dem Gesamtkostenverfahren	
Kosten	Erlöse
Selbstkosten der Periode ■ Materialeinzelkosten ■ Fertigungslöhne ■ Hilfslöhne ⋮ Herstellkosten der Bestandsminderungen Saldo: Betriebsgewinn	Erlöse der Periode ■ Produkt 1 ■ Produkt 2 ⋮ ■ Produkt N Herstellkosten der Bestandsmehrungen Saldo: Betriebsverlust
Summe	Summe

Betriebsergebnisrechnung nach dem Umsatzkostenverfahren	
Kosten	Erlöse
Herstellkosten der abgesetzten Produktmengen ■ Produkt 1 ■ Produkt 2 ⋮ ■ Produkt N Verwaltungs- und Vertriebskosten der Periode Saldo: Betriebsgewinn	Erlöse der Periode ■ Produkt 1 ■ Produkt 2 ⋮ ■ Produkt N Saldo: Betriebsverlust
Summe	Summe

Im folgenden Beispiel wird auf der Grundlage der Daten aus dem Betriebsabrechnungsbogen und der Zuschlagskalkulation der Betriebserfolg nach dem Gesamtkosten- und dem Umsatzkostenverfahren berechnet. Die Abweichung zwischen dem Betriebsgewinn nach dem Gesamtkosten- und dem Umsatzkostenverfahren folgt aus Rundungsfehlern bei der Berechnung der Gemeinkostenzuschlagssätze.

Beispiel:
Zu den beiden Produkten der Unternehmung liegen folgende Daten vor:

	Produkt 1	Produkt 2
Absatzmengen	180 St.	170 St.
Absatzpreis	2.500 €/St.	2.200 €/St.
Erlöse	2.500 €/St. · 180 St. = 450.000 €	2.200 €/St. · 170 St. = 374.000 €
Produktionsmengen	172 St.	179 St.
Herstellkosten pro Stück	2.072 €/St.	1.860 €/St.
Bestandsveränderung	- 8 St.	+ 9 St.
Herstellkosten der Bestandsveränderung	2.072 €/St. · 8 St. = 16.576 €	1.860 €/St. · 9 St. = 16.740 €
Herstellkosten der abgesetzten Menge der Produkte	2.072 €/St. · 180 St. = 372.960 €	1.860 €/St. · 170 St. = 316.200 €

Betriebsergebnisrechnung nach dem Gesamtkostenverfahren			
Kosten			Erlöse
Materialeinzelkosten	291.000 €	Erlöse Produkt 1	450.000 €
Fertigungslöhne	219.280 €	Erlöse Produkt 2	374.000 €
Gehälter	90.000 €	Herstellkosten der Bestandserhöhung	16.740 €
Stromkosten	25.200 €		
Sozialkosten	45.000 €		
Heizungsenergie	18.000 €		
Miete	28.800 €		
Herstellkosten der Bestandsminderung	16.576 €		
Betriebsgewinn	106.884 €		
	840.740 €		840.740 €

Betriebsergebnisrechnung nach dem Umsatzkostenverfahren			
Kosten			Erlöse
Herstellkosten Produkt 1	372.960 €	Erlöse Produkt 1	450.000 €
Herstellkosten Produkt 2	316.200 €	Erlöse Produkt 2	374.000 €
Verwaltungs- und Vertriebsgemeinkosten	27.960 €		
Betriebsgewinn	106.880 €		
	824.000 €		824.000 €

Verständnisfragen

Haben Sie alles verstanden? Mit den folgenden Fragen können Sie das Gelernte schnell prüfen:

1. Welche Aussagen treffen auf das Umsatzkostenverfahren zu?

☐ Die Erlöse werden korrigiert.
☐ Die Kosten werden korrigiert.
☐ Die Stückherstellkosten werden mit den Absatzmengen multipliziert.
☐ Vertriebskosten fallen nur für abgesetzte Erzeugnisse an.

2. Welche Aufgaben hat die Betriebsergebnisrechnung?

3. Wie unterscheiden sich das Gesamt- und das Umsatzkostenverfahren?

4. Welchen Vorteil hat das Umsatzkostenverfahren gegenüber dem Gesamtkostenverfahren?

5. **In der Unternehmung aus Kapitel 5, Aufgabe 8 werden drei Typen von Fahrrädern produziert und verkauft. Für die letzte Abrechnungsperiode liegen die folgenden Daten vor.**

	Unirad	Cityrad	Ausflugsrad
Materialeinzel-kosten	550,00 €/St.	400,00 €/St.	630,00 €/St.
Fertigungslöhne	85,00 €/St.	40,00 €/St.	71,98 €/St.
Produktions-mengen	650 St.	3.800 St.	2.000 St.
Absatzmengen	680 St.	3.000 St.	2.200 St.
Absatzpreis pro Stück	800 €/St.	630 €/St.	850 €/St.

Ermitteln Sie das Betriebsergebnis nach dem Gesamtkosten- und dem Umsatzkostenverfahren. Da es sich um eine Quartalsabrechnung handelt, kann davon ausgegangen werden, dass sich die Herstellkosten der Produkte, die sich auf Lager befinden, nicht verändert haben.

Gerald Pilz

B
Controlling

1 Aufgaben und Funktionen

Das Controlling gewinnt zunehmend an Bedeutung, denn durch die fortschreitende **Globalisierung** und den stärkeren internationalen **Wettbewerbsdruck** müssen Unternehmen die angestrebten Ziele optimal und in einem überschaubaren Zeitraum erreichen. Hinzu kommen **staatliche Regulierungen**, der **technologische Fortschritt** und eine weitgehende **Marktsättigung** in den entwickelten Ländern, die es für die Unternehmen erforderlich macht, alle Prozesse zu optimieren.

Das Controlling trägt maßgeblich dazu bei, die Ressourcen in einem Unternehmen **optimal** zu nutzen und ein **effizientes** Planungs- und Steuerungssystem zu etablieren.

Das **moderne Controlling** stützt sich nicht nur auf Kennzahlen und Informationen aus dem Rechnungswesen, sondern bezieht auch zusätzliche Daten mit ein, die durch systematische empirische Erhebungen gewonnen werden und auch qualitativen Charakter haben können.

Charakteristische **Aufgaben** des Controlling sind beispielsweise:

- Die Umsetzung, Entwicklung und Steuerung einer Unternehmensstrategie
- die Operationalisierung von Zielen, so dass sie in der Praxis konkret anwendbar und anhand von Kriterien intersubjektiv überprüfbar sind
- die systematische Beschaffung und Auswertung von Informationen
- die Entscheidungsfindung anhand von Kennzahlen
- die Steuerung und Optimierung von Unternehmensprozessen.

Das Controlling lässt sich in einzelne **Grundfunktionen** auffächern:

- die Ermittlungs- und Dokumentationsfunktion
- die Planungs-, Prognose- und Beratungsfunktion
- die Steuerungsfunktion
- die Kontrollfunktion

Der **Begriff** „Controlling" muss eindeutig vom umgangssprachlichen Wort „Kontrolle" abgegrenzt werden. „Kontrolle" im Sinne von Überwachung und Revision stellt nur einen nebensächlichen und untergeordneten Teilaspekt des Controlling dar.

Das Controlling ist primär gegenwarts- und zukunftsbezogen und rückt die innovative Weiterentwicklung und Optimierung der Unternehmensziele in den Vordergrund.

Das externe Rechnungswesen, das unter anderem als Datenbasis dient, ist hingegen vorwiegend vergangenheitsorientiert.

Die Aufgabe des Controlling besteht auch darin, die vergangenheitsbezogene Perspektive des Rechnungswesens in eine zukunftsorientierte Vision zu übersetzen, die es dem Unternehmen ermöglicht, sich neue Märkte zu erschließen und zu expandieren.

Das Rechnungswesen beruht auf einer **Ex-post-Betrachtung**, während das Controlling eine **Ex-ante-Betrachtung** vornimmt, die die Innovationsfähigkeit und das Entwicklungspotenzial des Unternehmens akzentuiert.

Es wird differenziert zwischen **strategischem und operativem Controlling**.

Das strategische Controlling fokussiert sich auf den langfristigen Erfolg des Unternehmens und versucht, das Gesamtpotenzial, die adäquate Positionierung auf den Absatzmärkten und die strategische Ausrichtung zu fördern. Das operative Controlling befasst sich mit der Sicherung der Rentabilität, des unternehmerischen Erfolgs und der Produktivität auf den einzelnen Unternehmensebenen bis hin zu den verschiedenen Ablaufprozessen.

Strategisches Controlling	Operatives Controlling
langfristig	kurzfristig
Gesamtunternehmen im Blickfeld	einzelne Abteilungen, Maßnahmen, Prozesse
Gesamtpotenzial	Optimierung einzelner Abläufe
Stärken-Schwächen-Analyse, Marktpotenzial	Kosten und Leistungen, Prozessorganisation
primär qualitative Analyse	primäre quantitative Analyse
zusätzliche Erhebungen als Datenquelle	vorrangig Rechnungswesen als Datenquelle

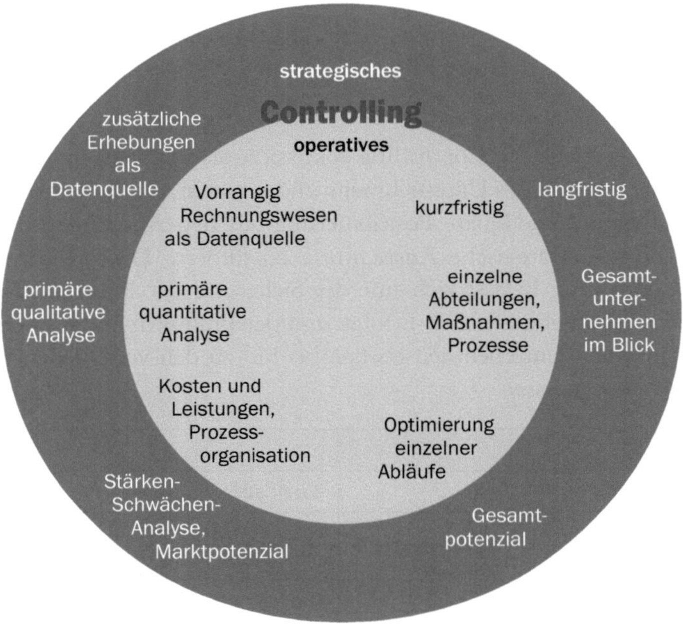

Das **strategische Controlling** hat eine unterstützende und beratende Funktion für das Management und trägt dazu bei, das Erfolgspotenzial eines Unternehmens zu realisieren. Diese Zielsetzung erfolgt durch eine systematische Prozessoptimierung, durch eine umfassende Koordination und eine gezielte Umsetzung der erforderlichen Maßnahmen. Dabei werden verschiedene **Etappenziele** definiert und entsprechende Kennzahlen festgelegt, die bei der Analyse von **Soll-Ist-Abweichungen** behilflich sind und eine präzise Auswertung gestatten.

Beim operativen Controlling geht es um die einzelnen Unternehmensebenen, -bereiche und -prozesse, die optimiert werden sollen.

Das **operative Controlling** bezieht die wichtigsten Kennzahlen aus dem internen und externen Rechnungswesen (Finanzbuchhaltung, Bilanz, Gewinn- und Verlustrechnung). Diese Größen beleuchten den Aufwand und den Ertrag sowie Kosten und Leistungen, die im Unternehmen anfallen.

- Das operative Controlling ermöglicht eine **systematische Koordination** der einzelnen Maßnahmen im Rahmen des Gesamtplans. Dabei werden die vorab definierten Ziele einem Controlling unterzogen und überprüft.
- Eine zentrale Aufgabe des operativen Controlling besteht auch in der **Budgetierung**, bei der einzelne Bereiche anhand von Kennzahlen bewertet werden. Bei Abweichungen von den festgelegten Budgetwerten werden neue Ziele ins Visier genommen und ausgearbeitet.
- Eine weitere Funktion des operativen Controlling ergibt sich aus der **Budgetkontrolle**, die anhand von verschiedenen Informationen erfolgt.
- Die genaue Analyse ergibt sich bei dem **Vergleich zwischen Plan- und Ist-Werten** sowie durch die **Ermittlung von Plan-Ist-Abweichungen**, die sich als Leistungs- oder Verbrauchsabweichungen manifestieren können.
- Darüber hinaus trägt das operative Controlling die Verantwortung für die **Informationsversorgung im Unternehmen**. Durch die Rückmeldungen in den einzelnen Unternehmensbereichen und -sparten wird es ermöglicht, die Unternehmenssteuerung genauer zu justieren und zu verfeinern.

> Das operative und das strategische Controlling sind miteinander vernetzt und ergänzen sich im unternehmerischen Alltag.

Die Controllingabteilung

Die Aufgaben einer **Controllingabteilung** sind:

- Erstellung, Ausarbeitung und Umsetzung von Unternehmenszielen und -strategien, Berichterstattung, Auswertung und Interpretation von Kennzahlen-Kontrolle und Revision von Zielvorgaben
- strategische und operative Unternehmensentwicklung
- Planung, Implementierung und Steuerung der Budgetierung
- Beratung des Managements und Unterstützung bei der Entscheidungsfindung

Die Controllingabteilung kann hinsichtlich der **Organisationsstruktur** weiter aufgefächert werden, um ein höheres Maß an Differenzierung und Arbeitsteilung zu erzielen. Hierbei unterscheidet man zwischen der Spezialisierung nach Verrichtungen, nach Funktionen und nach Adressaten.

Ein weiteres Kriterium der Systematik in Controllingbereichen ist die Divergenz **zwischen einem dezentralen und einem zentralen Controlling**.

- Beim dezentralen Controlling wird häufig das Projektmanagement als ein autonomer Bereich angesehen. Auch die Implementierung eines regionalen Controlling spielt beim dezentralen Controlling eine gewisse Rolle.
- In kleinen und mittelständischen Unternehmen wird häufig keine eigene Controllerstelle bereitgestellt, um Kosten zu sparen. In diesen Fällen werden die unterschiedlichen Controllingaufgaben vom Rechnungswesen wahrgenommen, was jedoch in der Praxis zur Überforderung führen kann.

Darüber hinaus besteht die Möglichkeit, Controllingaufgaben **ausgewählten Führungsstellen** zuzuordnen, die dann für die

Koordination und für die Umsetzung des Controlling in den verschiedenen Unternehmensbereichen verantwortlich zeichnen.

Eine grundlegende Systematik der Controllingorganisation kann nach den jeweiligen Organisationstypen vorgenommen werden.

Organisationstypen	
Linienorganisation	Stab-Linien-Organisation
Matrixorganisation	Spartenorganisation
Tensororganisation	Projektorganisation

Darüber hinaus kann das Controlling auch ein **Costcenter** oder ein **Profitcenter** umfassen.

> Controlling wird auch zunehmend in der staatlichen Verwaltung und im öffentlichen Dienst praktiziert, um die einzelnen Prozesse und Abläufe weiter zu optimieren und Einsparungspotenziale zu realisieren. Im Zusammenhang mit dem öffentlichen Dienst spricht man von **Public Management**.

Verständnisfragen

Haben Sie alles verstanden? Mit den folgenden Fragen können Sie das Gelernte schnell prüfen:

1. Was sind Aufgaben des Controlling?

☐ Steuerung des Unternehmens
☐ Kontrolle
☐ Dokumentation und Beratung

2. Wie kann eine Controlling-Abteilung organisiert sein?

☐ Spartenorganisation
☐ Nichtregierungsorganisation
☐ Matrixorganisation
☐ Ablauforganisation
☐ Tensororganisation

3. Welche Aufgaben hat das Controlling?

☐ Kontrolle und Revision von Zielvorgaben
☐ mehr Effizienz und Effektivität
☐ höhere Innovationsfähigkeit
☐ strategische Unternehmensentwicklung

4. Welche Formen des Controlling können unterschieden werden?

☐ strategisches Controlling
☐ temporäres Controlling
☐ operatives Controlling

2 Kosten- und Leistungsrechnung

Aufgaben der Kosten- und Leistungsrechnung
Kalkulation von Waren und Dienstleistungen
Preiskalkulation
Wirtschaftlichkeitskontrolle (Soll-Ist-Analyse)
Kostenvergleichsrechnung (alternative Produktions- und Absatzprogramme)
Erfolgsermittlung
Gewinnschwellenanalyse

Die Kostenrechnung ist ein Bereich des betrieblichen Rechnungswesens und wird aufgegliedert in

Kosten- und Leistungsrechnung
Kostenartenrechnung
Kostenstellenrechnung
Kostenträgerrechnung

Die Kosten- und Leistungsrechnung ermöglicht eine systematische und effiziente Kontrolle der **Wirtschaftlichkeit** des Unternehmens, indem die einzelnen Kostenarten systematisiert und verschiedenen Kostenstellen im Rahmen der Kostenstellenrechnung zugeordnet werden.

Hierzu verwendet man einen **Betriebsabrechnungsbogen (BAB)**, der die Verrechnung der angefallenen Kosten zwischen verschiedenen Kostenstellen ermöglichen soll. Darüber hinaus dient die Kosten- und Leistungsrechnung als Grundlage für die systematische **Preiskalkulation** bei der Ermittlung von Verkaufs- und Absatzpreisen. Dieses Verfahren wird im Rahmen der Kostenträgerrechnung angewendet, wobei die Zuschlagskalkulation in der Praxis eine herausragende Stellung einnimmt.

Bei der **Kostenzurechnung** werden bestimmte Prinzipien angewandt.

- Eines der wichtigsten ist das **Verursachungsprinzip**, dem zufolge die entstandenen Kosten nur einen bestimmten Kostenträger zugeschrieben werden sollen.
- Darüber hinaus gibt es noch andere Kriterien wie beispielsweise das **Tragfähigkeitsprinzip** oder
- das **Beanspruchungsprinzip**, das bei der Zuordnung von Kostenstellen maßgeblich ist.
- Auch das **Kostenüberwälzungsprinzip**, das in der Vollkostenrechnung zum Tragen kommt, spielt bei der Analyse eine entscheidende Rolle.

Die Kostenrechnung kann entweder als Vollkostenrechnung praktiziert werden oder als Teilkostenrechnung.

Die Kostenartenrechnung

Die Kostenartenrechnung unterscheidet nach einer Systematik die verschiedenen im Unternehmen angefallenen Kosten. Dabei werden verschiedene Kriterien zur Kategorisierung herangezogen.

Kostenartenrechnung	
Aspekt	**Kostenart**
Produktionsfaktor	Materialkosten
	Personalkosten
	Dienstleistungskosten
Unternehmensfunktion	Fertigungskosten
	Beschaffungskosten
	Lagerkosten
	Verwaltungskosten
	Vertriebskosten

Verrechnung	Einzelkosten
	Gemeinkosten
Erfassung	Aufwandsgleiche Kosten
	Zusatzkosten
	Anderskosten
Variabilität	Fixe Kosten
	Variable Kosten
	Gemischte Kosten

Kalkulatorische Kosten	
Zusatzkosten	**Anderskosten**
kalkulatorische Miete	kalkulatorische Abschreibung
kalkulatorische Eigenkapitalzinsen	kalkulatorische Wagnisse
kalkulatorischer Unternehmerlohn	

Nach Art der betrieblichen Funktionen gliedert man die Kosten in

- Beschaffungskosten,
- Lagerkosten,
- Vertriebskosten,
- Verwaltungskosten und
- Fertigungskosten.

Hinsichtlich der Art der Verrechnung wird differenziert zwischen **Einzelkosten**, die dem Kostenträger unmittelbar zugeordnet werden können wie beispielsweise Fertigungsmaterial und Fertigungslöhne, Sondereinzelkosten der Fertigung, die für Spezialwerkzeuge oder für einzelne Modelle anfallen, oder Sondereinzelkosten des Vertriebs, wie sie für Sonderfrachten oder Spezialverpackungen erforderlich sind.

Neben den Einzelkosten und den **Sondereinzelkosten** gibt es noch die Gemeinkosten, die mehr oder weniger direkt einen Kostenträger zugeordnet werden können. Hierzu zählen Mietkosten, Kosten für Energie und Wasser sowie die Gehälter von Angestellten in Verwaltungspositionen.

Wichtige Kennzahl:

$$\text{Gemeinkostenzuschlagssatz} = \frac{\text{Gemeinkosten}}{\text{Zuschlagsbasis}}$$

Es wird weiter differenziert in echte und unechte **Gemeinkosten**. Von **unechten Gemeinkosten** spricht man, wenn die Gemeinkosten zwar im Prinzip aufgegliedert werden können, aber der Aufwand für eine solche Kostenerfassung zu hoch wäre.

Ein weiteres Kriterium für die Systematisierung der Kosten ist die **Art der Erfassung**. Hierbei gibt es zwei grundlegende Kategorien,

- nämlich aufwandsgleiche Kosten, die direkt aus dem externen Rechnungswesen und der Finanzbuchhaltung entnommen werden können, und
- kalkulatorische Kosten, die in Zusatzkosten und Anderskosten aufgeschlüsselt werden.

Die Zusatzkosten stellen keinen Aufwand dar, es handelt sich beispielsweise um den kalkulatorischen Unternehmerlohn, kalkulatorische Eigenkapitalzinsen, die kalkulatorische Miete.

Anderskosten sind aufwandsungleiche Kosten, die sich von dem erfassten Aufwand in der Finanzbuchhaltung unterscheiden. Beispiele dafür sind kalkulatorische Wagnisse und kalkulatorische Abschreibungen.

Eine weitere Systematik bezieht sich auf die **Variabilität der Kosten**, die durch Beschäftigungsänderungen entstehen. Hierbei wird grundlegend unterschieden zwischen fixen Kosten und variablen Kosten, die weiterhin in proportionale, degressive oder progressive Kosten untergliedert werden.

Die Kostenstellenrechnung

In der Kostenstellenrechnung erfolgt die innerbetriebliche Verrechnung, bei der anhand innerbetrieblich festgelegter Bezugsgrößen die Kosten auf die einzelnen Kostenstellen verteilt werden.

Hierfür ist der Betriebsabrechnungsbogen (BAB) zuständig, der monatlich erstellt wird.

Die Aufgaben der Kostenstellenrechnung sind:

- die Verteilung der Gemeinkosten aus der Kostenartenrechnung
- die Durchführung der innerbetrieblichen Leistungsverrechnung
- die Vorbereitung einer verursachungsgerechten Kalkulation
- die Kontrolle und sorgfältige Überprüfung der Wirtschaftlichkeit

Kostenstellen gelten als Teilbereiche im Unternehmen, in denen Dienstleistungen und Produkte verbraucht werden. Die Kostenstellen können weiter aufgefächert werden in Hauptkostenstellen und Hilfskostenstellen sowie Vor- und Endkostenstellen.

Kostenstellenplan	
Vorkostenstelle	Endkostenstelle
Hilfskostenstelle	Hauptkostenstelle

Die Verrechnung der Kosten erfolgt mithilfe von **Zuschlagssätzen**, um die Gemeinkosten genauer zuzuweisen. Als Schlüssel für die Verteilung der Gemeinkosten dienen Leistungseinheiten, Äquivalenzziffern oder vorgegebene Ersatzschlüssel.

Die Kriterien für einen optimalen Kostenstellenplan:

- Genaue, objektive und eindeutige Maßstäbe der Kostenverursachung festlegen
- systematische und konsistente Zuordnung aller vorhandenen Kostenbelege ermöglichen
- selbstständige und sinnvolle Verantwortungsbereiche definieren.

Bedeutsam ist, dass die Kostenverursachung genau für eine Kostenstelle definiert wird.

Systematik der Kostenstellen	
funktionsorientiert	Allgemeiner Bereich
	Materialbereich
	Fertigungsbereich
	Vertriebsbereich
raumorientiert	Niederlassung
	Zweigwerk
	Zentrale
organisationsorientiert	Profitcenter
	Costcenter
	Servicecenter
	Sparte
rechnungsorientiert	versachungsgerechte Einheiten

> Damit die Kosten auch sinnvoll verwaltet und verringert werden können, ist es unerlässlich, dass jede Kostenstelle eigenständig über die Kosten zumindest bis zu einem gewissen Ausmaß bestimmen kann. Nur dann lässt sich das Wirtschaftlichkeitsprinzip durch den Kostenstellenplan realisieren.

Die Berechnung der Gemeinkostenzuschläge geschieht wie folgt:

Wichtige Kennzahlen:

- Ist-Materialgemeinkostenzuschlag $= \frac{\text{Materialgemeinkosten}}{\text{Fertigungsmaterial}}$
- Ist-Fertigungsgemeinkostenzuschlag $= \frac{\text{Fertigungsgemeinkosten}}{\text{Fertigungslöhne}}$
- Ist-Verwaltungsgemeinkostenzuschlag $= \frac{\text{Verwaltungsgemeinkosten}}{\text{Herstellkosten des Umsatzes}}$
- Ist-Vertriebsgemeinkostenzuschlag $= \frac{\text{Vertriebsgemeinkosten}}{\text{Herstellkosten des Umsatzes}}$

Bei der innerbetrieblichen Leistungsverrechnung kommen unterschiedliche Verfahren zum Einsatz, die entweder einseitig oder reziprok (gegenseitig) erfolgen. Eine bekannte Methode der gegenseitigen Leistungsverrechnung ist das **Verrechnungspreisverfahren**.

- Einseitige Leistungsverrechnung
  - Kostenartenverfahren
  - Kostenstellenausgleichsverfahren
  - Kostenträgerverfahren

- Gegenseitige Leistungsverrechnung
  - Verrechnungspreisverfahren

Beim **Kostenartenverfahren** werden nur die Einzelkosten, die auf der Kostenstelle angefallen sind, der empfangenden Kostenstelle zugewiesen; die Gemeinkosten bleiben unberücksichtigt. Dadurch werden die Gemeinkostenzuschläge beträchtlich erhöht.

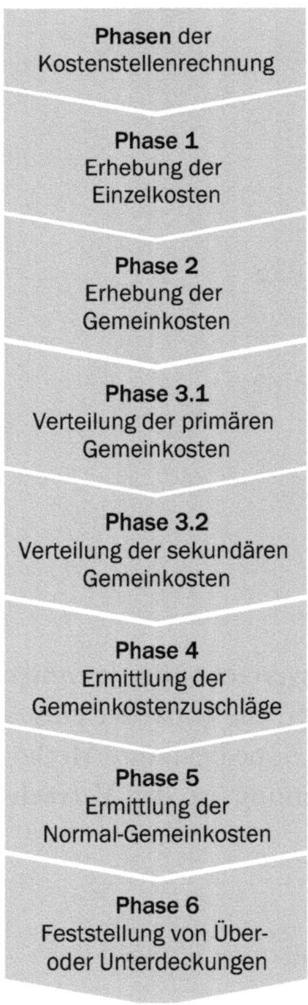

Beim **Kostenstellenausgleichsverfahren** werden die Gemeinkosten zusätzlich der empfangenden Kostenstelle zugerechnet.

Bei dem komplexeren **Kostenträgerverfahren** werden die entstandenen Einzel- und Gemeinkosten einer Ausgliederungsstelle zugeordnet. Dies dient der Ermittlung der Kosten aktivierbarer Eigenleistungen und dem Vergleich von Eigen- und Fremdfertigung im Sinne einer Make or Buy Decision.

Beim **Verrechnungspreisverfahren**, das auf dem Prinzip der Gegenseitigkeit beruht, werden unternehmensinterne Wertansätze oder Marktpreise mit einbezogen, um die Verrechnung vornehmen zu können.

In der daran anschließenden Kostenträgerrechnung werden die Einzelkosten der Kostenartenrechnung und die Gemeinkosten der Kostenstellenrechnung berücksichtigt. Die zentrale Aufgabe der Kostenträgerrechnung besteht darin, die einzelnen Kosten auf die Kostenträger, das sind in der Regel Waren oder Dienstleistungen, die das Unternehmen erstellt, umzulegen.

Die Kostenträgerrechnung

Die Kostenträgerrechnung spielt eine wichtige Rolle bei der Kosten- und Erfolgsermittlung des Unternehmens. Sie ist zeit- und auch stückbezogen. Die Verrechnung auf einzelne Kostenträger erfolgt nach dem Prinzip der Kostenverursachung. Die Kostenträgerrechnung wird untergliedert in

- die Kostenträgerstückrechnung und
- die Kostenträgerzeitrechnung.

Entscheidende **Aufgaben** der Kostenträgerrechnung sind:

- die stück- und zeitbezogene Ermittlung der Kosten der Kostenträger
- die stück- und zeitbezogene Erhebung des
- Erfolges der Kostenträger
- die Zurverfügungstellung von exakten Informationen für die Programmpolitik, die
- Beschaffungswirtschaft, die Bewertung der Bestände und die verschiedenen Planungsrechnungen.

Bei der Kostenträgerstückrechnung geht es um die Prinzipien der Kalkulation, wobei man zwischen

- Vorkalkulation,
- Zwischenkalkulation und
- der eigentlichen Kalkulation unterscheidet.

?!! Verständnisfragen

Haben Sie alles verstanden? Mit den folgenden Fragen können Sie das Gelernte schnell prüfen:

1. Was sind Teilbereiche der Kosten- und Leistungsrechnung?

- ☐ Kostenstellenrechnung
- ☐ Gewinn- und Verlustrechnung
- ☐ Kostenträgerzeitrechnung
- ☐ Kalkulation
- ☐ Kostenartenrechnung

2. Welche Kostenarten werden unter dem Kriterium der Verrechnung unterschieden?

- ☐ Fixkosten
- ☐ Fertigungskosten
- ☐ Gemeinkosten
- ☐ Prozesskosten

3. Was sind Kostenträger?

- ☐ soziale Einrichtungen
- ☐ Produkte und Dienstleistungen
- ☐ Abteilungen

4. Welches Kalkulationsverfahren wird vorwiegend in Rohstoffunternehmen mit nur einem Produkt verwendet?

- ☐ Zuschlagskalkulation
- ☐ Kuppelkalkulation
- ☐ Äquivalenzziffernkalkulation
- ☐ Divisionskalkulation

3 Kalkulation

Die Kostenträgerstückrechnung (Kalkulation) ermittelt die Herstellkosten und die Selbstkosten des Unternehmens für eine Kostenträgereinheit.

Kalkulation der Selbstkosten	
Kosten	**Zuschlagsbasis**
Materialeinzelkosten (MEK) +	
Materialgemeinkosten (MGK) =	MEK
Materialkosten (MK)	
Fertigungseinzelkosten (FEK) +	
Fertigungsgemeinkosten (FGK) +	FEK
Sondereinzelkosten d. Fertigung (SEF) =	
Fertigungskosten (FK)	
Herstellkosten (HK) = MK + FK	
Verwaltungsgemeinkosten (VwGK)	HK
Vertriebsgemeinkosten (VtGK)	HK
Sondereinzelkosten des Vertriebs (SEV)	
Selbstkosten = HK + VwGK + VtGK + SEV	

Die **Vorkalkulation** dient als Vorschaurechnung vor der Annahme eines Auftrags und vor dem Beginn der eigentlichen Produktion und fungiert daher als Angebotskalkulation; sie beinhaltet die Schätzung der zu erwartenden Herstellkosten und Selbstkosten.

Bei Produkten, die eine längere Herstellungszeit haben wird eine Zwischenkalkulation angefertigt. Die Nachkalkulation erfolgt nach der Herstellung der Erzeugnisse und umfasst die angefallenen Herstell- und Selbstkosten.

Die Anwendung dieser Kalkulationsansätze richtet sich nach der Art des Fertigungsverfahrens.

Kalkulation	
Zuschlagskalkulation	Einzel- und Serienfertigung, auch Dienstleistungen
Divisionskalkulation	Massenfertigung (auch Rohstoffsektor)
Äquivalenzziffernkalkulation	artverwandte Produkte, Sortenfertigung
Kuppelkalkulation	gleichzeitig entstehende Erzeugnisse (Raffinerie)
Maschinenstundensatzrechnung	maschinelle Einzel- und Serienfertigung

Die Anwendung dieser Kalkulationsansätze richtet sich nach der Art des Fertigungsverfahrens.

> Die Divisionskalkulation beispielsweise wird in der Massenfertigung eingesetzt.

Die Divisionskalkulation lässt sich unterteilen in eine einstufige Divisionskalkulation (summarische Divisionskalkulation) und eine mehrstufige Rechnung, bei der Lagerbestandsveränderungen in die Kalkulation mit einfließen.

Bei der **einstufigen Variante** geht es um einfache Massenprodukte wie beispielsweise die Zementherstellung. Bei der **mehrstufigen Divisionskalkulation** liegt eine mehrstufige Produktionsweise zugrunde. Bei der einstufigen Divisionskalkulation werden die Stückselbstkosten durch Division ermittelt, und zwar aus dem Quotienten der Gesamtkosten des Abrechnungszeitraums und der entsprechenden Produktionsmenge.

Das **Äquivalenzziffernkalkulationsverfahren** wird verwendet bei Produktionsweisen, bei denen verschiedene Varianten unterschieden werden können. Beispielsweise sind dies anspruchsvollere Produkte, die in der Fertigung nur geringfügig von der Standardproduktionsweise abweichen.

Um nun die Kosten zu ermitteln, werden die jeweiligen Produkte mit einer Äquivalenzziffer multipliziert, die den Unterschied zum Standard widerspiegelt.

Ein häufig verwendetes Kalkulationsverfahren ist die **Zuschlagskalkulation**, bei der die Einzelkosten unmittelbar dem Erzeugnis zugeordnet werden können und die Gemeinkosten durch den Betriebsabrechnungsbogen und den darin enthaltenen Zuschlagsätzen auf die jeweiligen Zuschlagsgrundlagen bezogen werden.

Speziell für Maschinen wird die so genannte **Maschinenstundensatzkalkulation** verwendet. Bei ihr erfolgt die Gemeinkostenrechnung auf der Basis der Kostenträger, die Maschinenzeit benötigen. Der Maschinenstundensatz errechnet sich, indem die maschinenabhängigen Gemeinkosten durch die geleisteten Maschinenstunden dividiert werden.

Die Maschinenstundensatzrechnung weicht lediglich bei der Berechnung der Fertigungskosten von der Zuschlagskalkulation ab. Die Gemeinkosten werden nach der Maschinenabhängigkeit differenziert:

Maschinenabhängige Gemeinkosten

- Energiekosten,
- Instandhaltungskosten,
- Werkzeugkosten,
- kalkulatorische Abschreibungen,
- kalkulatorische Zinsen,
- Raumkosten

Maschinenunabhängige Gemeinkosten

- Hilfslöhne,
- Gehälter,
- Sozialkosten,
- Heizungskosten,
- Hilfsstoffe,
- Umlagen von Hilfskostenstellen

Die Maschinenlaufzeit setzt sich aus den Faktoren gesamte

- Maschinenlaufzeit,
- Stillstandszeit und
- Instandhaltungszeit zusammen.

Ein weiteres wichtiges Verfahren ist die **Kalkulation von Kuppelprodukten**.

> Die Kuppelproduktion spielt vor allem in der Chemiebranche eine wichtige Rolle, wenn beispielsweise aus einem Ausgangsstoff wie Rohöl verschiedene Zwischen- oder Endprodukte entstehen. Bei Rohöl könnte man als Beispiel Benzin, Diesel, Kerosin und Heizöl anführen.

Für solche Produkte gibt es spezielle Berechnungsverfahren, wobei die Produktionsmenge des jeweiligen Kuppelprodukts berücksichtigt wird und dadurch die Äquivalenzziffern, die Recheneinheiten und die Gesamtkosten ermittelt werden.

Bei der **Kuppelkalkulation** gibt es zwei Ansätze, nämlich

- die **Restwertrechnung** (bei der ein Hauptprodukt vorliegt, aber mehrere Nebenprodukte vorhanden sind) und
- die **Verteilungsrechnung** (mehrere Hauptprodukte). Die Berechnung stützt sich auf Marktpreise (Marktpreismethode) oder auf Verrechnungspreise.

Ein weiteres Teilgebiet der Kostenträgerrechnung ist die **Kostenträgerzeitrechnung**, die die angefallenen Kosten und die Erlöse eines Zeitabschnitts erfasst. Ihre Hauptaufgabe besteht in der **Berechnung der Selbstkosten**, die auf einzelne Erzeugnisgruppen herunter gebrochen werden können. Im Mittelpunkt stehen auch die **Wirtschaftlichkeitskontrolle** und die kurzfristige Erfolgsrechnung. Der Erfolg kann nach unterschiedlichen Aspekten ausgewertet werden wie beispielsweise nach den verschiedenen Absatzgebieten, den Kundengruppen, den Fertigungsbereichen und den Absatzwegen.

Bei der Kostenträgerzeitrechnung werden in der Praxis zwei verschiedene Verfahren verwendet, und zwar **das Gesamt- und das Umsatzkostenverfahren**.

Umsatzkostenverfahren
Umsatzerlöse (bereinigt um Erlösschmälerungen) - Herstellungskosten der absetzten Leistungen
= Bruttoergebnis vom Umsatz
- Vertriebskosten
- allgemeine Verwaltungskosten
- sonstige betriebliche Aufwendungen
= Betriebsergebnis

Gesamtkostenverfahren
Umsatzerlöse abzüglich Erlösschmälerung +/- Bestandsveränderungen an un- und fertigen Erzeugnissen + andere aktivierte Eigenleistungen
= Gesamtleistungen
- betriebliche Aufwendungen
= Betriebsergebnis

Verständnisfragen

Haben Sie alles verstanden? Mit den folgenden Fragen können Sie das Gelernte schnell prüfen:

1. Was ist eine retrograde Kalkulation?

☐ Prozesskostenrechnung
☐ Break-Even-Analyse
☐ Zielkostenrechnung
☐ Zuschlagskalkulation
☐ Äquivalenzziffernkalkulation

2. Was entspricht einer Aktivität in der Vollkostenrechnung?

☐ gar nichts
☐ Zuschlagsbasis
☐ Unterkostenstelle

3. Was sind die Verwaltungskosten in einer Bestellabteilung?

☐ leistungsmengeninduziert
☐ leistungsmengenneutral
☐ keines von beiden

4. Wie wird die Break-Even-Analyse noch bezeichnet?

☐ Gemeinkostenmanagement
☐ Activity Based Costing
☐ Gewinnschwellenanalyse
☐ Prozesswertanalyse

4 Teilkostenrechnung

Bei der Teilkostenrechnung werden verschiedene Ansätze unterschieden. Die Teilkostenrechnung ist ein **eigenständiges Kostenrechnungssystem**, das die Kosten in fixe und variable Bestandteile aufspaltet. Bei gemischten (semivariablen) Kosten, die sowohl fixe als auch variable Bestandteile enthalten, kann es erforderlich sein, sie durch ein mathematisches Verfahren, nämlich die Regressionsrechnung, zu trennen.

Folgende **Systeme der Teilkostenrechnung** werden differenziert:

- die einstufige Rechnung,
- die mehrstufige Rechnung, die auch Fixkostendeckungsrechnung genannt wird, und
- die Rechnung mit relativen Einzelkosten, die auch relative Einzelkostenrechnung genannt wird.

Dies sind Kostenrechnungssysteme auf Teilkostenbasis.

Teilkostenrechnung		
Deckungsbeitragsrechnung		
einstufig (Direct Costing)	mehrstufig (Fixkostendeckungsrechnung)	mit relativen Einzelkosten

Bei der einstufigen Rechnung, die auch als **Direct Costing** bezeichnet wird, werden lediglich die variablen Kosten berücksichtigt und die Fixkosten ausgeklammert.

Mehrstufige Deckungsbeitragsrechnung
Bruttoerlös - Erlösschmälerungen = Nettoerlös - variable Erzeugniskosten = Bruttoergebnis = Deckungsbeitrag I - erzeugnisfixe Kosten = Deckungsbeitrag II - Kostenstellenfixkosten = Deckungsbeitrag III - bereichsfixe Kosten = Deckungsbeitrag IV - Unternehmensfixkosten = Nettoergebnis

Die einstufige Rechnung findet vor allem bei der Optimierung des kurzfristigen Produktionsprogramms in einem Unternehmen Anwendung. Hierbei wird die **kurzfristige Preisuntergrenze** ermittelt, indem festgestellt wird, ob der Preis größer oder gleich den variablen Stückkosten ist.

Die **langfristige Preisuntergrenze** ergibt sich, wenn man vergleicht, ob der Preis größer oder gleich den gesamten Stückkosten zusätzlich der Fixkosten ist.

> Ist ein Unternehmen nach dieser Berechnung nicht vollständig ausgelastet, so können zusätzliche Aufträge angenommen werden. Die Entscheidung über die Aufträge erfolgt mithilfe der einstufigen Rechnung und der Ermittlung der Preisuntergrenzen. Durch dieses Verfahren kann das kurzfristige Produktionsprogramm optimiert werden.

Kostenrechnungssysteme

Kostenrechnungssysteme gehen von einer unterschiedlichen Basis der Kosten aus. Hierbei wird differenziert zwischen der Istkosten-, der Normalkosten- und der Plankostenrechnung.

- Bei der **Istkostenrechnung** werden nur die
- tatsächlich vorhandenen Kosten berücksichtigt.
- Die **Normalkostenrechnung** hingegen geht von Durchschnittskosten aus, die aus den Vergangenheitswerten abgeleitet werden.

Kostenrechnungssysteme			
Vollkosten-rechnung	Normalkosten-rechnung	Plankosten-rechnung	Istkosten-rechnung
Teilkosten-rechnung	Normalkosten-rechnung	Plankosten-rechnung	Istkosten-rechnung

Die **Plankostenrechnung** hingegen berücksichtigt erwartete oder zukünftige Kosten, die durch eine Schätzung ermittelt werden. Bei der Normalkostenrechnung kann von Verrechnungspreisen ausgegangen werden oder von normalisierten Kostensätzen oder Kalkulationsätzen. Die Plankostenrechnung wird untergliedert in

- eine starre Plankostenrechnung,
- eine flexible Plankostenrechnung und
- eine Grenzplankostenrechnung.

Verständnisfragen

Haben Sie alles verstanden? Mit den folgenden Fragen können Sie das Gelernte schnell prüfen:

1. Durch welche Kosten unterscheiden sich Deckungsbeitrag III und IV?

☐ durch erzeugnisfixe Kosten
☐ durch Kostenstellenfixkosten
☐ durch bereichsfixe Kosten
☐ durch Unternehmensfixkosten

2. Was ist ein Synonym für Fixkostendeckungsrechnung?

☐ Prozesskostenrechnung
☐ Direct Costing
☐ mehrstufige Deckungsbeitragsrechnung
☐ Gewinnschwellenanalyse

3. Welche Größen liegen der Normalkostenrechnung zugrunde?

☐ Ist-Werte
☐ Planwerte
☐ Durchschnittswerte
☐ Soll-Werte

5 Die Investitionsrechnung

Die Investitionsrechnung ermöglicht es, den Nutzen und die Rentabilität einer Investition zu ermitteln. Sie dient zudem der Entscheidungsunterstützung.

Neben ökonomischen Faktoren kommen auch andere Aspekte wie rechtliche, technologische und ökologische Gesichtspunkte zum Tragen, die die Entscheidung für oder gegen eine Investition beeinflussen.

Eine Investition ist eine Umwandlung von Kapital in Sach- oder Finanzvermögen.

Finanzmathematisch gilt eine Investition als der gesamte Zahlungsstrom von Ein- und Auszahlungen. Grundsätzlich wird zwischen statischen und dynamischen Verfahren der Investitionsrechnung differenziert.

- **Statische Ansätze** beruhen auf den Erfolgsgrößen der Kostenrechnung, wobei Durchschnittswerte zugrunde gelegt werden. In der betrieblichen Praxis führt diese Vereinfachung zu Ungenauigkeiten.
- Bei den **dynamischen Verfahren** erfolgt eine stärkere Differenzierung, bei der einzelne Perioden betrachtet werden. Der Barwert einer Investition wird mit dem Barwert der Einnahmen verglichen. Hierfür verwendet man die Verfahren der Auf- und Abzinsung.

Investitionsarten:

Investitionen	
Immaterielle Investitionen	
Finanzinvestitionen	
Sachinvestitionen	
Ersatzinvestition	Rationalisierungsinvestition
Erweiterungsinvestition	sonstige Investitionen

Bei den **Ersatzinvestitionen** kommt es nur darauf an, ein bereits vorhandenes Objekt durch Investitionen zu ersetzen. Eine solche neue Investition kann unter Umständen kostengünstiger sein, als das alte Objekt beizubehalten. Darüber hinaus kann der technologische Fortschritt erfordern, dass einzelne Maschinen oder Anlagen durch technologisch neuere ersetzt werden.

Bei den **Rationalisierungsinvestitionen** steht die Verbesserung der Leistungsfähigkeit des Unternehmens im Mittelpunkt. Der Rationalisierungseffekt wird meist durch Ersatzinvestitionen bewerkstelligt.

Erweiterungsinvestitionen dienen dazu, das Potenzial des Unternehmens und die Produktionskapazitäten zu erhöhen, um Engpässe zu vermeiden. Durch zusätzliche Investitionsobjekte wird die Effektivität und Effizienz der Fertigung und der Dienstleistungen beträchtlich erhöht.

Die Investitionsrechnung selbst wird untergliedert in Verfahren der Wirtschaftlichkeitsrechnung und jene der Unternehmensbewertung.

Die Verfahren der **Wirtschaftlichkeitsrechnung** werden weiter aufgeschlüsselt in statische Verfahren und dynamische Verfahren.

- Zu den statischen Verfahren zählen
  - die Gewinnvergleichsrechnung,
  - die Kostenvergleichsrechnung,
  - die Rentabilitätsrechnung und
  - die Amortisationsrechnung.
- Die dynamischen Verfahren werden systematisiert in
  - die Kapitalwertmethode,
  - die interne Zinsfußmethode und
  - die Annuitätenmethode.

Im Rahmen des Controlling kann auch eine **Bewertung des Unternehmens** vorgenommen werden, um dessen Leistungs- und Wettbewerbsfähigkeit zu bestimmen. Hierfür gibt es verschiedene Verfahren in der Betriebswirtschaftslehre, die weit verbreitet sind.

Eine dieser Methoden ist der **Zukunftserfolgswert**, der auf einem subjektivem Bewertungsansatz basiert. Dabei wird der zukünftige Erfolg als Zukunftserfolgswert zusammengefasst.

Traditionelle Verfahren der Unternehmensbewertung sind das **Ertragswertverfahren**, das Substanzwertverfahren und das Mittelwertverfahren. Beim Ertragswertverfahren werten die Zinsgewinne des Unternehmens ermittelt. Als Zukunftserfolgswert wird der Kalkulationszinsfuß für risikofreie Anlagen zugrunde gelegt. Dieser Ansatz ist abhängig von der jeweiligen Rechtsform des Unternehmens, der Größenklasse sowie der Branche.

?!! Verständnisfragen

Haben Sie alles verstanden? Mit den folgenden Fragen können Sie das Gelernte schnell prüfen:

1. Was sind Ansätze in der dynamischen Investitionsrechnung?

- ☐ Kapitalwertmethode
- ☐ Amortisationsrechnung
- ☐ Annuitätenmethode

2. Wie sind Beispiele für Sachinvestitionen?

- ☐ Erweiterungsinvestitionen
- ☐ Rationalisierungsinvestitionen
- ☐ Finanzinvestitionen
- ☐ immaterielle Investitionen
- ☐ Ersatzinvestitionen

3. Welcher Ansatz der Unternehmensbewertung beruht auf dem Reproduktionswert?

- ☐ Ertragswertverfahren
- ☐ Substanzwertverfahren
- ☐ Mittelwertverfahren

6 Das strategische Controlling

Ein wichtiger Gesichtspunkt bei der Umsetzung ist die Strategiedefinition, die für jedes Unternehmen unerlässlich ist. Beim Strategieprozess geht es darum, eine Strategie zu entwickeln, die differenziert den Rahmenbedingungen und den spezifischen Charakteristika des Unternehmens entspricht.

Funktionen von Zielen	
Steuerungsfunktion	Orientierungsfunktion
Motivationsfunktion	Beurteilungsfunktion
Kontrollfunktion	Filterfunktion
Magnetfunktion	Rückkopplungsfunktion

Die SWOT-Analyse

Die SWOT-Analyse ist eine Methode, um bei Unternehmen die Stärken und Schwächen zu ermitteln. Sie dient als Instrument zur Strategieentwicklung. Das Akronym SWOT steht für die englischen Begriffe

- **S**trengths (Stärken),
- **W**eaknesses (Schwächen),
- **O**pportunities (Chancen) und
- **T**hreats (Risiken).

Das Life Cycle Costing

Aus dem Lebenszyklusmodell wurde ein eigenes Controlling-Instrument entwickelt, das als Life Cycle Costing (LCC) oder auf Deutsch als Lebenszykluskostenrechnung bezeichnet wird.

Dabei wird der gesamte Prozess bei der Herstellung eines Produkts beleuchtet und die Kosten, die in den einzelnen Phasen anfallen, werden umfassend analysiert.

Bei den Kosten wird zwischen zeitlichen und sachlichen Aspekten differenziert.

- Die **sachlichen Kriterien** thematisieren das herzustellende Objekt,
- während die **zeitlichen Aspekte** die Struktur der Phasen und die Dauer untersuchen.

Neben den Produktionskosten (auch Produktentwicklung, Design, Verpackung, Logistik, Kundenservice) werden auch Kosten für das Recycling und die Entsorgung berücksichtigt.

Die Portfolioanalyse

Bei der Portfolioanalyse erfolgt eine Positionierung innerhalb eines Quadrantensystems. Berücksichtigt werden Aspekte wie der Produktlebenszyklus sowie der Marktlebenszyklus. Die Portfolioanalyse unterscheidet bestimmte Bereiche, in denen das Unternehmen eingeordnet wird. Hierfür gibt es so genannte Matrizen, die der Veranschaulichung dienen.

Die **Vier-Felder-Matrix** betrachtet vorwiegend das Marktwachstum und den relativen Marktanteil, der sich aus dem Quotienten von dem Marktanteil des Unternehmens und dem Marktanteil des stärksten Wettbewerbers ergibt.

Ein weiteres Instrument des strategischen Controlling ist die **Produkt-Markt-Matrix**, die nach dem Erfinder auch **Ansoff-Matrix** oder Z-Matrix genannt wird. Sie dient der Strategieselektion. Die Ansoff-Matrix differenziert zwischen vorhandenen und neuen Produkten. In einer zweiten Dimension berücksichtigt sie die Märkte und die Intensität der Marktdurchdringung.

Ein weiteres Hilfsmittel der Portfolioanalyse im Rahmen des strategischen Controlling ist das McKinsey-Portfolio, das auch den Namen **Marktattraktivitäts-Wettbewerbsstärken-Portfolio** oder **Neun-Felder-Portfolio** trägt.

Die Balanced Scorecard

Die Balanced Scorecard (auf Deutsch: „Ausgewogenes Kennzahlensystem") ist ein Controllinginstrument, das für verschiedene Bereiche zur Steuerung des Unternehmens komplexe Kennzahlen zur Verfügung stellt.

Dabei werden verschiedene Bereiche des Unternehmens mit einbezogen, die auch qualitative Aspekte wie Kundenzufriedenheit widerspiegeln.

Durch einen Soll-Ist-Vergleich soll festgestellt werden, wie hoch der Zielerreichungsgrad ist. Die Kennzahlen fungieren als Indikatoren für den Erfolg eines Unternehmens und stellen eine Rückmeldung für das Management dar.

Shareholder Value und Stakeholder Value

Der Shareholder Value betrachtet das Unternehmen aus der Sicht des Kapitalmarktes und strebt eine Erhöhung des Wertes für den Anteilseigner an. Im Vordergrund stehen daher Rentabilitätskennzahlen. Besonders häufig zum Einsatz gelangen

- der Discounted Cashflow (**DCF**) und
- das Konzept des Economic Value Added (**EVA**).

Der Stakeholder-Value-Ansatz fokussiert sich auf die so genannten Anspruchsgruppen. Hierzu gehören neben den Mitarbeitern und Führungskräften auch Kunden, Anteilseigner, Lieferanten und Geschäftspartner.

Wissensmanagement und Wissensbilanz

Eine Wissensbilanz (im Englischen: intellectual capital statement) ist eine Methode, um das Wissenspotenzial eines Unternehmens zu erfassen und zu bewerten. Das Wissen der Mitarbeiter wird als eine strategisch äußerst bedeutsame Ressource aufgefasst, die maßgeblich zum Unternehmenserfolg beiträgt. Das Wissensmanagement ist auf der operativen Ebene angesiedelt, während die Wissensbilanz die strategische Dimension beleuchtet.

?!! Verständnisfragen

Haben Sie alles verstanden? Mit den folgenden Fragen können Sie das Gelernte schnell prüfen:

1. Wofür steht das „s“ in der Abkürzung SWOT?

☐ Strengths
☐ Strategy
☐ Sign

2. Welcher Aspekt wird vom Lebenszyklusmodell vorwiegend berücksichtigt?

☐ Marketingaspekte
☐ Organisationsaspekte
☐ ökologische Aspekte

3. Wofür stehen die Quadranten in der BCG-Matrix?

☐ Stars, Question Marks, Wild Dogs, Slow Cats
☐ Stars, Question Marks, Poor Dogs, Cash Cows
☐ Stars, Question Marks, Poor Dogs, Money Foxes

4. Welche Determinanten beeinflussen die Marktattraktivität?

☐ Marktwachstum
☐ Marktgröße
☐ Markteintrittsbarrieren

5. Welche Perspektiven umfasst die Balanced Scorecard?

☐ Finanzperspektive
☐ Kundenperspektive
☐ Mitarbeiterperspektive

7 Das operative Controlling

Das operative Controlling hat einen mittelfristigen und kurzfristigen Zeithorizont und dient vor allem dazu, die Liquidität im Unternehmen zu sichern und die Produktivität zu erhöhen und das Unternehmen insgesamt zu optimieren und Kostensenkungsprogramme zu implementieren.

Budgetierungsverfahren

Ein wichtiges Instrument im Bereich des operativen Controlling sind die Budgetierungsverfahren. Die Budgetierung ist die Planung des Einsatzes von Finanzmitteln. Für einzelne Pläne wie den Absatz-, Umsatz-, Personal-, Liquiditäts- oder Marketingplan werden eigene Budgets definiert.

Das **Zero Base Budgeting** (die Nullbasis-Budgetierung) ist eine Controllingmetheode, die im Rahmen des Kostenmanagements erfolgt. Bei diesem Budgetansatz wird in einer Fiktion so gehandelt, als ob das Unternehmen von Grund auf neu gegründet und das Budget entsprechend geplant würde. Sinn und Zweck dieser Vorstellung ist es, alle bisherigen Budgetplanungen und die Routinen, die dadurch entstanden sind, zu durchbrechen.

Benchmarking

Unter Benchmarking versteht man den Vergleich mit den besten innerhalb der Branche. Das Benchmarking ermöglicht eine Optimierung der Ausrichtung des Unternehmens und eine Verbesserung der operativen Abläufe. Benchmarking kann intern erfolgen, wobei ein Vergleich innerhalb des Unternehmens oder einer Unternehmensgruppe angestellt wird, sowie extern, wenn andere Unternehmen in den Vergleich mit einbezogen werden.

Hauptziel des Benchmarking ist die Leistungsoptimierung durch die Best Practices anderer Unternehmen oder Branchen. Die Effizienz („die Dinge richtig tun") und die Effektivität („die richtigen Dinge tun") sollen gesteigert werden.

Berichtswesen und Reporting

Das betriebliche Berichtswesen (Reporting) umfasst alle Mittel, Ressourcen und Maßnahmen eines Unternehmens, die der Informationsversorgung und -verarbeitung im Unternehmen dienen. Berichte sind systematisch aufbereitete Informationen.

Kennzahlensysteme

Ein Kennzahlensystem ist eine Anzahl von aufeinander abgestimmten Kennzahlen, die den gesamten Erfolg eines Unternehmens anschaulich und nachvollziehbar abbilden sollen.

Kennzahlensysteme berücksichtigen verschiedene Kriterien, die bei ihrer Zusammensetzung zur Anwendung kommen.

Eines der wichtigsten Kriterien ist die Quantifizierbarkeit der Kennzahlen; denn sie müssen sich mengenmäßig erfassen lassen. Darüber hinaus ist es erforderlich, dass die Kennzahlen nur einen begrenzten Umfang von Daten widerspiegeln, denn die Beschaffung von einer hohen Menge von Informationen wäre im Unternehmen zu aufwändig und würde die Wirtschaftlichkeit des Controlling beeinträchtigen. Zudem sollten die Kennzahlen eine hohe Prognosequalität enthalten, die auch einen Zukunftsbezug ermöglicht.

Früherkennungssysteme

Durch Früherkennungssysteme wird es möglich, sich schneller an die Umwelt- und Unternehmensveränderungen anzupassen und auch mögliche Gefahren frühzeitig zu identifizieren. Darüber hinaus geht es darum, auch Chancen rechtzeitig wahrzunehmen und zu nutzen.

Zu den strategischen Früherkennungssystemen zählt beispielsweise die Gap-Analyse. Die **Gap-Analyse** ermöglicht es, Lücken, die bei der Zielerreichung auftreten, zu identifizieren. Die Gap-Analyse gestattet somit eine sachliche und eine zeitliche Kontrolle. Diese Kontrolle erstreckt sich auch auf die Implementierung und potenzielle Prognosefehler.

Verständnisfragen

Haben Sie alles verstanden? Mit den folgenden Fragen können Sie das Gelernte schnell prüfen:

1. Was ist eine andere Bezeichnung für Zero Base Budgeting?

- ☐ Grundbudgetierung
- ☐ Nullbasis-Budgetierung
- ☐ Nullgrundlagen-Budgetierung

2. Welche Budgetformen gibt es im Zero Base Budgeting?

☐ Minimalbudget
☐ Normalbudget
☐ Standardbudget
☐ Spezialbudget

3. Wie findet der Vergleich beim Best-Practice-Benchmarking statt?

☐ zwischen Abteilungen
☐ zwischen Unternehmen derselben Branche
☐ zwischen Unternehmen aus verschiedenen Branchen
☐ zwischen Unternehmen in einem Konzern

4. Was wird mit der Gap-Analyse ermittelt?

☐ der Zielerreichungsgrad
☐ die Aufbauorganisation
☐ die Divergenz zwischen Soll- und Ist-Werten
☐ die Wettbewerbslücke
☐ der Cashflow

Literaturtipps

Friedl, Birgit (2013): Controlling. 2. Auf. Konstanz/München: UTB/UVK Lucius.

Friedl, Birgit (2012): Fit für die Prüfung: Kosten- und Leistungsrechnung (Lerntafel). Konstanz/München: UTB/UVK Lucius.

Horváth, Peter (2009): Controlling. 11. Aufl. München: Vahlen.

Jung, Hans (2011): Controlling. 3., überarb. Aufl. München: Oldenbourg.

Nagel, Michael; Mieke, Christian (2014): BWL-Methoden. Konstanz/München: UTB/UVK Lucius.

Schmeisser, Wilhelm u. a. (2014): Personalcontrolling. Konstanz/München: UTB/UVK Lucius.

Weber, J.; Schäffler, U. (2010): Einführung in das Controlling. 12. Aufl. Stuttgart: Schäffer-Poeschel

Jörg Wöltje

C
Finanzierung

1 Systematik der Finanzierung

Unter **Finanzierung** versteht man die **Kapitalbeschaffung** (einschließlich der Kapitaltilgung) und die **Kapitalverwendung**. Den Kapitalnehmern steht eine große Anzahl an Finanzierungsinstrumenten zur Verfügung. Die Systematik der Finanzierungsformen zeigt Abbildung 1.

Finanzierungsregeln

Die **goldene Finanzierungsregel** besagt, dass die Fristigkeit des Kapitals der Fristigkeit des finanzierten Vermögens entsprechen soll, d. h. langfristige Investitionen sollen auch langfristig finanziert werden: Daraus lässt sich ableiten:

Wichtige Kennzahl:

$$\frac{\text{langfristiges Vermögen}}{\text{langfristiges Kapital}} \leq 1 \text{ bzw. } \frac{\text{kurzfristiges Vermögen}}{\text{kurzfristiges Kapital}} \geq 1$$

Gemäß der **goldenen Bilanzregel** (im engeren Sinne) soll das Anlagevermögen durch dauerhaft zu Verfügung stehendes Eigenkapital (EK) oder durch langfristiges Fremdkapital (FK) finanziert werden. Somit gilt:

EK + langfristiges FK ≥ Anlagevermögen

Bei der **goldenen Bilanzregel** (im weiteren Sinne) sollte neben dem Anlagevermögen auch das langfristige Umlaufvermögen langfristig finanziert werden. Somit gilt:

EK + langfristiges FK ≥ Anlagevermögen + langfristiges Umlaufvermögen

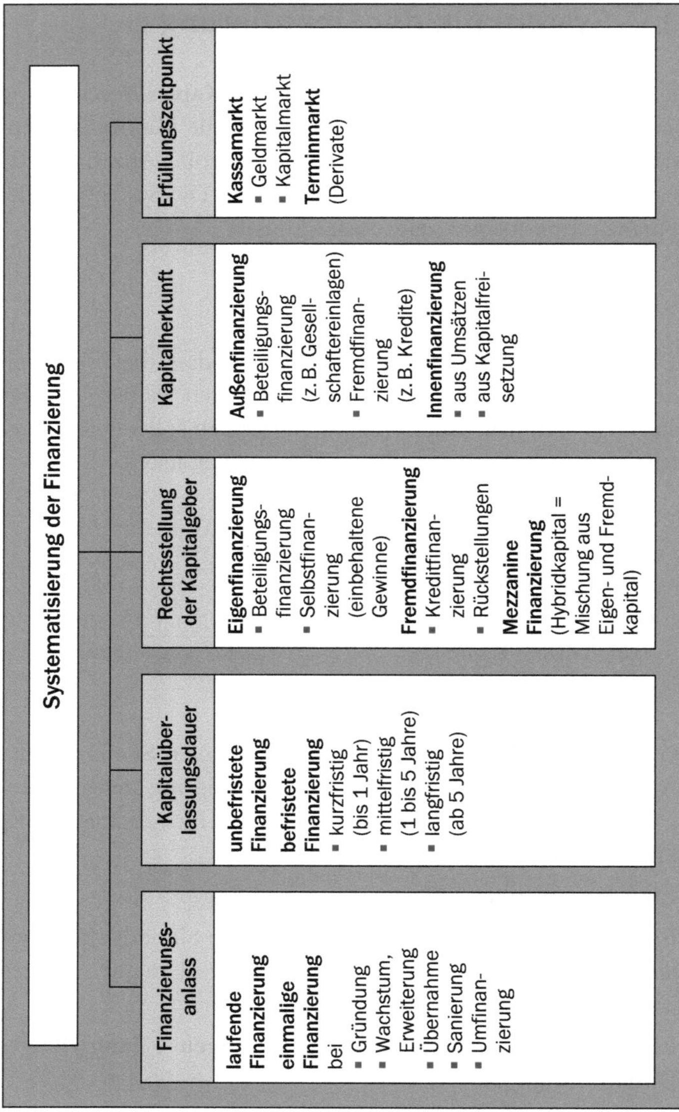

Abb. 1: Systematisierung der Finanzierung

Verständnisfragen

Haben Sie alles verstanden? Mit den folgenden Fragen können Sie das Gelernte schnell prüfen:

1. **Sind die folgenden Aussagen richtig oder falsch? Markieren Sie bitte durch Ankreuzen, ob folgende Aussagen richtig oder falsch sind.**

	Aussagen	richtig	falsch
a)	Zur Außenfinanzierung zählt die Beteiligungsfinanzierung.	☐	☐
b)	Zur Innenfinanzierung zählt die Finanzierung über Rückstellungen.	☐	☐
c)	Zur kurzfristigen Fremdfinanzierung gehört die Kundenanzahlung.	☐	☐
d)	Kundenanzahlungen sind Kundenkredite, die oft Finanzierungshilfen für Hersteller darstellen.	☐	☐
e)	Die Beteiligungsfinanzierung ist eine Form der Innenfinanzierung.	☐	☐
f)	Unter dem Begriff „Finanzierung" versteht man die Beschaffung finanzieller Mittel und die Vermeidung von Auszahlungen.	☐	☐

2. **Beschreiben und erklären Sie kurz die zwei verschiedenen Formen der „goldenen Bilanzregel".**

2 Finanzierungsarten im Überblick

Die Finanzierungsalternativen können zum einen nach der **Rechtsstellung der Kapitalgeber** in ***Eigen- und Fremdfinanzierung*** und zum anderen nach der **Kapitalherkunft** in ***Außen- und Innenfinanzierung*** unterschieden werden.

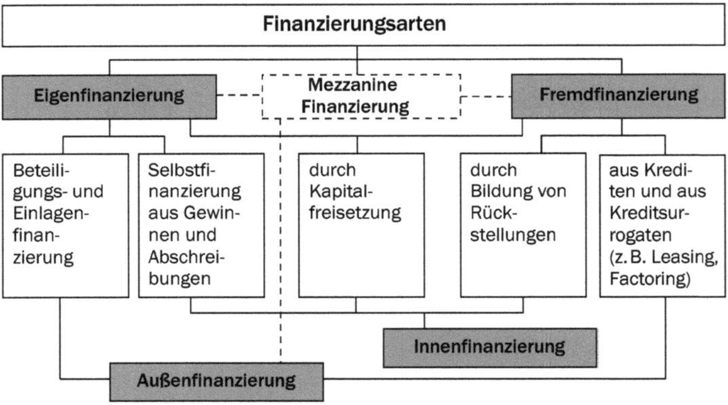

Abb. 2: Finanzierungsarten

Eine Mischform aus Eigen- und Fremdkapitalfinanzierung ist die **Mezzanine Finanzierung**. Das Mezzanine Kapital ist nachrangig gegenüber dem Fremdkapital aber vorrangig gegenüber dem Eigenkapital.

Die folgende Tabelle grenzt die Finanzierungsformen nach der **Rechtsstellung der Kapitalgeber** ab.

Tab. 1: Finanzierungsformen nach der Rechtsstellung der Kapitalgeber

Unterschiede zwischen Eigen-, Fremd- und Mezzanine-Kapital			
Kriterien	**Eigenkapital**	**Mezzanine-Kapital**	**Fremdkapital**
Finanzierungsart	Beteiligungsfinanzierung	Hybrid-Kapital, d.h. Mischung aus Eigen- und Fremdkapital	Kreditfinanzierung
Rechtsverhältnis	Beteiligungsverhältnis	es dominiert der Fremdkapitalcharakter	Schuldverhältnis
Beispiel für Kapitalgeber	Stammaktionär, GmbH-Gesellschafter	Genussscheininhaber, Stiller Gesellschafter	Kreditgeber (Bank), Leasinggesellschaft
Haftung für Verluste	(Mit-)Eigentümerstellung, mindestens in Höhe der Einlage	Rangrücktritt gegenüber erstrangigem Fremdkapital	Gläubigerstellung, keine Haftung
Ertragsanteil	volle Teilhabe an Gewinn und Verlust (variable Vergütung), Teilnahme am Wertzuwachs	feste und/oder erfolgsabhängige Verzinsungsanteile	i.d.R. fester Verzinsungsanspruch, kein Anteil an Gewinn oder Verlust und keine Teilnahme am Wertzuwachs
Verfügbarkeit	i.d.R. unbefristet	befristet	i.d.R. befristet
Vermögensanspruch	Quotenanspruch bei Unternehmensverkauf, wenn Liquidationserlös größer als Schulden	optionale Beteiligung an Wertsteigerung	Rückzahlungsanspruch in Höhe der Gläubigerforderung
Unternehmensleitung	i.d.R. volle Informations-, Kontroll- und Stimmrechte	Informations- und Kontrollrechte möglich	grundsätzlich ausgeschlossen, aber teilweise faktisch möglich, keine Leitungsrechte, wenig Informations-, Kontroll- und Mitwirkungsrechte
steuerliche Behandlung	Gewinn voll belastet durch ESt, KSt, GewSt (variiert nach Rechtsform)	Zinsen als Aufwand steuerlich absetzbar (Einschränkung bei der Gewerbesteuer)	Zinsen als Aufwand steuerlich absetzbar (Einschränkung bei der Gewerbesteuer)
finanzielle Kapazität	begrenzt durch das private Vermögen und die Bereitschaft der Kapitalgeber	orientiert sich primär an zukünftig erwarteten Rückflüssen (Cashflows)	abhängig vom Rating, d.h. der Bonität und dem Vorliegen von Sicherheiten

?!! Verständnisfragen

Haben Sie alles verstanden? Mit den folgenden Fragen können Sie das Gelernte schnell prüfen:

1. **Sind die folgenden Aussagen richtig oder falsch? Markieren Sie durch Ankreuzen, ob folgende Aussagen richtig oder falsch sind.**

	Aussagen	**richtig**	**falsch**
a)	Die Kreditfinanzierung ist eine Form der Innenfinanzierung.	☐	☐
b)	Zur Innenfinanzierung zählt die Subventionsfinanzierung.	☐	☐
c)	Die Selbstfinanzierung ist eine Form der Fremdfinanzierung.	☐	☐
d)	Die Beteiligungsfinanzierung zählt zur Innenfinanzierung.	☐	☐
f)	Zur Fremdfinanzierung gehört auch die Finanzierung aus Gewinnen und Rücklagen.	☐	☐
g)	Zur Fremdfinanzierung zählt man die Inanspruchnahme von Kontokorrent- und Lieferantenkrediten.	☐	☐
h)	Unter der Außenfinanzierung versteht man die Finanzierung von Objekten außerhalb des Unternehmens (z. B. Finanzierung der Kunden).	☐	☐
i)	Zur Außenfinanzierung zählt die Beteiligungsfinanzierung.	☐	☐
j)	Zur Innenfinanzierung zählt die Finanzierung über Rückstellungen.	☐	☐
k)	Zur kurzfristigen Fremdfinanzierung gehört die Kundenanzahlung.	☐	☐

2. **Sind die folgenden Aussagen richtig oder falsch? Markieren Sie durch Ankreuzen, ob folgende Aussagen richtig oder falsch sind.**

Welche der folgenden Finanzierungsarten gehören zur **Innenfinanzierung**?	richtig	falsch
■ Finanzierung aus Abschreibungen,	☐	☐
■ Inanspruchnahme des Kontokorrentkredits,	☐	☐
■ Finanzierung durch Einlagen der Anteilseigner,	☐	☐
■ Ausgabe einer Schuldverschreibung,	☐	☐
■ Gewinne thesaurieren, anstatt auszuschütten.	☐	☐

3. **Nennen Sie bitte die Unterschiede zwischen Eigen-, Fremd- und Mezzanine Kapital in Bezug auf drei unterschiedliche Kriterien.**

4. **Nennen und erläutern Sie die folgenden Finanzierungsarten:**

- Außenfinanzierung,
- Beteiligungsfinanzierung,
- Kreditfinanzierung,
- Innenfinanzierung.

3 Kreditfinanzierung

Sie stellt eine bedeutende Form der Außenfinanzierung dar.

Bei der Kreditfinanzierung steht dem Kreditnehmer das Fremdkapital nur für einen **begrenzten Zeitraum** zur Verfügung. Für die Überlassung des Fremdkapitals hat der Kreditgeber einen vertraglichen Anspruch auf Rückzahlung des nominalen Kreditbetrags und Anspruch auf eine laufende Verzinsung zu einem variablen oder festen Zinssatz.

Vor einer Kreditvergabe überprüft der Fremdkapitalgeber die **Kreditwürdigkeit** des Kreditnehmers. Die **Kreditwürdigkeitsprüfung/Bonitätsprüfung** umfasst mindestens die

- rechtliche Kreditfähigkeit des Schuldners,
- persönliche Kreditwürdigkeit (Vertrauen),
- wirtschaftliche Kreditwürdigkeit (z. B. Jahresabschlussanalyse, aktueller Kreditstatus, Betriebswirtschaftliche Auswertung (BWA), Finanz-/Businessplan, Kreditsicherheiten etc.) und
- Kapitaldienstfähigkeit.

Kurzfristige Kreditfinanzierung

Bei den kurzfristigen Krediten (Laufzeit bis zu 12 Monaten) unterscheidet man zwischen **Handels- und Bankkrediten**. Die **Bankkredite** lassen sich unterteilen in **Geldkredite** (Bank stellt finanzielle Mittel zur Verfügung) und **Kreditleihen** (Bank verbürgt sich für den Kunden). Die folgende Abbildung zeigt die wesentlichen Arten kurzfristiger Kredite ohne Außenhandelskredite.

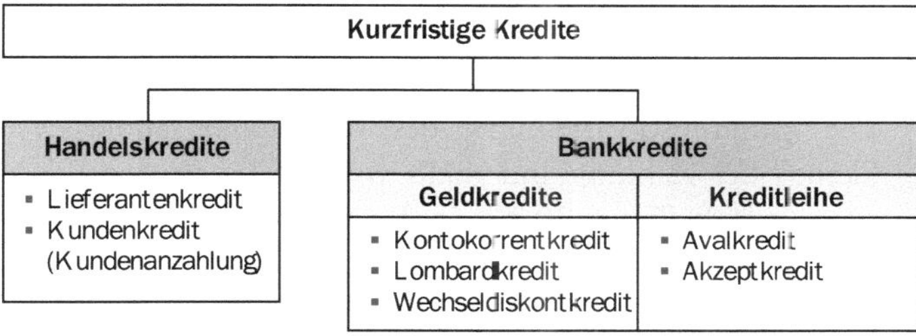

Abb. 3: kurzfristige Kredite

Lieferantenkredit

Beim **Lieferantenkredit** gewährt der Verkäufer dem Käufer einer Ware oder Dienstleistung ein Zahlungsziel (z. B. 30 Tage) und räumt in der Regel eine Skontofrist (z. B. 10 Tage) ein. Die Kosten des Lieferantenkredits werden durch den Skontosatz ausgedrückt. Der Skontosatz entspricht dem prozentualen Preisabzug, der dem Käufer gewährt wird, wenn er innerhalb der Skontofrist bezahlt. Wird die Skontofrist nicht genutzt, geht der Skonto verloren. Der entgangene Skonto entspricht rechnerisch dem Jahreszinskostensatz des Lieferantenkredits. Den Jahreszinssatz (i_{appr}) kann man mit der folgenden praxisüblichen Faustformel berechnen:

Wichtige Kennzahl:

$$i_{appr} = \frac{\text{Skontosatz}}{\text{Zahlungsziel} - \text{Skontofrist}} \times 360 \text{ Tage}$$

Beispiel: Berechnung des Jahreszinssatzes eines Lieferantenkredits
Die Zahlungsbedingungen des Lieferanten lauten: 2 % Skonto bei Zahlung innerhalb von 10 Tagen, sonst rein netto innerhalb von 30 Tagen. Bei Nichtinanspruchnahme des Skontos bedeutet dies einen Jahreszinssatz in Höhe von:

Wichtige Kennzahl:

$$i_{appr} = \frac{2\,\%}{30\text{ Tage} - 10\text{ Tage}} \times 360\text{ Tage} = 36\,\%$$

Der Jahreszinssatz (approximativer Effektivzinssatz) für die Inanspruchnahme des Lieferantenkredits beträgt 36 % p. a.

Merke: Der Lieferantenkredit ist in der Regel **sehr teuer.**

Kundenanzahlung

Kunden können in Form von **Anzahlungen** dem Verkäufer einen direkten Kredit gewähren (Vorauszahlungskredit). Üblich ist diese Form der Kreditfinanzierung bei Auftragsproduktionen, z. B. im Großanlagenbau. Durch die Anzahlung wird das Risiko reduziert, dass der Kunde die bestellte Ware nicht abnimmt oder keine Zahlung leistet. Kundenanzahlungen werden entweder bei Vertragsabschluss (Erteilung des Auftrags) oder nach teilweiser Fertigstellung bezahlt.

Kontokorrentkredit

Bei einem Kontokorrentkredit wird dem Unternehmen von einer Bank auf dem Kontokorrentkonto (Girokonto) nach einer Kreditwürdigkeitsprüfung eine Kontokorrentkreditlinie eingeräumt, die das Unternehmen je nach Bedarf in flexibler Höhe ausschöpfen kann. Für die Inanspruchnahme des Kontokorrentkredits sind variable Zinsen zu zahlen. Die Kreditkosten setzen sich zusammen aus den Sollzinsen, der Kreditprovision, der Bereitstellungsprovision, den Kontoführungsgebühren, und bei der Überschreitung der Kontokorrentkreditlinie wird eine Überziehungsprovision fällig.

Der Kontokorrentkredit sollte nicht dauerhaft in Anspruch genommen werden, da die Zinskonditionen regelmäßig über den Kosten eines Festkredits liegen.

Wechseldiskontkredit

Die Grundlage für einen Diskontkredit ist ein Wechselgeschäft. Der gezogene Wechsel enthält die unbedingte Anweisung des Wechselausstellers (Gläubigers, Trassant) an den Bezogenen (Schuldner, Trassat) eine bestimmte Geldsumme an ihn oder einen Dritten (Wechselnehmer, Remittent) zu zahlen. Der Bezogene wird zur Zahlung aus dem Wechsel verpflichtet, wenn er den Wechsel durch seine Unterschrift angenommen und akzeptiert hat.

Der Besitzer eines Wechsels kann diesen vor Fälligkeit als Zahlungsmittel auch an eigene Gläubiger weitergeben, damit begleicht er seine Verbindlichkeit, oder ihn bis zur Fälligkeit selbst behalten bzw. ihn bei einem Kreditinstitut diskontieren lassen. Unter der **Diskontierung eines Wechsels** versteht man den Ankauf einer noch nicht fälligen Wechselforderung von einer Bank, unter Abzug der Zinsen (Diskont), für die Zeit vom Ankaufstag bis zum Fälligkeitstag. Es handelt sich hierbei um ein Kreditgeschäft, da der Wechseleinreicher der

Bank gegenüber solange verpflichtet bleibt, bis der Bezogene die Zahlung geleistet hat. Die Kosten des Diskontkredites setzen sich aus dem Diskont und den Diskontspesen zusammen.

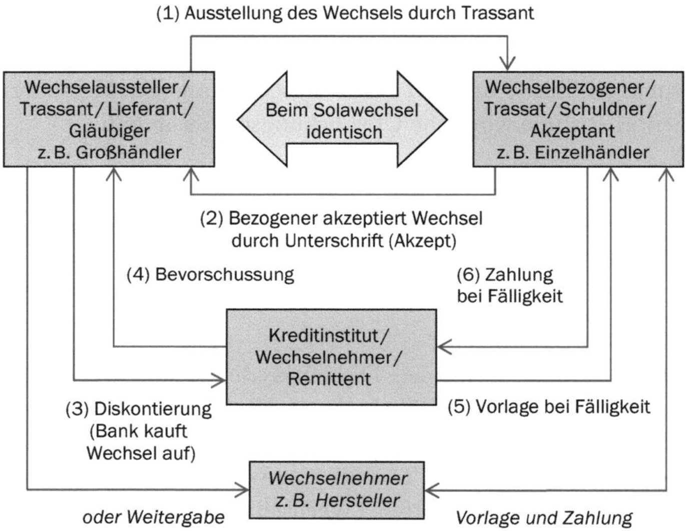

Abb. 4: Wechselgeschäft und Diskontkredit

Beispiel zur Effektivzinsberechnung eines Wechsels

Ein Händler liefert einem Handwerker Waren für 100.000 €. Der Handwerker befindet sich zum Zeitpunkt der Lieferung in einem finanziellen Engpass und bittet um Zahlungsaufschub um 90 Tage. Der Händler ist einverstanden, verlangt aber einen Wechsel, den er bei seiner Hausbank zum Diskont einreichen möchte. Den Aufwand trägt der Handwerker. Die Hausbank verlangt für 90 Tage 1,6 % und pauschal 0,15 % Diskontspesen. Ermitteln Sie den Ausstellungsbetrag für den Wechsel und den effektiven Jahreszins des Diskontkredits.

Ermittlung Ausstellungsbetrags:

 – –	Wechselsumme Diskontbetrag (1,6 % für 90 Tage) Diskontspesen	100.000,00 € -1.600,00 € -150,00 €	100,00 % 1,6 % 0,15 %
=	Auszahlungsbetrag (Prozentsatz)	= 98.250,00 €	98,25 %
	Gesamtforderung	100.000,00 €	98,25 %
	Wechselsumme (100.000 : 0,9825)	**= 101.781,17 €**	**100,00 %**

Ermittlung des effektiven Jahreszinssatzes (i_{eff}):

Wichtige Kennzahl:

$$i_{eff} = \frac{\text{Kosten der Diskontierung}}{\text{Kredit}} \times \frac{360 \text{ Tage}}{\text{Laufzeit}} \times 100$$

$$= \frac{1.781,17}{100.000} \times \frac{360}{90}$$

$$\times\ 100 = 7,12468\,\%$$

Lombardkredit

Unter einem **Lombardkredit** versteht man die Ausreichung eines kurzfristigen Darlehens durch eine Bank gegen Verpfändung von Wertpapieren, Waren, Wechseln, Forderungen oder Edelmetallen. Die verpfändeten Güter werden jedoch nicht in voller Höhe ihres Wertes beliehen.

Akzeptkredit

Beim Akzeptkredit handelt es sich um eine **Kreditleihe**, d. h. das Unternehmen erhält von der Bank kein Geld, sondern die Bank stellt lediglich als Bezogener eines Wechsels ihre Kreditwürdigkeit zur Verfügung. Das Unternehmen (Aussteller des Wechsels) muss jedoch den Wechselbetrag bei Fälligkeit zur Verfügung stellen, damit der Wechsel zu dessen Lasten eingelöst werden kann.

Avalkredit

Unter einem **Avalkredit** versteht man die Übernahme einer Bürgschaft oder Garantie durch eine Bank im Auftrag eines Kunden (Avalkreditnehmer) gegenüber einem Dritten (Avalbegünstigter). Das bedeutet, dass die Bank eine Garantie dafür abgibt, dass der Avalkreditnehmer einer bestimmten Verpflichtung nachkommen wird.

Langfristige Kreditfinanzierung

Langfristige Kredite haben eine Laufzeit von mehr als fünf Jahren.

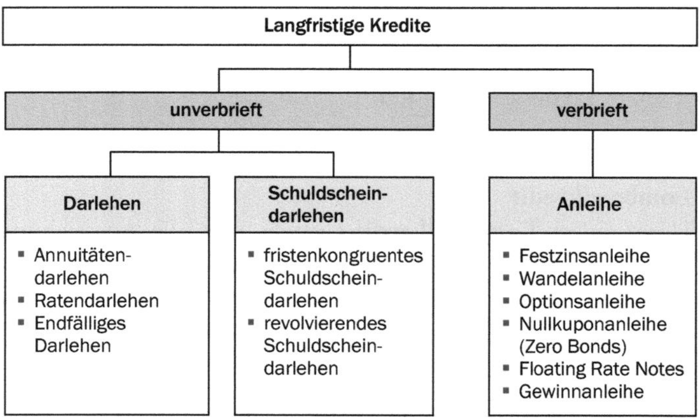

Abb. 5: Langfristige Kredite

Die Tilgungsmodalitäten von (langfristigen) Darlehen können unterschiedlich ausgestaltet sein. Zu unterscheiden sind im Wesentlichen drei Varianten.

	Annuitätendarlehen	Ratendarlehen	Endfälligkeitsdarlehen
Tilgung	steigende Tilgung während der Laufzeit	immer gleich hohe Tilgungsraten	einmalige Rückzahlung am Ende der Laufzeit
Zinsen	langsam sinkende Zinszahlungen	schneller sinkende Zinszahlungen	konstante Zinszahlungen
Liquidität	konstante Liquiditätsbelastung, da Summe aus Zins und Tilgung bei jeder Zahlung identisch	zunächst hohe, dann niedrigere Liquiditätsbelastung	geringe laufende Liquiditätsbelastung während der Laufzeit
Kosten	mittlere Finanzierungskosten	geringere Finanzierungskosten	höhere Finanzierungskosten

Beispiel: Tilgungsmodalitäten der verschiedenen Darlehensarten

Es wird ein Darlehen in Höhe von 100.000 € mit einer Laufzeit von vier Jahren und einem Zinssatz von 8 % vergeben.

Annuitätendarlehen

Beim Annuitätsdarlehen zahlt der Kreditnehmer über die gesamte Laufzeit eine konstante Kreditrate, bestehend aus Zinsen und Tilgung. Zunächst wird die Annuität mithilfe des Kapitalwiedergewinnungsfaktors (KWF) berechnet.

Wichtige Kennzahl:

$$KWF = \frac{(1+i)^n \times i}{(1+i)^n - 1}$$

$$\text{Annuität} = \text{Darlehensbetrag} \times KWF$$

$$\text{Annuität} = 100.000\,€ \times \frac{(1+0{,}08)^4 \times 0{,}08}{(1+0{,}08)^4 - 1}$$

$$= 30.192{,}08\,€$$

Tilgungsplan Annuitätendarlehen					
Jahr	Restschuld Jahresanfang	Zinsen (8%)	Tilgung	Annuität	Restschuld Jahresende
	a	b = (a x 0,08)	c = (d – b)	d	e = (a – c)
1	100.000,00€	8.000,00€	22.192,08€	30.192,08€	77.807,92€
2	77.807,92€	6.224,63€	23.967,45€	30.192,08€	53.840,47€
3	53.840,47€	4.307,24€	25.884,84€	30.192,08€	27.955,63€
4	27.955,63€	2.236,45€	27.955,63€	30.192,08€	0,00€
∑	**Summe**	**20.768,32€**	**100.000,00€**	**120.768,32€**	

Ratendarlehen

Bei einem Ratendarlehen nimmt die Kreditrate im Zeitverlauf ab. Die Tilgungshöhe bleibt immer gleich, aber die Zinsen sinken, da sie sich nur auf die Restschuld beziehen.

Tilgungsplan Ratendarlehen					
Jahr	Restschuld Jahresanfang	Zinsen	Tilgung	Kapitaldienst	Restschuld Jahresende
	a	b = (a x 0,08)	c	d = (b + c)	e = (a – c)
1	100.000€	8.000€	25.000€	33.000€	75.000€
2	75.000€	6.000€	25.000€	31.000€	50.000€
3	50.000€	4.000€	25.000€	29.000€	25.000€
4	25.000€	2.000€	25.000€	27.000€	0€
∑	**Summe**	**20.000€**	**100.000€**	**120.000€**	

Endfälliges Darlehen

Beim endfälligen Darlehen erfolgen über die Laufzeit nur Zinszahlungen, während die Tilgung des Kredits in voller Höhe erst zum Vertragsende erfolgt. Zunächst werden die jährlichen Zinsen berechnet: 100.000€ × 0,08 = **8.000€**

Tilgungsplan endfälliges Darlehen					
Jahr	Restschuld Jahresanfang	Zinsen	Tilgung	Kapitaldienst	Restschuld Jahresende
	a	b = (a x 0,08)	c	d = (b + c)	e = (a - c)
1	100.000€	8.000€	0€	8.000€	100.000€
2	100.000€	8.000€	0€	8.000€	100.000€
3	100.000€	8.000€	0€	8.000€	100.000€
4	100.000€	8.000€	100.000€	108.000€	0€
Σ	**Summe**	**32.000€**	**100.000€**	**132.000€**	

Effektivverzinsung bei endfälligem Darlehen mit Disagio

Die Effektivverzinsung gibt Auskunft über die tatsächlichen Finanzierungskosten eines Darlehens. Der Effektivzinssatz (i_{eff}) kann mit folgender Näherungsformel berechnet werden:

Wichtige Kennzahl:

$$i_{eff} = \frac{i_{nom} + \frac{R - A}{n}}{A} \times 100$$

i_{eff} = Effektivzinssatz
i_{nom} = Nominalzinssatz (dezimal)
R = Rückzahlungskurs (dezimal)
A = Auszahlungskurs (dezimal)
n = Laufzeit (Jahre)

Beispiel: Effektivverzinsung eines endfälligen Darlehens

Es wird ein Darlehen von 100.000€ zu einem Nominalzinssatz von 6% bei einer Auszahlung von 98% über 4 Jahre gewährt. Das Darlehen wird zum **Ende des 4. Jahres zurückgezahlt**.

Wichtige Kennzahl:

$$i_{eff} = \frac{0{,}06 + \frac{1{,}00 - 0{,}98}{4}}{0{,}98} \times 100 = 6{,}63\,\%$$

Der approximativ berechnete effektive Jahreszinssatz beträgt ca. 6,63 %.

Schuldscheindarlehen
Schuldscheindarlehen sind große Kredite, die von Kapitalsammelstellen (z. B. Lebensversicherungen, Pensionsfonds) an große Industrie- oder Dienstleistungsunternehmen, Banken oder die öffentliche Hand vergeben werden. Die Rückzahlung erfolgt in der Regel am Ende der Laufzeit.

Anleihen (Schuldverschreibungen)
Anleihen sind Forderungspapiere, durch die ein Kredit am Kapitalmarkt aufgenommen wird. Im Unterschied zu Privatkrediten werden Anleihen öffentlich und nur von juristischen Personen herausgegeben.

Anleihen sind verzinsliche Wertpapiere, durch die ein Kredit am Kapitalmarkt aufgenommen wird. Sie werden an der Börse gehandelt und lauten auf einen bestimmten Nennwert. Die Laufzeit liegt i. d. R. zwischen 5 und 10 Jahren. Sie sind meistens mit einem festen Nominalzins ausgestattet. Die Rückzahlung erfolgt am Ende der Laufzeit.

Anleihen können als:

- **Festzinsanleihen** haben über die Laufzeit einen festen Zinssatz,

- **Wandelanleihen** (Convertible Bonds) gewähren zusätzlich zu den Rechten normaler Anleihen das Recht beziehungsweise die Option auf Umtausch der Schuldverschreibungen in Aktien, also der Umwandlung von Fremdkapital in Eigenkapital,
- **Optionsanleihen** (Bond Warrants) gewähren dem Gläubiger über seine normalen Rechte wie Zinszahlung und Rückzahlung des Kredites zusätzlich das Recht zur Anleihe Aktien zu vorab festgelegten Bedingungen während einer bestimmten Frist zu beziehen,
- **Zero Bonds** gewähren keine laufenden Zinszahlungen. Erst am Ende der Laufzeit zahlt der Emittent die Zinsen, Zinseszinsen und den Emissionsbetrag,
- **Floating Rate Notes** sind variable verzinste Anleihen und
- **Gewinnanleihen** verbriefen neben dem Verzinsungs- und Tilgungsanspruch zusätzlich einen mit der Dividende gekoppelten Gewinnanspruch.

herausgegeben werden.

Verständnisfragen

Haben Sie alles verstanden? Mit den folgenden Fragen können Sie das Gelernte schnell prüfen:

1. a) **Mit was ist ein entgangener Skonto vergleichbar?**

b) **Nennen Sie die wichtigsten Faktoren eines Lieferanten- sowie eines Kundenkredites.**

c) **Durch welche Besonderheit zeichnet sich der Zinssatz bei einem Kontokorrentkredit aus? Nennen Sie einen wesentlichen Unterschied zwischen Kontokorrent- und Lombardkredit.**

d) Unterscheiden Sie kurz den Akzeptkredit von dem Avalkredit.

e) Beschreiben Sie die „Möglichkeit zur Weitergabe" bei einem Wechsel. Gehen Sie insbesondere auf die Diskontierung ein.

f) Ein Hersteller für Bürobedarf beliefert ein kleines Warenversandhaus mit Waren im Wert von 79.000 €. Aufgrund eines finanziellen Engpasses seitens des Warenversandhauses, wird ein Zahlungsaufschub um 90 Tage in Form eines Wechsels vereinbart. Der Wechsel wird von dem Hersteller für Bürobedarf bei seiner Hausbank zum Diskont eingereicht. Einvernehmlich wird der entstehende Aufwand von dem Warenversandhaus getragen. Für 90 Tage verlangt die Hausbank 1,73 % und pauschal 0,17 % Diskontspesen.
Bitte ermitteln Sie zuerst den Ausstellungsbetrag für den Wechsel und anschließend den effektiven Jahreszins des Diskontkredits.

g) Beschreiben Sie die unterschiedlichen Tilgungs- und Zinsverläufe für alle drei Formen der langfristigen Kreditfinanzierung.

h) Nennen und beschreiben Sie drei verschiedenen Formen einer Anleihe.

2. Tilgungsformen von Darlehen

Eine Bank bietet für ein Darlehen folgende Konditionen an:

- Nennbetrag: 100 T€
- Disagio: 2 T€
- Laufzeit: 8 Jahre
- Tilgungsfreie Jahre: 3 Jahre
- Nominalzinssatz: 8 %

Tragen Sie aus Kundensicht für die drei bekannten Tilgungsformen die Einzahlungen (+) – und Auszahlungen (–) für jedes Jahr in die folgenden Tabellen ein:

a) Ratendarlehen

Jahr	01	02	03	04	05	06	07	08
Einzahlung								
Zinsen								
Tilgung								
Zins + Tilgung								

b) Festdarlehen

Jahr	01	02	03	04	05	06	07	08
Einzahlung								
Zinsen								
Tilgung								
Zins + Tilgung								

c) Annuitätendarlehen

Jahr	01	02	03	04	05	06	07	08
Einzahlung								
Zinsen								
Tilgung								
Zins + Tilgung								

3. Vergleich von Darlehensangeboten

Die IM AG möchte im Januar des nächsten Geschäftsjahrs in Ihrem Werk in Karlsruhe eine neue Produktionsanlage (Anschaffungskosten = 3 Mio. €) mit einem Bankdarlehen finanzieren. Das Bankdarlehen soll nach fünf Jahren voll-

ständig getilgt sein. Der IM AG liegen zwei Darlehensangebote vor:

- Angebot der Volksbank eG
  Abzahlungsdarlehen: Darlehensbetrag = 3.125.000 €, Auszahlung = 96 %, Nominalzinssatz = 6,5 %, Zins und Tilgung erfolgen immer am Jahresende
  [Hinweis: das Disagio würde die IM AG aktivieren (aktiver RAP) und über die Laufzeit gleichmäßig verteilen (abschreiben)].
- Angebot der Baden Bank AG
  Annuitätendarlehen: Darlehensbetrag = 3.000.000 €, Auszahlung 100 %, Nominalzinssatz = 7,0 %, die Zahlung der Annuitäten erfolgt immer am Jahresende.

a) Ermitteln Sie den Effektivzinssatz für das für das Abzahlungsdarlehen der Volksbank e. G. mit der Faustformel.

b) Ermitteln Sie für beide Darlehen die Aufwands- und die Liquiditätsbelastungen für die gesamte Darlehenslaufzeit. Steuern sind nicht zu berücksichtigen. Nutzen Sie bitte für die Lösungen die beiden folgenden Tabellen.

Abzahlungsdarlehen der Volksbank e. G.

Jahr	Darlehensbetrag	Tilgung	Zinsen	Disagio	Aufwand	Liquiditätsbelastung
1						
2						
3						
4						
5						
Summe						

Annuitätendarlehen der Baden Bank AG

Berechnung der Annuität

Jahr	Darlehens-betrag	Annui-tät	Tilgung	Zinsen	Aufwand	Liquiditäts-belastung
1						
2						
3						
4						
5						
Summe						

4. **Die Formenbau KG bezieht von der Chemie AG ihre Rohstoffe. Die Rechnungsstellung erfolgt monatlich. Der Rechnungsbetrag beträgt pro Monat durchschnittlich 45.000 EUR, wobei die Zahlung innerhalb 14 Tage abzüglich 2 % Skonto bzw. innerhalb von 30 Tagen netto Kasse zu erfolgen hat.**
   Ermitteln Sie den effektiven Zinssatz für den Fall, dass die Formenbau KG das Zahlungsziel ausnutzt, mithilfe der praxisüblichen Faustformel.
5. **Sind die folgenden Aussagen richtig oder falsch? Markieren Sie durch Ankreuzen, ob folgende Aussagen richtig oder falsch sind.**

	Aussagen	richtig	falsch
a)	Eine Sonderform der Anleihe ist das Schuldscheindarlehen.	☐	☐
b)	Beim Annuitätendarlehen nimmt im Zeitablauf der Zins zu und die Tilgung ab.	☐	☐
c)	Beim Ratendarlehen nimmt im Zeitablauf der Zins ab und die Tilgung zu.	☐	☐

		richtig	falsch
d)	Beim Endfälligkeitsdarlehen nimmt im Zeitablauf die Tilgung ab.	☐	☐
e)	Beim Ratendarlehen kann eine Tilgungsaussetzung vereinbart werden.	☐	☐
f)	Beim Endfälligkeitsdarlehen erfolgt die Tilgung immer am Jahresende.	☐	☐
g)	Der Kontokorrentkredit ist ein kurzfristiger Kredit, kann aber durch Prolongation langfristigen Charakter haben.	☐	☐
h)	Ein Kontokorrentkredit ist im Vergleich zum Ratendarlehen in der Regel teurer.	☐	☐
i)	Beim Annuitätendarlehen bleibt während der Kreditlaufzeit die Summe aus Zinsen und Tilgungen immer gleich hoch.	☐	☐
j)	Der Effektivzinssatz eines Annuitätendarlehens mit Disagio, erhöht sich, wenn unter sonst gleichen Bedingungen die Halbjahresraten statt bisher nachträglich im Voraus fällig sind.	☐	☐
k)	Beim Annuitätendarlehen ist während der Gesamtlaufzeit die Summe aus Zinsen und Tilgungen in jeder Periode gleich groß.	☐	☐
l)	Beim Tilgungsdarlehen sinkt im Zeitablauf die absolute Höhe der in den Raten enthaltenen Zinszahlungen.	☐	☐
m)	Beim endfälligen Darlehen ist die mittlere Laufzeit des Darlehens identisch mit der Gesamtlaufzeit des Darlehens.	☐	☐

		richtig	falsch
n)	Endfällige Darlehen wurden in der Vergangenheit oft in Verbindung mit der Ablaufleistung einer Kapitallebensversicherung getilgt.	☐	☐
o)	Beim Ratendarlehen nimmt die Gesamtrate aus Zins und Tilgung während der Kreditlaufzeit grundsätzlich progressiv ab.	☐	☐
p)	Der Effektivzinssatz eines Annuitätendarlehens erhöht sich, wenn die Bearbeitungsgebühr erhöht wird.	☐	☐
r)	Ein Avalkredit ist für einen Kunden so lange kostenlos, so lange an den Begünstigten keine Zahlung erfolgt.	☐	☐
s)	Schuldscheindarlehen und Industrieobligationen gehören zur langfristigen Fremdfinanzierung.	☐	☐

4 Mezzanine Finanzinstrumente

Eine Form der Außenfinanzierung.

Mezzanine-Kapital umfassen alle Finanzierungsarten, die in ihren rechtlichen und wirtschaftlichen Ausgestaltungen eine Mischform zwischen Eigen- und Fremdkapital darstellen. Das Mezzanine-Kapital kann in Form von Genussrechten, wertpapierverbrieften Genussscheinen, stillen Beteiligungen, Wandel- oder Optionsanleihen, Nachrangdarlehen oder Gesellschafterdarlehen begeben werden. Bei der Jahresabschlussanalyse wird das Mezzanine Kapital i.d.R. dem wirtschaftlichen Eigenkapital zugeordnet.

Verständnisfragen

Haben Sie alles verstanden? Mit den folgenden Fragen können Sie das Gelernte schnell prüfen:

1. **Was versteht man unter der „Mezzanine Finanzierung“?**

2. **Erläutern Sie je zwei Vor- und zwei Nachteile von Mezzanine-Kapital gegenüber einem traditionellen Bankdarlehen.**

5 Beteiligungsfinanzierung

Eine Form der Außenfinanzierung.

Die Rechtsform des Unternehmens hat einen starken Einfluss auf die Möglichkeiten der Beteiligungsfinanzierung. Generell ist bei der Beteiligungsfinanzierung zu unterscheiden zwischen:

- **ohne Börsenzugang** (Gesellschaftereinlagen, GmbH-Anteile)
  - Erhöhung der Kapitalanteile bisheriger Gesellschafter
  - Aufnahme neuer Gesellschafter oder stiller Gesellschafter
  - Kapitalbeteiligungs- oder Venture Capital Gesellschaften
- **mit Börsenzugang** (Emission von Aktien bei Aktiengesellschaften)

Formen der Kapitalerhöhung bei Aktiengesellschaften

Voraussetzung.: Zustimmung mit 75 % Mehrheit der Hauptversammlung.

- **Ordentliche Kapitalerhöhung**: Ausgabe neuer Aktien gegen Einlagen bei Gewährung des Bezugsrechtes an die Altaktionäre.
- **Bedingte Kapitalerhöhung**: Zulässig zur Abdeckung der Umtauschrechte bei Wandel-/Optionsanleihen, zur Vorbereitung von Unternehmenszusammenschlüssen sowie zur Gewährung von Bezugsrechten an Arbeitnehmer und die Mitglieder der Geschäftsführung im Rahmen von Mitarbeiterbeteiligungsprogrammen.

- **Genehmigte Kapitalerhöhung**: Vollmacht der Hauptversammlung an den Vorstand zur Erhöhung des Grundkapitals (max. für fünf Jahre, max. 50 % des bisherigen Grundkapitals). Der Vorstand kann dann mit Zustimmung des Aufsichtsrats flexibel entscheiden.
- **Nominelle Kapitalerhöhung**: Erhöhung des Grundkapitals aus Gesellschaftsmitteln durch Umwandlung von offenen Gewinn- und Kapitalrücklagen in Grundkapital, d. h. es fließen keine zusätzlichen Finanzmittel zu.

Bezugsrecht bei Kapitalerhöhung

Das Bezugsrecht ist ein Recht der Altaktionäre **auf den Bezug neuer Aktien** im Rahmen einer Kapitalerhöhung. Das Bezugsrecht schützt den Altaktionär vor einer Kapitalverwässerung.

Berechnung des Bezugsverhältnisses.

Wichtige Kennzahl:

$$\text{Bezugsverhältnis} = \frac{\text{bisheriges Grundkapital}}{\text{Grundkapitalerhöhung}} \text{ oder } \frac{\text{Anzahl alter Aktien}}{\text{Anzahl neuer Aktien}}$$

Rechnerischer Wert des Bezugsrechts mit Dividendennachteil

Wichtige Kennzahl:

Rechnerischer Wert des Bezugsrechts

$$= \frac{\text{Kurs alte Aktien} - (\text{Kurs neue Aktien} + \text{Dividendennachteil})}{\text{Bezugsverhältnis} + 1}$$

Ermittlung des rechnerischen Mischkurses

Wichtige Kennzahl:

Neuer Mittelkurs

$$= \frac{\text{Kurswert alte Aktien} + \text{Kurswert neue Aktien}}{\text{Anzahl Altaktien} + \text{Anzahl Jungaktien}}$$

Verständnisfragen

Haben Sie alles verstanden? Mit den folgenden Fragen können Sie das Gelernte schnell prüfen:

1.

a) **Erklären Sie die unterschiedlichen Arten der Kapitalerhöhung und zwar:**

- **ordentliche Kapitalerhöhung**
- **bedingte Kapitalerhöhung**
- **genehmigte Kapitalerhöhung**
- **nominelle Kapitalerhöhung**

b) **Von welchen Faktoren ist der rechnerische Wert des Bezugsrechts abhängig?**

c) **Ein kleines Warenversandhaus plant eine Kapitalerhöhung um 2.000.000 € auf 12.000.000 €. Der bisherige Kurs der Aktien beträgt 40 €/Aktie und die jungen Aktien werden für 25 €/Aktie herausgegeben. Berechnen Sie das Bezugsrecht und den neuen Mittelkurs.**

d) **Nennen Sie den wesentlichen Unterschied zwischen Überschuss- und Umschichtungsfinanzierung. Nennen und erläutern Sie zusätzlich zwei Bestandteile der Überschussfinanzierung.**

2. **Ist die folgende Aussage richtig oder falsch? Markieren Sie durch Ankreuzen, ob folgende Aussage richtig oder falsch sind.**

Aussage	**richtig**	**falsch**
Der Umfang des Mittelzuflusses bei einer Neuemission von Aktien wird ausschließlich durch die Höhe des Ausgabekurses der emittierten Aktie bestimmt.	☐	☐

6 Innenfinanzierung

Die Innenfinanzierung besteht im Wesentlichen aus der

- **Überschussfinanzierung** und
- **Umschichtungsfinanzierung**.

Zur **Überschussfinanzierung** gehören:

- Die **offene Selbstfinanzierung** (Gewinneinbehaltung aus versteuerten Gewinnen) ist aus dem Jahresabschluss ersichtlich.
- Die **stille Selbstfinanzierung** ist aufgrund der Bildung von stillen Reserven aus dem Jahresabschluss nicht erkennbar. Stille Reserven entstehen durch **Unterbewertung** von **Aktiva** (z. B. Unterlassung von Aktivierungen bzw. Verrechnung von zu hohen Abschreibungen) oder **Überbewertung** von **Passiva**: (durch die Bildung von zu hohen Rückstellungen, z. B. Gewährleistungs- oder Prozesskostenrückstellungen).
- Der **Finanzierungseffekt aus Abschreibungen** entsteht dadurch, dass Abschreibungen zwar Aufwendungen, aber keine Auszahlungen bewirken und die Ersatzinvestitionen erst zu einem späteren Zeitpunkt, d. h. nach Ablauf der Nutzungsdauer getätigt werden müssen. Der Finanzierungseffekt entsteht dadurch, dass Aufwand und Auszahlung auseinanderfallen. Die Abschreibungen verringern den Jahresgewinn, ohne dass der Gewinnminderung im gleichen Jahr eine Auszahlung gegenübersteht. Bei der **Finanzierung aus Abschreibungen** lassen sich zwei Formen unterscheiden: der **Kapitalfreisetzungseffekt** und der **Kapazitätserweiterungseffekt**. Den Kapazitätserweiterungseffekt können Sie mit folgender Formel berechnen:

Wichtige Kennzahl:

$$\text{Kapazitätsmultiplikator} = \frac{2}{1 + \frac{1}{\text{Nutzungsdauer}}}$$

- Der **Finanzierungseffekt aus Rückstellungen** entsteht, da die Bildung einer Rückstellung sofort als Aufwand verrechnet wird, während die korrespondierende Auszahlung erst zu einem späteren Zeitpunkt entsteht.

Umschichtungsfinanzierung
Sie erfolgt durch die Finanzierung aus sonstigen Kapitalfreisetzungen, d. h. aus dem Verkauf von Gütern und Finanztiteln sowie dem Finanzierungseffekt durch Rationalisierung.

?!! Verständnisfragen

Haben Sie alles verstanden? Mit den folgenden Fragen können Sie das Gelernte schnell prüfen:

1. Sind die folgenden Aussagen richtig oder falsch? Markieren Sie durch Ankreuzen, ob folgende Aussagen richtig oder falsch sind.

	Aussagen	**richtig**	**falsch**
	Zur Innenfinanzierung zählt man:		
a)	die Bildung von Rückstellungen;	☐	☐
b)	eine weitere Kapitaleinlage eines Personengesellschafters aus seinem Privatvermögen;	☐	☐

c) die Finanzierung zusätzlicher Periodenkapazitäten aus Abschreibungsgegenwerten. ☐ ☐

2. Zeigen Sie die Unterschiede zwischen stiller und offener Selbstfinanzierung auf.

3. Die M-Metall AG möchte zur Finanzierung des Kaufs einer neuen Lackieranlage im Höhe von 36 Mio. € eine ordentliche Kapitalerhöhung durchführen. Der Kurs der M-Metall Aktie wird vor der Kapitalerhöhung mit 220 €/Aktie notiert, der Bezugskurs der jungen Aktie beträgt 180 €/Aktie. Das Grundkapital der M-Metal AG vor der Kapitalerhöhung betrug 3 Mio. €. Dabei ist jede Aktie mit einem Nennwert von 5 € je Aktie ausgestattet. Die Jahresdividende soll 6 € pro Aktie betragen, wobei die jungen Aktien nur zur Hälfte dividendenberechtigt sind.

Ermitteln Sie den rechnerischen Kurs der M-Metall Aktie nach Durchführung der Kapitalerhöhung.

7 Finanzkennzahlen

Liquiditätskennziffern

Cashflow

Beim Cashflow handelt es sich um die Summe aller Ein- und Auszahlungen eines Unternehmens innerhalb eines Geschäftsjahres. Direkt wird der Cashflow wie folgt ermittelt:

	zahlungswirksame Erträge
–	zahlungswirksame Aufwendungen
=	**Cashflow**

Indirekte Ermittlung des Cashflows nach dem Umsatzkostenverfahren

	Umsatzerlöse
–	Herstellungskosten des Umsatzes
=	**Bruttoergebnis vom Umsatz**
–	Vertriebskosten
–	Allgemeine Verwaltungskosten
–	Sonstige betriebliche Aufwendungen
+	Sonstige betriebliche Erträge
+/–	Ergebnis aus Beteiligungen, Wertpapieren etc. (ohne Zinsaufwendungen)
=	**EBITDA** (Earnings before Interest, Tax, Depreciation and Amortization = operatives Ergebnis vor Zinsen, Steuern und Abschreibungen)
–	Abschreibungen
=	**EBIT** (Earnings before Interest and Tax = operatives Ergebnis vor Zinsen und Steuern)
–	Ertragsteuern auf EBIT
=	**NOPAT** (Net Operating Profit After Tax = operatives Ergebnis vor Zinsen und nach Steuern
+/–	Abschreibungen/Zuschreibungen
+/–	Erhöhung/Minderung langfristiger Rückstellungen

=	**Brutto-Cashflow**
-/+ +/-	Investitionen/Desinvestitionen im Anlagevermögen Verminderung/Erhöhung des Nettoumlaufvermögens (Net Working Capital)
=	**Freier Cashflow**

Der **Brutto-Cashflow** kann für Investitionen, Erhöhung des Nettoumlaufvermögens, Schuldentilgungen, Zinszahlungen und Gewinnausschüttungen genutzt werden. Der **freie Cashflow** steht für Schuldentilgungen, Zinszahlungen und Gewinnausschüttungen zur Verfügung.

Liquiditätsgrade

Die Liquidität ist die Fähigkeit eines Unternehmens, jederzeit seine fälligen Zahlungsverpflichtungen zu erfüllen.

Wichtige Kennzahlen:

Liquidität 1. Grades

$$= \frac{\text{liquide Mittel}}{\text{kurzfristiges Fremdkapital}} \times 100$$

Liquidität 2. Grades

$$= \frac{\text{monetäres Umlaufverm. (= liquide Mittel + kurzfr. Forder.)}}{\text{kurzfr. Fremdkapital}} \times 100$$

Liquidität 3. Grades

$$= \frac{\text{kurzfr. Umlaufverm. (= monetäres Umlaufverm. + Vorräte)}}{\text{kurzfr. Fremdkapital}} \times 100$$

Deckungsgrade

Wichtige Kennzahlen:

Deckungsgrad A

$$= \frac{\text{Eigenkapital}}{\text{Anlagevermögen}} \times 100$$

Deckungsgrad B

$$= \frac{\text{Eigenkapital + langfristiges Fremdkapital}}{\text{Anlagevermögen}} \times 100$$

Deckungsgrad C

$$= \frac{\text{Eigenkapital + langfristiges Fremdkapital}}{\text{Anlagevermögen + langfristiges Umlaufvermögen}} \times 100$$

Rentabilitätskennziffern

Wichtige Kennzahlen:

$$\text{Eigenkapitalrentabilität (EKR)} = \frac{\text{Gewinn}}{\text{Eigenkapital}} \times 100$$

Gesamtkapitalrentabilität (GKR)

$$= \frac{\text{Gewinn + Fremdkapitalzinsen}}{\text{Gesamtkapital}} \times 100$$

Betriebskapitalrentabilität (BKR)

$$= \frac{\text{Betriebsergebnis}}{\text{betriebsnotwendiges Kapital}} \times 100$$

$$\text{Cashflow-Rate} = \frac{\text{Cashflow}}{\text{Umsatz}} \times 100$$

$$\text{Leverage-Faktor} = \frac{\text{Eigenkapitalrendite}}{\text{Gesamtkapitalrendite}} \times 100$$

Leverage-Effekt (= Hebel-Effekt)

Als Leverage-Effekt bezeichnet man den Fall, dass sich die **Eigenkapitalrentabilität (EKR)** durch die Aufnahme von zusätzlichem Fremdkapital (FK), d. h. mit einem zunehmendem Verschuldungsgrad (FK : EK), erhöhen lässt, solange der Fremdkapitalzinssatz (FKZ) niedriger ist als die Gesamtkapitalrentabilität (GKR). Die Leverage-Formel lautet:

Wichtige Kennzahl:

Eigenkapitalrentabilität (EKR)

$$= \text{GKR} + (\text{GKR} - \text{FKZ}) \times \frac{\text{FK}}{\text{EK}}$$

Verständnisfragen

Haben Sie alles verstanden? Mit den folgenden Fragen können Sie das Gelernte schnell prüfen:

1.

a) **Nennen Sie die direkte Formel zur Berechnung des Cashflows.**

b) **Nennen Sie jeweils zwei Verwendungszwecke des Brutto-Cashflows sowie des freien Cashflows.**

c) **Was beschreibt der EBIT?**

d) **Wie drückt sich der Unterschied der Berechnung von der Liquidität 1. und 2. Grades aus?**

e) **Wie drückt sich der Unterschied der Berechnung von Deckungsgrad B und C aus?**

f) Beschreiben Sie kurz den Leverage-Effekt und nennen Sie die Formel.

2. Sind die folgenden Aussagen richtig oder falsch? Markieren Sie durch Ankreuzen, ob folgende Aussagen richtig oder falsch sind.

	Aussagen	**richtig**	**falsch**
a)	Als Leverage-Effekt bezeichnet man die Steigerung der Eigenkapitalrentabilität durch die zusätzliche Aufnahme von Fremdkapital, wobei der Fremdkapitalzinssatz niedriger sein muss als die Gesamtkapitalrentabilität.	☐	☐
b)	Als Leverage-Effekt bezeichnet man die Zunahme der Gesamtkapitalrentabilität bei zusätzlicher Aufnahme von Fremdkapital.	☐	☐
c)	Bei Verringerung der Verschuldung steigt die Eigenkapitalrentabilität, wenn der Fremdkapitalzinssatz größer als die Gesamtkapitalrentabilität ist.	☐	☐

8 Derivate

Finanzgeschäfte können nach dem Zeitpunkt der Konditionenfestlegung in **Kassageschäfte** und in **Termingeschäfte** untergliedert werden. Bei **Termingeschäften** fallen im Gegensatz zu den **Kassageschäften** der Geschäftsabschluss und die Erfüllung zeitlich auseinander.

Termingeschäfte sind in **bedingte und unbedingte Termingeschäfte** zu unterteilen. Bei letzterem verpflichten sich die Vertragspartner zur unbedingten Zahlung und Lieferung. Bei bedingten Termingeschäften besteht für einen Kontraktpartner ein Wahlrecht bezüglich Rücktritt oder Erfüllung. Die folgende Abbildung zeigt eine Systematisierung der Termingeschäfte (Derivate).

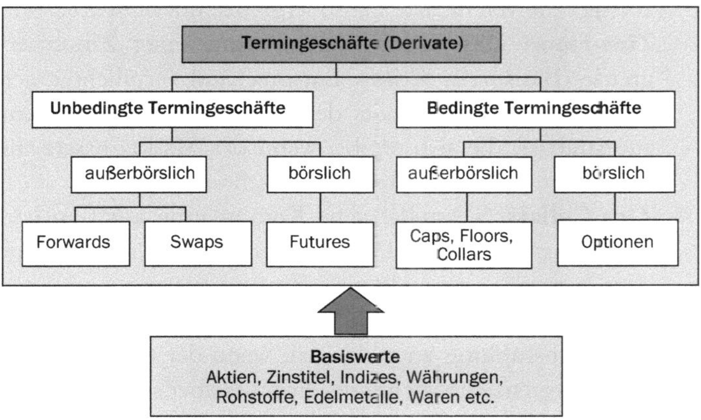

Abb. 6: Derivate und ihre Basiswerte

Derivate sind Wertpapiere, die in der Zukunft fällig werden und deren Preis von einem Basiswert (Underlying), z. B. Rohstoffe, Aktien, Indizes etc. abhängt.

Bedingte Termingeschäfte

Bei bedingten Termingeschäften hat eine der beiden Vertragspartner das Wahlrecht (Option), zu einem späteren Zeitpunkt nachdem bessere Informationen vorliegen entweder die Vertragserfüllung zu verlangen oder das Geschäft verfallen zu lassen. Im letzteren Fall wird auf einen Austausch des Basiswertes (Underlyings) und die Zahlung des vereinbarten Preises verzichtet.

Im Folgenden werden die **Zinsoptionen** erläutert.

- **Zins-Cap:** Dies ist die Vereinbarung einer Zinsobergrenze (Basispreis, Strike), d. h., der Käufer eines Caps hat das Recht, vom Verkäufer die Zinsdifferenz aus dem vereinbarten nominellen Kapitalbetrag für den vereinbarten Zeitraum zu verlangen, die sich daraus ergibt, falls der Marktzinssatz die vereinbarte Zinsobergrenze überschreitet.
- **Zins-Floor:** Dies ist die Vereinbarung einer Zinsuntergrenze (Basispreis, Strike). Entsprechend verpflichtet sich der Verkäufer eines Floors dem Käufer die Zinsdifferenz zu erstatten, die sich ergibt, wenn der Marktzinssatz die vereinbarte Zinsuntergrenze unterschreitet.
- **Zins-Collars:** Sie stellen eine Kombination aus Cap und Floor dar. Die zwei Parteien vereinbaren sowohl eine Zinsobergrenze als auch eine Zinsuntergrenze und einen Referenzzinssatz. Der Käufer hat dann das Recht, eine Ausgleichszahlung zu verlangen, wenn der Marktzins die Zinsobergrenze überschreitet. Er muss aber seinerseits eine Ausgleichszahlung leisten, wenn der Marktzins die vereinbarte Zinsuntergrenze unterschreitet.

Optionen

Eine Option wird zwischen Käufer und Verkäufer vertraglich geregelt. Daraus ergeben sich unterschiedliche Rechte und Pflichten für beide Positionen. Der **Käufer**, auch Inhaber genannt, erwirbt gegen Zahlung des Optionspreises (die Optionsprämie) das Recht,

- einen festgelegten Gegenstand (Basiswert oder Underlying)
- in einer festgelegten Menge (Kontraktgröße)
- innerhalb eines bestimmten Zeitraumes (amerikanischer Typ) oder zu einem bestimmten Zeitpunkt (europäischer Typ)
- zu einem festgelegten Preis (Basispreis)
- zu kaufen (Kaufoption → Call) oder
- zu verkaufen (Verkaufsoption → Put).

Der **Verkäufer** einer Option, auch Stillhalter genannt, hat nach Erhalt der Optionsprämie die Pflicht,

- den Basiswert zum Basispreis
- zu liefern (Call) oder
- zu kaufen (Put),

wenn der Käufer von seinem Wahlrecht gebraucht macht, d. h. seine Option ausübt.

Die Optionstypen

Aufgrund der Ausgestaltung von Optionen ergeben sich vier Grundpositionen. Als **Käufer** einer Option nimmt man die **Position „Long"** und als **Verkäufer** einer Option die „**Short-" Position** ein. Des Weiteren wird eine **Kaufoption als „Call"** und eine **Verkaufsoption als „Put"** bezeichnet. Somit ergeben sich die folgenden vier Grundpositionen:

- Käufer einer Kaufoption (**Long-Call**),
- Verkäufer einer Kaufoption (**Short-Call**),
- Käufer einer Verkaufsoption (**Long-Put**) und
- Verkäufer einer Verkaufsoption (**Short-Put**).

Die folgende Tabelle veranschaulicht die vier Grundpositionen.

<table>
<tr><td colspan="2"></td><td>Käufer / Long
zahlt Optionsprämie, aktives Entscheidungsrecht</td><td>Verkäufer / Short
erhält Optionsprämie, passive Verpflichtung</td></tr>
<tr><td rowspan="4">Kaufoption / Call</td><td></td><td>Recht zum Kauf</td><td>Pflicht zum Verkauf</td></tr>
<tr><td>Erwartungshaltung</td><td>steigender Preis des Basiswertes</td><td>fallender Preis des Basiswertes</td></tr>
<tr><td>maximaler Gewinn</td><td>unbegrenzt</td><td>Optionsprämie</td></tr>
<tr><td>maximaler Verlust</td><td>Optionsprämie</td><td>unbegrenzt</td></tr>
<tr><td rowspan="4">Verkaufsoption / Put</td><td></td><td>Recht zum Verkauf</td><td>Pflicht zum Kauf</td></tr>
<tr><td>Erwartungshaltung</td><td>sinkender Preis des Basiswertes</td><td>steigender Preis des Basiswertes</td></tr>
<tr><td>maximaler Gewinn</td><td>Basispreis ./. Optionsprämie</td><td>Optionsprämie</td></tr>
<tr><td>maximaler Verlust</td><td>Optionsprämie</td><td>Basispreis ./. Optionsprämie</td></tr>
</table>

Abb. 7: Grundpositionen von Optionen

Unbedingte Termingeschäfte

Unbedingte Termingeschäfte sind charakterisiert durch die Verpflichtung der beiden Vertragsparteien, die vertraglich vereinbarten Leistungen unabhängig vom Eintritt weiterer Bedingungen – also „unbedingt“ – nachzukommen. Als **unbedingte Termingeschäfte** sind **Future**, das **Forward Rate Agreement** und **Swaps** zu nennen.

Swaps

Bei einem Swap einigen sich zwei Parteien auf den Austausch von Zahlungsströmen zu einem fest vereinbarten Zeitpunkt in der Zukunft, um Zins- und /oder Währungsrisiken zu reduzieren oder sogar zu eliminieren. Die beiden Vertragspartner tauschen bspw. bei einem Zins-Swap gegenseitig Zinszahlungen aus. Es findet diesbezüglich ein Austausch von variablem und fixem Zinssatz statt. Beim Währungs-Swap werden Kapitalbeträge unterschiedlicher Währungen auf Basis des aktuellen Kassakurses getauscht.

Futures

Bei den Futures handelt es sich um standardisierte Finanzterminkontrakte, die an Börsen gehandelt werden. Im Voraus werden die Erfüllungskriterien wie z. B. die Menge, der Preis, der Zeitpunkt oder der Erfüllungsort festgelegt, die verpflichtend abzunehmen (Käufer des Futures) oder zu liefern (Verkäufer des Futures) sind.

Forward Rate Agreements (FRA)

Der Käufer eines FRA sichert sich den Zins für eine Geldaufnahme in der Zukunft. Mit diesem Termingeschäft können Zinsänderungsrisiken für aktuelle oder zukünftig geplante Geldanlagen und Kreditaufnahmen abgesichert werden. Bei einem FRA legen zwei Parteien zum heutigen Zeitpunkt (t_0) einen Zinssatz (FRA-Satz) fest, der nach einer bestimmten Vorlaufperiode (t_0 bis t_1) für die Dauer einer bestimmten FRA-Periode (abgesicherte Referenzperiode t_1 bis t_2) für einen bestimmten Nominalbetrag gelten soll. Außerdem wird ein variabler Referenzzins vereinbart, mit dem der FRA-Satz am Fixingtag verglichen wird. An diesem Tag kann es zu folgenden Szenarien kommen:

Szenario 1: Referenzzins > FRA-Satz

In diesem Fall muss der Verkäufer des FRA einen Ausgleich an den Käufer zahlen.

Szenario 2: Referenzzins < FRA-Satz
Hier muss der Ausgleichsbetrag vom Käufer an den Verkäufer gezahlt werden.

Verständnisfragen

Haben Sie alles verstanden? Mit den folgenden Fragen können Sie das Gelernte schnell prüfen:

1.

a) **Wie lassen sich die Derivate unterteilen?**

b) **Nennen Sie mindestens drei verschiedene Basiswerte für Derivate.**

c) **Erläutern Sie eine der drei Zinsoptionen.**

d) **Nennen Sie drei Rechte, die ein Käufer einer Option erwirbt, sowie zwei Pflichten, die der Verkäufer einer Option innehat.**

e) **Beschreiben Sie Erwartungshaltung, maximalen Gewinn und maximalen Verlust für zwei der Grundpositionen von Optionen.**

f) **Wodurch zeichnet sich ein Swap aus?**

Alexander Hennig

D
Marketing

1 Grundbegriffe des Marketings

Definition

Marketing ist **in enger Definition** alles das, was ein Unternehmen tut, damit der Kunde dessen Produkte kauft.

Diese absatzwirtschaftliche Definition des Marketings (**Absatzmarketing**) hat in den letzten Jahrzehnten eine Erweiterung erfahren, weil nicht mehr nur Unternehmen Marketing betreiben, und weil auch andere Handlungen als der Kauf von Produkten durch Marketing erreicht werden sollen.

Marketing ist **in weiter Definition** alles das, was jemand tut, damit jemand anderes etwas tut.

- Beim **Beschaffungsmarketing** geht es um die Entscheidungen und Maßnahmen eines Unternehmens, die einen begehrten Lieferanten dazu bewegen sollen, an das Unternehmen und vielleicht nicht an andere zu liefern.
- Das **Personalmarketing** umfasst alle Entscheidungen und Maßnahmen eines Unternehmens, die dazu dienen, gute neue Mitarbeiter zu gewinnen.
- Das **B-to-B-Marketing** (Business-to-Business-Marketing) ist das Marketing von Unternehmen gegenüber anderen Organisationen wie Herstellern, Handelsunternehmen und öffentliche Institutionen.
- Nicht gewinnorientierte Institutionen wie Behörden und Nichtregierungsorganisationen betreiben **Non-Profit-Marketing**, um Bürger oder Unternehmen zu einem bestimmten Handeln zu bringen.

Doppelfunktion des Marketings

Das moderne Marketing hat in Unternehmen eine Doppelfunktion zu übernehmen, die sich in zwei Aufgaben äußert:

Unter dem **Marketing als Leitkonzept der Unternehmensführung** versteht man die Grundhaltung, dass sämtliche Unternehmensaktivitäten konsequent an den Anforderungen der Märkte und hier insbesondere der Kunden und der Wettbewerber auszurichten sind.

Das **Marketing als Unternehmensfunktion** hingegen betrifft die konkrete Ausgestaltung der Absatzfunktion und entspricht damit weitgehend dem Einsatz von absatzwirtschaftlichen Instrumenten, wie sie das operative Marketing im **Marketing-Mix** kennt.

Marketing in der Unternehmensführung

Das Marketing wird in den Regelkreis der Unternehmensführung integriert, so dass auch von einem **Marketing-Regelkreis** gesprochen werden kann.

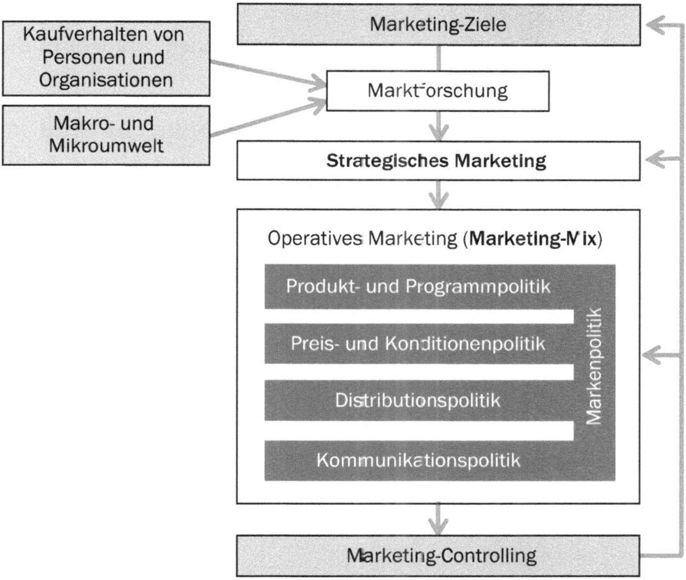

Abb. 1: Marketing-Regelkreis

Am Anfang stehen die **Marketing-Ziele** als angestrebte Sollzustände in der Zukunft, die mittels Marketing erreicht werden sollen:

> **Beispiele**: Umsatz, Deckungsbeitrag, Marktanteil, Zahl der Neukunden, Bekanntheit, Image, Kundenzufriedenheit, Kundenbindung

Abgeleitet von den festgelegten Marketing-Zielen, die auch Teil des gesamten Zielkatalogs eines Unternehmens sind, wird im **strategischen Marketing** festgelegt, mit Hilfe welcher Potenziale das Unternehmen die Ziele erreichen möchte.

Um die Frage beantworten zu können, mit welchen Strategien die gewünschten Ziele erreicht werden können, braucht es die **Marktforschung**.

Die konkrete Umsetzung der Marketing-Strategien wird im **Operativen Marketing** geplant und umgesetzt. Hierzu gehören alle Instrumente, die zum Zwecke des Marketings von Unternehmen eingesetzt werden können, und in ihrer „Mischung" als **Marketing-Mix** bezeichnet werden.

Der letzte Schritt, das **Marketing-Controlling**, ist die Gesamtheit der Aktivitäten, die den Prozess sowie das Ergebnis von Marketingentscheidungen überprüfen.

Marktforschung

Unter dem Begriff **Marktforschung** werden alle unternehmerischen Aktivitäten zusammengefasst, die dazu dienen, Informationen über alle marketingrelevanten Bereiche des Unternehmens sowie der Unternehmensumwelt zu gewinnen und aufzubereiten.

Zwei Arten der Marktforschung können unterschieden werden:

- **Primärforschung** ist die Gewinnung von Wissen durch eigene Erhebung von Informationen (Befragung, Beobachtung, Experiment, Meta-Analyse).
- **Sekundärforschung** ist die Gewinnung von Wissen durch Übernahme oder Auswertung bereits vorhandener Informationsquellen.

Kundenzufriedenheit und Kundenbindung

Kundenzufriedenheit

Kundenzufriedenheit ist das Ergebnis eines psychischen Vorgangs, bei dem der Kunde zwischen der von ihm wahrgenommenen Leistung eines Unternehmens (Ist-Leistung) und seinen Erwartungen (Soll-Leistung) vergleicht.

Ausgangspunkt sind die **Erwartungen**, die der Kunde an ein Unternehmen und die Nutzung eines Produktes hat. Diese Erwartungen sind bestimmt durch die **Bedürfnisse** des Kunden, die **bisherigen Erfahrungen** mit dem Unternehmen und den Produkten und die **Erfahrungen mit Wettbewerbsprodukten**. Das Unternehmen nimmt nun die Erwartungen der Kunden unvollständig und fehlerhaft wahr.

Daraufhin gestaltet das Unternehmen nun seine **Leistung**. Sie besteht in den angebotenen **Produkten** und den **ergänzenden Dienstleistungen**. Zur Leistung gehören aber auch die **Prozesse**, mit denen das Angebot des Unternehmens erstellt wird. Ebenfalls zur Leistung eines Unternehmens gehört das Verhalten des Unternehmens in der direkten **Interaktion** mit dem Kunden.

Diese Leistung des Unternehmens wird nun wieder vom Kunden wahrgenommen. Aus dem Vergleich der Kundenerwartungen und der vom Kunden wahrgenommenen Leistung entsteht nun **Zufriedenheit** oder **Unzufriedenheit**. Zufriedenheit kann dazu führen, dass sich der Kunde an das Unternehmen gebunden fühlt (**Kundenbindung**). Sie führt nicht zur Kundenbindung, wenn der Kunde zwar zufrieden ist, aber trotzdem andere Produkte ausprobieren möchten (**Abwechslungs-**

neigung, Variety Seeking). Bei Unzufriedenheit reagieren die Kunden mit **Beschwerde** oder mit **Abwanderung**.

Kundenbindung

> Unter dem Begriff **Kundenbindung** versteht man das Gebundensein eines Kunden an einen bestimmten Anbieter in der Hinsicht, dass innerhalb eines Zeitraums Geschäftsabschlüsse getätigt und wiederholt werden.

?!! Verständnisfragen

Haben Sie alles verstanden? Mit den folgenden Fragen können Sie das Gelernte schnell prüfen:

1. Das strategische Marketing wird auch Marketing-Mix genannt.

☐ richtig
☐ falsch

2. Der Marketing-Mix besteht aus drei Feldern.

☐ richtig
☐ falsch

3. Marketing in der weiten Definition ist alles, was jemand tut, damit jemand anderes etwas tut.

☐ richtig
☐ falsch

4. **Marketing meint heute nur die Unternehmensfunktion des Absatzes (Absatzwirtschaft).**

☐ richtig
☐ falsch

5. **Marketing richtet sich immer nur an Kunden.**

☐ richtig
☐ falsch

6. **Marketing-Ziele können nur quantitative Zielgrößen sein.**

☐ richtig
☐ falsch

2 Strategisches Marketing

Wettbewerbsvorteile

Ein **Wettbewerbsvorteil** ist ein für den Kunden wichtiger Vorteil, den ein Unternehmen und seine Produkte aus Sicht der Kunden dauerhaft gegenüber den Wettbewerbern haben.

In der Praxis des Strategischen Marketings hat sich gezeigt, dass es zwei Arten von Wettbewerbsvorteilen gibt, die erfolgversprechend sind:

- Um aus Sicht der Kunden **Leistungsvorteile** zu haben, muss das Unternehmen etwas anbieten, das nach Meinung der Kunden einzigartig und besonders ist und von den Kunden wertgeschätzt wird. (**Differenzierungsstrategie**).
- Um aus Sicht der Kunden **Preisvorteile** zu haben, muss das Unternehmen in der Wahrnehmung der Kunden die Produkte mit dem besten Preis-Leistungs-Verhältnis anbieten. Um dauerhaft die geringsten Preise verlangen zu können, muss das anbietende Unternehmen im Vergleich zu den Wettbewerbern die geringsten Kosten haben (**Kostenführerschaftsstrategie**).

Genauso wie bei den Leistungsvorteilen gilt auch bei den Kostenvorteilen, dass sie im Laufe der Zeit verlorengehen können.

Marktbearbeitungsstrategien

Ein wichtiges strategisches Marketing-Werkzeug ist die Produkt-Markt-Matrix (Ansoff-Matrix).

Abb. 2: Produkt-Markt-Matrix

- Bei der **Marktdurchdringungsstrategie** hat das Unternehmen das Ziel, mit den derzeitig angebotenen Produkten mehr Erfolg auf den derzeit bearbeiteten Märkten zu haben (Erhöhung der Verwendungsintensität oder Gewinnung neuer Kunden).
- Bei der **Marktentwicklungsstrategie** hat das Unternehmen das Ziel, mit den derzeitig angebotenen Produkten auf den neuen, derzeit noch nicht bearbeiteten Märkten Erfolg zu haben (neue Verwendungszwecke oder neue Verwender, z. B. Internationalisierung).
- Bei der **Produktentwicklungsstrategie** hat das Unternehmen das Ziel, auf den derzeit bearbeiteten Märkten mit neuen Produkten mehr Erfolg zu haben (Produktvariation oder Produktinnovation).
- Bei der **Diversifikationsstrategie** hat das Unternehmen das Ziel, mit neuen, bislang nicht angebotenen Produkten neue, derzeit nicht bearbeitete Märkte zu erschließen.

Lebenszyklus-Analyse

Die Lebenszyklus-Analyse basiert auf der Annahme, dass Produkte – wie auch biologisches Leben – einen Lebenszyklus durchlaufen, der von der Markteinführung des Produktes bis zum Verschwinden des Produktes vom Markt reicht. Statt eines Produkts können auch Marken und Märkte in ihrer Entwicklung mit Hilfe der Lebenszyklus-Analyse eingeschätzt werden.

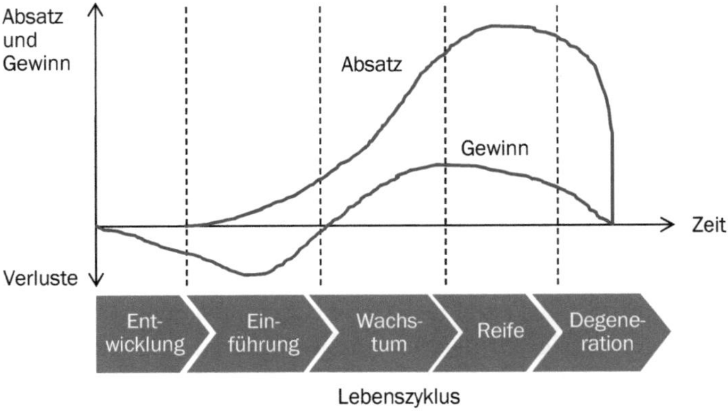

Abb. 3: Lebenszyklus-Analyse

- Die **Einführungsphase** ist durch geringe Umsätze und langsames Wachstum gekennzeichnet. Aufgabe des Unternehmens ist es, auftretende Produktmängel („Kinderkrankheiten") abzustellen und durch Marketingmaßnahmen die Bekanntheit des Produktes zu vergrößern und Kunden zum Erstkauf zu motivieren.
- In der **Wachstumsphase** wird das Produkt bekannter und beliebter, so dass die Umsätze kräftig anwachsen. Zu Beginn der Wachstumsphase wird die Gewinnschwelle erreicht.
- In der **Reifephase** (Sättigungsphase) sinken die Wachstumsraten der Umsätze ab, bis schließlich kein Wachstum mehr erreicht werden kann. Am Ende der Reifephase kommt es oft vor, dass das Unternehmen mit preisgünstigen Modellen des Produktes dessen Bekanntheit nochmals für Abverkäufe nutzt.
- Die **Degenerationsphase** ist die letzte Phase des Produkts, die im Verschwinden des Produktes vom Markt mündet. Die Umsätze gehen zurück, bevor das Unternehmen entscheidet, das Produkt vom Markt zu nehmen.

Einzelne Produkte haben unterschiedliche Lebenszyklen, die sich durch verschieden große Verweildauern in den einzelnen Phasen und durch unterschiedliche Umsatzniveaus ergeben.

Portfolio-Analyse

Die Portfolio-Analyse dient dazu, einzelne strategische Geschäftseinheiten und Geschäftsfelder, Produkte, Marken oder Kunden zu betrachten und sie bezüglich ihrer Bedeutung für das Unternehmen und ihrer zukünftigen Chancen und Risiken einzuordnen In der **BCG-Portfolio-Analyse** werden zwei Kriterien herangezogen, in denen die betrachteten Objekte bewertet werden:

- Das **reale Marktwachstum** gibt an, wie attraktiv der Markt ist, in dem das Unternehmen mit den betrachteten Produkten tätig ist.
- Der **relative Marktanteil** gibt an, wie erfolgreich das Unternehmen mit den betrachteten Produkten im betrachteten Markt ist, wie gut also seine Wettbewerbsposition ist.

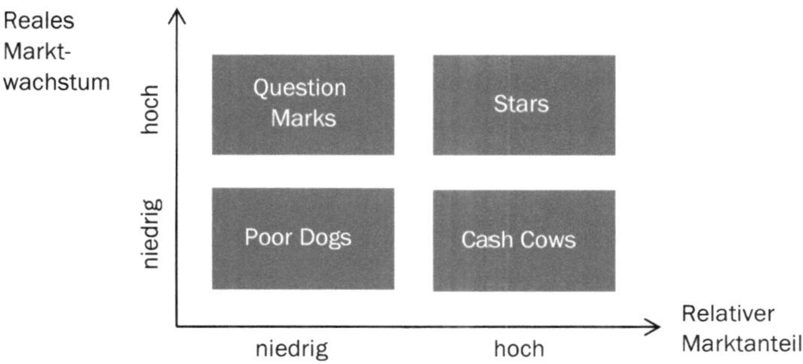

Abb. 4: BCG-Portfolio-Analyse

- **Question Marks** (Fragezeichen) sind strategische Geschäftseinheiten oder Produkte, die auf attraktiven, wachsenden Märkten nur eine schwache Wettbewerbsposition haben. Meist handelt es sich dabei um Neuheiten auf vergleichsweise jungen Märkten.
- Als **Stars** (Sterne) werden strategische Geschäftseinheiten oder Produkte bezeichnet, die auf attraktiven, wachsenden Märkten eine starke Wettbewerbsposition haben. Das Unternehmen erzielt mit den Stars hohe Umsätze, die stabil sind und mitunter sogar wachsen.
- **Cash Cows** (Geldkühe) sind strategische Geschäftseinheiten oder Produkte, die auf nicht mehr sonderlich attraktiven Märkten eine starke Wettbewerbsposition haben. Die noch hohen Umsätze wachsen nicht mehr, sondern bleiben bestenfalls stabil oder gehen zurück.
- **Poor Dogs** (arme Hunde) sind strategische Geschäftseinheiten oder Produkte, die auf nicht mehr attraktiven Märkten nur eine schwache Wettbewerbsposition haben. Der Cashflow ist hier bestenfalls neutral, da die Umsätze nur noch gering und zudem instabil sind.

SWOT-Analyse

Die SWOT-Analyse verbindet als strategisches Marketing-Werkzeug **zwei Informationsmengen**:

- die Erkenntnisse aus der **Umweltanalyse**, die dem Unternehmen Auskunft über den Status und die Veränderungen in der Unternehmensumwelt sowie die daraus resultierenden Chancen und Risiken gibt die Erkenntnisse aus der **Unternehmensanalyse**, die dem Unternehmen Auskunft über die eigenen Stärken und Schwächen gibt.

Dabei stehen die **Buchstaben** für die entsprechenden englischen Begriffe:
S für Strengths (Stärken),
W für Weaknesses (Schwächen),
O für Opportunities (Chancen, Gelegenheiten) und
T für Threats (Risiken, Gefahren).

Es ergeben sich vier Fragestellungen:

- Welche Chancen kann das Unternehmen mit seinen Stärken nutzen?
- Welche Risiken sind für das Unternehmen wegen dessen Stärken nicht so gefährlich?
- Welche Chancen verpasst das Unternehmen wegen seiner Schwächen?
- Welchen Risiken ist das Unternehmen wegen seiner Schwächen ausgesetzt?

Verständnisfragen

Haben Sie alles verstanden? Mit den folgenden Fragen können Sie das Gelernte schnell prüfen:

1. Bei der BCG-Portfolio-Analyse werden das reale Marktwachstum und der absolute Marktanteil betrachtet.

☐ richtig
☐ falsch

2. Bei der Differenzierungsstrategie versucht das Unternehmen, etwas Besonderes, vielleicht Einzigartiges anzubieten, das die Kunden wertschätzen.

☐ richtig
☐ falsch

3. Bei der Marktentwicklungsstrategie hat das Unternehmen das Ziel, mit den derzeitig angebotenen Produkten auf neuen Märkten Erfolg zu haben.

☐ richtig
☐ falsch

4. Fixkostendegression meint den Effekt, dass bei höherer Produktionsmenge die Fixkosten sinken.

☐ richtig
☐ falsch

5. In der BCG-Portfolio-Analyse sind Question Marks Produkte, die auf attraktiven Märkten eine starke Wettbewerbsposition haben.

☐ richtig
☐ falsch

6. Marktdurchdringung heißt, den Absatz bestehender Produkte auf bestehenden Märkten zu verstärken.

☐ richtig
☐ falsch

7. Skaleneffekte sind ein Grund, warum viele Unternehmen ihren Marktanteil erhöhen möchten.

☐ richtig
☐ falsch

3 Produkt- und Programmpolitik

Die **Produktpolitik** als Teil des Marketing-Mixes umfasst alle Entscheidungen und Maßnahmen, welche die Gestaltung des Leistungsprogramms umfassen.

Der produktpolitische **Gestaltungsspielraum** erstreckt sich auf drei Ebenen, deren Abgrenzung nicht immer möglich ist:

- Der **substanzielle Produktbegriff** (auch Grundleistung oder Kernleistung) umfasst jene Leistungsbestandteile eines Produkts, die für den Kunden selbstverständlich sind und beim Kunden den Grundnutzen stiften.
- Der **erweiterte Produktbegriff** beinhaltet zusätzlich auch noch den Zusatznutzen, der über die Befriedigung des Grundnutzens hinausgeht, z. B. durch Verpackung und produktbegleitende Dienstleistungen.
- Der **generische Produktbegriff** enthält den gesamten von Kunden empfundenen Nutzen eines Produkts und damit zusätzlich zum erweiterten Produktbegriff auch noch den emotionalen Zusatznutzen (Erbauungsnutzen) sowie den sozialen Zusatznutzen (Geltungsnutzen).

Produktvariation und Produktdifferenzierung

Produktvariation bezeichnet die Veränderung von bereits im Produktprogramm enthaltenen Produkten im Laufe der Zeit, wobei das bisherige Produkt durch das neue Produkt ersetzt wird.

Anlass für eine Produktvariation ist die Veränderung von Kundenbedürfnissen, die technische oder ästhetische Alterung der bisherigen Produkte, die Markteinführung neuer Konkurrenzprodukte oder die Bestimmung neuer gesetzlicher Anforderungen an die Produkte.

Produktdifferenzierung ist die Schaffung einer weiteren Produktvariante als zusätzliches Angebot.

Anlass für eine Produktdifferenzierung kann der Wunsch nach einer besseren Bedürfnisbefriedigung für ein Kundensegment (höhere Zielgruppenadäquanz) oder die Realisierung von Mengeneffekten durch den Verkauf weiterer Produktvarianten sein.

Der Extremfall der Produktdifferenzierung ist die **Mass-Customization** (kundenindividuelle Massenproduktion).

Servicepolitik

Die **Servicepolitik** als Teil der Produkt- und Programmpolitik umfasst alle Maßnahmen und Entscheidungen, welche die Gestaltung von ergänzenden Dienstleistungen betreffen.

Ob ein Unternehmen zu den eigentlichen Produkten ergänzende Dienstleistungen anbietet, hängt vom Produkt sowie vom Bedarf und der Zahlungsbereitschaft der Kunden ab. Die ergänzenden Dienstleistungen können danach unterschieden werden, ob sie für die Zeit vor dem Kauf (Pre-Sales-Services) oder nach dem Kauf (After-Sales-Service), und ob sie im kaufmännischen Bereich oder im technischen Bereich angeboten werden.

Verpackungspolitik

Die **Verpackungspolitik** als Teil der Produkt- und Programmpolitik umfasst alle Maßnahmen und Entscheidungen, welche die Gestaltung der Verpackungen betreffen.

Die Verpackung kann so gestaltet werden, dass dadurch auch das verpackte Produkt attraktiver erscheint. Die Verpackung dient dazu, Informationen über das verpackte Produkt darzubieten. Außerdem können Kommunikationswege angegeben sein. Die Verpackung kann das Produkt besonders gut und mehr als aus logistischen Gründen nötig schützen, um den besonderen Wert des verpackten Gutes deutlich zu machen. Sie kann so gestaltet sein, dass die Verwendung der Verpackung oder des Produkts für den Kunden besonders vorteilhaft und bequem ist (Conveniencefunktion). Die Verpackung kann auch so gestaltet sein, dass auch sie dabei hilft, dass das Produkt vom Kunden als Markenprodukt identifiziert wird.

Programmpolitik

Die **Programmpolitik** als Teil der Produkt- und Programmpolitik umfasst alle Maßnahmen und Entscheidungen, welche die Gestaltung der gesamten Angebotspalette eines Unternehmens betreffen.

Die Programmpolitik ist also nicht für die Gestaltung einzelner Produkte verantwortlich, sondern bestimmt über Umfang und Struktur des gesamten Angebots sowie den Zusammenhang der einzelnen Produkte. Dieser Zusammenhang kann hergestellt werden durch Dachmarken, aufeinander bezogene Produktnamen und gemeinsame Designelemente.

- **Programmbreite** ist die Anzahl der Produktlinien.
- **Programmtiefe** ist die Anzahl der Varianten innerhalb einer Produktlinie.

Bei der Gestaltung des Programms orientieren sich Unternehmen meist

- als **Produktspezialist** an der Kompetenz des Unternehmens mit größerer Programmtiefe und geringerer Programmbreite
- als **Kundenspezialist** am Bedarf der Kundengruppe mit größerer Programmbreite und geringerer Programmtiefe.

Verständnisfragen

Haben Sie alles verstanden? Mit den folgenden Fragen können Sie das Gelernte schnell prüfen:

1. Bei der Produktdifferenzierung besteht die Gefahr der Image-Verwässerung.

☐ richtig
☐ falsch

2. Die eigenen Mitarbeiter sind keine geeignete Quelle bei Produktinnovationen.

☐ richtig
☐ falsch

3. Ein Nutzentreiber ist eine Produkteigenschaft, die wichtig ist, weil sie beim Kunden dessen Nutzen bei der Produktnutzung stark beeinflusst.

☐ richtig
☐ falsch

4. **Ein Unternehmen, das Kundenspezialist ist, hat meist eine größere Programmbreite und eine geringere Programmtiefe.**

☐ richtig
☐ falsch

5. **Ergänzende Dienstleistungen können vom Unternehmen nur vor dem Kauf angeboten werden.**

☐ richtig
☐ falsch

6. **Mass-Customization ist eine extreme Form der Produktvariation.**

☐ richtig
☐ falsch

7. **Produktvariation ist die Veränderung des Produkts im Zeitablauf bei Ersatz des bisherigen Produkts.**

☐ richtig
☐ falsch

8. **Wenn ein Kunde die Verpackung besonders bequem benutzen kann, spricht man von der Consequencefunktion der Verpackung.**

☐ richtig
☐ falsch

4 Markenpolitik

Eine **Marke** (Brand) ist die Gesamtheit aller Eigenschaften, die der Kunde mit einem Unternehmen oder einem Produkt verbinden soll, um es von anderen zu unterscheiden.

- Innerhalb einer Markenfamilie gibt es unter meist einer **Dachmarke** mehrere **Familienmarken**, zu denen dann die **Monomarken** der einzelnen Produkte sortiert sind. Die Konstellation verschiedener Marken in einem Unternehmen wird auch als **Markenarchitektur** bezeichnet.
- Neben **Produktmarken** gestalten die meisten Unternehmen heute auch ihre **Unternehmensmarke** (Corporate Brand) mit Blick auf potenzielle und aktuelle Kunden und ihre **Arbeitgebermarke** (Employer Brand) mit Blick auf potenzielle und aktuelle Mitarbeiter.

Die **Markenpolitik** als Teil des Marketing-Mixes umfasst alle Entscheidungen und Maßnahmen, welche die Gestaltung einer Marke umfassen.

- Der **Markenname** und/oder das **Markenzeichen** sind die sichtbarsten Zeichen der Markenpolitik. Oft kommen noch rechtliche geschützte Markenfarben und Markenschriftarten hinzu.
- Eine Marke kann mit bestimmten **Produkteigenschaften** und einer bestimmten **Verpackung** verbunden sein, die dabei helfen sollen, dass das Produkt vom Kunden als eben jenes Markenprodukt identifiziert wird.
- Eine Marke kann mit einer bestimmten **Preis- und Konditionenpolitik**, **Distributionspolitik** und **Kommunikationspolitik** verbunden sei, die für die Marke typisch ist.

Die Bestandteile der Markenpolitik haben in Gesamtheit zum Ziel, die **Markenbotschaft** an den Kunden zu vermitteln. Die Markenbotschaft kann aufgefasst werden als alles das, was die Kunden nach den Vorstellungen des Unternehmens mit einer Marke verbinden sollen. Das, was der Kunde tatsächlich mit einer Marke verbindet, wird als **Markenimage** bezeichnet.

Funktionen einer Marke

Aus Sicht der Kunden kann eine Marke drei **Funktionen** erfüllen:

- **Informationseffizienz**: Der Kunde kann mit einer Marke spezielle Eigenschaften eines Produkts verbinden, die er dann nicht mehr zu überprüfen braucht.
- **Risikoreduktion**: Der Kunde verbindet mit einer Marke, dass er ein niedrigeres Risiko bei der Nutzung des Produktes eingeht. Risikoreduktion bedeutet also, dass der Kunde bei einer Marke zu wissen glaubt, was er an negativen Eigenschaften nicht bekommt.
- **Ideeller Nutzen**: Eine Marke bedeutet für den Kunden einen ideellen Nutzen, da die Marke mit Tradition, gesellschaftlichem Status, Prestige im Bekanntenkreis oder Akzeptanz in einer sozialen Gruppe verbunden sein kann.

In unterschiedlichen Produktbereichen ist die Wichtigkeit der Markenfunktionen unterschiedlich ausgeprägt. Die **Markenrelevanz** gibt an, wie wichtig das Produktmerkmal der Marke insgesamt ist.

Markenstrategien

Es gibt vier **Markenstrategien**, die sich daraus ergeben, dass ein Unternehmen bestehende und / oder neue Produkte sowie bestehende und/oder neue Marke anbieten kann.

- Bei der **Erweiterung der Produktlinie** setzt das Unternehmen eine etablierte Marke für eine etablierte Produktlinie ein, erweitert sein Angebot aber nicht um gänzlich neue Produkte und neue Marken.
- Bei der **Markenerweiterung** (Markentransfer) überträgt ein Unternehmen eine etablierte Marke und deren Bekanntheit und Image auf neue Produkte oder Produkte, die ursprünglich nicht mit der etablierten Marke ausgezeichnet waren.
- Bei der **Mehrmarkenstrategie** vermarktet ein Unternehmen seine etablierten Produkte unter mehreren Marken. Unterschiedliche Marken werden dabei z.B. für unterschiedliche Länder und für unterschiedliche Preislagen genutzt.
- Bei der **Diversifikation** (Produkt- und Markeninnovation) entscheidet sich ein Unternehmen, neue Produkte mit neuen Marken zu versehen.

Beim **Co-Branding** wird im Rahmen einer Kooperation ein Produkt mit zwei Marken gleichzeitig markiert, die meist von unterschiedlichen Unternehmen stammen, deren Ziel es ist, die Bekanntheit und das Image zweier Marken für den Vertrieb eines Produktes zu nutzen.

Verständnisfragen

Haben Sie alles verstanden? Mit den folgenden Fragen können Sie das Gelernte schnell prüfen:

1. **Bei einer Mehrmarkenstrategie vermarktet ein Unternehmen seine bestehende Marke mit mehreren Produkten.**

☐ richtig
☐ falsch

2. **Die beiden einzigen Funktionen einer Marke sind Informationseffizienz und ideeller Nutzen.**

☐ richtig
☐ falsch

3. **Die Markenpolitik beeinflusst alle vier übrigen Bereiche des Marketing-Mixes.**

☐ richtig
☐ falsch

4. **Die Verpackung von Markenprodukten kann nichts zur Markenbildung beitragen.**

☐ richtig
☐ falsch

5 **Beim Co-Branding wird im Rahmen einer Kooperation ein Produkt mit zwei Marken gleichzeitig markiert.**

☐ richtig
☐ falsch

5 Preis- und Konditionenpolitik

Die Preis- und Konditionenpolitik als Teil des Marketing-Mixes umfasst alle Entscheidungen und Maßnahmen, welche die Gestaltung des Preises (**Preispolitik**) und aller weiteren Vertragsbedingungen (**Konditionenpolitik**) betreffen.

Die Preispolitik hat **starke Absatzwirkungen**, weil Kunden meist deutlich mit ihrer Nachfrage auf den Preis reagieren, erfordert im Gegensatz zu den anderen Feldern des Marketing-Mixes vorab **keine Investitionen**, bietet im Vergleich zu den anderen Feldern des Marketing-Mixes eine **schnelle und kostengünstige Umsetzung** und **schnelle Reaktionsmöglichkeiten auf Nachfrageveränderungen und Konkurrenzverhalten**.

Preisbestimmung

Wichtigste Aufgabe der Preispolitik ist die **Bestimmung eines Preises** für das angebotene Produkt. Dies geschieht bei der **Neueinführung** eines Produktes und bei **Veränderung einer Bestimmungsgröße** des Preises.

- Bei der **kostenorientierten Preisbestimmung** dienen die Gesamtkosten des Produkts als Ausgangspunkt der Preisfindung. Bei der **progressiven Kalkulation** ergibt sich der Angebotspreis aus der Addition der Kosten und eines Gewinnzuschlags. Bei der **retrograden Kalkulation** (Target Costing) geht das Unternehmen von dem am Markt durchsetzbaren Preis aus und ermittelt unter Abzug eines Gewinnabschlags die gewünschten Zielkosten.
- Bei der **konkurrenzorientierten Preisbestimmung** orientiert sich das Unternehmen an den von den Konkurrenzunternehmen verlangten und am Markt durchgesetzten Preisen.

- Bei der **kundenorientierten Preisbestimmung** orientiert sich die Preisfindung an der Nutzenwahrnehmung der Kunden und deren Zahlungsbereitschaft. Im Zentrum steht hier also die Frage, wie groß der Nutzen des Produkts in der Wahrnehmung des Kunden ist und welchen Preis er deswegen zu zahlen bereit ist.

Preisstrategien

Bei einer **Produktinnovation** gibt es zwei mögliche Preisstrategien:

- Bei der **Abschöpfungsstrategie** (Skimmingstrategie) wird das Produkt zu einem vergleichsweise hohen Preis eingeführt. Mit zunehmender Markterschließung und aufkommendem Wettbewerbsdruck wird der Produktpreis dann sukzessive abgesenkt, so dass neue Kunden gewonnen werden können und deren Zahlungsbereitschaft nach und nach abgeschöpft werden kann.
- Bei der **Penetrationsstrategie** (Durchdringungsstrategie) wird das Produkt zu einem vergleichsweise niedrigen Preis eingeführt. Das Ziel dieser Preisstrategie ist es, mit dem attraktiv niedrigen Preis schnell viele Kunden und einen hohen Marktanteil zu gewinnen und so große Absatzmengen und niedrige Stückkosten zu erreichen.

Preisdifferenzierung

Von **Preisdifferenzierung** wird gesprochen, wenn dasselbe Unternehmen für dasselbe Produkt unterschiedliche Preise verlangt.

- Bei der **zeitlichen Preisdifferenzierung** verlangt dasselbe Unternehmen für dasselbe Produkt zu unterschiedlichen Zeiten unterschiedliche Preise. Grund ist die Ausschöpfung von zeitlich unterschiedlichen Zahlungsbereitschaften und/oder die gleichmäßigere Kapazitätsauslastung durch Verschiebung der Nachfrage von nachfragestärkeren zu nachfrageschwächeren Zeiten.
- Bei der **räumlichen Preisdifferenzierung** verlangt dasselbe Unternehmen für dasselbe Produkt an unterschiedlichen Orten unterschiedliche Preise. Gründe können regional oder situativ unterschiedliche Zahlungsbereitschaften, Kostensituationen, Konkurrenzsituationen an unterschiedlichen Orten sein.
- Bei der **personenbezogenen Preisdifferenzierung** verlangt dasselbe Unternehmen für dasselbe Produkt von unterschiedlichen Personengruppen unterschiedliche Preise. Gründe können die Ausschöpfung unterschiedlicher Zahlungsbereitschaften, die Schaffung von Kundenbindung, unterschiedliche Kosten in Abhängigkeit vom Kunden und die Ausnutzung von Meinungs- und Nutzerführerschaft sein.
- Bei der **vertriebswegbezogenen Preisdifferenzierung** verlangt dasselbe Unternehmen für dasselbe Produkt in unterschiedlichen Vertriebswegen unterschiedliche Preise. Grund sind unterschiedliche Kosten der verschiedenen Vertriebswege, die ganz oder teilweise an die Kunden weitergegeben werden sollen.
- Bei der **mengenbezogenen Preisdifferenzierung** verlangt dasselbe Unternehmen für dasselbe Produkt bei unterschiedlichen Verkaufsmengen unterschiedliche Preise. Mit größeren Verkaufs- und folglich Herstellungsmengen sind Kosteneinsparungen (Skaleneffekte) verbunden, die mittels Mengenrabatt an den Kunden weitergegeben werden.

Konditionenpolitik

Zu den Konditionen gehören die **Preisermäßigungen**, die eine Variation der Listenpreise darstellen und entweder als Geldleistung oder Naturalleistung angeboten werden.

- Das **Skonto** ist eine Preisermäßigung, die bei Einhaltung einer vorgegebenen Zahlungsfrist gewährt wird. Ziel des Unternehmens bei Gewährung von Skonto ist es, die Rechnungsbeträge früher zu erhalten.
- Ein **Rabatt** ist eine Preisermäßigung, die relativ zum Absatz oder Umsatz gewährt wird.
- Ein **Bonus** ist ein einmaliger Preisabschlag, der bei Erreichen eines Absatz- oder Umsatzzieles gewährt wird.

Die **Zahlungsbedingungen** regeln, wann der Kunde welche Zahlungen zu leisten hat. Dabei können Anzahlungen, Vorauszahlungen, Abschlagszahlungen, Teilzahlungen und Zahlungsfristen (Zahlungsziele) vereinbart werden. Das Unternehmen kann den Kunden mit mangelnder Kaufkraft **Finanzierungsbedingungen** anbieten. Das Unternehmen kann freiwillig **Garantiebedingungen** anbieten, die in der Gültigkeitsdauer oder dem abgesicherten Mängelumfang über die gesetzliche Gewährleistung hinausreichen. Auch sonstige Vertragsbedingungen wie **Transport- und Lieferbedingungen** oder das Angebot von **Versicherungen** gehören zu den Maßnahmen der Konditionenpolitik.

Verständnisfragen

Haben Sie alles verstanden? Mit den folgenden Fragen können Sie das Gelernte schnell prüfen:

1. **Bei Gütern, die nicht aufbewahrt werden können, ist der Konsumdruck höher, je kürzer der Zeitpunkt der Zahlung zurückliegt.**

☐ richtig
☐ falsch

2. **Der Preis hat als Erfolgsfaktor in den letzten Jahren an Bedeutung verloren.**

☐ richtig
☐ falsch

3. **Die Höhe der Preiselastizität ist auch davon abhängig, wie transport- und lagerfähig das betrachtete Produkt ist.**

☐ richtig
☐ falsch

4. **Die Preis- und Konditionenpolitik wird auch als Leistungspolitik bezeichnet.**

☐ richtig
☐ falsch

5. **Die Preiselastizität zeigt an, wie stark die Nachfrage auf Preisveränderungen reagiert.**

☐ richtig
☐ falsch

6. **Einzige Einflussgrößen auf die Preisfestlegung sind die Kosten und das Wertempfinden der Kunden.**

☐ richtig
☐ falsch

7. **Es kann sinnvoll sein, dass ein Unternehmen einen Preis anbietet, der unter der kurzfristigen Preisuntergrenze liegt.**

☐ richtig
☐ falsch

8. **Mittels der Penetrationsstrategie ist es möglich, die Preisbereitschaft des Kunden graduell abzuschöpfen.**

☐ richtig
☐ falsch

9. **Nur wenn das Produkt neu eingeführt wird, muss ein Preis festgelegt werden.**

☐ richtig
☐ falsch

6 Distributionspolitik

Die **Distributionspolitik** als Teil des Marketing-Mixes umfasst alle Entscheidungen und Maßnahmen, die der akquisitorischen und physischen Verteilung der hergestellten Güter dienen.

- Bei der **akquisitorischen Distribution** bearbeiten die Distributionsorgane zwei Aufgabenfelder:
  - Im Rahmen der **Informationsaufgaben** gibt das Distributionsorgan Informationen über das Unternehmen und die Produkte an den potenziellen Kunden weiter (**aktive Informationsaufgabe**). Daneben kann es auch Aufgabe sein, Marktforschung zu betreiben und Informationen über den Kunden und seine Nachfrage zu erlangen (**passive Informationsaufgabe**).
  - Bei der **kontrahierungswirksamen Aufgabe** geht es um die Vorbereitung und konkrete Durchführung von Kaufabschlüssen.
- Die **physische Distribution** umfasst die körperliche Transformation der Güter zwischen Anbietern und Nachfragern. Sie betrifft Entscheidungen zur Lagerhaltung, zum Transport und zur Lieferung der Produkte und ist eine Aufgabe für Betriebswirte, weil die physische Distribution eine **absatzbeeinflussende Wirkung** entfaltet. Sie kann sowohl aktuelle als auch zukünftige Kaufentscheidungen beeinflussen. Besonders die Liefergeschwindigkeit, Pünktlichkeit, Lieferbeschaffenheit und Lieferflexibilität haben einen Einfluss auf die Kundenzufriedenheit.

Das Unternehmen muss entscheiden, welche Personen und Organisationen mit den distributionspolitischen Aufgaben betraut werden (**Distributionsorgane**), auf welchen Wegen die Produkte an die Nutzer gelangen (**Absatzwege**) und welche Verkaufsmethoden eingesetzt werden sollen (**Verkaufstypologien**).

Distributionsorgane

Interne Distributionsorgane sind Distributionsorgane, die rechtlich zum Unternehmen gehören. Dies können Personen (Mitarbeiter) und Organisationen (Abteilungen, Filialen, Tochtergesellschaften) sein.

Die **Geschäftsführung** selbst kann Distributionsorgan eines Unternehmens sein. In der Organisation des Unternehmens kann es eine **Verkaufsabteilung** oder **Vertriebsabteilung** geben, die Aufgaben der akquisitorischen Distribution übernimmt. Ein Unternehmen kann auch eigene Verkaufsorgane haben, die als selbstständige Verkaufsstandorte rechtlich und wirtschaftlich in die Organisation des Herstellers eingebunden (**Verkaufsniederlassung, Filiale**). Viele Unternehmen, die an gewerbliche Kunden verkaufen, haben einen eigenen **Außendienst**, eine Organisation von Mitarbeitern, welche die Kunden besuchen.

Externe Distributionsorgane sind unternehmensfremde Personen und Institutionen, die von dem distribuierenden Unternehmen mit distributionspolitischen Aufgaben beauftragt werden. Sie sind prinzipiell rechtlich und wirtschaftlich vom dem beauftragenden Unternehmen unabhängig.

Franchising und Vertragshändler sind externe Distributionsorgane, die zwar rechtlich unabhängig sind, aber wirtschaftlich in starker Abhängigkeit zu dem distribuierenden Unternehmen stehen. Beim **Franchising** schließt das distribuierende Unternehmen (Franchisegeber) einen Vertrag mit einem selbstständigen Unternehmen (Franchisenehmer). **Vertragshändler** sind rechtlich selbstständige Handelsunternehmen, die durch einen Händlervertrag an den distribuierenden Hersteller gebunden sind.

Absatzhelfer sind externe Distributionsorgane, die (im Gegensatz zu den Absatzmittlern) kein Eigentum an der zu distribuierenden Ware erwerben.

Als **Absatzhelfer im engeren Sinne** bezeichnet man Handelsvertreter, Makler und Kommissionäre. **Handelsvertreter** sind selbstständige Distributionsorgane, die ähnliche Aufgaben wie ein Außendienstmitarbeiter übernehmen. **Makler** vermitteln im Auftrag von Anbietern oder Nachfragern einen Kaufvertrag. **Kommissionäre** handeln in eigenem Namen für fremde Rechnung, indem sie Ware des distribuierenden Unternehmens an Kunden verkaufen. **Absatzhelfer im weiteren Sinne** sind sonstige absatzunterstützende Dienstleister wie Warenlogistik- und Finanzdienstleister.

Absatzmittler sind externe Distributionsorgane, die Eigentum an der zu distribuierenden Ware erwerben.

Das Verkaufsrisiko geht also auf die Absatzmittler über. Absatzmittler sind Handelsunternehmen, die in Großhandel und Einzelhandel unterschieden werden. Der Begriff **Großhandel** kommt daher, dass in diesen Handelsunternehmen üblicherweise große Mengen gehandelt werden. Der **Einzelhandel** verkauft (im Unterschied zum Großhandel) vorwiegend an Endverbraucher. In der Praxis haben sich viele Formen des Einzelhandels herausgebildet.

Marktveranstaltungen sind institutionalisierte Gelegenheiten zur Gewinnung von Informationen, zur Herstellung und Pflege von Kontakten und zu der Anbahnung und dem Abschluss von Geschäften (z. B. Wochenmärkte, Großmärkte, Messen, Ausstellungen, Auktionen, Warenbörsen).

Absatzwegepolitik

Die **Absatzwegepolitik** beschäftigt sich mit der Gestaltung der Absatzwege vom Unternehmen zum Kunden.

- Beim **direkten Absatz** verkauft das Unternehmen direkt an die Verwender und hat einen großen Einfluss auf den Vertriebskanal sowie unmittelbaren Zugang zu den Kunden. Beim **indirekten Absatz** verkauft das Unternehmen seine Produkte nur an Absatzhelfer und Absatzmittler, so dass mit geringerem Kapitalaufwand ein großer Anteil der relevanten Kundengruppe erreicht werden kann.
- Beim **exklusiven Absatz** verkauft das Unternehmen seine Produkte über wenige Absatzwege und nur an wenige, ausgewählte Absatzmittler. Beim **selektiven Absatz** verkauft das Unternehmen an alle Absatzmittler, welche die Kriterien des Handelsunternehmens erfüllen. Beim **intensiven Absatz** verkauft das Unternehmen an alle Absatzmittler, die das Produkt kaufen und weiterverkaufen möchten.

Beim **ubiquitären Absatz** (Überallerhältlichkeit) verkauft das Unternehmen an möglichst viele Absatzmittler, und dies selbst dann, wenn es aus wirtschaftlichen Gründen eigentlich nicht sinnvoll ist.

- Beim **eingleisigen Absatz** hat das Unternehmen nur einen einzigen Absatzweg, über den die Produkte vertrieben werden. Beim **mehrgleisigen Absatz** (**Multi-Channeling**) verkauft das Unternehmen seine Produkte über mehrere Absatzkanäle. In den letzten Jahren ist ein Trend zum Multi-Channeling festzustellen, und dies vor allem deswegen, weil viele Hersteller zusätzlich zu den bisherigen Vertriebswegen das Internet als Absatzkanal entwickelt haben.

Verkaufstypologie

Die **Verkaufstypologie** bezeichnet die Form des Kontakts zum Kunden.

Das Unternehmen muss entscheiden, wie es mit dem Kunden in Kontakt tritt und kommuniziert.

Beim **persönlichen Verkauf**, bei dem sich der Anbieter und der Kunde (bzw. bei Institutionen wie Unternehmen oder staatlichen Stellen deren Mitarbeiter) persönlich begegnen, gibt es drei Formen:

- Beim **Domizilprinzip** treffen sich Unternehmen und Kunde beim Kunden.
- Beim **Residenzprinzip** treffen sich Unternehmen und Kunde beim Unternehmen.
- Beim **Treffprinzip** treffen sich Unternehmen und Kunden an einem dritten Ort.

Heute haben sich viele Verkaufsformen herausgebildet:

- Beim **Haustürverkauf** wird Privathaushalten etwas an deren Haustür angeboten.
- Beim **Filialverkauf** kommen Kunden in die Zweigstellen des Anbieters.
- Beim **Fahrverkauf** werden Produkte mit einer mobilen Verkaufsstätte verkauft.
- Beim **Party-** oder **Eventverkauf** werden die Produkte im Rahmen einer Veranstaltung verkauft, die meist auch Produktvorführungen und Produktproben beinhaltet.
- Beim **Telefonverkauf** oder **Telefonkonferenzverkauf** findet der Kontakt distanzpersönlich statt.
- Beim **Teleshopping** wird das Fernsehen in Verkaufssendern oder Dauerwerbesendungen als Präsentationsmedium genutzt.
- Beim **E-Commerce** (Electronic Commerce) wird das Internet als Verkaufsplattform genutzt.
- Beim **M-Commerce** (Mobile Commerce) findet der Verkauf mittels einer Softwareanwendung auf einem Smartphone statt.

Verständnisfragen

Haben Sie alles verstanden? Mit den folgenden Fragen können Sie das Gelernte schnell prüfen:

1. Absatzhelfer erwerben Eigentum an der Ware, Absatzmittler nicht.

☐ richtig
☐ falsch

2. **Bei vielen kleinen Abnehmern empfiehlt sich der direkte Absatz.**

☐ richtig
☐ falsch

3. **Beim exklusiven Absatz setzt ein Hersteller alle Händler ein, die festgelegte Kriterien erfüllen.**

☐ richtig
☐ falsch

4. **Beim Vertrieb erklärungsbedürftiger Produkte empfiehlt sich der indirekte Absatz.**

☐ richtig
☐ falsch

5. **Die physische Distribution kann den Absatz nicht beeinflussen.**

☐ richtig
☐ falsch

6. **Franchising kann wegen der hohen wirtschaftlichen Abhängigkeit auch als quasi-internes Distributionsorgan gesehen werden.**

☐ richtig
☐ falsch

7. **Im Rahmen der passiven Informationsaufgabe gibt ein Distributionsorgan Informationen an den Kunden.**

☐ richtig
☐ falsch

7 Kommunikationspolitik

Die **Kommunikationspolitik** als Teil des Marketing-Mixes umfasst alle Entscheidungen und Maßnahmen, die der Gestaltung von Informationen dienen, die auf die Umwelt und die Mitarbeiter des Unternehmens gerichtet sind.

Wichtig ist beim Einsatz der Kommunikationsinstrumente, dass sie aufeinander abgestimmt sind. In dieser **integrierten Marketing-Kommunikation** umfasst eine kommunikationspolitische Kampagne meist mehrere Kommunikationsinstrumente, die inhaltlich und grafisch einen deutlichen Bezug zueinander haben.

Kommunikationspolitische Maßnahmen dienen häufig einer Push-Strategie und / oder einer Pull-Strategie:

- Bei der **Push-Strategie** (Angebotsdruckstrategie) werden die Produkte mit Marketingaktivitäten gegenüber der nächsten Absatzstufe, den Absatzhelfern und Absatzmittlern (Handelsunternehmen), attraktiv gemacht.
- Bei der **Pull-Strategie** (Nachfragesogstrategie) richten sich die Marketing-Aktivitäten unter Umgehung der Absatzmittler und Absatzhelfer an die Endverbraucher. Sie sollen dann infolgedessen die Produkte bei den Handelsunternehmen nachfragen und diese Wertschöpfungsstufe dadurch gleichsam zwingen, die Produkte beim Hersteller zu kaufen.

Kommunikationspolitische Instrumente

Werbung (Advertising) als Teil der Kommunikationspolitik umfasst die Gestaltung und den Einsatz von Mitteln, die Aufmerksamkeit erzeugen, über Produkte und Marken informieren und Anreize zu deren Kauf setzen sollen.

1. Ein systematischer Werbeprozess beginnt mit der Definition der **Werbeziele**, die mit den Werbemaßnahmen erreicht werden sollen.
2. Im zweiten Schritt muss das **Werbebudget** festgelegt werden, das für die Werbung verausgabt werden soll.
3. Der dritte Schritt ist die Festlegung der **Werbestrategie**. Dazu wird zunächst die **Werbebotschaft** entwickelt, vorab getestet und dann praktisch umgesetzt, indem Werbemittel konkret gestaltet werden. Danach wird die **Medienauswahl** getroffen und dabei entschieden, welche Medien für die Werbemaßnahmen genutzt werden und wie die Kampagne zeitlich ablaufen soll.
4. Im vierten Schritt wird dann während und nach der Werbekampagne der **Werbeerfolg** der Maßnahmen gemessen.

Um **Aufmerksamkeit** für Werbung zu erregen, wird von den werbetreibenden Unternehmen mit **physischen, emotionalen oder kognitiven Reizen** gearbeitet.

Die **Verkaufsförderung** (Sales Promotion) als Teil der Kommunikationspolitik umfasst alle Maßnahmen und Instrumente, die der kurzfristigen Absatzsteigerung dienen.

- Bei **Außendienstpromotions** richtet sich das Unternehmen mit seiner Verkaufsförderungsaktion an die eigenen

Außendienstmitarbeiter, die angereizt werden sollen, alle oder bestimmte Produkte verstärkt zu verkaufen.

- Bei **Händlerpromotions** richten sich die Verkaufsförderungsmaßnahmen an die Handelsunternehmen, welche die Produkte weiterverkaufen.
- Bei **Verbraucherpromotions** wenden sich die verkaufsförderungsmaßnahmen an den Konsumenten und finden häufig direkt im Ladengeschäft (Point of Sale) statt.

In der Praxis hat sich eine Vielzahl von Verkaufsförderungsinstrumente etabliert, z. B. Stammkundenbonus, Coupons, „Geld zurück"-Angebote, Sonderpreispackungen, Muster, Gewinnspiele und Werbegeschenke.

Die **Öffentlichkeitsarbeit** (Public Relations) als Teil der Kommunikationspolitik umfasst alle Maßnahmen und Entscheidungen, welche die Gestaltung der Beziehungen zur Öffentlichkeit betreffen und nicht der konkreten Absatzsteigerung dienen.

Ziel der Öffentlichkeitsarbeit ist, gute Beziehungen zu allen Ansprechpartnern des Unternehmens herzustellen und zu erhalten, bei diesen Ansprechpartnern eine vorteilhafte Meinung zugunsten des Unternehmens zu erzielen und einen positiven Gesamteindruck über das Unternehmen in der Öffentlichkeit zu erreichen.

Beim **Sponsoring** unterstützt ein Unternehmen (Sponsor) Einzelpersonen, Institutionen oder Veranstaltungen mit Geld, Sachgütern oder Dienstleistungen und erhält im Gegenzug dafür vorher klar definierte Leistungen.

Das Prinzip von Leistung und Gegenleistung unterscheidet das Sponsoring von einer Spende. Es gibt Sportsponsoring, Kultursponsoring, Umweltsponsoring, Soziosponsoring und Wissenschaftssponsoring.

In der Praxis haben sich viele weitere Instrumente herausgebildet:

- Beim **Direkt-Marketing** wird ein direkter Kontakt zwischen dem verkaufenden Unternehmen und dem potenziellen Kunden hergestellt, wobei auch versucht wird, auf die persönlichen Präferenzen des jeweiligen Kunden einzugehen.
- Beim **Product Placement** wird ein Produkt optisch oder textlich in einem Spielfilm oder im redaktionellen Teil eines Beitrags in Zeitung, Hörfunk oder Fernsehen platziert.
- Beim **Event-Marketing** organisiert das Unternehmen besondere Ereignisse, die nicht nur große Aufmerksamkeit erzeugen, sondern auch die Markenbotschaft des Produkts oder des Unternehmens transportieren und so zur Imagebildung beitragen sollen.
- Beim **Online-Marketing** wird das Internet als kommunikationspolitische Informations- und Kommunikationsplattform eingesetzt.
- Beim **viralen Marketing** nutzt das Unternehmen soziale Netzwerke und Medien (z. B. E-Mails, Blogs, Twitter, Youtube, Facebook), um Kunden zu animieren, eine meist ungewöhnlich verpackte Werbebotschaft selbst weiterzuverbreiten.
- Beim **Ambush Marketing** nutzt das Unternehmen die mediale Aufmerksamkeit einer Großveranstaltung, ohne allerdings selbst offizieller Sponsor dieses Ereignisses zu sein.
- Beim **Ambient Marketing** versucht das Unternehmen, mit seinen Werbemitteln in das Lebens- und Freizeitumfeld (Ambiente) von Zielgruppen zu kommen.

- Beim **Social Media Marketing** nutzen Unternehmen Social-Media-Plattformen (z. B. Facebook, Twitter, Xing, Google+), um über Produkte zu informieren, mit dem Kunden zu kommunizieren, Weiterempfehlungen anzureizen, Kundenbeschwerden aufzunehmen und öffentlich darauf reagieren zu können.

Corporate Identity

Corporate Identity ist die Unternehmenspersönlichkeit, also alle Merkmale eines Unternehmens.

- **Corporate Behavior** ist das Verhalten des Unternehmens und seiner Mitarbeiter nach innen (gegenüber anderen Mitarbeitern) und nach außen (gegenüber Kunden, Lieferanten, Anwohnern, Öffentlichkeit). Dazu gehören z. B. das Verhalten gegenüber Journalisten und die Art der persönlichen Ansprache.
- **Corporate Communication** ist der abgestimmte Einsatz aller Kommunikationsinstrumente mit dem Ziel, eine einheitliche Vorstellung von dem Unternehmen bei Außenstehenden und Mitarbeitern zu erreichen.
- **Corporate Design** ist die abgestimmte Gestaltung aller visuellen Elemente, mit denen das Unternehmen bei Außenstehenden und Mitarbeitern wahrgenommen wird. In Corporate-Design-Richtlinien werden die Nutzung von Markenzeichen, Markenname und Schriftarten geregelt sowie die Gestaltung von Homepage, Briefbögen, Visitenkarten, Folienpräsentationen, Mitarbeiterkleidung, Broschüren, Werbemitteln und Architektur vorgeschrieben.

?!! Verständnisfragen

Haben Sie alles verstanden? Mit den folgenden Fragen können Sie das Gelernte schnell prüfen:

1. **Bei der Push-Strategie adressiert ein Hersteller sein Marketing an Endkunden, die dann beim Händler das Produkt kaufen möchten.**

☐ richtig
☐ falsch

2. **Beim Product Placement wird ein direkter Kontakt zwischen dem verkaufenden Unternehmen und dem potenziellen Kunden hergestellt.**

☐ richtig
☐ falsch

3. **Bekanntheit und Image sollten sich immer auf die relevante Zielgruppe beziehen.**

☐ richtig
☐ falsch

4. **Das Instrument der Öffentlichkeitsarbeit dient der kurzfristigen Absatzsteigerung.**

☐ richtig
☐ falsch

5. **Das Instrument der Verkaufsförderung dient der kurzfristigen Absatzsteigerung.**

☐ richtig
☐ falsch

6. **Die Glaubwürdigkeit der Werbung aus Sicht der Kunden hat in den letzten Jahrzehnten abgenommen.**

☐ richtig
☐ falsch

7. **Die Kommunikationspolitik richtet sich nur an die Kunden des Unternehmens.**

☐ richtig
☐ falsch

8. **Kommunikationspolitische Maßnahmen können die Aufgabe haben, den Kunden nach dem Kauf in seiner Kaufentscheidung zu bestätigen.**

☐ richtig
☐ falsch

9. **Nur positive emotionale Reize können in der Werbung Aufmerksamkeit erregen.**

☐ richtig
☐ falsch

Literaturtipps

Becker, Jochen (2012): Marketing-Konzeption: Grundlagen des ziel-strategischen und operativen Marketing-Managements, Vahlen.

Bruhn, Manfred (2007): Marketing – Grundlagen für Studium und Praxis, Gabler.

Meffert, Heribert; Burmann, Christoph; Kirchgeorg, Manfred (2011): Marketing: Grundlagen marktorientierter Unternehmensführung. Konzepte – Instrumente – Praxisbeispiele, Gabler.

Hennig, Alexander (2013): Fit für die Prüfung: Marketing (Lernbuch). Konstanz/München: UTB/UVK Lucius.

Hennig, Alexander; Schneider, Willy (2008): Lexikon Kennzahlen für Marketing und Vertrieb: Das Marketing-Cockpit von A-Z, Springer.

Kotler, Philip; Armstrong, Gary; Saunders, John; Wong, Veronica (2010): Grundlagen des Marketing, Pearson.

Nagel, Michael; Mieke, Christian (2014): BWL-Methoden. Konstanz/München: UTB/UVK Lucius.

Pechtl, Hans (2014): Preispolitik. 2.A. Konstanz/München: UTB/UVK Lucius.

Sander, Matthias (2011): Marketing-Management. 2. A. Konstanz/München: UTB/UVK Lucius.

Schweiger, Günter; Schrattenecker, Gertraud (2012): Werbung. 8. A. Konstanz/München: UTB/UVK Lucius.

Schneider, Willy (2013): Operatives Marketing, Oldenbourg

Gerald Pilz

E
Personalwirtschaft

1 Einordnung und Ziele der Personalwirtschaft

Definition:
Die Personalwirtschaft ist ein für die Ertragssituation und die Innovationsfähigkeit maßgeblicher Funktionsbereich im Unternehmen. Die Personalwirtschaft umfasst das gesamte unternehmensinterne System der Dienstleistungen, die mitarbeiterrelevant sind.

Ohne ein hoch qualifiziertes und engagiertes Personal kann ein Unternehmen die optimale Position auf den Weltmärkten und die Wettbewerbsfähigkeit langfristig nicht aufrecht erhalten. Daher haben die Personalwirtschaft und das Personalmanagement einen herausragenden, primären Stellenwert für die **Effizienz**, die **Effektivität** und die **Produktivität** des Unternehmens.

Definition
Das Personal lässt sich definieren als die Belegschaft, die in einer Organisation arbeitet und gegen Entgelt Arbeit leistet, um die Unternehmensziele zu erreichen. Das Personal ist für die Umsetzung der Geschäftsprozesse zuständig.

Begriffsabgrenzungen

- Der Begriff der Personalwirtschaft ist eng verwandt mit dem des **Personalmanagements**, der das Konzept der Führung und der Leitung des Personals in den Vordergrund stellt.
- Darüber hinaus wird auch der Terminus des **Human Resource Managements** verwendet, der vor allem in den USA etabliert ist. Das HRM hat in seinem Bedeutungsumfang eine ganzheitliche Sichtweise der Personalwirtschaft hervorgehoben.

Wissenschaftliche Einordnung

Die Personalwirtschaftslehre fungiert als eine **Teildisziplin** der Betriebswirtschaftslehre, die in verschiedene Einzelbereiche unterteilt werden kann. Diese Einzeldisziplinen sind beispielsweise

- das Personalcontrolling,
- die Personalpolitik,
- die Personalentwicklung,
- der Personaleinsatz,
- die Personalplanung,
- die Personalverwaltung

und andere.

Die Personalwirtschaft beruht auf einer **interdisziplinären** Perspektive, die auf verschiedene andere Sozialwissenschaften wie beispielsweise die

- Psychologie,
- die Soziologie,
- die Rechtswissenschaft,
- die Volkswirtschaftslehre und
- die Berufspädagogik

zurückgreift.

Aktueller Trend

Eine zunehmende Bedeutung in der Personalwirtschaft gewinnt der Begriff des **Personalmarketings**, der sich vorrangig auf die Personalbeschaffung und auf die Platzierung des Unternehmens am Arbeitsmarkt bezieht.

Bei diesem Ansatz wird zwischen einem internen und einem externen Personalmarketing unterschieden.

- Das **interne Marketing** stützt sich auf Maßnahmen wie eine aktive Karriereförderung, ein wettbewerbsfähiges Vergütungssystem, Erfolgsbeteiligungen und umfassende Sozialleistungen. Entscheidend ist auch das Ansehen (Employer Branding) des Unternehmens als Arbeitgeber.

- Beim **externen Personalmarketing** nimmt die Personalabteilung aktiven Einfluss auf die Positionierung im Arbeitsmarkt. Gängige Maßnahmen sind die Teilnahme an Jobmessen, ein differenziertes Hochschulrecruiting, Praktika für Absolventen, finanzielle Förderung von Abschlussarbeiten, Kooperationen im Forschungssektor sowie Bewerbertage und eine auf das Personalmarketing fokussierte Öffentlichkeitsarbeit.

Weitere Ziele sind die langfristige Sicherung der Arbeitsplätze und die Einführung einer sinnvollen und effizienten Führungskultur, die die Implementierung von modernen und adäquaten Führungsstilen ermöglicht.

Zielsetzung

Die Ziele der Personalwirtschaft lassen sich in organisatorische, wirtschaftliche und soziale Ziele auffächern.

- Die **organisatorischen Ziele** beziehen sich auf die organisatorische Struktur des Unternehmens.
- Die **wirtschaftlichen Ziele** der Personalwirtschaft bestehen in dem optimalen Einsatz der menschlichen Arbeit und der Minimierung der dabei entstehenden Kosten, die nach dem ökonomischen Effizienzprinzip des Personalcontrolling und nach differenzierten Kennzahlensystemen bewertet werden.
- Zudem definiert die Personalwirtschaft **soziale Ziele**, die der Verbesserung der sozialen Lage der Belegschaft dienen sollen. Hierzu gehören
  - die ergonomische Arbeitsplatzgestaltung,
  - der umfassende Arbeitsschutz, die Verbesserung der Arbeitsbedingungen,

- eine optimale Personalführung,
- eine innovative und zukunftsorientierte Personalentwicklung und
- eine moderne Form der Mitbestimmung, die dazu beitragen soll, das Arbeitsklima erheblich zu verbessern und die Eigenverantwortung zu stärken.

Verständnisfragen

Haben Sie alles verstanden? Mit den folgenden Fragen können Sie das Gelernte schnell prüfen:

1. Welche Ziele strebt die Personalwirtschaft an?

- ☐ Kostenreduzierung
- ☐ mehr Effizienz und Effektivität
- ☐ höhere Innovationsfähigkeit
- ☐ Abbau der Personalfluktuation

2. Was beinhaltet das Personalmarketing?

- ☐ besserer Verkauf von Gütern
- ☐ optimale Positionierung auf dem Arbeitsmarkt
- ☐ Verbesserung der Attraktivität als Arbeitgeber

3. Was gehört zum externen Personalmarketing?

- ☐ Jobmessen
- ☐ Unternehmensbeteiligungsmodelle
- ☐ Bewerbertag
- ☐ Praktika für Studierende
- ☐ Diversity Management
- ☐ Hochschulrecruiting

2 Personalplanung

Definition
Die Personalplanung ist eine umfassende Konzeption zur Steuerung des Personalbestandes. Die Personalplanung bezieht sich auf einzelne personalwirtschaftliche Funktionen, zu denen die Personalbeschaffung, der Personaleinsatz und die Personalfreistellung gehören.

Personalplanung	
personenbezogen	**unternehmensbezogen**
Karriereplanung	Personalbestandsplanung
Laufbahnplanung	Personalbedarfsplanung
individuelle Personalentwicklungsplanung	Personaleinsatzplanung
Einsatzplanung	Personalentwicklungsplanung
Besetzungsplanung	Personalkostenplanung
Förderplanung	Personalfreistellungsplanung

Bei der Personalplanung unterscheidet man je nach **Zeithorizont**

- eine kurzfristige Personalplanung,
- eine mittelfristige Personalplanung,
- eine langfristige Personalplanung.

Die übergreifende Aufgabe der Personalplanung ist die Sicherung der vorhandenen Arbeitskräfte und der effiziente Personaleinsatz.

Die **Ziele des Unternehmens** im personalwirtschaftlichen Bereich bestehen in

- einer Personalkostensenkung,

- einer Verbesserung der Effizienz beim Einsatz des Personals,
- einer Ausweitung des Marktanteils und
- einer Verbesserung des Personalmarketings.

Darüber hinaus impliziert die Personalplanung auch eine Steigerung der Arbeitsleistung und eine Verbesserung der Rentabilität des Unternehmens.

Phasen der Zielentwicklung
Phase 1: Zielsuche
Phase 2: Zielfindung
Phase 3: Zielentscheidung
Phase 4: Zielkonkretisierung und -operationalisierung
Phase 5: Zielimplementierung
Phase 6: Zielkontrolle

Aus **mitarbeiterbezogener Sicht** hat die Personalplanung zum Ziel,

- die Arbeitsbedingungen erheblich zu verbessern,
- Handlungsspielräume zu erweitern und Befugnisse zu vergrößern,
- die Arbeitsinhalte zu verbessern und anzureichern,
- die Arbeitszeiten zu optimieren und
- den Erhalt der Arbeitsplätze zu sichern.

Hinsichtlich der Organisation wird zwischen einer

- dezentralen Personalplanung und
- einer zentralen Personalplanung

differenziert, die unmittelbar von der Personalabteilung ausgeht. Bei der zentralen Personalplanung fokussieren sich die gesamten organisatorischen Aufgaben auf eine bestimmte Abteilung. Bei beiden Arten der Personalplanung wird differenziert und systematisiert zwischen

- einer gegenstandsbezogenen Personalplanung,
- einer umfangbezogenen Personalplanung,
- einer fristbezogenen Personalplanung und
- einer inhaltsbezogenen Personalplanung.

Bei der **gegenstandsbezogenen Personalplanung** geht man von einem Personalbestand aus, der nach verschiedenen quantitativen und qualitativen Kriterien bewertet wird, um eine zuverlässige und zielgenaue Prognose für die Zukunft vornehmen zu können.

Bei der eigentlichen **Personalbedarfsplanung** werden unterschiedliche Verfahren eingesetzt, die es ermöglichen, den erforderlichen Personalbedarf genauer einzugrenzen. Hierbei spielt als weiterer Aspekt die Personaleinsatzplanung eine primäre und ausschlaggebende Rolle. Bei der Personalbeschaffung muss zusätzlich berücksichtigt werden, ob eine interne oder externe Personalbeschaffung vorgenommen wird.

Verständnisfragen

Haben Sie alles verstanden? Mit den folgenden Fragen können Sie das Gelernte schnell prüfen:

1. Welche Zeithorizonte werden bei der Personalplanung unterschieden?

☐ mittelfristig
☐ kurzfristig
☐ langfristig

2. Was sind Beispiele für eine unternehmensbezogene Personalplanung?

☐ Personalbedarfsplanung
☐ Karriereplanung
☐ Laufbahnplanung
☐ Personalentwicklungsplanung
☐ Personaleinsatzplanung

3. Was bedeutet Zieloperationalisierung?

☐ verschiedene Operationen des Ziels
☐ konkrete Zieldefinition
☐ Auffächerung des Ziels nach messbaren Kriterien

3 Personalbeschaffung

Definition
Die Personalbeschaffung umfasst die Bereitstellung der erforderlichen Beschäftigten im Unternehmen. Dabei muss sie den Personalbedarf sowohl in qualitativer als auch in quantitativer Hinsicht berücksichtigen und das notwendige Personal am Arbeitsmarkt beschaffen.

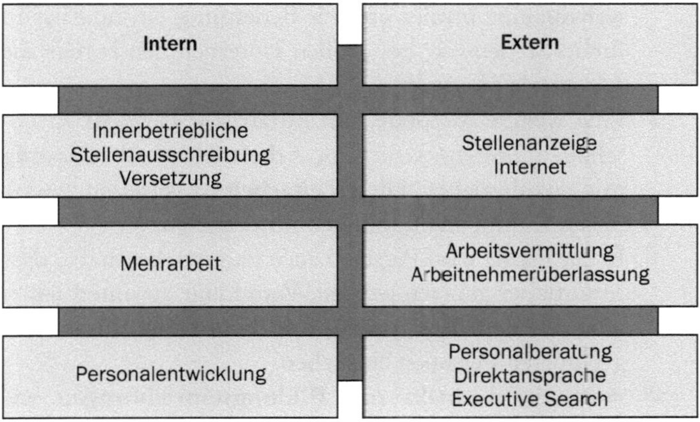

Die **externe Personalbeschaffung** fokussiert sich auf externe Beschaffungswege wie beispielsweise

- elektronische Jobbörsen,
- Recruitingmessen,
- Personalvermittler,
- Arbeitsagenturen und
- die anzeigengestützte Suche sowie
- Personalberatungen.

Aktuelle Trends

- Eine immer größere Bedeutung gewinnt die **Stellensuche im Internet**, die vor allem durch eine Vielzahl von verschiedenen Jobportalen erfolgt. Solche Jobbörsen ermöglichen es, die Stellensuche anhand vieler Kriterien einzugrenzen und intelligent zu gestalten. Darüber hinaus bieten diese **Jobbörsen** vielfältige Dienstleistungen an, die zusätzlich genutzt werden können. Heutzutage nimmt auch die Stellenanzeige auf der **Unternehmenswebsite** eine immer größere Bedeutung ein und hat in ihrem Stellenwert bei großen Unternehmen bereits die Jobportale überholt.
- Eine weitere Methode, um kurzfristig Personal zu beschaffen, besteht darin, eine **Arbeitnehmerüberlassung** mit einzubeziehen. Diese **Zeitarbeit** ist gewissen gesetzlichen Rahmenbedingungen unterworfen.
- In der Praxis wird Personal auch dadurch beschafft, dass Mitarbeiter gebeten werden, Vorschläge zu unterbreiten oder in ihrem **Bekannten- und Verwandtenkreis** nach geeigneten Personen zu suchen.
- Auch der Kontakt mit **Bildungseinrichtungen** wie Hochschulen oder
- die Teilnahme an entsprechenden **Tagungen und Messen** kann dazu beitragen, Personal leichter und zielgerichteter für einzelne Aufgaben zu rekrutieren.

Die Reputation eines Unternehmens und dessen Attraktivität bestimmt die **Positionierung auf dem Arbeitsmarkt** und beeinflusst die Kosten für die Personalbeschaffung. Unternehmen mit einem hohen Ansehen haben es wesentlich leichter, interessante Bewerber zu finden.

Das **Assessmentcenter** ist ein in der Praxis häufig angewandtes Auswahlverfahren.

Methoden im Assessmentcenter	
Interviews	Intelligenztest
Gruppendiskussion	Fragebogen
Postkorbübung	Präsentationsübung
Fallstudie Simulation	Interaktionsübung
Psychologische Tests	Essen („Gabeltest“)

Die **interne Personalbeschaffung** erfolgt über innerbetriebliche Beschaffungswege, zu denen

- die innerbetriebliche Stellenausschreibung,
- die Beförderung,
- die Versetzung,
- die Mehrarbeit sowie
- die Personal- und Organisationsentwicklung

gezählt werden.

Verständnisfragen

Haben Sie alles verstanden? Mit den folgenden Fragen können Sie das Gelernte schnell prüfen:

1. Welche internen Beschaffungswege gibt es?

☐ interne Stellenausschreibung
☐ Versetzung
☐ Direct Search

2. Welche Methoden kommen in einem Assessmentcenter zum Einsatz?

☐ Gruppendiskussion
☐ psychologische Tests
☐ Postkorbübung
☐ grafologische Verfahren

4 Personaleinsatz

Der optimale und zielgerichtete Personaleinsatz hat im Unternehmen einen herausragenden Stellenwert; um Ressourcenengpässe und Produktionsschwierigkeiten zu vermeiden. Es wird differenziert zwischen

1. einer **zeitpunktbezogenen Personaleinsatzplanung** und
2. einer **zeitraumbezogenen Personaleinsatzplanung**.

Ad 1: Bei der zeitpunktbezogenen Personaleinsatzplanung wird unterschieden zwischen

- einer qualitativen zeitlichen Personaleinsatzplanung und
- einer quantitativen zeitlichen Personaleinsatzplanung.

Bei der **qualitativen Personaleinsatzplanung** wird festgelegt, ob die jeweilige Person für die Aufgaben und Anforderungen der Tätigkeit infrage kommt. Bei der **quantitativen Personaleinsatzplanung** geht es vorrangig darum sicherzustellen, dass genügend Personen verfügbar sind, um den Ablauf eines betrieblichen Prozesses zu gewährleisten.

Die zeitliche Personaleinsatzplanung beschäftigt sich damit, einen angemessenen Zeitplan für den **Mitarbeitereinsatz** und eventuelle **Schichtmodelle** zu erstellen.

Ad 2: Bei der zeitraumbezogenen Einsatzplanung geht es vor allem darum festzulegen, in welchem Zeitraum ein **Personalzugang** oder **-abgang** erfolgt.

Bei der **Arbeitszeit** gibt es unterschiedliche Möglichkeiten, sie effektiv und effizient zu organisieren. Man differenziert zwischen

- den herkömmlichen Formen der Arbeitszeitorganisation,
- modernen Zeitflexibilisierungssystemen und
- komplexen Systemen, die auch eine Gleitzeitregelung einschließen.

Bei der **Arbeitszeitflexibilisierung** gab es in den vergangenen Jahren eine merkliche Veränderung und die Zahl der Modelle und Ansätze hat stark zugenommen. Es wird zwischen

- Teilzeitarbeit,
- gleitender Arbeitszeit,
- kapazitätsorientierter variabler Arbeitszeit (KAPOVAZ),
- Jahresarbeitszeit und
- Vertrauensarbeitszeit

differenziert.

Am weitesten verbreitet ist die **Teilzeitarbeit**, die sich besonders hoher Beliebtheit erfreut und die Möglichkeit eröffnet, Familie und Beruf zu vereinbaren. Diese Organisationsform ermöglicht es, dass ein Arbeitsplatz von zwei Mitarbeitern geteilt wird. In diesem Zusammenhang spricht man auch von Jobsharing. Problematisch ist es in der Praxis häufig, die Arbeitsaufgaben gerecht zu verteilen und entsprechende Arbeitszeitregelungen zu finden, die sich mit den Wünschen der betroffenen Arbeitnehmer vereinbaren lassen.

Immer stärkere Zuwendung erfährt auch die **gleitende Arbeitszeit**, die die Arbeitszeitflexibilisierung in der heutigen Zeit vorantreibt. Dabei wird differenziert zwischen einer *Gleitzeit ohne Ausgleich* und einer *Gleitzeit mit Ausgleich*. Gleitende Arbeitszeit beinhaltet meist eine Rahmenarbeitszeit, die festlegt, wann die Arbeit generell frühestens beginnt und wann sie spätestens endet. Innerhalb dieses Rahmens können die Beschäftigten individuell ihre Arbeitszeit festlegen. Ergänzend wird eine Kernarbeitszeit bestimmt, in der die Belegschaft anwesend sein soll, damit Projekte und Einzelaufgaben sinnvoll koordiniert werden können.

Die Mitarbeiter müssen sich jedoch an die geltende **Wochenarbeitszeit** halten. Bei einfachen Zeitmodellen kann der Mitarbeiter nur den Beginn der Arbeit individuell wählen. Bei flexiblen Gleitzeitsystemen kann der Einzelne sowohl den Beginn als auch das Ende des Arbeitstags selbst festsetzen.

Häufig wird das Modell der Gleitzeit mit einem **Arbeitszeitkonto** verknüpft, bei dem ein Zeitguthaben erworben werden kann. Wurden zu wenige Arbeitsstunden geleistet, resultiert daraus eine Zeitschuld. Viele Ansätze in der Praxis sehen nur Zeitguthaben vor. Dieses kann dann durch zusätzliche freie Tage verringert werden oder – sofern ein Arbeitsvertrag oder ein Tarifvertrag dies versieht – vergütet werden. Im Regelfall werden Zeitwertkonten aber über Betriebsvereinbarungen eingeführt.

Zeitwertkonten

Eine immer größere Verbreitung finden Zeitwertkonten, bei denen Zeitguthaben angesammelt werden können. Das vorhandene **Wertguthaben** kann in Form von freien Tagen genutzt werden. Problematisch sind solche Zeitwertkonten, wenn das Arbeitsverhältnis endet und das Guthaben noch nicht aufgebraucht wurde. In einem solchen Fall wird das Guthaben monetär ausbezahlt. Personen, die die Altersgrenzen für den Ruhestand erreicht haben, können das Guthaben auf ihre betriebliche Altersversorgung transferieren lassen. Bei der Kontoführung in Zeit wird das Wertguthaben in Zeiteinheiten, beispielsweise in Stunden, festgehalten. Eine Stunde während der Arbeitsphase bleibt auch in anderen arbeitsfreien Perioden (Freistellung, Elternzeit) erhalten.

Eine **Kontoführung** ist in Geld- oder in Zeiteinheiten möglich, wobei sich die pekuniäre Berechnung eher durchsetzt, da die Kalkulation in Geldeinheiten einfacher und flexibler ist und eine Verzinsung eingeführt werden kann.

Das Zeitwertkonto wird geführt, um dem Arbeitnehmer freie Tage zu ermöglichen, die dazu genutzt werden können, um sich einer Fortbildung zu widmen, früher in den **Ruhestand** zu gehen oder **Elternzeiten** zu verlängern. Gleitende Übergänge sind auch durch eine Verringerung der Arbeitszeit machbar. Bisweilen gibt es für solche Arbeitszeitkonten Restriktionen, dass beispielsweise die Freistellung nur für einen vorgezogenen Ruhestand verwendet werden kann.

Moderne Ansätze, die in der Praxis bislang selten vorkommen, sehen auch eine **Kreditgewährung auf ein Zeitkonto** vor. So könnte beispielsweise für eine Umschulung das Zeitkonto überzogen werden, während der Arbeitgeber weiterhin das Gehalt bezahlt. Das Defizit wird dann durch eine höhere Arbeitsstundenzahl wieder allmählich ausgeglichen. In sehr gefragten Berufen könnte auf diese Weise eine **Finanzierung der Umschulung** oder Weiterbildung durch das jeweilige Unternehmen erfolgen.

?!! Verständnisfragen

Haben Sie alles verstanden? Mit den folgenden Fragen können Sie das Gelernte schnell prüfen:

1. **In welche Kategorien wird die Personaleinsatzplanung eingeteilt?**

☐ zeitraumbezogen
☐ zeitpunktbezogen
☐ unternehmensbezogen

2. Welche Methoden gibt es bei der Personaleinführung?

- ☐ Patensystem
- ☐ Coaching
- ☐ Mentoring
- ☐ Supervision

3. Hat der Betriebsrat beim Personaleinsatz ein Mitwirkungsrecht?

- ☐ ja
- ☐ nein

4. Was sind Beispiele für Formen der Arbeitszeitflexibilisierung?

- ☐ Teilzeitarbeit
- ☐ Sabbatical
- ☐ Job Sharing
- ☐ Gleitzeit

5 Personalentwicklung

Definition
Die Personalentwicklung umfasst alle Maßnahmen, um die Qualifikation der Mitarbeiter zu erhalten, auszubauen und kontinuierlich zu verbessern.

Personalentwicklung	
Externe Personalentwicklung	Interne Personalentwicklung
Seminare	Training on the job, near the job, off the job
Trainings	Job rotation, Job enlargement, Job enrichment
Coaching Supervision	Führungs- und Nachwuchskräfte-entwicklung, Mentoring

Die **Personalentwicklungsmaßnahmen** erstrecken sich auf ein ganzes Spektrum verschiedener Formen. Beispielsweise rechnet man auch

- die Ausbildung,
- die Weiterbildung,
- die Umschulung und
- das Training am Arbeitsplatz

zu den Personalentwicklungsmaßnahmen. Darüber hinaus werden in einzelnen Unternehmen Supervision und zunehmend Coaching für Führungs- und Fachkräfte angeboten.

Die **Aufgaben** der Personalentwicklung bestehen darin, die Kompetenzen und Fertigkeiten der Mitarbeiter zu verbessern und zu erweitern. Die Personalentwicklung wird ergänzt durch die Organisations- und die Teamentwicklung, die eine

Gesamtheit bilden. Zu den zu fördernden Kompetenzen gehören die

- Fachkompetenz,
- Sozialkompetenz und
- Methodenkompetenz.

Darüber hinaus sollen Fachkenntnisse und Fertigkeiten vermittelt werden, damit die Mitarbeiter die Anforderungen im Unternehmen angemessen bewältigen können. Beim **Training** unterscheidet man beispielsweise:

- Training on the job,
- Training off the job und
- Training near the job.

Supervision wurde ursprünglich aus der Psychotherapie entlehnt und kommt heute überwiegend in der Führungskräfteentwicklung zum Einsatz. Insbesondere das **Coaching** von Fach- und Führungskräften hat in den vergangenen Jahren deutlich zugenommen. Beim Coaching geht es darum, individuelle Probleme in Praxisfeldern zu lösen.

Die **strategische Personalentwicklung** in einem Unternehmen trägt maßgeblich zur Verbesserung der Wettbewerbsfähigkeit bei. Denn in einem rohstoffarmen Land wie Deutschland sind Schlüsselqualifikationen und hohe Kompetenzen die entscheidende Basis für eine weiter steigende Wettbewerbsfähigkeit in einer wachsenden Weltwirtschaft.

?!! Verständnisfragen

Haben Sie alles verstanden? Mit den folgenden Fragen können Sie das Gelernte schnell prüfen:

1. Welche Formen des Trainings werden unterschieden?

- ☐ Training on the job
- ☐ Training off the job
- ☐ Training around the job
- ☐ Training near the job

2. Was ist Coaching?

- ☐ eine Seminarmethode
- ☐ eine Form des Controlling
- ☐ ein Ansatz in der Psychotherapie
- ☐ eine konstruktive Führungskräfteentwicklung

3. Welche Kompetenzen können unterschieden werden?

- ☐ Führungskompetenz
- ☐ Fachkompetenz
- ☐ Sozialkompetenz
- ☐ Methodenkompetenz
- ☐ Amtskompetenz

6 Personalführung

Die Personalführung und das Management haben die Aufgabe, die Arbeitsorganisation und die Führung der Mitarbeiter zu optimieren. Die Vorgesetzten sind daher gehalten, zur Motivation und zur Verbesserung der Leistungen beizutragen. Hierfür haben sie bestimmte Mittel, die sie situationsspezifisch einsetzen können. Bei der **Personalführung** differenziert man zwischen

- Führungsmitteln,
- Führungsstilen und
- dem jeweiligen Führungskonzept.

Der **Führungsprozess** enthält jeweils einen sachlichen und einen personellen Aspekt. Die Ziele sollten innerhalb eines Führungsmodells genau definiert werden.

Man unterscheidet hier zwischen einem **Top-down-Modell**, bei dem von den obersten Zielen Unterziele abgeleitet werden. Das Gegenteil ist das **Bottom-up-Modell**, bei dem von unten nach oben Ziele definiert werden.

Bei den **Zielen** wird weiter **systematisiert**:

- in Formal- und Sachziele sowie
- in Haupt- und Nebenziele,
- aber auch in der vertikalen Dimension in Ober- und Unterziele.
- Ziele können des Weiteren dahingehend analysiert werden, ob sie sich komplementär verhalten oder als konkurrierende Ziele auftreten, die miteinander unvereinbar sind.

Es gibt in der Praxis **komplexe Führungsmodelle**, die verschiedene Dimensionen vorsehen. Sehr weit verbreitet sind die so genannten **Management-by-Ansätze**.

- Ein wichtiges Modell in diesem Zusammenhang ist das **Management by Objectives**, bei dem eine Personalführung anhand vorgegebener Ziele und Vereinbarungen erfolgt. Für das Unternehmen ist es von entscheidender Bedeutung, ein sinnvolles Führungsmodell zu wählen, das zu den spezifischen Anforderungen der Organisation passt und die Ablauforganisationen weiter optimiert. Führungssysteme erfordern umfassende Informationen und einen Ausbau der Kommunikation. Anhand von Förder- und Beratungsgesprächen soll eine Optimierung der Zielerreichung im Unternehmen ermöglicht werden.
- Ein weiteres komplexes Managementmodell ist das **Management by Delegation**, bei dem Aufgaben an die einzelnen Mitarbeiter delegiert werden und deren Handlungsbereitschaft und Unternehmensverantwortung gestärkt wird.
- Weitere komplexe Führungsmodelle sind das **Management by Exception**, bei dem lediglich in seltenen Ausnahmefällen in die Befugnisse und die Arbeit des Mitarbeiters eingegriffen wird. Eine solche Intervention muss sorgfältig geplant und objektiv begründet sein. Sie ist nur statthaft, wenn der einzelne Mitarbeiter mit den Aufgaben überfordert ist und nicht vorankommt. Sie folgt dem Gedanken der Subsidiarität.
- Darüber hinaus gibt es weitere komplexe Ansätze wie beispielsweise das **Management by Systems**, bei dem das gesamte Systemumfeld in die Managementaufgaben und die Führungsverantwortung mit einbezogen werden. Weitere gängige Modelle sind das Harzburger Modell, bei dem gewisse Befugnisse klar definiert sind.

Für das Unternehmen ist es von entscheidender Bedeutung, ein sinnvolles **Führungsmodell** zu wählen, das zu den spezifischen Anforderungen der Organisation passt und die Ablauforganisationen weiter optimiert. Führungssysteme erfordern umfassende Informationen und einen Ausbau der Kommunikation. Dabei sollte man vor allem auf moderne Kommunikationsmöglichkeiten setzen, die von Systemen und den organisatorischen Strukturen vorgegeben werden.

Kommunikation kann etabliert werden in Form von
- Gesprächen,
- Besprechungen und
- Konferenzen,

die der Koordination von Aufgaben und Zielen dienen.

Bei den **Gesprächen** differenziert man verschiedene Arten, die einzelne Aufgaben erfüllen. Am weitesten verbreitet ist das Mitarbeitergespräch, das der Information, aber auch der Beratung dient.
- Mitarbeitergespräche können in **Zielvereinbarungssysteme** eingebettet werden, die bei der Vergütung als Richtlinie für die Höhe des Entgelts und eventueller Gratifikationen und Prämiensysteme dienen.
- Daneben gibt es **Beurteilungsgespräche** etwa im Rahmen der Personalbeurteilung und der Personalförderung sowie
- **Kritikgespräche** und
- **Vorgesetzten- und Beförderungsgespräche**.

Bei den **Besprechungen** unterscheidet man zwischen
- einer **Mitarbeiterbesprechung**, bei der einzelne Aufgaben geklärt oder Zuständigkeiten erörtert werden, und
- **Expertenbesprechungen**, bei denen Fachleute zur Lösung eines Problems herangezogen werden.

Ein wichtiger Aspekt bei der Führung ist auch die **Kooperation** und die **Delegation**. Delegation stellt im betrieblichen Alltag eine erhebliche Arbeitserleichterung dar, wobei einzelne Aufgaben an die Mitarbeiter weitergegeben werden, die diese eigenverantwortlich bearbeiten und lösen. Durch dieses Verfahren werden

- die Handlungsverantwortung,
- das unternehmerische Denken und
- die Problemlösungskompetenz

des einzelnen Mitarbeiters gestärkt.

Man differenziert beispielsweise zwischen

- einem **aufgabenorientierten Führungsstil**, der die Erledigung einer Sache in den Vordergrund rückt, und
- einen **personenbezogenen Stil**, der sich auf die Person fokussiert.

Bei den Führungsstilen wird unterschieden zwischen

- einem **autoritären Führungsstil** und
- einem **kooperativen Führungsstil**.

Aktueller Trend

Beim autoritären Führungsstil steht die **Kontrolle und Disziplinierung** des jeweiligen Mitarbeiters im Vordergrund. Aufgrund des autoritären Führungsstils werden die Innovationsfähigkeit und die Leistungsfähigkeit des Mitarbeiters eingeschränkt. In modernen Unternehmen hat der autoritäre Führungsstil kaum noch eine Chance. Stattdessen dominiert der kooperative Führungsstil, bei dem die Delegation von Aufgaben und die **Mitwirkung des Mitarbeiters** im Vordergrund steht. Dies setzt ein hohes Maß an Kooperationsfähigkeit, Teamfähigkeit und Kommunikationsvermögen voraus.

Es wurden in den vergangenen Jahren diverse moderne Ansätze für Führungsstile konzipiert; am weitesten verbreitet ist beispielsweise das so genannte **Mangerial Grid**. Dieses Modell umfasst zwei Dimensionen, wobei eine Dimension die personenorientierte Führung und die andere Dimension die aufgabenorientierte Führung beschreibt. Darüber hinaus wurden weitere Konzeptionen entwickelt, die ein dreidimensionales Modell vorsehen. Entscheidend für den Führungserfolg ist die jeweilige Autorität des Vorgesetzten, die auf einer formalen, personalen oder funktionalen Autorität beruhen kann.

- Die **funktionale Autorität** resultiert aus dem hohen Ansehen und dem Expertenwissen des einzelnen,
- wohingegen die **personale Autorität** auf der persönlichen Ausstrahlung, der Integrität und dem Charisma beruht.
- Die **formale Autorität** hingegen leitet sich aus der Position und dem Status im Unternehmen ab.

Führung ist ein komplexes Merkmal und erfordert bestimmte Eigenschaften der **Persönlichkeit**. Der Erfolg bemisst sich an der Effektivität und Effizienz der Führung und inwieweit im Unternehmen **Arbeitszufriedenheit** erzeugt wird und die Mitarbeiter auf Dauer motiviert werden können. Auch das Betriebsklima spielt als Determinante beim Führungserfolg eine primäre Rolle. Der Begriff der **Partizipation** beschreibt die Mitbestimmung im Unternehmen, bei der Mitarbeiter die Chance bekommen, sich aktiv an den Entscheidungen beteiligen zu können. Partizipation ist ein wichtiges Gütekriterium für die Unternehmensorganisation, denn es stärkt die innerbetriebliche Bereitschaft, **Verantwortung** zu übernehmen und einen Konsens anzustreben, der von allen getragen wird.

Rechte des Betriebsrats	
Mitbestimmungsrechte	Informationsrechte
Festlegung Arbeitszeit, Pausen, Mehrarbeit	Einstellung, Versetzung, Kündigung, Umgruppierung
Betriebsordnung	Personalplanung
Verhalten der Mitarbeiter (Parkplatz-, Kleiderordnung)	Arbeitsschutz
Arbeitsschutz	Unfallschutz
Vergütungssystem, Akkordlöhne, Prämien	Umweltschutz
Urlaub und Urlaubsplan	Arbeitsgestaltung, Arbeitsverfahren
betriebliches Vorschlagswesen	Umbauten
Sozialeinrichtungen	Berufsbildung
Weiterbildung, Personalentwicklung	Soziale Angelegenheiten
Arbeitsmethoden, Fertigungsverfahren	Beschäftigung von Subunternehmern, Honorarkräften, freien Mitarbeitern, Leiharbeitnehmern
Betriebsänderungen (Fusion, Stilllegung, Verlegung)	
Einstellung, Versetzung, Kündigung	

Verständnisfragen

Haben Sie alles verstanden? Mit den folgenden Fragen können Sie das Gelernte schnell prüfen:

1. Welche Management-by-Ansätze gibt es?

☐ Management by Systems
☐ Management by Turtle
☐ Management by Exception
☐ Management by Objectives

2. Was ist ein Managerial Grid?

☐ ein Raster zur Darstellung von Führungsstildimensionen
☐ ein Ansatz für mehrdimensionale Führungsstile
☐ ein Führungskennzahlensystem
☐ eine Form des Führungscontrolling

3. Was sind Charakteristika des Managments by Exception?

☐ Intervention nur in Ausnahmefällen
☐ Prinzip der Subsidiarität
☐ Delegation von Aufgaben

4. Womit können Zielvereinbarungssysteme gekoppelt werden?

☐ Arbeitszeitkonten
☐ Prämiensysteme
☐ Vergütungssysteme

7 Personalvergütung

Definition
Die Personalvergütung umfasst alle Formen der Vergütung der Arbeitsleistung der Arbeitnehmer. Hierzu gehören neben Leistungen in Geld wie beispielsweise Gehälter, Löhne, Zulagen und Gratifikationen auch geldwerte Leistungen wie etwa die Nutzung von Handys, Notebooks, Smartphones, Dienstfahrzeugen und anderen Vergünstigungen.

Das Entgelt ist häufig der Überbegriff für die Vergütung. Aus der Sicht der Kostenrechnung spielen vor allem die Personalkosten eine wichtige Rolle. Man differenziert zwischen

- **Personalbasiskosten** wie beispielsweise Löhnen und Gehältern auf der einen Seite und
- **Personalzusatzkosten**, die gesetzlich, tarifvertraglich oder freiwillig gewährt werden.

Das **Gehalt** oder der **Lohn** des jeweiligen Arbeitnehmers orientiert sich

- an den verfügbaren Qualifikationen und
- Kompetenzen sowie
- an den bisherigen Berufserfahrungen und
- an den Leistungen und den Anforderungen, die ein spezieller Arbeitsplatz stellt.

Die **Lohnfindung** kann anhand der Qualifikationen erfolgen, aber auch sich primär an den Anforderungen des Arbeitsplatzes orientieren. Vor allem im Bereich der Fertigung beruht eine gängige Systematik auf der summarischen oder der analytischen Arbeitsbewertung. Bei der summarischen Arbeitsbewertung wird wiederum unterschieden in das Rangfolge- und das Lohngruppenverfahren:

- Beim **Rangfolgeverfahren** werden alle Tätigkeiten, die in einer Arbeitsbeschreibung enthalten sind, aufgelistet und dann analysiert. Bei dieser Analyse wird eine Rangfolge hergestellt. Aus dieser Abstufung ergibt sich dann der Schwierigkeitsgrad, der dem einzelnen Mitarbeiter zugeordnet wird.
- Beim **Lohngruppenverfahren** indes werden Lohn und Gehaltsgruppen formiert, bei denen eine Lohngruppendefinition erfolgt. Bei der Lohngruppendefinition ist eine Staffelung nach dem Schwierigkeitsgrad möglich, der in Prozent ausgedrückt wird. Je höher der Anforderungsgrad ausfällt, desto höher ist auch die Vergütung des einzelnen Mitarbeiters. Bei der analytischen Arbeitsbewertung wird die jeweilige Anforderung genauer definiert und eingegrenzt. Diesem Verfahren liegt das so genannte Genfer Schema zugrunde, das die Anforderungsarten in verschiedene Kategorien aufgegliedert. Diese Kategorien sind
  - Können,
  - Verantwortung,
  - Belastung und
  - Arbeitsbedingungen.

Die bereits erwähnten Kategorien werden weiter aufgefächert in **ergonomische Aspekte**. So kann zum Beispiel aufgeschlüsselt werden in eine Tätigkeit, die vorwiegend körperlich belastend ist oder eine Tätigkeit, die den Körper nicht zu sehr belastet. Darüber hinaus werden Umgebungseinflüsse mit einbezogen. Das Modell differenziert dann weiter die beiden Anforderungsarten anhand dieses Schemas und untergliedert in

- Kenntnisse,
- Geschicklichkeit,
- Verantwortung,
- geistige Belastung,

- körperliche Belastung und
- Umgebungseinflüsse.

Die analytische Arbeitsplatzbewertung wird unterteilt in das Rangreihenverfahren und das Stufenwertzahlverfahren:

- Beim **Rangreihenverfahren** werden die Tätigkeiten von der einfachsten bis zur komplexesten Tätigkeit aufgefächert und mit einer Prozentzahl bewertet die von 0 % bis 100 % reicht. Dabei gibt es Rangreihenverfahren, die getrennt gewichtet oder die insgesamt eine Gewichtung vornehmen und dabei einen absoluten Arbeitswert ermitteln.
- Das **Stufenwertzahlverfahren** teilt die Tätigkeiten in Kategorien ein und verknüpft damit eine Zahl. So können einfache Tätigkeiten mit einer geringen Zahl versehen werden und komplexe und vielschichtige Tätigkeiten mit einer höheren Zahl, was Einfluss auf die entsprechende Vergütung hat. Auch hierbei ist es möglich, Gewichtungsfaktoren zu benennen oder einzelne Faktoren zusammenzufassen.

Verständnisfragen

Haben Sie alles verstanden? Mit den folgenden Fragen können Sie das Gelernte schnell prüfen:

1. Was sind Beispiele für geldwerte Vorteile?

☐ Zurverfügungstellung eines Dienstwagens
☐ Belegschaftsrabatt
☐ Provision

2. Was sind Personalbasiskosten?

☐ Gratifikationen
☐ Leistungsprämien
☐ Lohn
☐ Gehalt

3. Welche zwei Hauptkategorien gibt es bei der Arbeitsbewertung?

☐ summarisch
☐ kumulativ
☐ analytisch
☐ synthetisch

8 Personalverwaltung

Definition
Die Personalverwaltung umfasst eine Vielzahl von Aufgaben wie beispielsweise die gesamte Abwicklung der Korrespondenz, die Erstellung von Stellenausschreibungen, die Verwaltung von Bewerbungsunterlagen, die Entgeltabrechnung, die Lohnsteueranmeldung und andere Aufgaben.

Unterstützend sind in der Personalverwaltung **Informationssysteme**, die die Administration und Verarbeitung der Personaldaten erheblich erleichtern und systematisieren. Moderne Personalinformationssysteme ermöglichen eine elektronische und systematische Organisation von Personalakten und die Verwaltung von Abrechnungsdaten, wie sie für die Personalentlohnung erforderlich sind.

Zu den **Basisaufgaben von Personalinformationssystemen** gehören neben

- der Personalabrechnung und
- der Zeitermittlung (Fehlzeitenverwaltung),
- die allgemeine Personalverwaltung,
- die Personalplanung,
- die Administration der Stammdaten der Belegschaft und
- die Personalberichterstattung in Form von automatisierten Auswertungen und Personalstatistiken.

Personalakten werden heutzutage überwiegend elektronisch geführt. Vor allem in Großunternehmen bietet die elektronische Personalakte erhebliche Vorteile, da diese in das vorhandene Dokumentenmanagementsystem und Workflow-Managementsysteme eingefügt werden kann, was Ablaufprozesse beträchtlich vereinfacht und beschleunigt. Elektronische Akten können kostengünstig archiviert und nach Schlüsselbegriffen durchsucht werden. Personalakten enthalten

- die Bewerbungsunterlagen,
- den Arbeitsvertrag,
- Sozialversicherungsunterlagen,
- Bescheinigungen und
- Zertifikate (bei Qualifizierungsmaßnahmen),
- andere Unterlagen und
- Korrespondenz, aber auch
- Abmahnungen und Gegendarstellungen

Aktueller Trend

Einige Unternehmen haben den so genannten **Employee Self Service** (ESS) eingeführt, bei dem der Mitarbeiter Daten selbstständig in das System eintragen und aktualisieren kann. Dieses Verfahren entlastet die Personalabteilung, da der Beschäftigte auf diese Weise selbst Adressänderungen, Urlaubsanträge oder Anmeldungen für Seminare oder Bewerbungen für innerbetriebliche Stellenausschreibungen eingeben kann. Der Employee Self Service ist vom Intranet des Unternehmens zugänglich oder über eine Schnittstelle im Internet, die von Zuhause aus erreicht werden kann. Solche Systeme sehen Zugriffsbeschränkungen vor und unterziehen die eingegebenen Daten einer Plausibilitätsprüfung, um zu verhindern, dass Formularfelder irrtümlich falsch ausgefüllt werden.

Verständnisfragen

Haben Sie alles verstanden? Mit den folgenden Fragen können Sie das Gelernte schnell prüfen:

1. Was sind Beispiele für die Aufgaben in der Personalverwaltung?

- ☐ Erfassung der Daten für die gesetzliche Krankenversicherung
- ☐ Verwaltung der Personalakten
- ☐ Erstellung von Controlling-Kennzahlen

2. Was ist ein Personalinformationssystem?

- ☐ ein System zur Verwaltung von Personaldaten
- ☐ eine Datenbank im Internet
- ☐ häufig ein Modul in einem Gesamtpaket

9 Personalfreisetzung

Der Abbau von Arbeitsplätzen ist stets eine schwierige und für alle Beteiligte **unangenehme Aufgabe**. Die Personalabteilung kann durch eine umsichtige Organisation solche Prozesse gestalten und soziale Härten abfedern. Wichtig sind dabei auch die **Beachtung aller rechtlichen Aspekte** beispielsweise bei der Ausgestaltung von Aufhebungsverträgen, Abfindungen und Sozialplänen. Hierzu gehören Aspekte wie die Altersrente, die Altersteilzeit, der Vorruhestand sowie die Organisation von Kurzarbeit bei Problemen auf dem Arbeitsmarkt.

Bei der **Kündigung** wird zwischen

- fristgemäßen (ordentlichen) Kündigungen und
- fristlosen (außerordentlichen) Kündigungen unterschieden,

die aus wichtigem Grund erfolgen können. Ein **wichtiger Grund** ist dann gegeben, wenn eine Fortsetzung des Vertragsverhältnisses aufgrund eines schwerwiegenden Vorfalls bis zum Ablauf einer Kündigungsfrist für den Arbeitgeber unzumutbar ist. Hierbei handelt es sich um gravierende Vorkommnisse (wie Spionage, Sabotage, Gewalt, Unterschlagung, andere strafbare Handlungen), die eine fristlose Kündigung rechtfertigen. Eine solche außerordentliche Kündigung ist nur dann statthaft, wenn sie innerhalb von zwei Wochen nach dem Vorfall ergeht. Das Arbeitsgericht kann die Kündigung, wenn es den Vorfall als nicht gravierend betrachtet, die Kündigung in einer fristgemäße umwandeln oder für unzulässig erklären.

Bei einem **Aufhebungsvertrag** einigen sich der Mitarbeiter und der Arbeitgeber darauf, das Arbeitsverhältnis einvernehmlich aufzuheben. In der Praxis wird dieses Verfahren verwendet, um einen Stellenbau ohne Prozesse vor dem Arbeitsgericht durchzuführen. Dafür werden bei Aufhebungsverträgen höhere Abfindungen zugesagt, wenn der Mitarbeiter sich verpflichtet, auf eine Kündigungsschutzklage zu verzichten.

Der **Kündigungsschutz** wird nur auf Arbeitsverhältnisse angewandt, die länger als sechs Monate bestehen. Diese Frist ist unabhängig von einer Probezeit, da diese nur die Kündigungsfrist, aber nicht den Kündigungsschutz beeinflusst. Die Kündigung muss immer schriftlich erfolgen. Ein mündliche Kündigung oder eine Kündigung per E-Mail ist unwirksam. Gesetzlich sind nur drei Kündigungsgründe anerkannt:

- Betriebsbedingte Kündigung
- Verhaltensbedingte Kündigung
- Personenbedingte Kündigung

Eine **verhaltensbedingte Kündigung** kann bei einem Fehlverhalten ausgesprochen werden. Bei einem weniger gravierenden Fehlverhalten (häufiges Zuspätkommen und ähnliches) kann eine ordentliche Kündigung nur dann erfolgen, wenn zuvor abgemahnt wurde. Einige Mitarbeiter klagen daher bereits gegen eine **Abmahnung**, da eine Aufhebung der Abmahnung vor Gericht eine Kündigung erschwert. Bei einer verhaltensbedingten Kündigung kann die Arbeitsagentur eine Sperrfrist für die Auszahlung des Arbeitslosengeldes verhängen.

Eine **betriebsbedingte Kündigung** beruht auf einer Werksschließung, der Umorganisation einer Abteilung oder anderen betrieblichen Änderungen, die durch Wirtschaftskrisen und Umsatzeinbrüche verursacht werden können. Bei einer betriebsbedingten Kündigung muss der Arbeitgeber eine Sozialauswahl vornehmen, die sich an den Kriterien der Dauer der Betriebszugehörigkeit, dem Lebensalter, und möglichen Unterhaltspflichten sowie einer Schwerbehinderung orientiert.

Eine **personenbedingte Kündigung** bezieht sich auf Gründe, die in der Person des Betreffenden liegen und von ihm nicht beeinflusst oder unmittelbar verändert werden können (Krankheit, Sucht).

Aktueller Trend
Um Streitigkeiten vor dem Arbeitsgericht zu vermeiden, beauftragen Unternehmen eine **Outplacementberatung**. Diese berät bei der Gestaltung des Aufhebungsvertrags, ist den Gekündigten bei der Entwicklung einer Bewerbungsstrategie und bei der Platzierung in einem neuen Unternehmen behilflich. Die Outplacementberatung kann auch als Zusatz in einem Sozialplan vereinbart werden. Während früher Outplacementberatungen fast ausschließlich für Führungskräfte herangezogen wurden, denen dann für die Bewerbungsphase ein eigenes Büro in der Outplacementberatung zustand, werden heute auch die Mitarbeiter anderer Hierarchieebenen professionell betreut.

?!! Verständnisfragen

Haben Sie alles verstanden? Mit den folgenden Fragen können Sie das Gelernte schnell prüfen:

1. Welche Kündigungsgründe gibt es?

- ☐ betriebsbedingte Kündigung
- ☐ verhaltensbedingte Kündigung
- ☐ personenbedingte Kündigung
- ☐ altersbedingte Kündigung

2. Wann ist eine außerordentliche Kündigung möglich?

- ☐ aus schwerem Grund
- ☐ Sabotage
- ☐ häufiges Zuspätkommen
- ☐ häufige Erkrankung
- ☐ Werksspionage

3. Unter welchen Bedingungen ist eine Abmahnung möglich?

- ☐ genauer Zeitpunkt und Datum
- ☐ genaue Beschreibung des Verhaltens
- ☐ abmahnbares Verhalten
- ☐ Zeugen
- ☐ Abmahnung innerhalb von 2 Monaten
- ☐ Abmahnung innerhalb von 2 Wochen
- ☐ eine Gegendarstellung ist möglich
- ☐ eine Gegendarstellung ist nicht möglich
- ☐ gegen die Abmahnung kann geklagt werden

10 Personalcontrolling

Personalcontrolling ermöglicht die **systematische Kontrolle und Weiterentwicklung** des personalwirtschaftlichen Einsatzes anhand von Kennzahlen und wird je nach Zeithorizont in ein operatives, taktisches und strategisches Personalcontrolling untergliedert. Im Mittelpunkt steht die Steigerung der Arbeitsproduktivität und der Arbeitsleistungen durch einen zielgerechten und adäquaten Einsatz des Personals. Dabei werden unterschiedliche Kennzahlen ermittelt, um die Effektivität und Effizienz des Personaleinsatzes sicher zu messen.

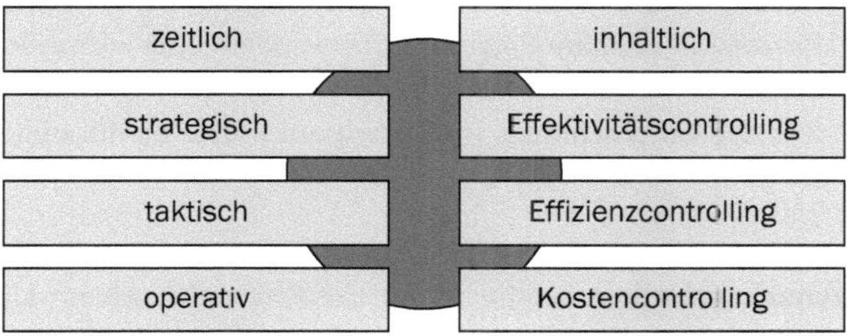

Das Personalcontrolling nimmt eine **Koordinationsfunktion** wahr und dient der **Steuerung** des Personaleinsatzes. In der Fachliteratur unterscheidet man eine Aufbau- und eine Ablauforganisation, die sich in der Prozessorganisation widerspiegelt. Das Controlling hat die Aufgabe, diese Prozess- und Aufbauorganisation systematisch zu optimieren und weiter zu entwickeln.

Auch die **Organisation von Projekten** wird maßgeblich begleitet von der Personalorganisation, und man spricht daher vom Personalmanagement in Einzelprojekten. Die optimale Organisation der Arbeitsprozesse setzt eine Systematisierung voraus, die zwischen primären und sekundären Prozessen differenziert.

Definition
Primäre Prozesse in der Arbeitsorganisation sind jene Abläufe, die vorrangig zum Wertschöpfungsprozess Unternehmens beitragen. Als sekundäre Prozesse werden hingegen Abläufe betrachtet, die vor allem der Verwaltung des Unternehmens zugute kommen und in erster Linie als Kostenfaktor wahrgenommen werden.

Aktueller Trend
In modernen Unternehmen kommt es darauf an, sekundäre Prozesse in primäre Prozesse umzuwandeln oder zumindest deren Kosten zu senken, damit der Wertschöpfungsprozess des Unternehmens im Mittelpunkt aller Bemühungen steht.

Zur weiteren Verfeinerung der Controllinginstrumente werden **Szenariotechniken** herangezogen, die Personaltrends im Unternehmen unter bestimmten Hypothesen simulieren können. Auf diese Weise kann die strategische Unternehmensentwicklung unterstützt werden. Das Personalcontrolling bedient sich sowohl quantitativer als auch qualitativer Personaldaten, um einen umfassenden Überblick über den Stand der personalwirtschaftlichen Funktionen zu erhalten und die Wertschöpfung zu optimieren.

- **Quantitative Daten**, die in aggregierter Form oder als Einzeldaten vorliegen können, beziehen sich beispielsweise auf die Personalkosten, die nach der Kosten- und Leistungsrechnung weiter systematisiert und aufgeschlüsselt werden können, auf die Produktivität, Leistungskennziffern, den Personalbestand und andere Größen.

- **Qualitative Personaldaten** erfassen die Motivationshöhe, die Mitarbeiterzufriedenheit, das Betriebsklima und die vorhandenen Kompentenzen sowie andere qualitative Parameter, die die Ertragskraft eines Unternehmens beeinflussen.

Das Personalcontrolling veranschaulicht die Aufgaben ähnlich wie das Vier-Quadranten-Modell im Marketing anhand eines Human-Resources-Portfolios. Das **Humanressourcenportfolio** besteht aus zwei Dimensionen, bei denen es sich um das Verhalten und das Entwicklungspotenzial der Mitarbeiter handelt. Das Diagramm wird in vier Quadranten untergliedert. Dabei unterscheidet man als Kategorien „leistungsschwache Mitarbeiter", „Arbeitstiere", „Stars" und „Problemfälle".

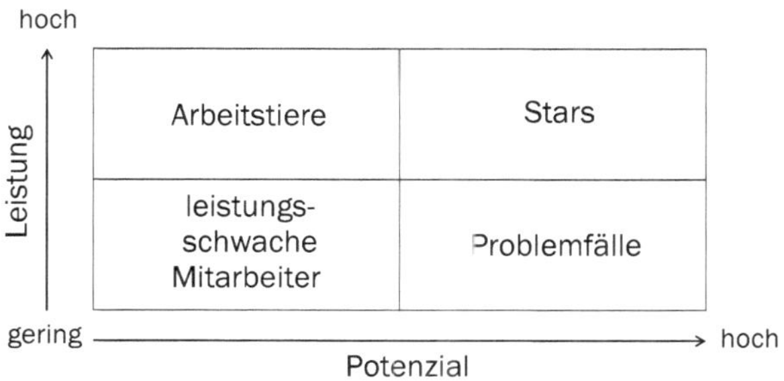

Diese Differenzierung soll dazu beitragen, die Personaleinsatzplanung für den einzelnen Mitarbeiter zu optimieren und die Effizienz und Effektivität des Personalmanagements zu verbessern. Leistungsschwache Mitarbeiter müssen stärker gefördert und in die Personalentwicklung mit einbezogen werden. Arbeitstiere hingegen werden durch ein besseres Führungsmodell vorrangig angespornt, während Problemfälle eine umfassende Einzelbetreuung benötigen. Spitzenkräfte und High Potentials hingegen werden in das Nachwuchskräfteprogramm mit einbezogen und sollten eine besondere Förderung erhalten, die ihren Fähigkeiten, ihren Qualifikationen und Kompetenzen gerecht wird.

Verständnisfragen

Haben Sie alles verstanden? Mit den folgenden Fragen können Sie das Gelernte schnell prüfen:

1. Was bedeutet Controlling?

☐ die Kontrolle der Beschäftigten
☐ die Optimierung anhand von Kennzahlen
☐ die Analyse von Kennzahlen

2. Was bedeutet Effektivität?

☐ die Dinge richtig tun
☐ die richtigen Dinge tun

3. Ein Human-Resources-Portfolio ist ein …?

☐ Arbeitsplatzmodell
☐ ein Vergütungssystem
☐ ein Vier-Quadranten-Modell

Literaturtipps

Albert, Günther (2011): Betriebliche Personalwirtschaft. 11., aktualisierte u. erw. Aufl. Herne: Kiehl.

Becker, Manfred (2010): Personalwirtschaft. Lehrbuch für Studium und Praxis. Stuttgart: Schäffer-Poeschel.

Drumm, Hans Jürgen (2008): Personalwirtschaft. 6., überarb. Aufl. Berlin: Springer.

Eisele, Daniela (2010): Praxisorientierte Personalwirtschaftslehre. 7., vollst. überarb. Aufl. Stuttgart: Kohlhammer.

Herrfurth, Nadin; Schmeisser, Wilhelm (2014): Familienfreundliche Personalpolitik. Konstanz/München: UVK.

Link, Jörg (2011): Führungssysteme. Strategische Herausforderung für Organisation, Controlling und Personalwesen. 6., überarb. u. erw. Aufl. München: Vahlen.

Nagel, Michael; Mieke, Christian (2014): BWL-Methoden. Konstanz/München: UTB/UVK Lucius.

Nicolai, Christiana (2014): Personalmanagement. 3. A. Konstanz/München: UTB/UVK Lucius.

Oechsler, Walter A. (2011): Personal und Arbeit. Grundlagen des Human-Resource-Management und der Arbeitgeber-Arbeitnehmer-Beziehungen 9., akt. u. überarb. Aufl. München: Oldenbourg.

Schmeisser, Wilhelm; Andresen, Maike; Kaiser Stephan (2012): Personalmanagement. Konstanz/München: UTB/UVK Lucius.

Schmeisser, Wilhelm; Sobierajzyk, Patrick; Zinn, Anastasia (2012): Personalcontrolling. Konstanz/München: UTB/UVK Lucius.

Vahs, Dietmar (2011): Personalentwicklung für die Praxis. Stuttgart: Schäffer-Poeschel.

Franz Xaver Bea

F
Projektmanagement

1 Zunehmende Bedeutung der Projektwirtschaft

Empirische Untersuchungen zeigen, dass die **Wertschöpfung** in Unternehmen mehr und mehr über Projekte stattfindet. Der Grund für die zunehmende Bedeutung der Projektwirtschaft ist darin zu sehen, dass die volkswirtschaftlichen, gesellschaftlichen und technologischen Trends eine zunehmende **Dynamik des Wandels** begünstigen. Diese Entwicklungen führen zu bedeutenden Anforderungen an die Unternehmen:

- **Frühzeitige Wahrnehmung** von sowie
- **gesteigerte Flexibilität** gegenüber Umweltveränderungen.

Die durch Globalisierung, weltweite Vernetzung und wachsenden **Wettbewerbsdruck** gesteigerte Dynamik der Umweltveränderungen werden diese Anforderungen in der Zukunft noch verstärken.

Das Projektmanagement stellt eine ideale Basis für die Bewältigung dieser Herausforderungen dar, denn es findet in **dezentralen Projektteams** statt, die nahe am Markt und an den Kunden agieren. Projektteams sind somit geradezu prädestiniert für eine frühzeitige Wahrnehmung und Bewältigung von Veränderungen, sie tragen zur Steigerung der organisationalen Lernfähigkeit und der Fähigkeit des Unternehmens zur gezielten Generierung und Nutzung von Wissen bei.

Die wachsende Bedeutung von Projekten ist in der Betriebswirtschaftslehre bislang wenig beachtet, sondern weitgehend den Ingenieuren überlassen worden. Diese wiederum sehen im

Projektmanagement hauptsächlich eine Abwicklungstechnik, bei der die Netzplantechnik eine dominierende Rolle spielt. In diesem Brückenkurs werden die Grundzüge eines **betriebswirtschaftlich** ausgerichteten **Projektmanagements** dargelegt.

Detaillierte Ausführungen zu den skizzierten Themen finden sich im **Buch** F. X. Bea / S. Scheurer / S. Hesselmann: Projektmanagement, 2. A., Konstanz / München 2011.

2 Projektmanagement als Führungskonzeption

Bei der Interpretation des Projektmanagements als **reine Abwicklungsmethodik** geht man davon aus, dass Projekte vorhanden sind und die Aufgabe des Projektmanagements im Wesentlichen darin besteht, für eine effiziente Durchführung von Projekten zu sorgen.

Aufgrund der in der ersten Box skizzierten Entwicklungen gewinnt das Projektmanagement allerdings einen zunehmend **strategischen Charakter**: Wenn das Projektmanagement als Mittel der strategischen Unternehmensführung begriffen wird, können bei der zunehmenden Komplexität und Dynamik des unternehmerischen Umfelds besonders **nachhaltige Wettbewerbsvorteile** erzielt werden. Dazu müssen die

- Ziele,
- Aufgaben und
- Methoden des Projektmanagements

unmittelbar mit der strategischen Entwicklung des Unternehmens verknüpft werden.

Wir unterscheiden daher 2 Ebenen des Projektmanagements:

- Die **operative Ebene**: Hauptziel ist eine möglichst effiziente Abwicklung eines Projektes.
- Die **strategische Ebene**: Hier stehen die Auswahl von zieladäquaten Projekten und ihre erfolgreiche Umsetzung mit Hilfe eines systematischen Multiprojektmanagements im Vordergrund.

Beide Ebenen des Projektmanagements können mit ihren jeweiligen Managementaufgaben in **Führungsregelkreisen** erfasst werden.

Auf der operativen Ebene findet das Management **von** Projekten (*management of projects*) statt, auf der strategischen Ebene das Management **durch** Projekte (*management by projects*).

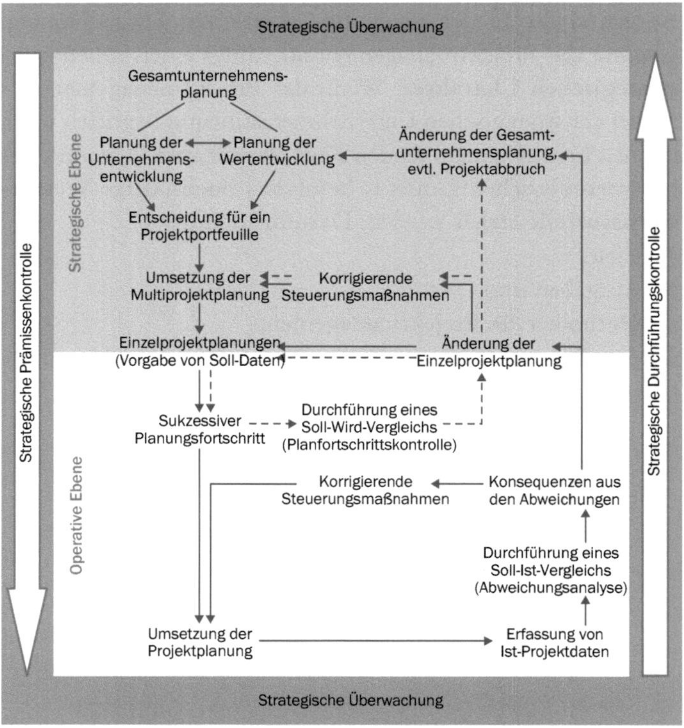

Abb. 1: Die Führungsregelkreise des Projektmanagements

3 Management von Projekten

Definition „Projekt“

Ein **Projekt** ist ein Vorhaben, das zeitlich befristet ist, sich durch Neuartigkeit und Einmaligkeit auszeichnet sowie eine beachtliche Größe und einen hohen Grad an Komplexität aufweist.

Mit dieser Definition sind die Merkmale und damit auch die wichtigsten **Herausforderungen** des Managements von Projekten angesprochen:

- **Zeitliche Befristung**: Für ein Projekt ist von Anfang an ein Endtermin vorgesehen, somit ist die Dimension „Zeit“ in Projekten ein bedeutendes Zielkriterium. Das „Magische Dreieck des Projektmanagements“ verdeutlicht anschaulich die Zusammenhänge zwischen den verschiedenen Zieldimensionen in einem Projekt: Zwischen den Kosten des Projektes, der Zeit, die für das Projekt notwendig ist, und der zu erbringenden Leistung herrschen erhebliche Interdependenzen.

  Muss **beispielsweise** die Projektdauer verkürzt werden, so kann dies eine Steigerung der Kosten (z. B. durch vermehrten Arbeitseinsatz) und/oder eine Verkürzung des Leistungsumfangs und eine Verschlechterung der Leistungsqualität zur Folge haben.

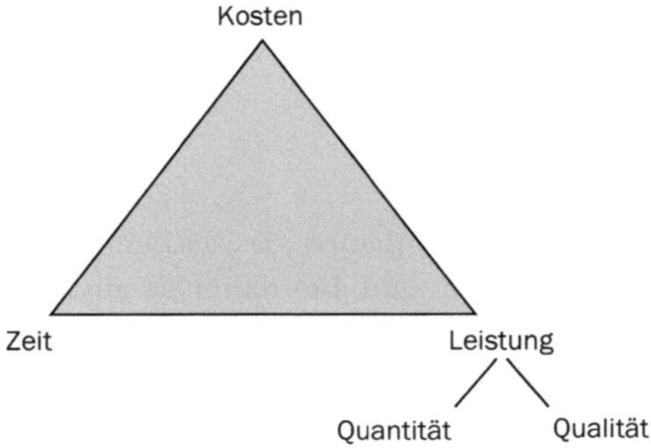

Abb. 2: „Magisches Dreieck des Projektmanagements"

- **Einmaligkeit und Neuartigkeit**: Die mit einem Projekt verbundene Innovation ist i. d. R. mit einem beachtlichen Risiko verbunden. Dies unterscheidet ein Projekt von einer Routineaufgabe, für die eine beachtliche Erfahrung vorliegt.
- **Komplexität und Größe**: Ein Projekt setzt sich aus einer Reihe von Teilaufgaben zusammen. Zur Erstellung des gewünschten Projektergebnisses ist es i. d. R. notwendig, dass Mitarbeiter aus verschiedenen Fachgebieten miteinander arbeiten. So entsteht ein größerer Komplex mit Schwierigkeiten bei der Koordination zu einem abgestimmten und zielorientierten Vorhaben.

Projektorganisation

Voraussetzung für das Gelingen der Koordinationsaufgabe in einem Projekt ist die Etablierung einer auf die Eigenschaften des Projektes zugeschnittenen Projektorganisation. Die Lösung dieser Aufgabe bewegt sich im Spannungsfeld von Dauerhaftigkeit des Unternehmens und dem Grad der Selbständigkeit des Projektes. Im Folgenden werden behandelt:

- Organisationseinheiten
- Modelle der Projektorganisation

(1) Organisationseinheiten

Die Aufgaben im Rahmen der Projektorganisation werden von Organisationseinheiten wahrgenommen. Die wichtigsten **Organisationseinheiten** sind:

- Projektauftraggeber
- Projektleiter
- Projektcontoller
- Projektteam

Der Projektauftraggeber: Bei externen Projekten bestimmt der externe Auftraggeber die Anforderungen an das Projekt, i. d. R. in einem sog. Lastenheft.

> **Interne Auftraggeber** sind für jedes Projekt unverzichtbar. Mindestens ein (Top-)Manager des eigenen Unternehmens initiiert das Projekt und erteilt den Projektauftrag. Mit ihm werden die wichtigsten Ziele abgesteckt und die finanziellen Mittel für das Projekt freigegeben. Bei sehr großen Projekten wird ein Projektlenkungsausschuss (Steering Committee, Steuerungsgruppe) eingerichtet, in dem mehrere Entscheidungsträger als Gremium die Rolle des Auftraggebers wahrnehmen.

Der **Projektleiter** konkretisiert, führt und steuert das Projekt. Er ist verantwortlich für die Erfüllung des Projektauftrags und damit für die Erreichung der Projektziele unter den gegebenen Rahmenbedingungen.

Dem **Projektcontroller** kommt neben der Planung und Kontrolle von Kosten auch eine besondere Dienstleistungs- und Unterstützungsfunktion für alle Projektmanagementaufgaben, wie etwa die Informationsversorgung und die Koordination der verschiedenen Führungssubsysteme zu.

Zur Erfüllung der Projektaufgabe ist ein **Projektteam** erforderlich.

> Meist fungieren Teammitglieder als Vertreter ihrer Abteilung in der Stammorganisation, wie dem Einkauf, der Produktion oder dem Vertrieb. Sie übernehmen dann die Aufgaben, die zu ihrem **Kompetenzprofil** passen

(2) Modelle der Projektorganisation

Für die Gestaltung der Projektaufbauorganisation stehen unterschiedliche Modelle der Projektorganisation zur Verfügung:

- Stabsprojektorganisation
- Matrixorganisation
- Reine Projektorganisation

Bei der **Stabsprojektorganisation** übernehmen Stäbe die Projektleitung im Rahmen der ansonsten unveränderten Stammorganisation eines Unternehmens.

> Der für das Projekt verantwortliche Stab besitzt **keine Weisungsbefugnis** gegenüber den Linienstellen; seine Aufgaben bestehen vielmehr aus der Informationsbeschaffung und Informationsweitergabe, der Koordination und der Entscheidungsvorbereitung.

Bei der **Matrixorganisation** werden die Kompetenzen zwischen einem funktionalen und einem projektorientierten Leitungssystem aufgeteilt. Auf diese Weise ist dafür gesorgt, dass der Projektleiter Verantwortung für das Projekt übernimmt und die Linieninstanzen eine auf ihr Spezialwissen zugeschnittene Aufgabenbearbeitung ermöglichen.

Mit der zweidimensionalen Konstruktion der Matrix-Organisation entsteht ein **Konfliktpotenzial**, das eine Matrixkultur verlangt, die für eine Kompromissbereitschaft im Dienste des Projektes sorgt.

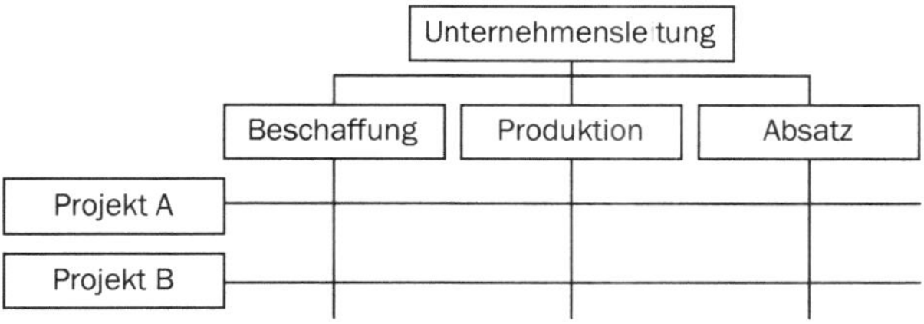

Vorteile	**Nachteile**
+ Mehr Verantwortungsgefühl + Keine Unsicherheit für Mitarbeiter + Gezielte Übertragung von Spezialwissen + Flexibler Personaleinsatz	– Konfliktpotenzial wegen Doppelunterstellung – Übergenaue Dokumentation – Herumreichen des „Schwarzen Peters“

Abb. 3: Matrix-Projektorganisation

Bei der **Reinen Projektorganisation** werden die Projektmitarbeiter für die Dauer des Projektes aus der Linienorganisation ausgegliedert und dem Projekt zugeteilt.

Die Reine Projektorganisation ist am stärksten auf die Anforderungen eines Projektes ausgerichtet. Die weitest gehende Ausprägung der Reinen Projektorganisation besteht in der **Gründung eines eigenständigen Unternehmens** für die Durchführung eines (Groß-)Projektes, etwa in Form einer Projekt-GmbH.

Die Bedeutung der Projektkultur

Die Projektkultur ist die Gesamtheit der in einem Projekt entstandenen Werte und Normen, die über bestimmte
- Wahrnehmungsmuster,
- Denkmuster und
- Verhaltensmuster

das Entscheiden und Handeln des Projektteams prägen.

- Als **positive Wirkungen** der Projektkultur sind zu nennen:
  - Koordination (gemeinsames Orientierungsmuster)
  - Integration (Wir-Gefühl)
  - Motivation (Engagement für das Projekt)
  - Repräsentation (Positives Erscheinungsbild eines Projektes)
- Als **negative Wirkung** ist insbesondere der hohe Gruppendruck hervorzuheben: Gruppenkonformes Verhalten wird gefördert, abweichende Problemsichten werden unterdrückt.

In der Praxis des Projektmanagements hat sich eine grundlegende Vorgehensweise herausgebildet, mit der sich die Vielzahl von Aufgaben rund um das Projekt strukturieren lässt. Die einzelnen Projektphasen vom Projektstart bis zum Projektabschluss sind unten dargestellt.

4 Machbarkeitsstudie

Im Rahmen der Machbarkeitsstudie, auch als Durchführungsstudie oder als **feasibility study** bezeichnet, ist zu klären, ob ein Projekt aus heutiger Sicht grundsätzlich machbar erscheint.

Dies ist insbesondere dann der Fall, wenn das Projekt aus

- technischen
- wirtschaftlichen
- rechtlichen
- ökologischen
- sozialen
- risikobezogenen

Aspekten als durchführbar einzustufen ist.

Grundlage für die Überprüfung dieser Erfordernisse ist eine genaue **Beschreibung des Projektes.**

Ergänzend hierzu ist eine **Marktanalyse** vorzunehmen, die über die Abschätzung von

- Preisen,
- Absatzmengen,
- Kosten sowie
- weiterer prognostizierter Rahmenbedingungen wie
  - Zinsentwicklungen,
  - Währungsentwicklungen und
  - Inflationsentwicklungen

eine erste grobe Bestimmung der Projekteinzahlungen zulässt.

5 Die Phasen

Um ein Projekt möglichst effizient abwickeln zu können, hat es sich als zweckmäßig erwiesen, für das Management einen **systematischen Prozess**, also eine logische Abfolge verschiedener Aktivitäten, festzulegen.

Die **Phasen** des Managementprozesses sind:

- Projektstart
- Zielpräzisierung
- Projektplanung
- Projektumsetzung
- Projektkontrolle mit Projektsteuerung
- Projektabschluss

Der Projektmanagementprozess wird von zwei **Querschnittsaktivitäten** begleitet:

- dem Qualitätsmanagement sowie
- dem Chancen- und Risikomanagement

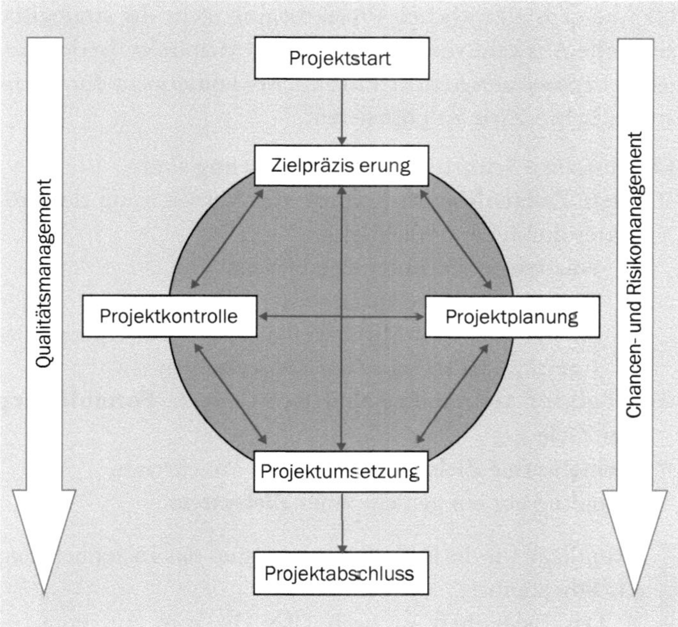

Abb. 4: Die Phasen des Projektmanagementprozesses

(1) Ein gelungener **Projektstart** stellt eine wichtige Grundlage für alle weiteren Phasen und somit für den Gesamterfolg des Projektes dar. Er benötigt daher eine sorgfältige Vorbereitung, in der die wichtigsten Rahmenbedingungen für das Projekt geklärt werden,

wie **beispielsweise**

- die Konkretisierung des Projektauftrages,
- die Zusammenstellung des Projektteams und
- die Durchführung einer ersten grundlegenden Projektumfeldanalyse.

(2) Vor dem eigentlichen Projektbeginn steht die strategisch sinnvolle Auswahl von Projekten im Mittelpunkt. In der Projektstartphase arbeitet der Projektleiter konsequent daran, die strategischen Ziele zu präzisieren.

Die einzelnen Schritte der **Zielpräzisierung** sind:

- **Erste Zielanalyse** im Rahmen der Vorbereitung des Projektes durch den Projektleiter:
    - Analyse der Zielinterdependenzen
    - Analyse der Präferenzen durch Gewichtung
    - Analyse der Ziel-Mittel-Verhältnisse, also Operationalisierung der stategischen Zielsetzungen
- Möglichst vollständige und motivierende **Formulierung der Ziele**
- **Gemeinsame Zielanalyse** mit dem Projektteam
- Einigung auf ein gemeinsames **Zielsystem**

> Grundlage für die Zielpräzisierung sind das Lastenheft und das Pflichtenheft.
> - Das **Lastenheft** ist nach DIN die vom Auftraggeber festgelegte Gesamtheit der Forderungen eines Auftragnehmers an die Lieferungen und Leistungen innerhalb eines Projektauftrages.
> - Das **Pflichtenheft** umfasst nach DIN die vom Auftragnehmer erarbeiteten Realisierungsvorgaben auf der Basis des vom Auftraggeber vorgegebenen Lastenheftes.

(3) Von herausragender Bedeutung im Rahmen des Projektmanagementprozesses ist die **Projektplanung**. Sie zielt darauf ab,

- die Unsicherheit zu reduzieren,
- die Effizienz zu steigern,
- die Ziele genauer zu verstehen und somit den Anforderungen des Auftraggebers bessere gerecht zu werden sowie

- eine Grundlage für die Projektumsetzung und -kontrolle zu schaffen.

Die Projektplanung besteht aus verschiedenen **Teilprozessen**:

(a) **Strukturplanung:** Zerlegung der gesamten Projektaufgabe in einzelne Arbeitspakete mit Hilfe von Projektstrukturplänen.

(b) **Arbeitsaufwandsplanung:** Abschätzung des Arbeitsaufwands und der notwendigen Zeitdauer zur Erledigung der jeweiligen Arbeitspakete. Der Arbeitsaufwand wird gewöhnlich in Manntagen, Mannwochen usw. gemessen. Nicht nur die Arbeitszeit spielt bei dieser Planung eine Rolle, sondern auch die Dauer, also der Zeitraum, über den sich diese Leistungserbringung erstrecken wird.

> Dies hängt zum Großteil von der Art und Weise ab, wie die Arbeit erbracht werden kann: Arbeitspakete, deren Aktivitäten von mehreren Personen parallel erledigt werden können, sind von kürzerer Dauer als Vorgänge mit gleichem Aufwand, deren Arbeitsschritte sich nur sequenziell abarbeiten lassen. Will man eine Antwort auf die Frage, was das Projekt kosten wird, so muss der Arbeitsaufwand mit Preisen bewertet werden.

(c) **Ablaufplanung:** Erstellung eines zeitlichen und logischen Ablaufs der Aufgaben. Im Vordergrund steht die Untersuchung

- der **Abhängigkeiten** zwischen den Aktivitäten,
- von Möglichkeiten zur **Parallelisierung** von Aktivitäten,
- der notwendigen **Zeitabstände** zwischen den Aktivitäten sowie
- der **Schnittstellen** zwischen den Aktivitäten.

Die Projektablaufplanung bildet die Grundlage für die Planung der Termine, der Ressourcen und der Kosten.

Eine bewährte Methode zur Analyse, Beschreibung, Planung, Kontrolle und Steuerung von komplexen Projektabläufen stellt die **Netzplantechnik** dar.

Grundgedanke der Netzplantechnik ist die Darstellung der Vorgänge und ihrer sinnvollen Reihenfolge. Meist wird diese Methode auch für die Zeitplanung und Terminplanung genutzt. Der Name „Netzplantechnik" geht auf die Darstellungsform dieser Methode zurück. Bei Projekten mit vielen Vorgängen ähnelt die graphische Darstellung einem Netz.

(d) **Terminplanung:** Im Rahmen der Projektablaufplanung wird die Anordnung der Aufgaben festgelegt, die im Projektverlauf erledigt werden müssen. Der nächste Schritt besteht nun in der Ermittlung der Zeit für die in der Ablaufplanung beschriebene Aktivitätenfolge. Die wichtigste Methode für die Terminplanung ist die **Netzplantechnik**.

Für die Terminplanung müssen die Ergebnisse der Zeitanalyse noch in Kalendertermine umgerechnet werden. Die meisten Projektmanagement-Softwarepakete bieten die Möglichkeit, diese Umrechnung vorzunehmen. Sie berücksichtigen dabei Sonn- und Feiertage sowie andere arbeitsfreie Tage.

(e) **Ressourcenplanung:** Ermittlung der notwendigen Ressourcen in quantitativer und qualitativer Hinsicht:

- Personal,
- Sachmittel,
- Material,
- Finanzen

(f) **Kostenplanung:** Die Projektkostenplanung muss folgende Aufgaben erfüllen:

- Bei Kundenprojekten **Bereitstellung von Informationen** für die Projektkalkulation
- **Sicherung der Wirtschaftlichkeit** durch Bereitstellung von Daten für die laufende Kostenkontrolle
- Bereitstellung von Daten für die **Berechnung des Projektwertbeitrages**
- Bereitstellung von Daten für die **Finanzplanung**

> Soll die Kostenplanung speziell auf Projekte zugeschnitten werden, ist eine Reihe von **Besonderheiten** zu beachten:
>
> - Bei vielen Projekten finden große Teile der Wertschöpfung in indirekten Leistungsbereichen, wie der Forschung und Entwicklung statt. Für die verursachungsgerechte Zuordnung der Kosten der indirekten Leistungsbereiche eignet sich die **Prozesskostenrechnung**.
> - Eine weitere Besonderheit ergibt sich aus der Tatsache, dass Projekte gewöhnlich einen längeren Betrachtungszeitraum aufweisen und typischerweise über mehrere Perioden abgewickelt werden. Diese Eigenschaft von Projekten lässt sich im Rahmen des **Life Cycle Costing** berücksichtigen
> - Ein wichtiger Erfolgsfaktor für ein Projekt ist die Einbeziehung des Kunden und seiner Vorstellungen bezüglich Preis und Funktionalität. Im Rahmen des **Target Costing** lassen sich die Preisvorstellungen des Kunden für bestimmte Funktionen als Grundlage der Produktentwicklung berücksichtigen.

In folgender Übersicht sind einzelne **Planungstechniken** aufgeführt, die zur Unterstützung der genannten Teilprozesse herangezogen werden können.

Teilprozesse der Projektplanung	Planungstechniken
Strukturplanung	Projektstrukturpläne
Arbeitsaufwandsplanung	Expertenschätzungen Multiplikatormethode Parametrische Methode Beispiele für spezielle Techniken in der Softwareentwicklung: COCOMO II, Function Point Analysis
Ablaufplanung	Listen zur Ablaufplanung Balkenpläne Netzpläne
Terminplanung	Geschwindigkeitsdiagramm Terminliste Zeitfixierter Balkenplan Vernetzter Balkenplan Netzplan
Ressourcenplanung	
■ Personal	Ermittlung des Ressourcenbedarfs auf Arbeitspaketebene und aggregiert pro Mitarbeitergruppe mit gleicher Qualifikation (Belastungsdiagramm) Detaillierte oder pauschale Kapazitätsermittlung Ressourcenvergleich und -optimierung
■ Sachmittel	Sachmittelplanung auf Arbeitspaketebene und aggregiert Kapazitätsermittlung (z. B. mit Belegungsplan) Ressourcenvergleich und -optimierung
■ Material	Materialplanung auf Arbeitspaketebene und aggregiert Materialplanung und -optimierung für den gesamten Produktlebenszyklus
■ Finanzen	Projektspezifische Finanz- und Liquiditätsplanung
Kostenplanung	Prozesskostenrechnung Life Cycle Costing Target Costing Integrierte Projektkostenplanung

(4) **Projektumsetzung:** Die Pläne dienen als Grundlage für die Projektumsetzung. Beim Vergleich von Planwerten und Istwerten treten Probleme auf, die im Rahmen eines Änderungsmanagements und eines Vertrags- und Nachforderungsmanagements zu lösen sind.

Das **Änderungsmanagement** befasst sich mit der Festlegung und Einhaltung einer systematischen Vorgehensweise zur Freigabe und Überwachung von Änderungen.

Es besteht aus folgenden Schritten:

- Erstellung eines Änderungsantrages (change request)
- Genehmigung oder Ablehnung des Änderungsantrages
- Durchführung der Änderung
- Rückmeldung der erfolgreichen Änderung.

Das **Nachforderungsmanagement** (Claim Management) umfasst die Überwachung der Verträge auf Ansprüche hinsichtlich Mehr-, Minder- oder Andersleistungen sowie den Abschluss von Vertragsänderungen, die eine angemessene Entschädigung vorsehen.

Die Bedeutung des Claim Management ist nicht zu unterschätzen, denn hohe Nachforderungen wirken sich i. d. R. stark auf den wirtschaftlichen Erfolg aus.

(5) **Projektkontrolle:** Die Kontrolle ist eine Folge der Planung: Planung ohne Kontrolle ist sinnlos, Kontrolle ohne Planung unmöglich.

Die Projektkontrolle besteht aus

- der **Leistungskontrolle**. Um den Leistungsfortschritt des gesamten Projektes beurteilen zu können, wird für jedes Arbeitspaket der Fortschrittsgrad in Prozent erhoben.
- der **Terminkontrolle**. Ausgangspunkt ist die Schätzung des zeitlichen Fortschrittsgrades. Er stellt das Verhältnis von Ist-Dauer zur voraussichtlichen Gesamtdauer dar. Die voraussichtliche Gesamtdauer ergibt sich aus der Ist-Dauer und der realistisch geschätzten voraussichtlichen Restdauer, die auch „Time-to-Completion" genannt wird.
- der **Kostenkontrolle**. Ein wesentlicher Bestandteil der Kostenkontrolle ist die Gegenüberstellung der tatsächlichen Kosten (Istkosten) mit den geplanten Kosten (Plankosten). Abweichungen vom Plan sollten möglichst frühzeitig erkannt werden, um Gegenmaßnahmen einleiten zu können.

(6) **Projektabschluss**: Zu einem systematischen Projektabschluss gehören folgende Teilprozesse:

- Endabnahme der Projektergebnisse
- Projektauswertung
- Projektinterne Abschlussbesprechung im Team
- Abschlussgespräche mit den wichtigsten Stakeholdern
- Abschlussbericht und Fertigstellung der Projektdokumentation

(7) Das **Qualitätsmanagement** und das **Management von Chancen und Risiken** begleiten die Prozesse des Managements von Projekten. Für beide Bereiche werden unternehmensweite Ziele festgelegt, die jeweils den Ausgangspunkt für das systematische Management von qualitätsrelevanten Themen sowie von Chancen und Risiken darstellen.

6 Management durch Projekte

Ziele des Managements durch Projekte

Ist ein einzelnes, bereits definiertes Projekt zu realisieren, bewegt man sich auf der operativen Ebene. Dabei geht es – wie bisher beschrieben – um das Management eines Einzelprojektes. Der Erfolg eines Unternehmens hängt jedoch i. d. R. nicht nur von der effizienten Abwicklung eines bestimmten Projektes ab, sondern vielmehr von der **Auswahl der „richtigen" Projekte**.

In der ersten Box wurde bereits dargelegt, dass das Projektmanagement in einer Zeit mit zunehmender Dynamik und Komplexität auch an strategischer Bedeutung gewinnt: In den meisten Unternehmen werden immer **größere Anteile des Umsatzes über Projekte** erwirtschaftet.

Im Management durch Projekte bewegen wir uns auf der **strategischen Ebene** der Führungsregelkreise. Ausgangspunkt ist die Gesamtunternehmensplanung, die i. d. R. vorrangig zwei Ziele verfolgt:

- Die **Unternehmensentwicklung** und
- die **Wertsteigerung** des Unternehmens.

Beiden Zielen soll die Zusammenstellung eines entsprechenden Projektportefeuilles und dessen Umsetzung im Rahmen eines systematischen Multiprojektmanagements dienen.

Multiprojektmanagement

Das Multiprojektmanagement besteht aus 3 Phasen:

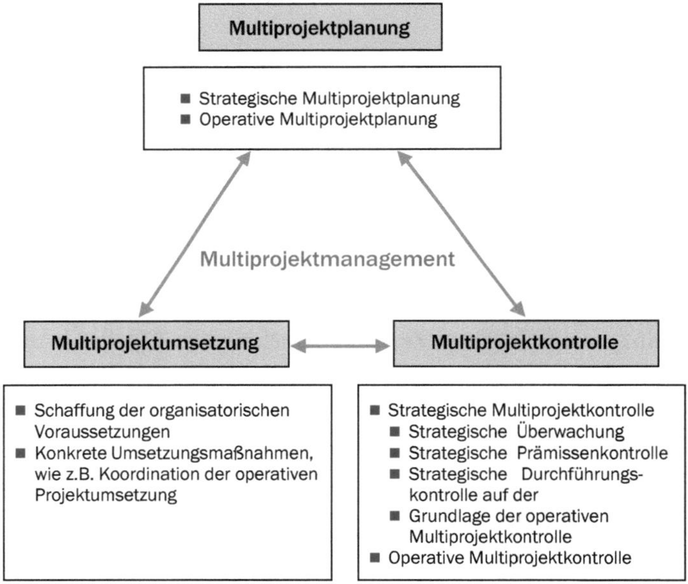

Abb. 5: Phasen des Multiprojektmanagements

(1) Im Zentrum der **Multiprojektplanung** steht die Auswahl jener Projekte, die den strategischen Zielen des Unternehmens entsprechen, d. h. zur gewünschten Unternehmensentwicklung und zur Wertsteigerung des Unternehmens beitragen.

Ein wichtiges quantitatives Kriterium zur Messung des Beitrages eines einzelnen Projektes zur Wertsteigerung des gesamten Unternehmens ist der **Projektwertbeitrag**, der auf Basis der geplanten Projekt-Free Cash-flows (FCF) mit Hilfe der folgenden Formel berechnet werden kann:

$$\text{Projektwertbeitrag (PWB)} = \sum_{t=0}^{T} \frac{\text{Projekt FCF}_t}{(1 + \text{WACC})^t}$$

mit
WACC Weighted Average Cost of Capital

Die Analyse der strategischen Eignung eines Projektes für die gewünschte Unternehmensentwicklung kann mit Hilfe der **Balanced Scorecard** erfolgen: Für die einzelnen Felder der Balanced Scorecard werden strategische Ziele definiert. Den Feldern werden dann Projekte zugeordnet. Schließlich lässt sich feststellen, welche Projekte zur Verwirklichung der strategischen Ziele beitragen können.

Beispiel:
Im Balanced Scorecard-Feld „Finanzen" wird u. a. folgendes Projekt eingetragen: Projekt zur Senkung der eingesetzten Kapitals durch Entwicklung eines neuen Logistiksystems (z. B. Just-in-time-Bestellstrategie). Auf diese Weise wird das Ziel einer Senkung der Kapitalbindungskosten angesteuert.

Die Auswahl der einzelnen Projekte kann mit Hilfe der **Nutzwertanalyse** erfolgen, die sowohl quantitative (z. B. Projektwertbeitrag) als auch qualitative Kriterien (z. B. Projektkomplexität, Projektrisiken) verarbeiten kann. Sie liefert eine Anordnung der untersuchten Projekte nach der Höhe der Nutzwerte.

Sind die richtigen Projekte ausgewählt, gilt es im nächsten Schritt der Multiprojektplanung die zur Verfügung stehenden Ressourcen über alle Projekte hinweg möglichst sinnvoll einzusetzen und **Synergieeffekte** zu realisieren.

(2) Wesentliche Voraussetzung für eine erfolgreiche **Multiprojektumsetzung** ist die Schaffung der organisatorischen Voraussetzung. Es müssen zusätzliche **Organisationseinheiten** eingerichtet werden:

- Der Multiprojektlenkungsausschuss und
- das Projektmanagementoffice.

> Beide Organisationseinheiten stellen eine **Brücke** zwischen der Stammorganisation und der sekundären Projektorganisation her.

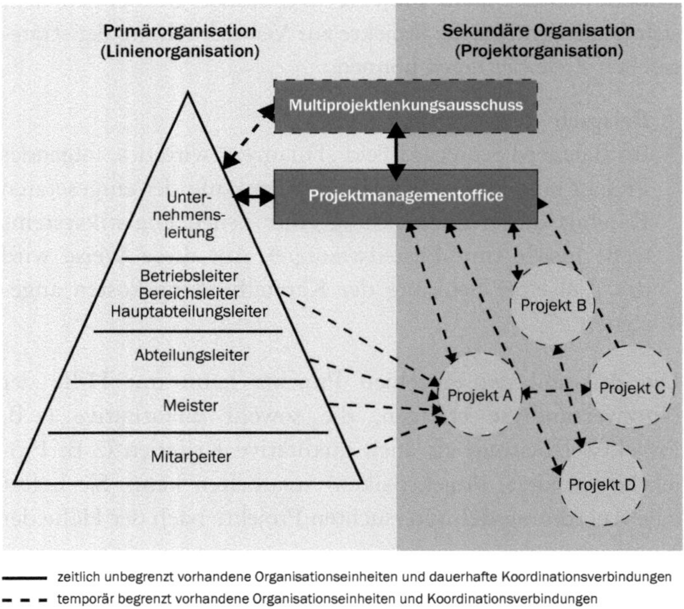

Abb. 6: Multiprojektorganisation

- Der **Multiprojektlenkungsausschuss** besteht aus einer Arbeitsgruppe, die Fragen der inhaltlichen Abstimmung

zwischen den Projekten klärt, die die strategische Ausrichtung der ganzen Unternehmung betreffen.
- Das **Projektmanagementoffice** (PMO) übernimmt insbesondere die Koordination zwischen den verschiedenen Projekten, ist aber auch für die Entwicklung einheitlicher Projektmanagementstandards für alle Projekte und den Aufbau von Projektmanagement-Know-how im Unternehmen zuständig.

(3) Die **Multiprojektkontrolle** überprüft insbesondere, ob ein strategischer Handlungsbedarf zur Überarbeitung des Projektportefeuilles im Lichte neuer Erkenntnisse besteht.

Der **Multiprojektlenkungsausschuss** besteht aus einer Arbeitsgruppe, die Fragen der inhaltlichen Abstimmung zwischen den Projekten klärt, die die strategische Ausrichtung der ganzen Unternehmung betreffen.

Er sollte sich zusammensetzen aus
- Mitgliedern der Unternehmensleitung
- Mitgliedern des PMO
- Dem Leiter des Fachbereichs „Strategieentwicklung“
- Dem Leiter des Fachbereichs „Unternehmenscontrolling“
- Im Falle besonders wichtiger strategischer Projekte auch aus Projektleitern.

Das **Projektmanagementoffice** (PMO) übernimmt insbesondere die Koordination zwischen den verschiedenen Projekten, ist aber auch für die Entwicklung einheitlicher Projektmanagementstandards für alle Projekte und den Aufbau von Projektmanagement-Know-how im Unternehmen zuständig.

Dies gilt insbesondere dann, wenn zwischen Projekten und Linienmanagement Ressourcenkonflikte auftreten. Zudem kommt dem PMO im Hinblick auf den Einsatz von Ressourcen die Aufgabe eines systematischen Synergiemanagements zu.

7 Verständnisfragen

Haben Sie alles verstanden? Mit den folgenden Fragen können Sie das Gelernte schnell prüfen:

1. Ein Projekt ist ein Vorhaben, das

☐ zeitlich befristet ist
☐ ständig wiederholt wird
☐ als Routineaufgabe verstanden werden kann

2. Ein typisches Modell der Organisation von Projekten stellt

☐ die Funktionale Organisation
☐ die Matrixorganisation
☐ die Stabsprojektorganisation dar

3. Nachteile der Matrixprojektorganisation sind

☐ Konflikte wegen Doppelunterstellung
☐ Herumreichen des „Schwarzen Peters"
☐ flexibler Personaleinsatz

4. Die Projektkultur ist die Gesamtheit der in einem Projekt gültigen Werte und Normen, die über bestimmte

☐ Verhaltensmuster
☐ Denkmuster
☐ Leistungsprozesse
das Entscheiden und Handeln des Projektteams prägen.

5. Positive Wirkungen der Projektkultur:

☐ gemeinsames Orientierungsmuster
☐ Wir-Gefühl
☐ Gruppendruck

6. Die Machbarkeitsstudie steht

- ☐ am Anfang eines Projektes
- ☐ bei einzelnen Meilensteinen eines Projektes
- ☐ am Abschluss eines Projektes

7. Das Lastenheft enthält die vom Auftraggeber eines Projektes

- ☐ formulierten Forderungen bezüglich der Leistungen des Auftragnehmers
- ☐ genannten finanziellen Belastungen zur Durchführung des Projektes
- ☐ fixierten Vorschläge des Kunden bezüglich der Merkmale des Projektes

8. Die Projektablaufplanung befasst sich mit der Planung

- ☐ der Termine
- ☐ der Kosten
- ☐ der Anforderungen an die Ressourcen

9. Das Nachforderungsmanagement (claim management) umfasst

- ☐ die Überwachung der Verträge in Bezug auf die erbrachten Leistungen
- ☐ die Beschreibung der einzelnen Meilensteine
- ☐ die Bemessung der Entschädigung für Vertragsverletzungen

10. Die Arbeitsaufwandsplanung lässt sich mit Hilfe folgender Planungstechniken unterstützen:

- ☐ Balkenpläne
- ☐ Netzpläne
- ☐ Multiplikatormethode

11. Die Prozesskostenrechnung eignet sich insbesondere

☐ zur verursachungsgerechten Zurechnung der indirekten Leistungsbereiche

☐ zur Ermittlung der Preisuntergrenze für ein Projekt

12. Die Earned Value Technik

☐ eignet sich insbesondere für die Terminkontrolle

☐ ermöglicht ein Bild vom aktuellen Stand eines Projektes

13. Projektstrukturpläne lassen sich bilden durch

☐ eine funktionsorientierte Gliederung

☐ eine objektorientierte Gliederung

☐ eine kostenorientierte Gliederung

14. Quality Gates stellen

☐ Meilensteine der Erreichung bestimmter Qualitätsanforderungen im Rahmen des Projektverlaufs dar

☐ Voraussetzungen für die Fortsetzung der Realisation eines Projektplanes dar

15. Das Management durch Projekte befasst sich

☐ mit der Planung und Realisation eines einzelnen Projektes

☐ mit der Auswahl der „richtigen“ Projekte

16. Ein Balkenplan ist die graphische Darstellung

☐ von Terminen und Dauern für die einzelnen Arbeitspakete

☐ der Kostenentwicklung im Rahmen eines Projektverlaufes

17. Die Kosten von Projekten fallen i. d. R. deshalb höher aus als geplant, weil

- ☐ zur Durchsetzung eines Projektvorhabens bei den Entscheidungsträgern von idealen Bedingungen ausgegangen wird
- ☐ im Laufe des Projektvollzugs ständig neue Ideen vorgebracht werden
- ☐ keine geeigneten Methoden der Projektkontrolle zur Verfügung stehen

18. Ein Projektcontroller nimmt folgende Aufgaben wahr:

- ☐ die Planung und Kontrolle von Kosten
- ☐ die Zusammenstellung des Projektteams
- ☐ die Beschaffung und Aufbereitung von Informationen für die Projektleitung

19. Die Portfolio-Analyse ist eine Methode zur

- ☐ Optimierung der Multiprojektplanung
- ☐ Überwachung des Projektfortschrittes

20. Ein projektorientiertes Unternehmen

- ☐ zeichnet sich dadurch aus, dass das Projektmanagement in die Entwicklung des gesamten Unternehmens integriert ist.
- ☐ nimmt nur dann Projekte in Angriff, wenn eine Ausnahmesituation zu bewältigen ist.

Thomas Kessel/Marcus Vogt

G
Wirtschafts-informatik

1 Grundlagen und Begriffe

1.1 Definition

Die Wirtschaftsinformatik (WI) ist als ein interdisziplinäres Wissensgebiet angelegt, bei dem **die Betriebswirtschaftslehre und die Informatik**, neben weiteren Wissenschaften, die wesentlichen Begriffe, Ansätze und Methodologien zur Problemlösung beitragen.

Abstrakt formuliert geht es darum, die Bedürfnisse eines Unternehmens nach Informationen zu unterstützen, indem IT-basierte Anwendungen die verschiedenen Geschäftsabläufe entlang der betrieblichen **Wertschöpfungskette** begleiten und die gewünschten Daten und Informationen.

- zur richtigen Zeit,
- am richtigen Ort,
- in der richtigen Menge und
- in der erforderlichen Qualität

bereitstellen (sog. informationslogistische Prinzipien).

Die fachlichen Anforderungen, die aus den unterschiedlichen Unternehmensbereichen kommen, werden auf ein formales Modell abgebildet, das wiederum in Form eines **IT-Systems** umgesetzt wird. Aus diesem Grund ist ein tiefergehendes Verständnis für die betrieblichen Abläufe und die Implementierung in Form einer maschinellen Informationsverarbeitung notwendig.

Die **Besonderheit** der Wirtschaftsinformatik besteht also in einem ganzheitlichen Ansatz, d.h. der Berücksichtigung der technologischen und der betriebswirtschaftlichen

Randbedingungen beim Entwurf, der Implementierung und dem Einsatz von IT-Systemen.

Die wesentlichen Gründe für die deutlich **ansteigende Bedeutung** der Wirtschaftsinformatik liegen darin begründet, dass

- zum einen der Faktor Information bzw. Kommunikation immer wichtiger und damit geschäftskritischer wird und
- zum anderen gibt es keine Alternativen zu den betrieblichen IT-Systemen, da die Komplexität, der Umfang und die räumliche Verteilung von Informationen innerhalb der Firmen immer stärker zunehmen.

Unternehmen lassen sich also nur noch durch betriebliche Informationssysteme steuern und führen, wobei sie kein Selbstzweck sind, sondern sie müssen ihren Beitrag zur Wertschöpfung täglich leisten.

1.2 Arbeitsgebiete

Typische Betätigungsfelder der Wirtschaftsinformatik befinden sich an den **Schnittstellen** zwischen den einzelnen Fachabteilungen der Unternehmensbereiche (z.B. Controlling, Logistik, Vertrieb, Produktion) und der IT-Abteilung, so dass das Problem ggf. durch ein entsprechendes Informationssystem gelöst wird. Hier werden also die besonderen **interdisziplinären Kompetenzen** der Wirtschaftsinformatik in erhöhtem Maß gefordert.

Alle Tätigkeiten, die zum Entwurf, zur Implementierung oder zum Betrieb solcher betrieblichen Informationssysteme gehören, z.B.

- die Beratung oder Schulung der Anwender,

- die Erfassung der fachlichen Anforderungen,
- die Modellierung der IT-Systeme,
- die effiziente Integration von Anwendungen in den betrieblichen Geschäftsablauf

sind typische Bestandteile des Aufgabengebiets der Wirtschaftsinformatik.

Konsequenterweise finden sich **Absolventen** der Wirtschaftsinformatik auf beiden Seiten der Schnittstellen wieder, d.h. sowohl bei den jeweiligen Fachabteilungen als auch bei der IT-Abteilung.

Als **Arbeitsgebiete** seien hier beispielhaft aufgeführt:

- Business Intelligence (BI)
- Geschäftsprozessmodellierung (GPM)
- IT-Projektmanagement
- Enterprise Ressource Planning (ERP)
- Customer Relationship Management (CRM)
- Supply Chain Management (SCM)
- E-Business/E-Commerce

Die Wirtschaftsinformatik beschäftigt sich also damit, wie die Unternehmensziele mittels einer geeigneten **IT-Strategie** und adäquaten **Informationssystemen** umgesetzt werden können und so wesentlich zur Wertschöpfung beitragen.

Die IT ist hierbei **kein Selbstzweck**, sondern wird als differenzierender Faktor für den Unternehmenserfolg angesehen, der entscheidend für die Steigerung der Produktivität der Mitarbeiter verantwortlich ist.

1.3 Verständnisfragen

Haben Sie alles verstanden? Mit den folgenden Fragen können Sie das Gelernte schnell prüfen:

1. **Bitte ergänzen Sie: Die informationslogistischen Prinzipien bestehen in der Bereitstellung von Daten und Informationen ...**
   - ☐ am richtigen Ort
   - ☐ für den Anwender
   - ☐ zur richtigen Zeit
   - ☐ in der richtigen Menge
   - ☐ in der erforderlichen Qualität

2. **Was ist eine Besonderheit der Wirtschaftsinformatik?**
   - ☐ die Übernahme betriebswirtschaftlicher Ansätze
   - ☐ die Anwendung von Verfahren aus der IT
   - ☐ der interdisziplinäre Ansatz, der Methodiken aus BWL und IT vereint
   - ☐ der mathematisch-formale Ansatz
   - ☐ die maschinelle Informationsverarbeitung

3. **Welche Faktoren sind für die zunehmende Bedeutung der Wirtschaftsinformatik verantwortlich?**
   - ☐ IT wird immer billiger.
   - ☐ Der Faktor Information wird immer geschäftskritischer.
   - ☐ IT wird immer schneller.
   - ☐ die Abhängigkeit der Firmen von IT bzw. Informationssystemen nimmt zu.

4. **Wo befinden sind typische Betätigungsfelder der Wirtschaftsinformatik?**
   - ☐ Modellierung von IT-Systemen

☐ Vermarktung von Produkten
☐ Fertigung von Produkten
☐ Erfassung der betrieblichen Anforderungen
☐ Beratung oder Schulung von Anwendern

5. Welche Tätigkeiten gehören typischerweise zur Wirtschaftsinformatik?

☐ der Einkauf betrieblicher Informationssysteme
☐ der Betrieb betrieblicher Informationssysteme
☐ die Implementierung betrieblicher Informationssysteme
☐ der Entwurf betrieblicher Informationssysteme
☐ der Verkauf betrieblicher Informationssysteme

6. In welchen Arbeitsgebieten sind Absolventen der Wirtschaftsinformatik normalerweise zu finden?

☐ Geschäftsprozessmodellierung
☐ IT-Projektmanagement
☐ Enterprise Resource Planning (ERP)
☐ Customer Relationship Management (CRM)
☐ Supply Chain Management (SCM)

7. Was ist das Ziel der Wirtschaftsinformatik?

☐ IT als Selbstzweck
☐ Unterstützung für den Unternehmenserfolg
☐ Steigerung der Mitarbeiteranzahl
☐ Umsetzung der Unternehmensziele mittels IT und Informationssystemen

2 Informationssysteme und Unternehmensorganisation/-strategie

2.1 Unternehmensziele bestimmen die IT

Prinzipiell können sich die Technologien für betriebliche Informationssysteme und die umzusetzende Unternehmensorganisation bzw. -strategie gegenseitig beeinflussen.

Beispielsweise ermöglichte das Web erst eine durchgehende globale, kontinuierliche Kundenansprache, die dann auch vom Management aufgegriffen wurde.

In der Praxis bestimmen aber die Unternehmensorganisation, -kultur und -ziele durch ihre Vorgaben, z.B. in Form des Budgets, wesentlich die Ausprägung und Umsetzung der internen IT.

Es herrscht also klar das **Primat der Unternehmensstrategie**, dem sich die IT-Abteilung als Teil des Unternehmens und als interner Dienstleister unterzuordnen hat. Entscheidend ist hierbei, dass die allgemeinen Unternehmensziele, wie z.B.

- die Steigerung des Umsatzes,
- die Gewinnung weiterer Marktanteile oder
- die Reduzierung der Kosten auf konkreten Kenngrößen

für die betrieblichen Informationssysteme (und die IT-Abteilung) abgebildet werden und mit Hilfe des Controllings überwacht werden.

Dieses Primat lässt sich mit Hilfe der **IT-Governance** entsprechend im Unternehmen umsetzen, damit man hier ein „Alignment" der IT und ein „Enablement" durch IT erreicht.

Das **„Enterprise Wide Information Management Modell" (EWIM)** verdeutlicht diese Zusammenhänge.

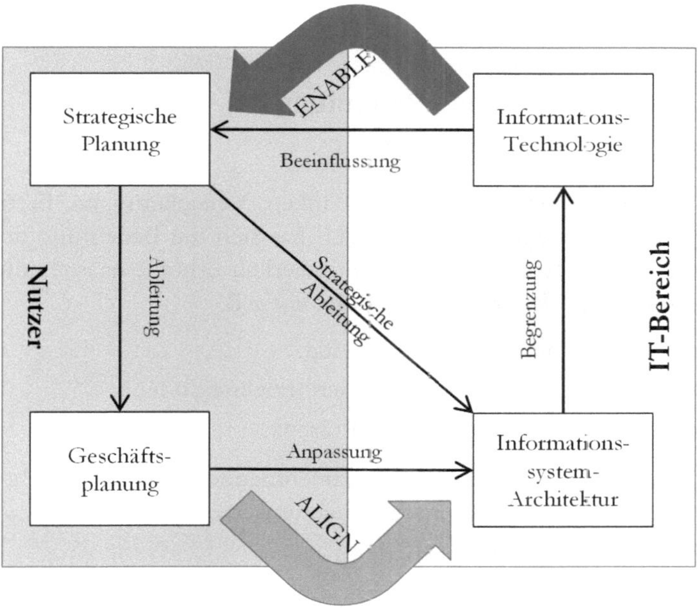

EWIM (Mit Änderungen übernommen aus Krcmar, H. (2009))

> Ein möglicher **Indikator für die Gewichtung der IT** innerhalb des Unternehmens ist übrigens die Präsenz in der Geschäftsführung oder im Vorstand durch einen **Chief Information Officer (CIO)**, der sich ausschließlich um die IT-Belange kümmert.

Eine der wichtigsten strategischen Unternehmensentscheidungen ist dabei, ob die firmeneigene IT in Teilen oder vollständig an Drittanbieter ausgelagert (**Outsourcing**) oder beibehalten wird. Weiterhin ist relevant, ob und inwieweit die interne IT einen Beitrag zur Wertschöpfung leisten kann, der die Differenzierung zum Wettbewerb z.B. in Form von technologischen Innovationen, erhöhtem Kundenservice oder Kostenreduzierungen ermöglicht.

2.2 Zunehmende Bedeutung der Unternehmens-IT

In vielen Branchen (z.B. bei Banken, Versicherungen, Fertigungsunternehmen und Handel) hat sich die Bedeutung der IT in den letzten Jahren kontinuierlich erhöht, da sich **die typischen Unternehmensziele**, wie z.B.

- die Erhöhung der Produktivität,
- die Intensivierung der Kundenbeziehung oder
- der Aufbau einer globalen Präsenz,

in der Regel nur durch den zunehmenden Einsatz von betrieblichen Informationssystemen umsetzen lassen.

Dies war und ist möglich, da

- zum einen die eingesetzten **Informationssysteme** einerseits aufgrund des technologischen Fortschritts immer leistungsfähiger werden:
  - Prozessoren,
  - Datenspeicher,
  - neue Funktionen,
  - effizientere Implementierungen/Algorithmen

- und andererseits die internen **Geschäftsprozesse** zunehmend
  - formalisiert,
  - automatisiert und anschließend
  - optimiert werden.

Gleichzeitig folgt die Unternehmens-IT dem **Trend**

- zu flach(er)en Hierarchien,
- zur weltweiten Präsenz,
- der erhöhten Agilität, aber auch
- der zunehmenden Komplexität von Entscheidungsprozessen, in dem die betreffenden Leitungsstrukturen durch spezifische Informationssysteme unterstützt werden.

Es zeigt sich aber auch, dass die Herausforderung im **Entwurf von Informationssystemen** darin besteht, den zunehmend komplexen und wachsenden Informationsfluss auf die Aufnahmebereitschaft und die Verfügbarkeit der **menschlichen Anwender** genau abzustimmen, ohne diese zu über- oder unterfordern. Nur in diesem Fall können IT-Systeme eine echte Orientierung und damit einen Beitrag zu den Unternehmenszielen leisten.

2.3 Verständnisfragen

Haben Sie alles verstanden? Mit den folgenden Fragen können Sie das Gelernte schnell prüfen:

1. **Welche Einflussfaktoren sind für die erfolgreiche Implementierung einer Unternehmens-IT ausschlaggebend?**

- ☐ wie das Unternehmen organisiert ist
- ☐ wie viel Budget für IT-Investitionen zur Verfügung steht
- ☐ welche der neuesten Technologien verwendet werden
- ☐ welche Unternehmensziele verfolgt werden (z.B. Gewinnsteigerung, Marktanteile erhöhen etc.)
- ☐ welche Projektmanagementmethode verwendet wird

2. Was versteht man unter dem Primat der Unternehmensstrategie?

- ☐ Die IT-Strategie bestimmt die Unternehmensstrategie.
- ☐ Die IT-Strategie ist unabhängig von anderen Vorgaben.
- ☐ Die Unternehmensstrategie gilt als Leitbild für die IT-Strategie.
- ☐ dass die Unternehmensstrategie noch zu primitiv ist

3. Nennen Sie typische Unternehmensziele, welche durch die IT-Strategie unterstützt werden.

- ☐ Umsatzsteigerung
- ☐ Erhöhung der IT-Personalkosten
- ☐ Gewinnung weiterer Marktanteile
- ☐ Kostensenkung
- ☐ Einführung von Call-Centern

4. Was erklärt bzw. beschreibt das Enterprise Wide Information Management Model (EWIM)?

- ☐ Es beschreibt exakt den Einsatz von neuen Informationssystemen.

- ☐ Es beschreibt den Zusammenhang zwischen der Strategischen Planung, der Geschäftsplanung, der Informationssystemarchitektur und der Informationstechnologie.
- ☐ Man kann damit die Beeinflussung der Strategischen Planung durch die IT erklären (Enablement).
- ☐ Man kann damit die Ausrichtung von Informationssystemarchitekturen und Informationstechnologien an die Unternehmensziele erklären (Alignment).
- ☐ Es beschreibt genau, wie neue Informationssysteme implementiert werden müssen.

5. Was ist unter IT Outsourcing zu verstehen?

- ☐ die (Teil-)Auslagerung von IT-Systemen und -Prozessen an Drittanbieter
- ☐ der Verkauf der IT-Abteilung an die Konkurrenz
- ☐ der Verkauf von Informationssystemen an den Endkunden
- ☐ die Verschiebung von IT-Systemen in ein zweites Rechenzentrum, um den Datenzugriff zu sichern

6. Warum werden Informationssysteme immer bedeutender für Unternehmen?

- ☐ Weil die technische Leistungsfähigkeit der Systeme immer weiter zunimmt und sich damit neue Möglichkeiten für ein Unternehmen eröffnen können.
- ☐ Weil immer mehr Geschäftsprozesse durch Informationssysteme formalisiert und damit automatisiert werden.
- ☐ Weil Informationssysteme immer einfacher werden und weniger vernetzt sind.
- ☐ Weil Informationssysteme immer günstiger werden.

7. **Was sind die Konsequenzen eines verstärkten IT-Einsatzes auf die Unternehmensorganisation?**
   - ☐ flache Hierarchien
   - ☐ erhöhte Agilität
   - ☐ weniger IT-Personal
   - ☐ neue Geschäftsmodelle (z.B. weltweiter Vertrieb über das Internet)
   - ☐ weniger Flexibilität

8. **Durch wen werden die Belange der IT in der Regel im Vorstand oder in der Geschäftsführung vertreten?**
   - ☐ COO
   - ☐ CFO
   - ☐ CEO
   - ☐ CIO
   - ☐ CSI

9. **Was ist die primäre Herausforderung beim Entwurf von Informationssystemen?**
   - ☐ die Auswahl von Programmiersprachen
   - ☐ die Abstimmung des Informationsflusses auf die Bedürfnisse der Anwender
   - ☐ die Implementierung der Systeme in ein Netzwerk
   - ☐ die Dokumentation der nötigen Änderungen an der Informationssystemarchitektur
   - ☐ die Verschlüsselung der benötigten Informationen

3 Betriebliche Informationssysteme

3.1 Vom Anwendungssystem zum betrieblichen Informationssystem

Betriebliche Informationssysteme unterstützen Unternehmen und Organisationen bei der Verarbeitung großer Datenmengen (z.B. **Big Data**) und können **zu besseren unternehmerischen Entscheidungen** führen.

> Die Aufgabe der Wirtschaftsinformatik ist es, geeignete betriebliche Informationssysteme zu entwerfen, zu verbessern und diese in die operativen Prozesse des Unternehmens zu implementieren. Ziel ist es, die Ver- und Bearbeitung von Informationen in einem betrieblichen Umfeld zu systematisieren.

Ein solches betriebliches Informationssystem besteht im Wesentlichen aus **drei Kernelementen**, welche sich gegenseitig beeinflussen:

- Organisation,
- Management und
- Anwendungssystem

Das **Anwendungssystem** verarbeitet die für die betrieblichen Aufgaben und **Geschäftsprozesse** relevanten Daten mit Hilfe

- von **Software**, welche die logische Ebene darstellt, und
- der **IT-Infrastruktur**, welche die Information auf elektronischem Wege verbreitet.

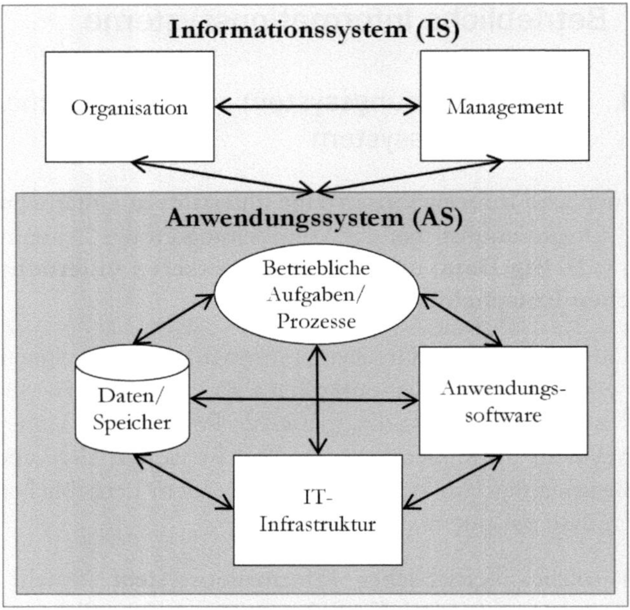

IS versus AS (mit Änderungen übernommen aus Krcmar, H. (2009))

Ein Anwendungssystem ist somit nur als **der technische Teil** eines Informationssystems anzusehen. Um effektiv die betrieblichen Informationen zu systematisieren und damit bessere betriebliche Entscheidungen treffen zu können, müssen auch die Faktoren Organisationsstruktur und die Managementziele berücksichtigt werden. Da diese Faktoren sich von Betrieb zu Betrieb unterscheiden, ist ein Informationssystem immer **individuell**.

> Die Einführung eines von der Stange gekauften Anwendungssystems verlangt daher immer eine gewisse prozessorientierte oder technische Anpassung (sog. **Customizing**).

3.2 Einteilung der IS aus hierarchischer und funktionaler Sicht

Informationssysteme lassen sich auf den unterschiedlichsten **Hierarchieebenen** eines Unternehmens finden. Die klassische Einteilung erfolgt in drei aufeinander aufbauende Ebenen: operativ, taktisch und strategisch.

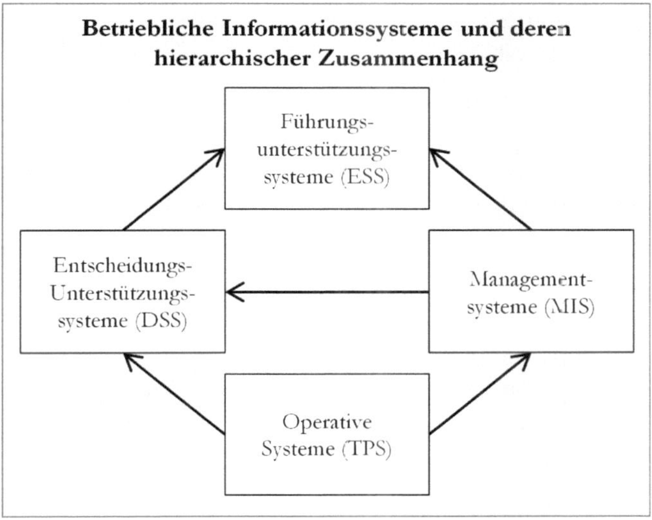

Betriebliche IS (mit Änderungen übernommen aus Laudon et al. (2011))

- Auf der **operativen Ebene** werden Rohdaten anhand von Transaktionen erfasst (sog. Transaction Processing Systems (TPS)). Ein Beispiel für ein solches Informationssystem wäre die Lagerverwaltung, wobei jede Ein- und Auslagerung eine Transaktion darstellt und damit neue Daten generiert.

- Darauf aufbauend finden wir **taktische Informationssysteme**, welche oft als Management Information Systems (MIS) und Decision Support Systems (DSS) bezeichnet werden. Hier werden die Rohdaten aus den operativen Systemen aggregiert und bieten somit Informationen für das mittlere Management (z.B. Abteilungsleiter).
- Diese Systeme schaffen wiederum die Grundlage für die Informationssysteme der **strategischen Ebene** und sollen die Unternehmensführung unterstützen (sog. Executive Support Systems (ESS)).

Eine weitere **Unterteilung** der betrieblichen Informationssysteme kann anhand der **Funktionen oder Abteilungen** stattfinden. Die folgende Funktionen und Anwendungen lassen sich in den meisten Betrieben wieder finden:

- Vertrieb & Marketing → Systeme zur Auftragsbearbeitung und Kundenverwaltung
- Fertigung & Produktion → Materialwirtschaft- und Produktionsplanungssysteme
- Finanz- & Rechnungswesen → Lohnbuchhaltung, Kreditoren- und Debitorenverwaltung
- Personalwesen → Personalverwaltung- und Zeiterfassungssysteme

> Im Gegensatz zu früheren Informationssystemen, welche hauptsächlich die einzelnen **betrieblichen Funktionen** unterstützt haben, wird heute darauf geachtet, dass die Informationssysteme auch funktionsübergreifend integriert sind, um eine **Wertschöpfung** über den gesamten Prozess zu gewährleisten und um **Medienbrüche** und damit einhergehende Informationsverluste bzw. Fehlerquellen zu vermeiden.

3.3 Häufige vorkommende Informationssysteme in Unternehmen

Um diese vertikale und horizontale Integration in den Betrieben zu schaffen, haben sich drei Arten von Anwendungssystemen als Kernelemente der betrieblichen Informationssysteme etabliert:

- **Enterprise Resource Planning (ERP)**: Unterstützung aller betrieblichen Funktionen durch ein umfassendes IT-System, das den Einsatz der wirtschaftlichen und technischen Ressourcen plant, steuert, überwacht und dokumentiert.
- **Customer Relationship Management (CRM)**: Kundendaten und -beziehungen werden in einer zentralen Anwendung erfasst, verarbeitet und ausgewertet, so dass sie dem Vertrieb und dem Marketing anschließend für die Kundenansprache und -betreuung zur Verfügung stehen.
- **Supply Chain Management (SCM)**: Management der Lieferantenbeziehung und der Lieferkette zur Erhöhung der Wertschöpfung innerhalb des gesamten Wertschöpfungsnetzes mit Hilfe von verlinkten Informationssystemen.

Dreh- und Angelpunkt in den meisten Unternehmen bildet das ERP-System. Es kann die wichtigsten internen Geschäftsprozesse über die verschiedenen hierarchischen und funktionalen Ebenen unterstützen und bietet in der Regel **Schnittstellen** zu CRM- und SCM-Systemen, welche die externen Geschäftsprozesse unterstützen.

Das CRM-System erweitert das ERP-System auf Kundenseite und hilft, die **Beziehungen zum Kunden** zu pflegen sowie diesen zu analysieren, um besser auf dessen Wünsche eingehen zu können. Das SCM-System bildet die Schnittstelle zum **Lieferanten** und hilft, die Kommunikation mit den Lieferanten zu verbessern und die Lieferkette zu optimieren, z.B. durch Just-in-time-Lieferungen und die Erhöhung der Transparenz bis hin zu sekundären und tertiären Lieferanten, als auch in Richtung Endkunde.

Diese drei Kernelemente können in größeren Unternehmen durch weitere betriebliche Informationssystemen ergänzt und erweitert werden. Beispielhaft hierfür sollten folgende Systeme genannt werden:

- Workflow-Management-Systeme (WfMS)
- Dokumenten-Management-Systeme (DMS)
- Knowledge-Management-Systeme (KMS)
- Business Intelligence (BI)
- eShops / Webshops
- eProcurement / elektronischer Einkauf
- Computer Supported Collaborative Work (CSCW)

3.4 Entwicklung betrieblicher Informationssysteme

Während bei

- vielen **große Unternehmen**, die bereits über eine Vielzahl von unterschiedlichen IT-Systemen verfügen, eine Integration und Konsolidierung der vorhandenen Anwendungen im Vordergrund steht **(Enterprise Application Integration (EAI))**,
- führ(t)en viele **kleine und mittelständische Unternehmen** erst eine durchgehende, einheitliche IT-Infrastruktur

ein (z.B. durch die Implementierung eines umfassenden ERP Systems).

Ziele sind aber in beiden Fällen

- eine vereinfachte Administration der IT-Systeme,
- eine Reduzierung der damit verbundenen Unternehmensressourcen und
- eine Konsolidierung der darauf basierenden Geschäfts- und Entscheidungsprozesse.

Aufbauend auf den bereits vorhandenen betrieblichen Anwendungen ergeben sich dann in der Regel IT-Projekte, in denen es um die **gezielte Verbesserung einzelner Funktionsbereiche** des Unternehmens geht, wie z.B.

- die Abstimmung weltweiter Liefer- und Produktionsketten (SCM),
- die Verbesserung des Berichtswesens oder
- die Intensivierung des Kundenmanagements (CRM).

Jedoch werden die betrieblichen Informationssysteme nicht nur auf funktionaler Ebene erweitert, sondern sie werden auch **entlang der hierarchischen Strukturen** integriert. Viele dieser Systeme bauen auf den operativen Datenbeständen der operativen Systeme (vgl. TPS) auf und werden als **Business Intelligence (BI)**-Lösungen implementiert (vgl. DSS und ESS). Hinzu kommt oft die Implementierung von elektronischen Kommunikations- und Vertriebswegen zu Kunden und Lieferanten **(E-Business / E-Commerce / CSCW)**, z.B. in Form von Portalen, Webshops oder sogar die Unterstützung mobiler Endgeräte.

Daraus ergibt sich in der Wirtschaftsinformatik, und speziell bei der Entwicklung der betrieblichen Informationssysteme, die Herausforderung, dass einzelne Informationssysteme sauber und nahtlos ineinander greifen und so eine **durchgängige Digitalisierung der Geschäftsprozesse entlang der Wertschöpfungskette** erreicht werden kann.

Dies lässt sich jedoch meist nur durch eine entsprechende Planung der **Enterprise Architecture (EA)** umsetzten. Mit zunehmender Unternehmensgröße wird diese Aufgabe immer komplexer, da immer mehr organisatorische und technische Anforderungen beachtet werde müssen (vergleichbar mit einem großen Bauvorhaben). Hierzu werden von den Unternehmen entsprechende **Frameworks** und Methoden eingesetzt, damit eine durchgängige und wertschöpfende Unternehmensarchitektur gewährleistet werden kann.

Beispiele für entsprechende Rahmenwerke sind aktuell „TOGAF“ und aus klassischer Sicht das „Zachman Framework“. Entsprechende Modellierungstools (z.B. ARIS, ADOit etc.) unterstützen dabei das Unternehmen bei diesen planerischen Aktivitäten.

3.5 Umsetzung betrieblicher Informationssysteme

Die Erfassung und **Modellierung der Anforderungen** an das zu erstellende Informationssystem sowie der aktuellen betrieblichen Abläufe stellen somit die erste Phase in der Einführung betrieblicher Informationssysteme dar.

Obwohl häufig gewünscht wird, die aktuelle Unternehmensorganisation genau eins zu eins auf die neue Anwendung zu übertragen, ergibt sich hier die Gelegenheit und Notwendigkeit, die bestehenden Abläufe und Organisationen innerhalb des Unternehmens anzupassen, um sie so effizienter gestalten zu können. Dieses fachliche Verständnis ist erforderlich, damit auch das richtige Problem gelöst wird.

Erst im nächsten Schritt erfolgt die **Umsetzung in ein IT-System**, wobei die Optionen für die konkrete Implementierung normalerweise sehr vielfältig sind. Sie reichen

- vom Einsatz von Standardsoftware oder
- der Entwicklung einer Individualsoftware,
- über die Nutzung einzelner Dienste (IT-Services) bis hin
- zur vollständigen Auslagerung an einen Drittanbieter (Outsourcing).

> Die Entscheidung wird dabei maßgeblich beeinflusst von dem vorhandenen Zeit- und Finanzbudget und inwieweit Standardlösungen bereits verfügbar sind bzw. angepasst werden müssen.

Der Überführung in den produktiven Betrieb geht normalerweise eine intensive **Testphase** voraus, anschließend geht es vor allem darum, die gewünschte Verfügbarkeit und Leistung der Anwendung sicher zu stellen und damit einen möglichst reibungslosen Betrieb zu gewährleisten.

3.6 Verständnisfragen

Haben Sie alles verstanden? Mit den folgenden Fragen können Sie das Gelernte schnell prüfen:

1. **Welche technischen Komponenten kann ein Anwendungssystem haben?**

   ☐ Datenbank

- ☐ Speicher
- ☐ Prozessoren
- ☐ Netzwerk

2. Was sind die drei Kernelemente eines betrieblichen Informationssystems?

- ☐ Zahlenreihen
- ☐ Organisation
- ☐ Internet
- ☐ Management
- ☐ Anwendungssystem

3. Was ist unter dem Customizing eines Anwendungssystems zu verstehen?

- ☐ die Einführung eines Anwendungssystems
- ☐ die Implementierung eines Anwendungssystems
- ☐ die Anpassung eines Anwendungssystems
- ☐ der Entwurf eines Anwendungssystems

4. Nennen Sie die drei Hierarchieebenen eines Unternehmens, nach denen sich Informationssysteme kategorisieren lassen.

- ☐ operativ
- ☐ relational
- ☐ taktisch
- ☐ synergetisch
- ☐ strategisch

5. Nach welchen weiteren Kriterien könnte eine Unterteilung der Informationssysteme erfolgen?

- ☐ funktional

- ☐ formal
- ☐ rational
- ☐ sequenziell
- ☐ bilateral

6. Was sind häufig vorkommende Informationssysteme im Unternehmen?

- ☐ Enterprise Relation Chain (ERC)
- ☐ Enterprise Resource Planning (ERP)
- ☐ Customer Relationship Management (CRM)
- ☐ Supply Customer Planning (SCP)
- ☐ Supply Chain Management (SCM)

7. Welche(s) Informationssystem(e) kann/können als strategisch bezeichnet werden?

- ☐ Executive Support Systems (ESS)
- ☐ Decision Transaction Systems (DTS)
- ☐ Transaction Processing Systems (TPS)
- ☐ Decision Support Systems (DSS)
- ☐ Management Information Systems (MIS)

8. Was ist unter „durchgängiger Digitalisierung der Geschäftsprozesse entlang der Wertschöpfungskette“ zu verstehen?

- ☐ Dass einzelne Informationssysteme nahtlos ineinander greifen und keine Medienbrüche entstehen.
- ☐ Dass alle Informationssysteme digitale Übertragungswege nutzen.
- ☐ Dass einzelne Informationen digitalisiert werden.
- ☐ Dass alle Informationen digitalisiert werden.
- ☐ Dass nur Standardsoftware eingesetzt wird.

9. Wie heißen bekannte Rahmenwerke/Frameworks für das Enterprise Architecture Management?

- ☐ AFAP (Architecture for Advanced Programming)
- ☐ TOGAF (The Open Group Architecture Framework)
- ☐ Zachman
- ☐ Prince 2
- ☐ PMBOK

4 E-Business & E-Commerce

4.1 Neue Geschäftsmodelle und Wertschöpfungsmöglichkeiten

Das Internet verhalf der „Digitalen Revolution", welche in den 1980er Jahren mit der Einführung der ersten Computer im privaten Bereich begann, in den 1990er Jahren zum Durchbruch. Die Entscheidung, das Internet für die kommerzielle Nutzung zu öffnen, schuf völlig neue Möglichkeiten der Informationsbeschaffung und der Kommunikation.

Das Internet bietet Privatpersonen und Unternehmen eine universelle und standardisierte Technikplattform und ermöglichte damit die Vernetzung von Informationssystemen über betriebliche Grenzen hinweg, was entsprechende Auswirkungen auf die

- Informationsbeschaffung,
- Geschäftsmodelle und
- Wertschöpfungsprozesse

hat. Es ermöglicht, Geschäftsprozesse vollständig zu digitalisieren und Waren sowie Dienstleistungen weltweit anzubieten.

Der **Begriff** des E-Business umfasst dabei die Digitalisierung von allen Geschäftsprozessen und kann in weitere Teilbereiche aufgespalten werden:

- **E-Procurement**: Befasst sich mit der elektronischen Beschaffung von Waren und Dienstleistungen, was idealerweise über ein Supply Chain Management

(SCM)-System und ein automatisches Bestellsystem (E-Procurement) erfolgt.

- **Intranet-Service**: Beschäftigt sich mit der Digitalisierung interner Geschäftsprozesse. Ziel ist es, die Informationsbeschaffung, -verarbeitung und -verbreitung zu verbessern und damit die Geschäftsprozesse zu optimieren.
- **E-Commerce**: Befasst sich mit dem elektronischen Handel von Waren und Dienstleistungen und bildet die digitale Schnittstelle zum Kunden. In der Regel wird dies mit Portalen, Webshops und Customer Relationship Management (CRM)-Systemen umgesetzt.

Die Einführung von E-Business und E-Commerce stellt ein Unternehmen jedoch vor eine gewisse Herausforderung, da sich mitunter die **Unternehmensstrategie** erheblich ändern kann und Management- sowie Geschäftsprozesse überprüft und angepasst werden müssen. Dies hat zur Folge, dass sich das **Geschäftsmodell** eines Unternehmens entsprechend ändern muss, um auch im digitalen Zeitalter zu bestehen. Die Wirtschaftsinformatik spielt dabei eine tragende Rolle, da die betrieblichen Informationssysteme entsprechend angepasst und eingesetzt werden müssen, um das neue Geschäftsmodell zu unterstützen.

Ein **Geschäftsmodell** wird oft auch als „Geschäftskonzept" oder „Business Model" bezeichnet, es beschreibt daher,

- was ein Unternehmen an Waren oder Dienstleitungen anbietet.
- wie diese Waren oder Dienstleistungen geschaffen werden.

- wie diese Waren oder Dienstleistungen vermarktet werden.
- wie dadurch entstehenden Erträge realisiert werden.
- wie diese Erträge verteilt oder reinvestiert werden.
- wie die Nachhaltigkeit des Geschäftsmodells sichergestellt werden kann.

4.2 Kategorien des E-Commerce

E-Commerce, als Teil von E-Business, nimmt in vielen Unternehmen eine wichtige Stellung ein und hat damit auch einen großen Einfluss auf das Geschäftsmodell eines Unternehmens.

Die folgenden **Kategorien des E-Commerce** haben sich hierbei etabliert:

- **Business-to-Consumer (B2C)**: Als B2C wird der elektronische Vertrieb von Waren und Dienstleistungen vom Unternehmen an den Endverbraucher bezeichnet. Dies geschieht zumeist über Webshops, welche eine Art virtuellen Verkaufsraum abbilden und so dem Endverbraucher den Onlineeinkauf ermöglichen.
- **Business-to-Business (B2B)**: Die Kategorie B2B beschreibt den elektronischen Vertrieb von Waren und Dienstleistungen von Unternehmen zu Unternehmen. Auch in diesem Bereich werden Webshops eingesetzt, jedoch sind diese für die Bedürfnisse auf Unternehmen zugeschnitten und sind nicht jedem zugänglich.
- **Business-to-Administration (B2A)**: Das B2A bezeichnet den elektronischen Vertrieb von Waren und Dienstleistungen von Unternehmen an öffentliche Einrichtun-

gen, Behörden und den Staat. Der Staat tritt hier quasi als „spezieller" Kunde mit sehr spezifischen Anforderungen auf. Das B2A ist ein wichtiger Bestandteil der aktuellen „E-Government"-Initiativen, welche die Digitalisierung der öffentlichen Verwaltung vorantreiben sollen.

- **Consumer-to-Consumer (C2C)**: Unter der Kategorie C2C versteht man den elektronischen Handel von Produkten zwischen Endverbrauchern, d.h. die Endverbraucher treten als Verkäufer sowie als Käufer in Erscheinung. Ein typisches Beispiel für C2C-Modelle sind Auktionshäuser oder An- und Verkaufsportale.

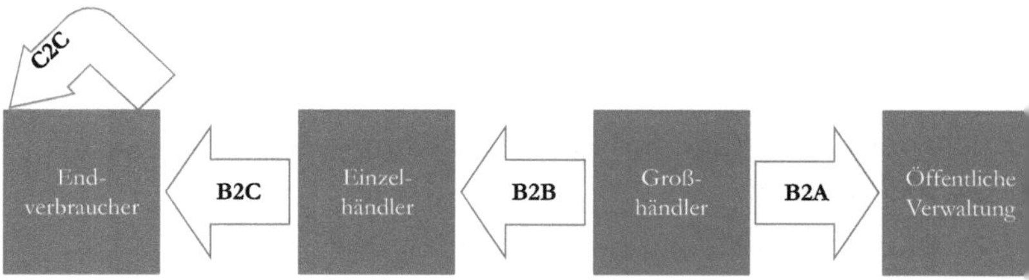

Neben diesen vier Hauptkategorien des E-Commerce, welche klassischerweise Webshops und Online-Handelsplätze einsetzen, etablieren sich aktuell weitere **Trends** bzw. Geschäftsmodelle, welche verstärkt den Einsatz von passenden Informationssystemen fordern.

Beispielhaft soll hier „**Mobile Commerce**" **(M-Commerce)** genannt werden, welches dem zunehmenden Trend von portablen Internetgeräten folgt. Der Einsatz von Tablets und Smartphones im privaten und geschäftlichen Bereich eröffnet Unternehmen völlig neue Wege des Vertriebs. So können z.B. über Barcodes und QR-Codes weitere Informationen zu Produkten eingeholt werden oder über die GPS-Daten (Global Positioning System) des mobilen Endgerätes dem Verbraucher gezielt Angebote aus dessen direkter Umgebung unterbreitet werden.

Weitere nennenswerte **Internet-Geschäftsmodelle** wären z.B.:

- Information Broker, wie z.B. Preisvergleichsportale
- Content Provider, wie z.B. Video- und Musikstreaming
- Web-Portale, welche diverse Ressourcen zusammenfassen
- virtuelle Gemeinschaften / SocialMedia-Plattformen, welche Verbrauchern erlauben, direkt zu bestimmten Themen zu kommunizieren und sich zu vernetzen.

Die meisten dieser Geschäftsmodelle werden als sog. „**Pure-Play**"-**Geschäftsmodelle** umgesetzt, was bedeutet, dass die Unternehmen ihre Produkte ausschließlich über das Internet vertreiben. Manche Geschäftsmodelle basieren jedoch auch auf dem sog. „**Click-and-Mortar**"-**Prinzip**, was bedeutet, dass ein Unternehmen seine Produkte sowohl auf dem klassischen Wege über Verkaufsstellen (**Bricks** = engl. Mauerstein) als auch über virtuelle Kanäle (**Clicks**) vertreibt. Die letztere Variante stellt die Wirtschaftsinformatik vor die Herausforderung, dass die Informationssysteme beide Vertriebskanäle unterstützen müssen, was in der Regel die Komplexität der Systeme erhöht.

Die Findung und Umsetzung von **Internetgeschäftsmodellen** ist daher nicht trivial und erfordert, dass die Unternehmensführung und die IT-Verantwortlichen entsprechende Kosten und Nutzen von passenden Informationssystemen für das E-Commerce abwägen.

Als **Negativbeispiel** ist hier die „Dot-Com-Ära" Ende der 1990er Jahre zu nennen. Zu dieser Zeit wurden nicht überlebensfähige Geschäftsmodelle einfach nur „digitalisiert", was zum Scheitern vieler E-Commerce-Projekte oder sogar zum Konkurs des Unternehmens führte. Es ist daher die Aufgabe der Wirtschaftsinformatik, funktionierende E-Commerce-Geschäftsmodelle mit den entsprechend geeigneten Informationssystemen zu unterstützen und der Unternehmensführung neue Möglichkeiten des E-Commerce aufzuzeigen, um weiterhin konkurrenzfähig zu sein.

4.3 Weitere Auswirkungen des E-Business und E-Commerce

Die Einführung von E-Business und E-Commerce in die Unternehmenslandschaft hat nicht nur entsprechende Auswirkungen auf die internen Geschäftsprozesse sowie die Art und Weise, wie das Unternehmen Waren und Dienstleistungen verkauft, sondern konfrontiert das Unternehmen auch mit Fragen wie **Datenschutz** und **internationales Recht**.

Gerade die Themen **Datenschutz und Datensicherheit** spielen dabei für die Wirtschaftsinformatik eine zentrale Rolle:

- Zum einen möchte das Unternehmen so viele Daten wie möglich sammeln, um z.B. ein interaktives Marketing zu betreiben und um angebotene Waren und Dienstleistungen bestmöglich zu personalisieren (hier werden z.B. CRM- und BI-Systeme eingesetzt).

- Zum anderen hat das Unternehmen jedoch die Pflicht, diese Daten auch entsprechend vor unbefugten Zugriffen zu schützen, was bei öffentlich zugänglichen Webshops eine Herausforderung darstellt.

4.4 Verständnisfragen

Haben Sie alles verstanden? Mit den folgenden Fragen können Sie das Gelernte schnell prüfen:

1. **Was ist der Unterschied zwischen E-Business und E-Commerce?**
   - ☐ E-Commerce ist Teil des E-Business.
   - ☐ E-Commerce bezieht sich nur auf den elektronischen Handel von Waren und Dienstleistungen.
   - ☐ E-Business umfasst alle digitalen Geschäftsprozesse.
   - ☐ Es gibt keinen Unterschied. E-Commerce und E-Business sind identisch.
   - ☐ E-Business bezieht sich nur auf den Handel von digitalen Waren und Dienstleistungen, aber E-Commerce umfasst alle digitalen Geschäftsprozesse.

2. **Was sind Intranet-Services?**
   - ☐ Es umfasst alles, was im WWW steht.
   - ☐ Es handelt sich hierbei um ein besonders schnelle Art des Internet.
   - ☐ Es geht dabei um die Digitalisierung interner Geschäftsprozesse.
   - ☐ Es dient zur Verbesserung der internen Informationsbeschaffung und -verarbeitung.
   - ☐ Es handelt sich um einen internen IT-Dienstleister, welchen man nicht outsourcen kann.

3. Was löste die „Digitale Revolution“ aus?

- ☐ das Intranet
- ☐ das Darknet
- ☐ das Deep-Web
- ☐ das ARPANET
- ☐ das Internet

4. Was wird durch ein Geschäftsmodell beschrieben?

- ☐ Was ein Unternehmen an Waren und Dienstleistungen anbietet.
- ☐ Wie Waren und Dienstleistungen geschaffen werden.
- ☐ Wie Waren und Dienstleistungen vermarktet werden.
- ☐ Wie Erträge realisiert und reinvestiert werden.
- ☐ Wie die Nachhaltigkeit des Geschäftsmodells sichergestellt werden kann.

5. Wie nennt man die Kategorie des E-Commerce, welche den Handel zwischen Unternehmen beschreibt?

- ☐ B2B
- ☐ B2C
- ☐ R2D2
- ☐ C2C
- ☐ C2B

6. Was beschreibt das „Pure-Play“-Geschäftsmodell?

- ☐ reiner Vertrieb über klassische Vertriebskanäle
- ☐ reiner Vertrieb über digitale Vertriebskanäle
- ☐ Testumgebung eines Geschäftsmodells
- ☐ Vertrieb über klassische und digitale Vertriebskanäle
- ☐ Handel mit Spielekonsolen

7. Was lief in der „Dot-Com-Ära“ schief?

- ☐ Es wurden nicht überlebensfähige Geschäftsmodelle einfach nur digitalisiert.
- ☐ Es wurden nicht genug „Pure-Play“-Geschäftsmodelle geschaffen.
- ☐ Es wurden zu viele „Click-and-Mortar“-Geschäftsmodelle geschaffen
- ☐ Das Internet wurde durch falsche Geschäftsmodelle analogisiert.

8. Was ist im E-Business beim Thema Datenerhebung, Datenschutz und Datensicherheit zu beachten?

- ☐ Möglichst viele und für unser Unternehmen relevante Daten sammeln, damit man besser auf den Kunden eingehen kann.
- ☐ Alle kundenbezogenen Daten an alle Zulieferer und Vertriebspartner weiterleiten, auch wenn diese nicht überprüft und gesichert sind. Nur so kann man Wettbewerbsvorteile sichern.
- ☐ Kundendaten möglichst sicher verschlüsseln, sodass Dritte keinen unbefugten Zugriff bekommen können und die Kundendaten nicht missbraucht werden können.
- ☐ Möglichst die Kontaktdaten aller Kunden ins Internet stellen, sodass sich Kunden auch gegenseitig kontaktieren können.

9. Was ist speziell am Mobile-Commerce?

- ☐ Es handelt sich dabei um eine Web-Portal zum Autokauf.
- ☐ Waren und Dienstleistungen werden mittels eines mobilen Kiosks vertrieben.

- ☐ Es werden dabei spezielle Vertriebs- und Servicewege für mobile Endgeräte entwickelt.
- ☐ Es können über QR-Codes und GPS-Daten individualisierte Angebote gemacht werden.
- ☐ Mobile-Commerce ist eine spezialisierte Form des E-Commerce.

10. Welches sind bekannte Internet-Geschäftsmodelle?

- ☐ Information Broker
- ☐ Content Provider
- ☐ Web-Portale
- ☐ Virtuelle Gemeinschaften
- ☐ Social Media-Plattformen

5 Informationstechnik: Infrastruktur und Tendenzen

5.1 Allgemeine Trends

Die Informationstechnik wurde in den letzten Jahrzehnten durch einen stetigen Fortschritt geprägt, der dazu führte, dass die **Leistung** und die **Speicherkapazität** von IT-Systemen (bei gleichen oder fallenden Kosten) erheblich erhöht wurden. Die wesentlichen Faktoren für diese Entwicklung sind hierbei

- die permanente Steigerung der Performance der zugrundeliegenden **Prozessoren** sowie
- die Ausweitung des Fassungsvermögens von **Haupt- und Massenspeichern**.

Begleitet wurde dieser Trend von einer gleichzeitigen Miniaturisierung und Vernetzung aller Komponenten, was insbesondere den Trend zu mobilen Geräten (z.B. Notebooks, Tablets, Smartphones) begünstigt.

> Als **IT-Infrastruktur** wird hierbei die Kombination von **Hardware** (z.B. Prozessorarchitektur) und **Software** (z.B. Betriebssystem) bezeichnet, die eine standardisierte Plattform für Anwendungen anbietet.

Beispiele für solche Plattformen sind z.B.

- die Intel-basierende x86-Prozessorarchitektur mit Microsoft Windows, Apple MacOS oder Linux, oder
- die typische ARM-basierenden Prozessoren mit Android im Handybereich.

Die **Java-Plattform** weicht ein wenig von diesem Schema ab, denn sie ist vor allem eine Festlegung seitens der Software und stellt dadurch eine Abstraktion von der Hardware dar.

Das **Web und die zugrundeliegenden offenen Technologien** bzw. Standards (z.B. HTML, http) führten ebenfalls zu einer eigenen Plattform, die ebenso hardwareunabhängig ist.

> Das Konzept solcher IT-Infrastrukturen ermöglicht – trotz der rasanten technologischen Entwicklung einzelner Komponenten – die erforderliche **Kontinuität zur Umsetzung großer unternehmensweiter Applikationen**, wie z.B. SAP oder Oracle, welche über viele Jahre in Firmen betrieben werden.
>
> Erst diese **Standardisierung und Konzentration** auf wenige Plattformen ermöglichte die entsprechende Vielfalt an Anwendungen und damit gleichzeitig auch die Reduzierung der Kosten.

Im Bereich der **Software** gibt es **zwei gegenläufige Trends** zu beobachten.

- Auf der einen Seite werden immer mächtigere, komplexere **Produktsuiten** entwickelt, die recht teuer sind, aber sehr viele Funktionalitäten anbieten, und
- auf der anderen Seite werden – insbesondere im Umfeld mobiler Geräte – kleine, günstige **Apps** angeboten, die nur eine sehr spezielle Funktion anbieten bzw. ein spezifisches Problem lösen (z.B. die Fahrzeiten von Busse und Bahnen oder die Suche nach dem nächsten verfügbaren Taxi).

Aufgrund des großen Angebots an **Standardsoftware** lohnt sich die Entwicklung von **Individualsoftware** nur noch in sehr wenigen Fällen, da diese zeitlich und finanziell deutlich aufwändiger und riskanter ist.

Daneben hat sich **Open Source-Software** sowohl für Unternehmen als auch für Privatanwender als Alternative zu kommerziellen Lösungen etabliert, da sie in der Regel günstigere Lizenz- und Supportkosten, die Unabhängigkeit von einem Hersteller sowie die individuelle Anpassung bietet.

5.2 Reduzierung der Komplexität durch Auslagerung

Das Konzept der „Fokussierung auf die eigenen Kernkompetenzen" führt bei vielen Unternehmen zunehmend dazu, dass Teile des eigenen IT-Portfolios ausgelagert bzw. extern eingekauft werden. Die drei am häufigsten genannten Schlagwörter in diesem Kontext dürften dabei **Outsourcing**, **Cloud Computing** und **Service-Orientierte Architekturen (SOA)** sein.

- Beim **Outsourcing** geht es darum, bestimmte IT-Services, die bislang intern erbracht wurden, an einen externen Drittanbieter zu vergeben, wobei der Umfang, die Qualität und die zeitliche Dauer vertraglich festgelegt werden.
- Beim **Cloud Computing** werden standardisierte Anwendungen oder IT-Ressourcen (wie z.B. Prozessor- oder Speicherkapazitäten) von einem oder mehreren Anbietern eingekauft, wobei die Erbringung dieser Leistungen (in)-transparent bleibt, d.h. man weiß in der Regel nicht, wo die eigenen Daten gespeichert sind oder wo die verwendeten Server stehen.

- **Service-orientierte Architekturen** zeichnen sich dadurch aus, dass sie aus verschiedenen, abgeschlossenen Diensten bestehen, die aufeinander abgestimmt werden müssen und die von externen Anbietern stammen können.

5.3 Verständnisfragen

Haben Sie alles verstanden? Mit den folgenden Fragen können Sie das Gelernte schnell prüfen:

1. **Was ist eine IT-Infrastruktur?**
   - ☐ eine Gruppe von Anwendungen
   - ☐ eine Kategorie von Computern
   - ☐ eine Kombination von Hardware und Software, die eine Plattform bildet
   - ☐ ein betriebliches Rechenzentrum

2. **Welche der folgenden Faktoren tragen zur Leistungssteigerung von IT-Systemen bei?**
   - ☐ Verbesserung der Performance von Prozessoren
   - ☐ Preise
   - ☐ Erhöhung der Kapazität von Haupt- und Massenspeicher
   - ☐ Ausweitung des Angebots an Programmiersprachen

3. **Welche der folgenden Technologien werden als Plattformen angesehen?**
   - ☐ Web
   - ☐ Java
   - ☐ Tablets
   - ☐ Handys

4. **Was sind die wesentlichen Vorteile einer Plattform?**
   - ☐ Standardisierung
   - ☐ Einfachheit
   - ☐ Kontinuität für die Entwicklung großer Anwendungen
   - ☐ Ermöglicht die Reduzierung von Entwicklungskosten durch die Konzentration auf wenige Plattformen.

5. **Welche gegenläufigen Trends sind bei der Entwicklung von Softwareprodukten zu beobachten?**
   - ☐ Mobile Apps, die einfach zu installieren und zu bedienen sind.
   - ☐ immer billigere Software
   - ☐ komplexe und teure Produktsuiten
   - ☐ Große Softwarepakete, die einfach einzusetzen sind.

6. **Wann lohnt sich der Einsatz von Individualsoftware?**
   - ☐ Wenn keine Standardsoftware verfügbar ist.
   - ☐ Wenn der zu erwartende Nutzen die möglichen Risiken und Aufwendungen deutlich überwiegt.
   - ☐ Immer, weil Individualsoftware immer besser ist.
   - ☐ Überall, wo Individualsoftware billiger als Standardsoftware ist.

7. **Warum ist Open Source-Software eine interessante Alternative zu kommerzieller Software?**
   - ☐ wegen besserer Technologien
   - ☐ wegen geringerer Lizenzkosten
   - ☐ wegen günstiger Supportkosten
   - ☐ wegen der Unabhängigkeit von einem Hersteller
   - ☐ wegen der individuellen Anpassbarkeit

8. Was ist Outsourcing?

- ☐ Verkauf von Rechnern an einen Dritten
- ☐ Verkauf von Software an einen Dritten
- ☐ Versteigerung von Dienstleistungen in Form einer Auktion
- ☐ Auslagerung von Dienstleistungen an einen externen Drittanbieter
- ☐ Einkauf von IT-Dienstleistungen

9. Was ist Cloud Computing?

- ☐ die Bereitstellung von IT-Diensten
- ☐ die Bereitstellung von IT-Diensten durch einen Drittanbieter über das Internet
- ☐ die Bereitstellung von Wetterdiensten
- ☐ der Kauf von Hard- oder Software über das Internet

10. Was ist eine Service-orientierte Architektur?

- ☐ eine normale Softwarearchitektur
- ☐ eine Architektur von aufeinander abgestimmten externen Services
- ☐ eine Architektur beliebiger Dienste
- ☐ eine Zusammenstellung eines Softwarepakets

6 Softwareentwicklung

Die wissenschaftliche Disziplin zur systematischen Entwicklung von Software und der Untersuchung der damit zusammenhängenden Phänomene, Probleme und Lösungen wird als **Software Engineering** bezeichnet.

Der Bereich der Softwareentwicklung wird normalerweise als Dreiklang von

- Prozessen,
- Menschen und
- Werkzeugen

gesehen.

Durch den spezifischen Fokus der Wirtschaftsinformatik auf **betriebliche Informationssysteme** bzw. auf die betriebswirtschaftlichen Rahmenbedingungen (z.B. die Entwicklungszeit und -kosten, Integration in die Unternehmensorganisation) geht hier eine weitere betriebswirtschaftliche Dimension mit ein, die die bisherigen ergänzt. Deshalb wird hier, im Kontext der Wirtschaftsinformatik, auf einige ausgewählte Aspekte der Softwareentwicklung besonders eingegangen werden.

Es gibt eine große Vielfalt an Vorgehensmodellen für die Softwareentwicklung,

- von dem Wasserfallmodell
- über das V-Modell
- bis hin zu den agilen Modellen.

Alle diese Ansätze decken den **gesamten Zyklus der Softwareentwicklung** ab, der aus

- den Anforderungen,
- dem Entwurf,
- der Codierung,
- dem Test und
- der abschließenden Wartung besteht.

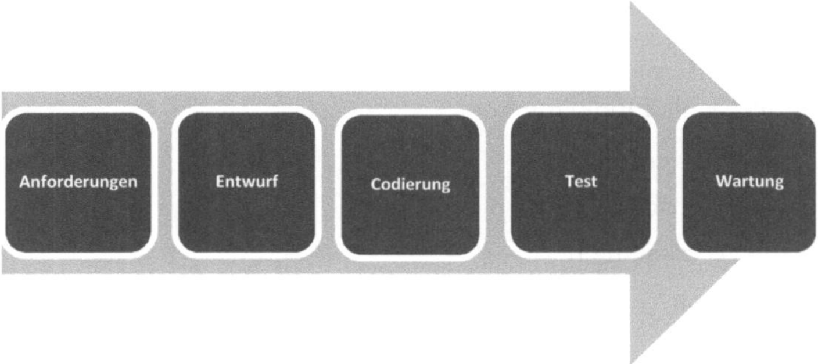

Die **agilen Vorgehensweisen** dominieren allerdings zurzeit. Sie sind geprägt durch

- kleine Teams,
- kurze Implementierungszyklen,
- der kontinuierlichen Integration des Codes (dies bedeutet, aus dem vorliegenden **Code** wird automatisch eine Anwendung gebaut, die dann getestet wird) und
- der frühzeitigen Einbeziehung der Benutzer.

Die **Vorteile** dieses Verfahrens liegen

- in der größeren Flexibilität,
- im schnelleren Feedback durch die Benutzer bzw. Tests,
- in einem stärkeren Fokus auf den nächsten Realisierungsschritt und
- somit in einer verbesserten Einschätzung und Handhabbarkeit des Projekts (dank der kürzeren Feedback-Zyklen).

Bei der **Codierung** ergibt sich auf der technologischen Seite ein klarer **Trend zu immer mächtigeren und ausdrucksstärkeren Programmiersprachen** bzw. Formalismen für die algorithmische Beschreibung der Lösungen. Einzelne Programmsprachen, wie z.B. Java, bieten hierbei auch insbesondere für den Bereich der unternehmensweiten Anwendungen eigene Versionen, z.B. die Java Enterprise Edition (JEE), oder es existieren hierfür eigene **Frameworks** (z.B. Spring, Grails). Andere Paradigmen setzen (statt generischer Programmiersprachen) auf die Verwendung domänenspezifischer Sprachen oder auf die allgemeine Notation für Geschäftsprozesse (Business Process Modeling Notation (BPMN)), mit deren Hilfe die Anwender eigenständig ihre Problemstellung als auch deren Lösung formalisieren und modellieren sollen.

Bei den **Werkzeugen für die Softwareentwicklung** zeichnet sich

- eine deutliche Bewegung weg von der Unterstützung einzelner Phasen (Entwurf, Codierung, Test) hin zur **Abdeckung des gesamten Produktlebenszyklus** (Product Management Life Cycle) ab.
- Weiterhin setzen sich zunehmend **Open Source-basierende Entwicklungsumgebungen** durch, die durch weitere Komponenten ergänzt und auf die Bedürfnisse der Entwickler angepasst werden.
- Neben diesem Angebot werden verstärkt **Frameworks oder Komponentenmodelle** eingesetzt, die die Entwicklungszeit und -kosten reduzieren, da immer wiederkehrende Probleme durch entsprechende Standardlösungen abgedeckt werden.

- In eine vergleichbare Richtung geht auch die Idee der **Service-Orientierten Architektur**, die eine gezielte Nutzung externer Dienste für bestimmte Funktionalitäten propagiert. Die Dienste können dabei sowohl intern als auch extern genutzt werden.

> Bei der Softwarearchitektur rückt neben der Erstellung völlig neuer IT-Systeme („**green field**“) auch zunehmend die Aktualisierung bereits existierender Anwendungen („**brown field**“) in den Vordergrund, da dies die typische Ausgangssituation in der industriellen Praxis ist. Auch hier werden die Verfahren durch agile Ansätze geprägt, welche ein kontinuierliches Refactoring (d.h. der Überarbeitung des aktuellen Codes), begleitet durch automatische Tests, betonen.

6.1 Verständnisfragen

Haben Sie alles verstanden? Mit den folgenden Fragen können Sie das Gelernte schnell prüfen:

1. **Welche drei Faktoren sind bei der Softwareentwicklung relevant?**
   - ☐ Hardware, Prozesse, Werkzeuge
   - ☐ Hardware, Software, Menschen
   - ☐ Hardware, Software, Prozesse
   - ☐ Prozesse, Menschen, Werkzeuge

2. **Welche zusätzlichen Aspekte bringt die Wirtschaftsinformatik bei der Softwareentwicklung mit ein?**
   - ☐ Technologien
   - ☐ Entwicklungszeit und -kosten

- ☐ Prozessabläufe
- ☐ Unternehmensintegration

3. **Welche der folgenden Namen sind Vorgehensmodelle für die Softwareentwicklung?**
   - ☐ Wasserfallmodell
   - ☐ Try-and-error
   - ☐ V-Modell
   - ☐ X-Modell
   - ☐ Agile Modelle

4. **Welche der folgenden Phasen sind Bestandteile des Zyklus der Softwareentwicklung?**
   - ☐ Wartung
   - ☐ Codierung
   - ☐ Entwurf
   - ☐ Test
   - ☐ Anforderungen

5. **Wodurch zeichnen sich die agilen Vorgehensmodelle aus?**
   - ☐ lange Implementierungszyklen
   - ☐ kurze Implementierungszyklen
   - ☐ kontinuierliche Integration des Codes
   - ☐ konsequente Ausgrenzung der Nutzer
   - ☐ frühzeitige Einbindung der Nutzer

6. **Was sind die Vorteile agiler Verfahren?**
   - ☐ Einfachheit
   - ☐ Flexibilität
   - ☐ Zuverlässigkeit

- ☐ schnelles Feedback
- ☐ Fokus auf die nächsten Umsetzungsschritte

7. **Welche Konzepte gibt es auf der Ebene der Programmiersprachen, um die Entwicklung komplexer Anwendungen zu unterstützen?**
   - ☐ unternehmensweite Version einer Programmiersprache
   - ☐ Frameworks zur Ergänzung der Programmiersprache
   - ☐ Skriptsprachen
   - ☐ Einbettung in Entwicklungsumgebungen
   - ☐ Kommandozeile

8. **Welche Trends sind bei den Werkzeugen für die Softwareentwicklung zu sehen?**
   - ☐ zunehmender Open Source-Einsatz
   - ☐ Abdeckung des gesamten Produktlebenszyklus
   - ☐ Fokussierung auf eine bestimmte Technologie
   - ☐ Nutzung von Frameworks oder Komponentenmodellen
   - ☐ Integration verschiedener Hersteller

9. **Was versteht man unter „green field"-Anwendungen?**
   - ☐ ökologische Anwendungen
   - ☐ Anwendungen mit Fokus auf die Landschaftsarchitektur und Parks
   - ☐ völlig neu zu entwickelnde Anwendungen
   - ☐ zu überarbeitende, alte Anwendungen

10. **Was sind Methoden bei agilen Verfahren zur Bearbeitung existierender Anwendungen?**
    - ☐ manuelle Tests

- ☐ automatische Tests
- ☐ Refactoring
- ☐ Wiederverwendung
- ☐ Objektorientierung

Literaturempfehlungen

Wirtschaftsinformatik 1: Grundlagen und Anwendungen (2009); H. R. Hansen, G. Neumann; UTB Stuttgart

Wirtschaftsinformatik 2: Informationstechnik (2005); H. R. Hansen, G. Neumann; UTB Stuttgart

Wirtschaftsinformatik: Eine Einführung (2011); K. C. Laudon, J. P. Laudon, D. Schoder; Pearson Deutschland

Informationsmanagement (2009); H. Krcmar; Springer

Enzyklopädie der Wirtschaftsinformatik; K. Kurbel, J. Becker, N. Gronau, E. Sinz, L. Suhl; Oldenbourg Wissenschaftsverlag; http://www.enzyklopaedie-der-wirtschafts informatik.de/

Marcus Deininger/Thomas Kessel

H
Informatik

Einführung

Die Informatik durchdringt unsere tägliches Leben immer schneller und immer tiefgreifender: Computer sind in allen Lebensbereichen präsent und aus dem Alltag nicht mehr wegzudenken. Hinzu kommt, dass nahezu alle Medien inzwischen digitalisiert verfügbar sind, die Informationen sind, insbesondere durch mobile Endgeräte, praktisch überall und jederzeit zugreifbar. Die Informatik als die Wissenschaft von der automatisierten, maschinellen Verarbeitung von Informationen, ist dabei der Wegbereiter und Schrittmacher dieser digitalen Revolution und wird auch zukünftig für zahlreiche Innovationen sorgen.

Dieser Text ist so aufgebaut, dass zuerst die wesentlichen Grundbegriffe eingeführt werden und dann ein kurzer Abriss der technologischen Trends der letzten Jahrzehnte gegeben wird. Anschließend wird – vergleichbar mit dem Aufbau eines Rechners – mit der Erläuterung der Hardware begonnen, wobei der Fokus auf der internen Darstellung von Informationen (in Form des Binärsystems) und den Rechnerarchitekturen und -komponenten liegt. Aufbauend auf der Hardware, werden die systemnahen Softwareebenen, Betriebssysteme und Übersetzer von Programmiersprachen, vorgestellt und erläutert.

Aus systematischer Sicht handelt es sich dabei jeweils um kurze Einführung in die Informatik (Grundbegriffe, Historie), die Technische Informatik (Interne Darstellung, Rechnerarchitekturen und -komponenten) und die Praktische Informatik (Betriebssysteme und Programmiersprachen), so dass Sie als Leser einen kompakten Überblick erlangen können.

1 Rechneraufbau und Gebiete der Informatik

Grundsätzlich ist ein Rechner wie in Abb. 1 aufgebaut.

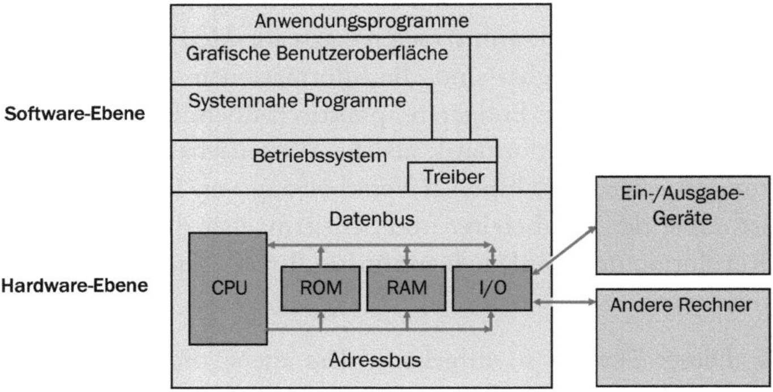

Abb. 1: Aufbau eines Rechners

Die wichtigsten **Elemente** sind dabei:

- Die Hardware: alle physischen Komponenten, die zu einem Rechner gehören
- Die Software: alle Programme (aber auch alle weiteren Dokumente), die zur Nutzung eines Rechners notwendig sind.

Die **Hardware** eines Rechners kann weiter unterteilt werden in:

- CPU (Central Processing Unit): die eigentliche Recheneinheit.
- ROM (Read Only Memory)/RAM (Random Access Memory): die Speichereinheiten des Rechners.
- I/O (Input/Output): Ein-/Ausgabesteuerung des Rechners
- Datenbus: Verteilung der Daten von und zu den Komponenten

- Adressbus: Verteilung der Adressen (Speicherorte) der Daten von und zu den Komponenten

Die **Software** eines Rechners kann weiter unterteilt werden in:

- Betriebssystem: das Programm, das alle Ressourcen des Rechners verwaltet und evtl. mehreren Prozessen oder Benutzern zuteilt.
- Die Treiber sind dabei spezielle Programme, die die Nutzung einzelner Geräte steuern.
- Systemnahe Programme sind Programme, die Dienste und Funktionen für andere Programme zur Verfügung stellen, aber nicht eigenständig genutzt werden (z. B. Compiler, Datenbanken).
- Die grafische Benutzeroberfläche, die heutzutage auf nahezu allen Rechnern Standard ist, erlaubt die vereinfachte Bedienung der darunter liegenden Elemente.
- Die Anwendungsprogramme schließlich sind die Programme, die für einen Anwender den eigentlichen Nutzen bringen (z. B. Browser, Textverarbeitungsprogramm).

An den Rechner **angeschlossen** sind üblicherweise

- Ein-/Ausgabegeräte („Peripherie"), z. B. Bildschirm, Tastatur, Maus, Drucker
- Evtl. andere Rechner über Netzwerke

Entsprechend diesem Aufbau lassen sich die einzelnen **Kategorien der Informatik** identifizieren:

- **Technische Informatik:** sie beschäftigt sich vorwiegend mit der (Weiter-)Entwicklung neuer Hardware, wie z. B. neuen Prozessoren, schnelleren und größeren Festplatten usw. Aber auch weitere technische Bereiche, wie z. B. die Robotik oder die Bild- und Mustererkennung, werden hier abgedeckt.

- **Praktische/Angewandte Informatik:** sie betrachtet systemnahe Software, z. B. Programmiersprachen/Compiler, Datenbanken, Betriebssysteme, oder die direkt darauf aufbauenden Anwendungssysteme.
- **Theoretische Informatik:** sie untersucht, z. B. welche Kategorien von Problemen prinzipiell durch Maschinen lösbar sind, wie hoch dabei die zu lösende Komplexität ist oder welche sinnvolle Formalismen es zur Darstellung bzw. Berechnung von Informationen gibt. Es ist vor allem eine Grundlagenwissenschaft.

Mithilfe der **Methoden und Verfahren der Informatik** werden Lösungen gesucht, die einen Mehrwert in dem jeweiligen Anwendungsgebiet erzielen. In der Regel ergeben sich durch die automatisierte, maschinelle Informationsverarbeitung:

- Kostenvorteile
- Geschwindigkeitsgewinne (gegenüber einer manuellen Lösung)
- Komplexitätsreduktion (durch die Beherrschbarkeit großer Datenmengen)

Bekannte **Anwendungsgebiete** sind z. B. die Wirtschaftsinformatik oder die Medizin- und Bioinformatik

Eingabe, Verarbeitung, Ausgabe (EVA)

Ein weit verbreitetes Modell das zur Beschreibung von Computern dient ist das „Eingabe, Verarbeitung, Ausgabe (EVA)"-Prinzip.

Das EVA-Prinzip besteht darin, dass jedes informationstechnische System eine Eingabe-, eine Verarbeitungs- und eine Ausgabekomponente benötigt. Dieser Ansatz lässt sich analog auf verschiedene Probleme anwenden.

Algorithmus, Komplexität, Entscheidbarkeit

Ein zentraler Begriff ist der Algorithmus der einen Ablauf von endlichen Lösungsschritten beschreibt, die (immer) das zugrundeliegende Problem lösen. Erst also wenn ein Algorithmus existiert, kann ein Problem durch einen Computer gelöst werden.

- Der erste Schritt zu einer maschinellen Problemlösung besteht also darin, dass das bestehende Problem modelliert wird.
- Im zweiten Schritt wird dann nach einem Lösungsverfahren, dem Algorithmus, gesucht.
- Anschließend wird dieser in Form von passender Soft- oder Hardware implementiert.

Analog zu den Algorithmen können auch die Probleme selbst in **bestimmte Kategorien** aufgeteilt werden, z. B. in Abhängigkeit von dem theoretischen Aufwand, der sog. Komplexität, mit dem sie gelöst werden können. Insbesondere gibt es Probleme, die prinzipiell nicht von einer Maschine gelöst werden können oder nur mit einem sehr hohen Aufwand bewältigt werden können.

Daten, Dateien, Betriebssystem, Programm, Software, Hardware

Zahlen, Zeichen oder Texte werden allgemein als Daten bezeichnet.

Eine Datei ist eine Ansammlung von Daten, die auf Medien, der Festplatte oder im Hauptspeicher abgelegt werden können.

Ein **Programm** setzt den Algorithmus in für den Computer ausführbare Anweisungen um.

Als **Software** bezeichnet man die Gesamtmenge der für einen Computer verfügbaren Programme, Daten und zugehörige Dokumentation.

Typische Beispiele für Software sind Betriebssysteme, Datenbanken, Textverarbeitungen oder Tabellenkalkulationen.

Als **Hardware** kann man die Gesamtheit aller oder die einzelnen Komponenten eines Computersystems ansehen.

Vereinfacht gesagt, umfasst die Software die immateriellen und die Hardware die materiellen Bestandteile.

Verständnisfragen

Haben Sie alles verstanden? Mit den folgenden Fragen können Sie das Gelernte schnell prüfen:

1. Welche Elemente gehören zur Software-Ebene?

☐ Anwendungsprogramme
☐ Central Processing Unit
☐ Grafische Benutzeroberfläche
☐ Systemnahe Programme
☐ Datenbus

2. Welche Ein- und Ausgabegeräte („Peripherie") werden normalerweise an einen Rechner angeschlossen?

☐ Adressbus
☐ Bildschirm
☐ Central Processing Unit
☐ RAM
☐ Drucker

3. Wofür steht das EVA-Prinzip?

☐ Einarbeitung, Verarbeitung, Anzeige
☐ Einordnung, Verwaltung, Ausgabe
☐ Eingabe, Verarbeitung, Ausgabe
☐ Eingang, Verknüpfung, Ausgang

4. Welche der folgenden Aussagen ist richtig?

☐ Falls ein Problem gelöst werden kann, dann existiert auch ein Algorithmus.
☐ Falls ein effizienter Algorithmus existiert, dann kann das entsprechende Problem maschinell gelöst werden.
☐ Falls der Algorithmus nicht in Lösungsschritten beschrieben werden kann, ist es durch Computer berechenbar.
☐ Falls das Problem beschrieben werden kann, kann es auch gelöst werden.

5. Die Hardware besteht aus …

☐ allem was man anfassen kann
☐ dem Computer und der Software
☐ dem Rechner und den Programmen
☐ aus den physischen Rechnerkomponenten

6. Die Software besteht aus …

☐ Programmen
☐ Programmen und Dokumenten
☐ Zubehör, Programmen und Dokumenten

7. Mit welchen Begriffen befasst sich die Angewandte Informatik?

☐ Datenbanken
☐ Robotik
☐ Betriebssysteme
☐ Programmiersprachen
☐ Bild- und Mustererkennung

8. Was ist die Aufgabe des Datenbusses?

- ☐ Speicherung der Daten
- ☐ Ein- und Ausgabesteuerung des Rechners
- ☐ Verarbeitung der Daten
- ☐ Transport der Daten

9. Wo werden Dateien abgelegt?

- ☐ Auf Medien
- ☐ Auf der Festplatte
- ☐ Im Drucker
- ☐ Im Bildschirm
- ☐ Im Hauptspeicher

10. Was ist ein Programm?

- ☐ Eine andere Bezeichnung für den Algorithmus
- ☐ Anweisungen für den Algorithmus
- ☐ Algorithmen für Computer
- ☐ Umsetzung des Algorithmus in Anweisungen, die vom Computer ausgeführt werden können

11. Was ist die Komplexität eines Algorithmus?

- ☐ Anzahl der Programmzeilen
- ☐ Indikator wie aufwändig die Problemlösung ist
- ☐ Theoretischer Aufwand eines Algorithmus
- ☐ Laufzeit des Programms

2 Rechnertypen

- **Trends**: kontinuierliche Erhöhung der Verarbeitungsgeschwindigkeit und Speicherkapazität und
- **Integration** von Sensoren, Digitalisierung von Fotos / Filmen / Musik / Sprache, Verständnis von Bildern / Sprache, durchgehende digitale Verarbeitungslinien

Historie

- Die Geschichte der Informatik in der Neuzeit ist am Anfang geprägt durch die Ära der **Großrechner**, die nur im professionellen Umfeld von spezialisierten Fachkräften eingesetzt werden konnten.
- Im Laufe der folgenden Jahre und Jahrzehnte wurden die Computer zum einen immer leistungsfähiger und zum anderen immer kleiner und günstiger, was zu **Abteilungsrechnern, Servern und PCs** führte und sie somit einem größeren Publikum zugänglich machte.
- In den darauffolgenden Dekaden wurden die Rechner weiterhin performanter und günstiger, aber gleichzeitig auch mobiler und vernetzt, was die heutigen Generationen von **Notebooks, Tablets und Smartphones** hervorbrachte.
- Rückblickend gab es dabei in den vergangenen Jahrzehnten einen permanenten Wechsel zwischen Aktivitäten, die die IT Infrastruktur **zentralisieren** (z. B. auf Server) oder **dezentralisieren** (z. B. auf verteilte Rechner, als Client / Server-Installationen) möchten.

> Heutzutage können im Wesentlichen **zwei Kategorien von IT** unterschieden werden:
> - professionelle IT: Einsatz in Unternehmen
> - private IT: Einsatz bei Privatpersonen / Endverbrauchern

Beide Bereiche beeinflussen sich dabei gegenseitig: z B. Technologien aus dem professionellen Server-oder Speicherbereich werden zunehmend im privaten Kontext übernommen, Benutzer professioneller Anwendungen erwarten im Gegenzug zunehmend eine vergleichbare Benutzbarkeit bei Anwendungen, wie sie dies bereits aus dem privaten Umfeld kennen.

> Ein interessanter Indikator für die Vermischung beider Welten ist die wachsende Nutzung und Integration privater IT-Geräte im professionellen Bereich.

Verständnisfragen

Haben Sie alles verstanden? Mit den folgenden Fragen können Sie das Gelernte schnell prüfen:

1. Was sind die aktuellen Trends bei Computern?

☐ Erhöhungen der Preise
☐ Erhöhung der Verarbeitungsgeschwindigkeit
☐ Erhöhung der Speichermenge
☐ Erhöhung der Speicherkapazität

2. Welcher Rechnertyp wurde zeitlich gesehen zuerst eingesetzt?

☐ PC
☐ Großrechner
☐ Abteilungsrechner
☐ Server

3. Welche Eigenschaften zeichnen heutige Rechner, wie z. B. Tablets, Smartphones, oder Notebooks, aus?

☐ performant
☐ komplex
☐ schwer
☐ mobil
☐ vernetzt

4. Wieviele Kategorien von IT können unterschieden werden?

☐ es gibt nur eine IT
☐ private und professionelle IT
☐ private, berufliche und gewerbliche IT
☐ private, professionelle, persönliche und praktische IT

3 Interne Darstellung von Informationen

Grundlagen digitaler Verarbeitung

Um die Informationen dieser Welt adäquat zu verarbeiten, bedarf es eines **Modells**, um diese auf die digitalen Speicher eines Computers abzubilden. Anschließend können die Informationen im Computer automatisch bearbeitet und später wieder ausgegeben werden (**EVA-Prinzip**). Diese Umwandlung verschiedener Informationskategorien, wie z. B. Text, Grafik oder Zahlen, wird in den folgenden Abschnitten genauer erörtert, wobei der Fokus auf den verschiedenen Zahlensystemen liegt.

(Digitale) Daten werden erst zu Informationen, wenn sie eine geeignete Semantik erhalten. Dies hat zur Konsequenz, dass dieselben digitalen Daten, je nach Semantik eine völlig verschiedene Interpretation erhalten können und so z. B. als Text, Grafik, Zahlen oder Programmcode aufgefasst werden können. Dies wird durch die folgende „Gleichung“ formuliert:

$$\text{Information} = \text{Daten} + \text{Semantik}$$

Bit, Bitfolgen, Byte, Wort

Die kleinste Speicherzelle eines Computers kann nur die Werte 0 oder 1 enthalten. Aus diesem Grund basiert die gesamte Verarbeitungslogik darauf. Ein **Bit** ist somit die Darstellung dieser elementaren Speicherzelle, sie bedeutet die Unterscheidung zwischen 0 und 1, somit kann sie 2 Zustände (0 oder 1) darstellen und speichern. Eine Folge von n Bits kann somit 2^n Zustände abbilden.

Die gebräuchlichste Bitfolge umfasst 8 Bits, sie deckt also 2^8=256 Möglichkeiten ab, und wird ein **Byte** genannt. Zwei Bytes, also 16 Bits, bilden ein **Wort**, und 4 Bytes, also 32 Bits, formen ein **Doppelwort**.

Zahlensysteme: Oktal- und Hexadezimalsystem

Wenn eine Bitfolge in 4-er-Paketen zusammengefasst wird, dann ergibt sich der Übergang zum **Hexadezimalsystem**, denn die 4 Bits entsprechen 16 Kombinationen und können durch entsprechende Hexziffern (0, 1, ... 9, A, B, C, D, E, F) dargestellt werden.

Zum **Beispiel** sei die folgende Bitfolge gegeben: 101010110110. Als 4er-Pakete zusammengefasst, führt dies zu: 1010 1011 0110, diese können wiederum als Hexziffern aufgefasst werden: $AB6_{16}$ (zur besseren Unterscheidung vom Zehnersystem wird üblicherweise die Basis als Index hinzugefügt). Die Besonderheit bei den Hexziffern ist, dass die Ziffern, die größer als 9 sind, d. h. 10 – 15, durch die entsprechenden fortlaufenden Buchstaben (A – F) repräsentiert werden.

Analog lassen sich die **Oktalzahlen** darstellen – in diesem Fall wird die Bitfolge zu 3er-Paketen zusammengefasst, die dann als Oktalziffern interpretiert werden können.

Im oberen **Beispiel** wären das die Pakete 101 010 110 110 mit der Oktalzahl 5266_8.

Daten, Datei

Der Begriff Daten umfasst so unterschiedliche Kategorien wie

- Programmcode,
- Text,
- Zahlen,
- Bilder,
- Musik oder
- Videos.

Daten werden in der Regel nicht vereinzelt abgelegt, sondern als Blöcke einer gemeinsamen Kategorie, z. B. Text oder Grafik, gespeichert und verarbeitet.

> Diese Datenblöcke nennt man auch **Dateien**, sie unterscheiden sich in der Typkennung, die zum Dateinamen hinzugefügt wird, so dass das Betriebssystem automatisch erkennen kann, um welchen Datentyp es sich handelt und welches Programm damit umgehen kann.

Interne Darstellung von Text, Bild und Zahlen

Im Folgenden wird untersucht, wie die vier großen Datenkategorien: Text, Bild, Audio und Zahlen intern im Rechner dargestellt werden, wobei von den konkreten technischen Details abstrahiert wird.

Text, Zeichen
Ein Text kann als eine Abfolge von Zeichen (Buchstaben, Ziffern und Sonderzeichen) aufgefasst werden. Jedes Zeichen kann wiederum mittels eines Zeichensatzes oder Codes in eine Zahl umgewandelt und so auf eine Bitfolge abgebildet werden.

> Das **Leerzeichen** hat z. B. in Unicode den Zahlenwert 32. Unicode ist der wichtigste universelle Zeichensatz, der auch Zeichen und Symbole aus Alphabeten zahlreicher Sprachen abdeckt (im Gegensatz zum ASCII-Code).

Ausführbare Programme (sog. Executables)
Ausführbare Programme sind Zeichendateien, die – im Gegensatz zu Texten – nicht vom Menschen gelesen werden können. Sie enthalten Anweisungen in Maschinensprache oder einem Zwischencode, der von einem Rechner interpretiert werden kann.

Bild / Video
In einem ersten Ansatz wird jeder Punkt einer Grafik einzeln abgespeichert, wobei die zugehörige Farbinformation des Punktes in einem oder mehreren Bytes abgelegt wird. Der daraus resultierende Speicherumfang hängt also von der Auflösung, d. h. der Anzahl der Bildpunkte, multipliziert mit der Länge der Farbinformation zusammen. Dieses direkte Abbild der Grafik im Speicher wird auch als **Bitmap** bezeichnet.

Moderne Grafikformate verwenden aber Komprimierungsverfahren, so dass mehrere Punkte, die dieselbe Farbe haben, gemeinsam abgespeichert werden, was zu einer Reduzierung des Speicherumfangs führt. Analog können bei Videos auch nur die Unterschiede von einem Bild zum anderen gespeichert werden.

Audio
Audio-Informationen werden in einzelne Teile („Samples") zerlegt, die dann in mehreren Bytes abgelegt werden. Wie bei Bildern hängt der Speicherumfang vom Umfang der Samples und der Menge der Samples über die Zeit ab.

Komprimierungsverfahren (wie z. B. mp3) optimieren den Speicherbedarf, indem für den Menschen nicht oder kaum hörbare Teile herausgefiltert werden.

Zahlen

Die Verarbeitung von Zahlen, gehört neben der Verwaltung von Texten oder Bildern, zu den primären Aufgaben eines Computers.

Natürliche Zahlen

Die Menge der natürlichen Zahlen, d. h. der positiven ganzen Zahlen, lässt sich relativ leicht auf das binäre Format abbilden, da sich jede natürliche Zahl k in eine binäre Zahl umwandeln lässt, in dem die Koeffizienten ($a_n, a_{n-1}, \ldots, a_1, a_0$) der entsprechenden Zweierpotenzen verwendet werden, wobei die Koeffizienten nur den Wert 0 oder 1 haben dürfen:

$k = a_n*2^n + a_{n-1}*2^{n-1} + \ldots + a_1*2^1 + a_0*2^0 \rightarrow$ Binärzahl ist: $a_n\, a_{n-1} \ldots a_1\, a_0$

> Soll zum **Beispiel** die 6 in eine Binärzahl umgewandelt werden, dann entspricht diese den folgenden Koeffizienten von Zweierpotenzen: $1*2^2+1*2^1+0*2^0$, so dass daraus die Binärzahl 110_2 resultiert.

Analog kann man jede natürliche Zahl auch in Hexadezimalzahlen umwandeln, wobei es sich dann um Koeffizienten der entsprechenden Sechszehnerpotenzen handelt:

$k = c_n*16^n + c_{n-1}*16^{n-1} + \ldots + c_1*16^1 + c_0*16^0 \rightarrow$ Hexadezimalzahl ist: $c_n\, c_{n-1} \ldots c_1\, c_0$

Diese Umwandlung wird dabei prinzipiell nur durch die verfügbare Länge an Bits begrenzt.

> Dies bedeutet, dass z. B. bei einer maximalen Länge einer Bitfolge von 32, nur 2^{32} Zahlen dargestellt werden können, von denen die größte $2^{32}-1$ und die kleinste 0 ist. Die Umwandlung von Dezimalzahlen in Binär- und Hexadezimal-

zahlen kann durch das Divisions- oder Subtraktionsverfahren berechnet werden.

Wenn eine Zahl erst einmal als Binärzahl vorliegt, dann kann diese ganz einfach in eine Hexadezimalzahl umgewandelt werden, in dem die Binärziffern zu 4er-Paketen zusammengefasst werden. Umgekehrt können Hexadezimalzahlen einfach in Binärzahlen umgewandelt werden, indem jede Ziffer der Hexadezimalzahl direkt durch die entsprechende Binärzahl ersetzt wird.

Die **Umwandlung** von Binär- und Hexadezimalzahlen in Dezimalzahlen ist dadurch möglich, dass die Koeffizienten mit den entsprechenden Zweier- oder Sechszehnerpotenzen multipliziert und dann aufsummiert werden müssen.

Analog lassen sich die Oktalzahlen auf der Basis 8 erstellen.

Negative Zahlen
Die Addition und Multiplikation von Binärzahlen erfolgt analog zu den Operationen auf Dezimalzahlen und wird auch so im Prozessor umgesetzt. Grundsätzlich ist eine Übertragung der **Subtraktion** ebenfalls möglich, allerdings würde dies zusätzliche Hardware verlangen. Aus diesem Grund wurden negative Zahlen eingeführt.

Negative Zahlen haben den Vorteil, dass sie mit der bestehenden Additionslogik erzeugt und verwendet werden können. Negative Zahlen werden im Rechner üblicherweise als **Zweierkomplement** dargestellt:

Das Zweierkomplement muss mit einer festen Stellenzahl berechnet werden. Nicht benötigte Stellen werden dabei von links mit 0 aufgefüllt. Das linke Bit wird dabei als Vorzeichen interpretiert (0 für +, 1 für –). Das Zweierkomplement berechnet sich wie folgt:

1. Berechnung des Komplements der zugrundeliegenden Binärzahl, indem man 0 bzw. 1 durch sein Komplement, also 1 bzw. 0, ersetzt.
2. Anschließend addiert man 1 – ein evtl. Überlauf wird dabei ignoriert.

Beispiel: Berechnung des Zweierkomplements von 6 (0110_2) bei 4 Bits

1. Das Komplement von 0110_2 ist 1001_2
2. Addition von 1

Das Ergebnis ist 1010_2, die Kontrollrechnung, die Addition von –6 (1010_2) und 6 (0110_2) ergibt 0, sofern wenn man das resultierende Overflow-Bit ignoriert.

Gleitkommazahlen

Rationale oder reelle Zahlen werden durch Gleitkommazahlen dargestellt, wobei hier ein prinzipielles Problem der Rechenungenauigkeit vorliegt, sowohl was die Umwandlung der Zahl in das interne Format des Computers als auch was die weitere Verarbeitung, in den folgenden Rechenschritten, betrifft.

Abb. 2 zeigt das **Beispiel** einer 32-Bit Gleitkommazahl.

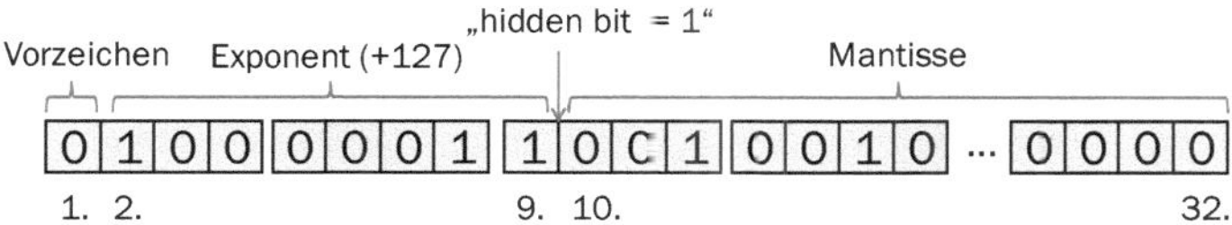

Abb. 2: Format einer Gleitkommazahl

Gleitkommazahlen haben die Eigenschaft, dass sie vor der Codierung „normalisiert“ werden müssen, d. h. sie müssen immer auf die Form 1,… * 2^{Exponent} gebracht werden. Die Gleitkommazahl in Abb. 2 kann folgendermaßen interpretiert werden:

- Bit 1: Vorzeichen; 0 für plus, 1 für minus (Achtung es gibt hier kein Zweierkomplement)
- Bit 2 – 9: Exponent als Binärzahl. Der Exponent ist vor der Umwandlung mit 127 addiert worden (dem sog. „Bias") – dies hat den Vorteil, dass der Exponent direkt mit anderen verglichen werden kann, was bei einer Gleitkommazahl oft notwendig ist.
- Zwischen Bit 9 und 10 ist (gedanklich) das „hidden bit" – dies ist der Wert „1,". Da der Wert immer 1 ist, kann er aus Speichergründen weggelassen werden.
- Bit 10 – 32: Die Nachkommastellen der Zahl (die „Mantisse")

> In dem **Beispiel** oben wäre also die Zahl: +1,0010 0100 0000 0000 0000 000 * 2^4 dargestellt. Wobei sich die 4 des Exponenten folgendermaßen errechnet: $1000\ 0011_2 = 131_{10}$. 131 – Bias 127 = 4.

Die arithmetischen Operationen auf Gleitkommazahlen sind deutlich komplexer und werden deshalb in der Regel von spezialisierten Prozessorkomponenten übernommen.

Verständnisfragen

Haben Sie alles verstanden? Mit den folgenden Fragen können Sie das Gelernte schnell prüfen:

1. Welche der folgenden Gleichungen ist korrekt?

☐ Daten = Semantik + Information
☐ Semantik = Daten + Information
☐ Information = Daten + Semantik
☐ Information = Daten

2. Was ist ein Bit?

- ☐ Darstellung einer elementaren Speicherzelle
- ☐ Darstellung mehrerer Speicherzellen
- ☐ Darstellung von 0 oder 1
- ☐ Darstellung von 1 oder 2
- ☐ Darstellung vieler Zustände

3. Wie wird eine Folge von 8 Bits genannt?

- ☐ Byte
- ☐ Wort
- ☐ DoppelWort
- ☐ DoppelByte

4. Wieviele Zustände kann ein Byte darstellen?

- ☐ 8
- ☐ 16
- ☐ 64
- ☐ 128
- ☐ 256

5. Was ist das Hexadezimalsystem?

- ☐ Ein Zahlensystem auf der Basis 16.
- ☐ Ein Zahlensystem dessen Ziffern aus 0, 1, … 9, A, … F bestehen.
- ☐ Alle Ziffern bestehen aus Bits.
- ☐ Beliebige Kombination von Zahlen und Buchstaben.

6. Wieviele Bits benötigt die binäre Darstellung der Oktalzahl 6?

- ☐ 3
- ☐ 4
- ☐ 8
- ☐ 16

7. Wie werden Dateien vom Betriebssystem richtig erkannt?

- ☐ anhand des Inhalts
- ☐ anhand der Typkennung
- ☐ anhand des Dateinamens
- ☐ gar nicht, alle Dateien werden gleich behandelt
- ☐ dank des Benutzers

8. Wie wird ein Zeichen auf eine Zahl abgebildet?

- ☐ gar nicht
- ☐ mit Hilfe eines Codes
- ☐ mit Hilfe eines Satzzeichens
- ☐ mit Hilfe eines Zeichensatzes

9. Woraus bestehen Dateien ausführbarer Programme?

- ☐ aus natürlichen Zahlen
- ☐ aus beliebigen Symbolen
- ☐ aus Maschinensprache
- ☐ aus Text

10. Wie wird ein Bild als Datei dargestellt?

- ☐ als Folge von Text
- ☐ als Folge von Zahlen und Zeichen
- ☐ als Folge von Bits, die Punkte darstellen
- ☐ als Abbild der Grafik

11. Von welchen Faktoren hängt der Umfang unkomprimierter Audio-Informationen ab?

- ☐ von der Musik
- ☐ vom Umfang eines Samples
- ☐ von der Anzahl der Samples über die Zeit
- ☐ von der Qualität

12. Wie werden ganze negative Zahlen binär dargestellt?

- ☐ mit einer vorangestellten 0
- ☐ mit einer vorangestellten 1
- ☐ mit einem vorangestellten Minus
- ☐ über das Zweierkomplement
- ☐ über das Komplement von Binärzahlen

13. Was stellen Gleitkommazahlen dar?

- ☐ alle Zahlen
- ☐ ganze Zahlen
- ☐ reale oder rationale Zahlen
- ☐ komplexe Zahlen

14. Was wird Mantisse genannt?

- ☐ Vorzeichen
- ☐ Exponent
- ☐ Nachkommastellen
- ☐ Gleitkommazahl

15. Welche Rechnerkomponenten berechnen die arithmetischen Operationen mit Gleitkommazahlen?

- ☐ Central Processing Unit
- ☐ spezialisierte Prozessorkomponenten
- ☐ Ein- und Ausgabeeinheiten
- ☐ I/O-Komponenten

16. Welche der folgenden Begriffe werden als Daten bezeichnet?

- ☐ Bilder
- ☐ Musik
- ☐ Text
- ☐ Hardware
- ☐ Zahlen

17. Wodurch können dieselben Daten unterschiedlich interpretiert werden und so zu Informationen werden?

- ☐ Semantik
- ☐ Wert der Daten
- ☐ Datentyp

18. Wozu dienen Binär-, Oktal- und Hexadezimalzahlen?

- ☐ Modelle der theoretischen Informatik
- ☐ Verarbeitung und Darstellung von Zahlen im Computer
- ☐ Erweiterung der Theorie über Zahlen
- ☐ Keine praktische Anwendung

19. Wovon hängt die Auflösung eines Bildes ab?

- ☐ Anzahl der Bildpunkte
- ☐ Anzahl der Bilder
- ☐ Anzahl der Bildpunkte und Umfang der Farbinformation
- ☐ Bildschirm

20. Welches prinzipielle Problem besteht bei Gleitkommazahlen?

☐ Komplexität
☐ Umfang der Zahlen
☐ Anzahl der Zahlen
☐ Unendlichkeit
☐ Rechenungenauigkeit

21. In welche andere Zahlen kann eine Dezimalzahl umgewandelt werden?

☐ Binärzahl
☐ Oktalzahl
☐ Hexadezimalzahl
☐ Gleitkommazahl

22. Ein Text ist …

☐ eine Folge von Zeichen
☐ eine Folge von Buchstaben
☐ eine Folge von Buchstaben, Ziffern und Sonderzeichen
☐ eine Folge von Ziffern und Sonderzeichen

4 Rechnerarchitekturen

Die meisten Computer basieren auf der **von-Neumann-Architektur**, die sich dadurch auszeichnet, dass sowohl die Programme als auch die zugehörigen Daten im gemeinsamen Hauptspeicher (Read-Only Memory, ROM; Random Access Memory, RAM) liegen.

Der Zugriff des Prozessors auf den Hauptspeicher erfolgt über einen Adress- und Datenbus. Bei der Abarbeitung eines Programms müssen sowohl der Programmcode als auch die damit verbundenen Daten aus dem Hauptspeicher gelesen werden, was zu häufigen Zugriffen führt.

Aufgrund der relativ hohen Verarbeitungsgeschwindigkeit des Prozessors und vergleichsweise geringen Lese-/Schreibgeschwindigkeit des Hauptspeichers ergibt sich die Problematik, dass der Prozessor vom Hauptspeicher ausgebremst wird, was als von-Neumann-Flaschenhals bezeichnet wird und den **Schwachpunkt** der von-Neumann-Architektur darstellt.

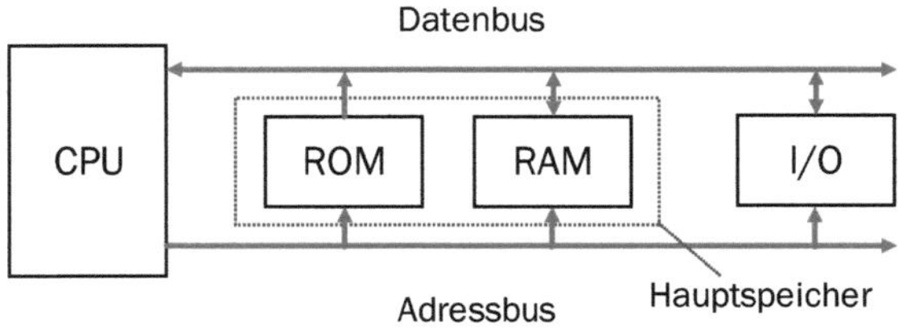

Abb. 3: Prinzipieller Aufbau einer von-Neumann-Architektur

In der Abbildung sieht man die **CPU**, die mit dem Hauptspeicher verbunden ist, der aber in zwei Bereiche unterteilt ist:

- Read-Only Memory (ROM): Speicher, der nur gelesen werden kann und in dem z. B. geschützte Bereiche des Betriebssystems liegen
- Random Access Memory (RAM): Speicher, der sowohl beschrieben als auch gelesen werden kann

Ein **Prozessor** besteht in der Regel aus zwei Teilen:
- dem Steuerwerk und
- dem Rechenwerk.

Das **Steuerwerk** weist mehrere Komponenten für die Ausführung des Programmcodes und der daraus resultierenden Verarbeitung einzelner Befehle auf:
- den **Programmzähler**, der auf den nächsten auszuführenden Befehl zeigt
- das **Speicheradressregister**, das die Adresse der nächsten zu ladenden Speicherzelle enthält
- das **Instruktionsregister** umfasst den aktuellen Befehl,
- der **Decodierer** ermittelt aus dem Befehl die Anweisungen und die ggf. benötigten Operanden

Das **Rechenwerk** umfasst die einzelnen Bestandteile für die Ausführung arithmetischer oder logischer Operationen:
- den **Akkumulator**, der die Zwischenergebnisse enthält,
- die **Register**, die Operanden laden oder speichern,
- die **arithmetisch-logische Einheit**, die die Berechnungen durchführt und
- ein **Statusregister**, das die Ergebnisse der aktuellen Operation anzeigt, z. B. beim Überlauf

Beide Komponenten werden in dem nachfolgenden **Befehlsausführungszyklus** (Fetch-Execute-Zyklus) beschrieben, der erklärt wie ein Befehl geladen und anschließend ausgeführt wird.

- **Fetch-Phase:**
  - Laden des Programzählers in das Speicheradressregister
  - Zugriff auf die Speicherzelle, die durch das Speicheradressregister adressiert wird,
  - Laden der Speicherzelle ins das Instruktionsregister
  - abhängig vom Befehl(styp) das Laden weiterer Operanden
  - Aktualisierung des Programmzählers (in der Regel wird er um 1 erhöht)
- **Execute-Phase:**
  - Ausführung des Befehls
  - bei arithmetischen Berechnungen:
    - Laden / Speichern von Daten oder Operanden aus / im Register
    - Durchführung der Operation in der arithmetisch-logischen Einheit
    - Ergebnis ist im Akkumulator
    - evtl. Anzeige des Ergebnisse im Statusregister durch Flags

Verständnisfragen

Haben Sie alles verstanden? Mit den folgenden Fragen können Sie das Gelernte schnell prüfen:

1. Charakteristik der von-Neumann-Architektur?

☐ Ablage von Daten und Programmen in demselben Speicher
☐ Speichern von Daten
☐ Speichern von Programmen
☐ Ablage von Daten

2. Wie greift der Prozessor auf den Hauptspeicher zu?

☐ über Bussysteme
☐ über ein Transportsystem
☐ über den Adressbus und den Datenbus

3. Was ist der Engpass der von-Neumann-Architektur?

☐ Geschwindigkeitsunterschied der Speicher RAM und ROM
☐ Geschwindigkeitsunterschied von CPU und Speicher
☐ die CPU
☐ die Anbindung der I/O-Geräte

4. Welche Komponenten gehören zum Steuerwerk?

☐ Akkumulator
☐ Programmzähler
☐ Register
☐ Decodierer

5. Welche Schritte gehören zur Fetch-Phase?

☐ Laden des Programmzählers in das Speicheradressregister
☐ Ausführung des Befehls
☐ Aktualisierung des Programmzählers
☐ Laden der Speicherzelle in das Instruktionsregister

6. Welche Arten von Hauptspeicher gibt es?

☐ Random Access Memory (RAM)
☐ Really Awesome Memory (RAM)
☐ Read Original Memory (ROM)
☐ Read-Only Memory (ROM)
☐ Memory

7. Welche Komponenten gehören zum Rechnerwerk?

☐ Akkumulator
☐ Speicheradressregister
☐ Arithmetisch-logische Einheit
☐ Statusregister
☐ Decodierer

8. Welche einzelnen Phasen umfasst der Befehlsausführungszyklus?

☐ Fetch-Phase
☐ Execute-Phase
☐ Store-Phase
☐ Compute-Phase

9. In welcher Reihenfolge werden die Aktionen der Fetch-Phase ausgeführt?

☐ Laden der Speicherzelle in das Instruktionsregister
☐ Abhängig vom Befehl(styp) das Laden weiterer Operanden
☐ Aktualisierung des Programmszählers
☐ Zugriff auf die Speicherzelle, die durch das Speicheradressregister adressiert wird
☐ Laden des Programmzählers in das Speicheradressregister

5 Rechnerkomponenten

Während es im vorhergehenden Abschnitt um den prinzipiellen Aufbau von Rechnersystemen und den schematischen Ablauf bei der Befehlsverarbeitung ging, stehen in diesem Abschnitt die einzelnen **Komponenten eines Computers** im Vordergrund.

CPU, Grafikprozessor

Der zentrale Baustein eines Computers ist die CPU (Central Processing Unit), die die Verarbeitung der Befehle übernimmt und einen entscheidenden Einfluss auf die Performance des Gesamtsystems hat. Der Grafikprozessor übernimmt in der Regel die aufwändigen Berechnungen und das Rendering von Bildern, z. B. bei Computerspielen oder 3D-Darstellungen.

Ein Ansatz zur Erhöhung der Prozessorleistung besteht in der Einführung mehrerer Prozessorkerne und in der Parallelisierung der Abläufe in den einzelnen Prozessorkernen (Mehrkernarchitektur).

I/O-Einheiten

Der Prozessor ist über den Datenbus mit weiteren I/O-Einheiten verbunden, z. B. mit der Festplatte, dem Netzwerk oder weiteren Ein-/Ausgabegeräten, wie der Tastatur oder dem Monitor.

Auch hier ergibt sich eine ähnliche Problematik wie beim von-Neumann-Flaschenhals: die einzelnen Ein-/Ausgabegeräte sind normalerweise einige Größenordnungen langsamer als der Prozessor und übertragen deshalb die konsolidierten Datenblöcke nur während bestimmter Zeitfenster an die CPU.

Festplatte

Die Festplatte hat normalerweise eine erheblich größere Kapazität als der Hauptspeicher, dafür ist sie aber auch deutlich langsamer.

> Die Festplatte enthält – analog zum Hauptspeicher – sowohl Programmcode als auch Daten, aber im Unterschied zum Hauptspeicher sind sie dort permanent gespeichert und gehen auch nach dem Ausschalten nicht verloren.

Oft wird sie auch vom Betriebssystem verwendet, um Programmcode oder Daten vom Hauptspeicher aus- bzw. einzulagern. Durch die aufkommende SSD (Solid State Drive)-Technologie ist mit weiteren erheblichen Geschwindigkeitsverbesserungen zu rechnen.

Optische Laufwerke

Im Vergleich zu Festplatten sind die Kapazitäten und die Zugriffsgeschwindigkeiten optischer Laufwerke (nochmals) deutlich geringer, aber sie erlauben es, die Medien (Discs) auszutauschen und die Inhalte auf den externen Medien dauerhaft zu archivieren. Wichtig ist hierbei auch die Lebensdauer der einzelnen Medien. Außerdem werden bestimmte Softwarepakete vorwiegend auf Medien für optische Laufwerke ausgeliefert.

Schnittstellen: USB, HDMI

Eine der wichtigsten Schnittstellen ist der **Universal Serial Bus (USB)**, der den großen Vorteil hat, dass er ganz unterschiedliche Geräte (z. B. Speicher, Festplatten Drucker) durch einfaches Einstecken des Verbindungskabels einbinden kann (sog. plug and play), was die Integration für alle Benutzer sehr einfach gestaltet. Neben USB ist **HDMI**, das sowohl Audio- als auch Videosignale überträgt, mittlerweile eine unverzichtbare Technologie geworden.

Netzwerk

Die meisten Rechner unterstützen sowohl eine kabelgebundene (**LAN** = Local Area Network) als auch eine kabellose (**WLAN**, Wireless LAN) Netzwerkverbindung. Hinzu kommt, dass viele Rechner mittlerweile für mobilen Datenfunk ausgerüstet sind, so dass eine permanente Internetverbindung besteht.

Betriebssystem

Betriebssysteme ermöglichen erst die Arbeit mit Computern und sind deshalb zum Verständnis der Informatik unabdingbar. Sie gehören zu den wichtigsten systemnahen Softwareprodukten und befähigen deshalb den Benutzer, die einzelnen Hardware- und Softwarekomponenten zu nutzen.

Das vorrangige Ziel eines Betriebssystems ist es, alle zum Rechner gehörenden Ressourcen, z. B. die CPU, die Hauptspeicher- und Festplattenkapazität, zu verwalten und die Ausführung der Anwendungen so abzustimmen, dass diese möglichst schnell und zuverlässig ablaufen.

Die Herausforderung ergibt sich aus der Tatsache, dass in der Regel gleichzeitig mehrere Anwendungen parallel ablaufen (**Multitasking**) und ggf. auch mehrere Benutzer bedient werden müssen (**Mehrbenutzersystem**).

- Multitasking findet normalerweise schon bei Privatnutzern statt, die gleichzeitig einen Text eintippen, ihre Emails bearbeiten und Musik hören.
- Ein Mehrbenutzersystem ist insbesondere für Betriebssysteme von Servern wichtig, auf die gleichzeitig Hunderte oder Tausende Benutzer zugreifen.

Moderne Betriebssysteme verfügen über eine grafische Benutzerschnittstelle, so dass die Bedienung leicht erlernbar ist, daneben gibt es aber in der Regel auch eine Kommandozeile, um „direkt" auf das System zugreifen zu können.

Typische, relevante **Aufgaben eines Betriebssystems** sind:

- die **Prozessverwaltung**, d.h. die Zuweisung von CPU-Kapazitäten zu einzelnen Prozessen
- die **Hauptspeicherverwaltung**, d.h. die Zuordnung von Hauptspeicher zu Prozessen

Für jede Anwendung gibt es einen oder mehrere Prozesse, denen sowohl CPU-Zeit als auch Hauptspeicherbereiche zugeteilt werden müssen. Dies ist insbesondere wichtig, da die Anwendungen jeweils scheinbar parallel laufen müssen (Multitasking), es aber weniger CPUs als Anwendungen oder Prozesse gibt. Dies führt dann dazu, dass jeder Prozess immer nur für ein kurzes Zeitfenster von einer CPU ausgeführt wird, bevor dann die CPU zum nächsten Prozess wechselt. Aufgrund der großen Geschwindigkeit bzw. hohen Frequenz der CPUs ergibt sich hier aber der Eindruck einer Parallelverarbeitung. Die Tatsache, dass die meisten Anwendungen deutlich mehr Platz im Hauptspeicher benötigen als dort vorhanden ist, führt dazu, dass nur die wichtigsten, aktuell häufig aufgerufenen Programmteile im Hauptspeicher vorgehalten werden und andere Code-Teile nur bei Bedarf nachgeladen werden.

Verständnisfragen

Haben Sie alles verstanden? Mit den folgenden Fragen können Sie das Gelernte schnell prüfen:

1. Weshalb beschleunigen mehrere Prozessorkerne die Verarbeitung?

☐ Mögliche Parallelisierung
☐ Höhere Ausfallsicherheit

2. I/O-Einheiten sind verbunden mit?

☐ Festplatte
☐ Netzwerk
☐ Monitor

3. Optische Laufwerke

☐ haben geringere Speicherkapazitäten als Festplatten
☐ enthalten Medien die ausgetauscht werden können
☐ haben höhere Zugriffsgeschwindigkeiten als Festplatten

4. Was ist Multitasking?

☐ Mehrere Benutzer können gleichzeitig arbeiten
☐ Mehrere Aufgaben können gleichzeitig eingegeben werden
☐ Mehrere Aufgaben können gleichzeitig bearbeitet werden

5. Ein Grafikprozessor ist ein zusätzlicher Prozessor, um

- ☐ die CPU zu entlasten
- ☐ Grafiken zu berechnen
- ☐ Grafiken aus dem aus dem Speicher zu laden oder zu speichern

6. Welche typischen Netzwerke werden von den meisten Rechner unterstützt?

- ☐ Super Area network (SAN)
- ☐ Local Area Network (LAN)
- ☐ Wired Local Area Network (WLAN)
- ☐ Wireless Local Area Network (WLAN)

7. Welche Festplattentechnologie wird die Zugriffsgeschwindigkeiten beschleunigen?

- ☐ Super Speed Drive (SSD)
- ☐ Speed Disks (SD)
- ☐ Solid State Drive (SSD)

8. Was sind typische Aufgaben eines Betriebssystems?

- ☐ Aufgabenverwaltung
- ☐ Prozessverwaltung
- ☐ Hauptspeicherverwaltung
- ☐ Datenverwaltung

9. Was sind die Ziele eines Betriebssystems?

- ☐ Interaktion mit den Benutzern
- ☐ Verwaltung
- ☐ Abstimmung der Ausführung der Anwendungen
- ☐ Verwaltung aller Ressourcen des Rechners

10. Über welche Komponenten verfügt ein Betriebssystem um mit Benutzern zu interagieren?

- ☐ Grafische Benutzeroberfläche
- ☐ Tastatur
- ☐ Bildschirm
- ☐ Kommandozeile

6 Programmiersprachen

Die Ingenieurs-Disziplin für die systematische und methodische Entwicklung von Software nennt sich **Software Engineering**.

Neben der Frage nach dem geeigneten Vorgehensmodell steht auch die Frage nach einer passenden Programmiersprache im Vordergrund, weil sie das primäre Werkzeug darstellt, um einen Algorithmus zu implementieren. Das Ziel ist dabei

- zum einen den Softwareentwickler bei der Umsetzung immer komplexer werdender Programme zu **unterstützen**, indem ausdrucksstarke, performante und zuverlässige Programmiersprachen angeboten werden und
- zum anderen indem die Programmiersprachen leicht(er) **erlernbar und bedienbar** sind.

In den vergangenen Jahrzehnten wurde eine Vielzahl von Programmiersprachen entwickelt, denen unterschiedliche Konzepte oder Entwurfsprinzipien zugrunde liegen.

Prozedurale Programmiersprachen, wie z. B. C, Cobol, Pascal oder Fortran, wurden durch die objektorientierten Programmiersprachen, wie C++, C# oder Java abgelöst. Daneben existieren aber weiterhin Vertreter funktionaler oder logischer Programmiersprachen, wie Haskell oder Prolog, ebenso wie für bestimmte Anwendungsbereiche oder Technologien spezialisierte Programmiersprachen, wie ABAP, Javascript oder PHP.

Die aktuelle **Dominanz der objektorientierten Programmiersprachen** beruht vor allem auf den Prinzipien der Vererbung und des Polymorphismus, die die Wiederverwendung großer Klassenbibliotheken, eine erhöhte Modularität der Anwendungen und damit einhergehend eine Reduzierung der Entwicklungskosten und -zeiten erlauben. Neben diesen Faktoren sind aber auch die Unterstützung durch Entwicklungsumgebungen, wie z. B. Eclipse, und die leichte Bedienbarkeit entscheidend.

Jede Programmiersprache lässt sich – trotz hoher Ausdrucksstärke – prinzipiell auf wenige grundlegende Sprachkonstrukte reduzieren, dazu zählen neben

- den **Kontrollstrukturen** Sequenz, Verzweigung und Iteration,
- auch die **grundlegenden, elementaren Anweisungen** wie, z. B. der Aufruf einer Methode, die Zuweisung eines Wertes oder eine Berechnung.

Übersetzer

Einer der wichtigsten Komponenten einer Programmiersprache ist der Übersetzer, der den Quelltext in den ablauffähigen Maschinencode des Zielrechners überführt.

Dieser Maschinencode stellt die eigentliche Anwendung dar. Für einen solchen Übersetzer gibt es zwei Ausprägungen: den Compiler und den Interpreter, welche sich voneinander unterscheiden.

Compiler

Der Compiler übersetzt den Quelltext nur einmal und generiert daraus einen Code, der immer wieder aufgerufen wird, wenn die Anwendung gestartet wird.

Der Vorteil ist hierbei, dass die aufwändige Übersetzung nur einmal erfolgt, der erzeugte Code optimiert werden kann und an sich lauffähig ist, nachteilig ist dass, normalerweise keine Entscheidungen mehr zur Laufzeit getroffen werden können.

> **C und C++ sind Beispiele für Programmiersprachen, die auf einem Compiler basieren.**
> (1) Übersetzung des Programms in den ablauffähigen Code:
> Programm »» Compiler »» Code
> (2) Ausführung des Codes, der die Benutzereingaben entgegen nimmt bzw. Ausgaben anzeigt:
> Eingabe »» Code »» Ausgabe

Interpreter

> Ein Interpreter nimmt die Benutzereingaben und den Quelltext entgegen und übersetzt bei jedem Durchlauf den Quelltext in Code und führt diesen dann aus.

Anders als beim Compiler wird also hier – zur Laufzeit – bei jeder Ausführung der Code immer wieder (neu) generiert. Der Vorteil ist, dass Entscheidungen zur Laufzeit getroffen werden können, es flexibel ist und es sich somit sehr gut für die Fehlersuche eignet, der wesentliche Nachteil ist offensichtlich der zu erwartende Geschwindigkeits- bzw. Leistungsverlust (im Vergleich zum Compiler).

> **Beispiele für interpretierte Programmiersprachen sind Python und Lisp.**
> (3) Programm, Eingabe »»
> Interpreter »» Ausgabe

Heutzutage verwenden **moderne Programmiersprachen**, wie z. B. Java, durchaus eine Kombination von Compilern und Interpretern. Bei Java wird für die Übersetzung des Quelltextes in ein plattformunabhängiges Format (Bytecode) ein Compiler eingesetzt und für die Ausführung dieses Codes auf der Zielmaschine kann dann ein Interpreter verwendet werden, der z. B. den Code für die Zielplattform ggf. noch optimiert.

Phasen bei der Übersetzung des Quelltextes

Bei der Übersetzung des Quelltextes in den Code können prinzipiell die folgenden Phasen auftreten, die im Folgenden genauer erörtert werden

(1) Lexikalische Analyse

(2) Syntaktische Analyse

(3) Semantische Analyse

(4) Zwischencodegenerierung

(5) Optimierung

(6) Zielcodegenerierung

Bei der **lexikalischen Analyse**, die durch einen Scanner ausgeführt wird, wird der Quelltext als eine Zeichenfolge von der Datei eingelesen. Reservierte Wörter bzw. Zeichen, wie z. B. int, {, }, /, +, *, werden erkannt und in Marken (engl. Tokens) umgewandelt, die die Basis für die nachfolgende syntaktische Analyse bilden.

Aufbauend auf der zugrundeliegenden Sprach-Grammatik, überprüft die **syntaktische Analyse** mittels Parsebäumen und anhand der Marken, die in der vorhergehenden Phase identifiziert wurden, ob die eingegebenen Anweisungen syntaktisch richtig sind. Für jede sich öffnende Klammer, {, in Java muss es zum Beispiel eine entsprechende, schließende Klammer, }, geben.

Die **semantische Analyse** untersucht, ob die syntaktisch korrekten Anweisungen auch sinnvoll und erlaubt sind. Dies erfolgt anhand von Regeln über die logischen Zusammenhänge und Bedeutungen von Sprachkonstrukten: z. B. ob ein Datentyp nur einmal definiert ist oder dass die Variable vor ihrem Gebrauch deklariert wird. Eine Methode kann zum Beispiel syntaktisch richtig definiert sein, aber bei der semantischen Überprüfung könnte sich herausstellen, dass der deklarierte Rückgabewert im Methodenrumpf nicht vorhanden ist.

Die **Generierung von Zwischencode** ermöglicht zum einen eine höhere Abstraktion und Entkopplung von der möglichen Zielplattform oder -sprache und zum anderen stellt sie einen notwendigen Schritt für die nachfolgende Phase dar. Es ist aber zu beachten, dass bei der Umwandlung in den Zwischencode die zugrundeliegende Semantik und auch die Ausdrucksstärke bewahrt bleiben.

Die **Optimierung von Code** ist eine gängige und notwendige Praxis. Es ist insbesondere sinnvoll, Codeteile die sehr häufig aufgerufen werden, z. B. weil sie in einem Schleifenrumpf liegen, oder zeitlich aufwändig sind, z. B. die Erzeugung von Objekten oder die Erstellung von Datenbankverbindungen, in effizientere Konstrukte oder Anweisungen zu überführen, trotz des Aufwands für die Analyse des Laufzeitverhaltens und der Berechnung der Code-Verbesserungen.

Die **Zielcodegenerierung** übersetzt den (optimierten) Zwischencode in den entsprechenden Maschinencode unter Berücksichtigung des vorhandenen Betriebssystems, z. B. Linux, und der zugehörigen Klassenbibliotheken.

Verständnisfragen

Haben Sie alles verstanden? Mit den folgenden Fragen können Sie das Gelernte schnell prüfen:

1. Was sind die Ziele einer Programmiersprache?

- ☐ Softwareentwickler bei der Umsetzung von Programmen zu unterstützen
- ☐ möglichst komplex zu sein
- ☐ einfach erlernbar und bedienbar zu sein
- ☐ möglichst viele Funktionen anzubieten

2. Welche der folgenden Programmiersprachen ist eine objektorientierte Programmiersprache?

- ☐ C
- ☐ Java
- ☐ C#
- ☐ Pascal

3. Was sind typische Eigenschaften einer objektorientierten Programmiersprache?

- ☐ Prozeduren
- ☐ Funktionen
- ☐ Vererbung
- ☐ Polymorphismus

4. Welche Phasen werden bei der Übersetzung des Quelltextes benötigt?

- ☐ Lexikalische Analyse
- ☐ Semantische Analyse
- ☐ Intelligente Analyse
- ☐ Optimierung
- ☐ Zielcodegenerierung

5. Wie häufig übersetzt der Compiler den Quelltext?

- ☐ einmal
- ☐ mehrfach, bei jedem Ablauf der Anwendung
- ☐ abhängig vom Benutzer

6. Was ist die Aufgabe der lexikalischen Analyse?

- ☐ Einlesen des Textes
- ☐ Suche nach reservierten Wörtern bzw. Zeichen
- ☐ Verständnis des Textes

7. Was prüft die syntaktische Analyse?

- ☐ Den Sinn des Programms
- ☐ Die Ausführbarkeit des Programms
- ☐ Die sprachliche Richtigkeit des Programms

8. Was prüft die semantische Analyse?

- ☐ Die sprachliche Richtigkeit des Programms
- ☐ Den Sinn des Programms
- ☐ Die Ausführbarkeit des Programms

9. Wie nennt sich die Disziplin zur systematischen Entwicklung von Software?

- ☐ Software Development
- ☐ Software Building
- ☐ Software Coding
- ☐ Software Engineering

10. Welche der folgenden Elemente gehört zu den Kontrollstrukturen einer Programmiersprache?

- ☐ Sequenz
- ☐ Folge
- ☐ Iteration
- ☐ elementare Aweisung

11. Nennen Sie ein Beispiel für eine elementare Anweisung.

- ☐ Berechnung
- ☐ Verzweigung
- ☐ Methodenaufruf
- ☐ Wertzuweisung
- ☐ Schleife

12. Ordnen Sie die verschiedenen Phasen bei der Übersetzung des Quelltextes in der richtigen Ausführungsreihenfolge an.

- ☐ Semantische Analyse
- ☐ Zielcodegenerierung
- ☐ Lexikalische Analyse
- ☐ Zwischencodegenerierung
- ☐ Syntaktische Analyse

Marcus Deininger/Thomas Kessel

I Geschäftsprozess-modellierung mit BPMN

1 Einführung

In einer Zeit des zunehmenden Wettbewerbs und steigenden Kostendrucks, versuchen Unternehmen ihre Marktposition u.a. dadurch zu verbessern, dass sie kontinuierlich ihre internen betrieblichen Abläufe verbessern. Ein Beispiel wäre eine Reduzierung von Durchlaufzeiten bei der Bearbeitung eines Produkts und der damit verbundenen Kosten durch eine möglichst weitgehende Automatisierung. Diese systematische Erfassung, Bewertung und Verbesserung wird als Geschäftsprozessmodellierung, -analyse und -optimierung bezeichnet.

Im Folgenden wird zunächst der Begriff Geschäftsprozess definiert und die beteiligten Elemente werden näher betrachtet. Darauf aufbauend wird mit BPMN (Business Model and Notation) eine Notation vorgestellt, die es erlaubt, Geschäftsprozesse zu modellieren. Im Anschluss wird gezeigt, wie mit Hilfe des Modells Geschäftsprozesse analysiert und schließlich verbessert werden können. Dieses Themengebiet ist einerseits ein wichtiger Antriebsfaktor für den Einsatz von betrieblichen Informationssystemen und andererseits eines der entscheidenden Handlungsfelder der Wirtschaftsinformatik, bei dem sich informationstechnische und betriebswirtschaftliche Aspekte miteinander verbinden.

2 Geschäftsprozesse

Der Begriff „Geschäftsprozess" ist nicht scharf definiert, vielmehr findet sich in der wissenschaftlichen Literatur eine Reihe von Definitionen. Als historisch erste kann die von *Michael Hammer und James A. Champy* gesehen werden:

> „Ein Geschäftsprozess ist eine Menge von Aktivitäten, für die eine oder mehrere Eingaben benötigt werden und die für den Kunden ein Ergebnis von Wert erzeugen."

(aus: *Reengineering the Corporation: A Manifesto for Business Revolution, 1993*)

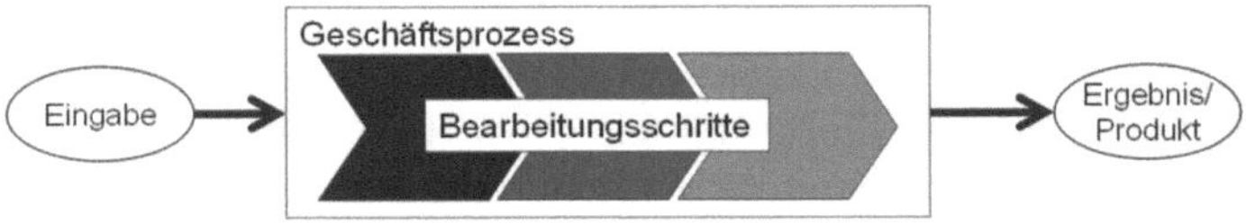

Abb. 1: Schematische Darstellung eines Geschäftsprozesses nach Hammer und Champy

Josef L. Staud erweitert die Definition um die beteiligte Organisation und definiert einen Geschäftsprozess als „zusammenhängende abgeschlossene Folge von Tätigkeiten, die zur Erfüllung einer betrieblichen Aufgabe notwendig sind. Die Tätigkeiten werden von Aufgabenträgern in organisatorischen Einheiten mit ihrer Aufbau- und Ablauforganisation unter Nutzung der benötigten Produktionsfaktoren geleistet." (aus: *Geschäftsprozessanalyse*, 2006).

Andreas Gadatsch schließlich ergänzt die Definition um die eingesetzte Technologie und die Ableitung aus der Strategie. Er sieht den Geschäftsprozess damit als

> „eine zielgerichtete, zeitlich-logische Abfolge von Aufgaben, die arbeitsteilig von mehreren Organisationen oder Organisationseinheiten unter Nutzung von Informations- und Kommunikationstechnologien ausgeführt werden können. Er dient der Erstellung von Leistungen entsprechend den vorgegebenen, aus der Unternehmensstrategie abgeleiteten Prozesszielen."

(aus: *Grundkurs Geschäftsprozess-Management: Methoden und Werkzeuge für die IT-Praxis: Eine Einführung für Studenten und Praktiker*, 2012)

Auf Basis dieser Definitionen zeichnet sich ein Geschäftsprozess durch folgende **Elemente** aus:

- *Eingaben und Ergebnisse*: z.B. (materielle) Roh-, Hilfs- und Betriebsstoffen, Erzeugnisse und Handelswaren sowie alle Arten von (immateriellen) Informationen.
- *Bearbeitungsschritte*: Betriebliche Funktionen. Eine Funktion transformiert eine Eingabe in ein Ergebnis. Diese Funktionen können dabei elementar und nicht weiter unterteilbar sein oder aus anderen Funktionen oder Geschäftsprozessen zusammengesetzt sein.
- *Aufbau und Ablauforganisation*: Die Aufbauorganisation definiert die Weisungsbefugnis und Berichtspflicht der Organisationseinheiten und Individuen eines Unternehmens. Die Aufbauorganisation ist üblicherweise eine stabile, hierarchische Struktur. Die Ablauforganisation legt das Vorgehen der Organisationseinheiten und Individuen fest, um ein Ergebnis zu produzieren. Prinzipiell beschreiben Geschäftsprozesse dieses Vorgehen.
- *IT-Systeme*: Alle Arten von datenverarbeitenden, automatisierten Systemen, die die Bearbeitungsschritte unterstützen. Dies umfasst sowohl Software als auch Hardware. Sie führen in der Regel Teile der Bearbeitungsschritte aus und erlauben den organisatorischen Einheiten, miteinander Daten auszutauschen.

Ableitung der Prozessziele aus der Unternehmensstrategie: In einem Unternehmen werden die geschäftlichen Visionen oder strategischen Ziele durch die Geschäftsführung festgelegt. Diese strategischen Ziele werden vom untergeordneten Management auf konkrete operative Ziele abgebildet, die dann wiederum von den Referenten auf Prozesse für das Tagesgeschäft umgesetzt werden müssen. Auf Ebene der Sachbearbeiter schließlich unterstützen geeignete IT-Systeme die Prozesse.

Abb. 2 zeigt diese sog. Unternehmenspyramide und den Transformationsprozess von der Vision zum konkreten System.

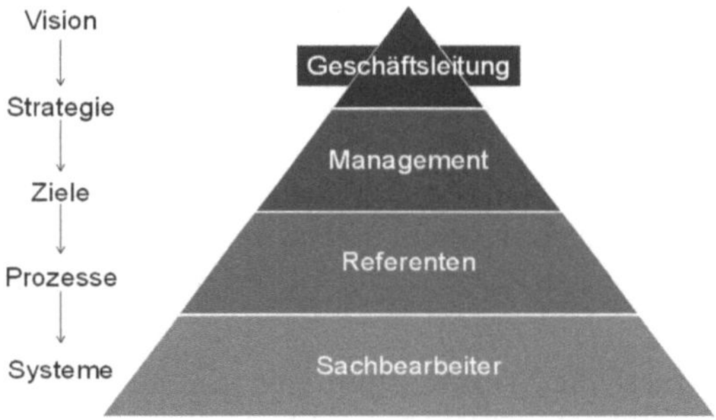

Abb. 2: „Unternehmenspyramide“

Während die Geschäftsführung also die langfristige Ausrichtung vorgibt, definiert und überwacht das Management den konkreten Umsetzungsrahmen für die Geschäftsprozesse, die diese Ziele erfüllen, die dann von den Mitarbeitern mittels IT-Systemen implementiert werden. Jede Ebene verfügt dabei zwar über einen Entscheidungsspielraum, wie die Ziele der übergeordneten Unternehmensebene durchgeführt werden kann, der aber von oben nach unten abnimmt. Es liegt hier in der Regel ein „top-down“-Vorgehen vor.

> Wichtig ist dabei eine Abstimmung zwischen allen beteiligten Personen, Organisationen und IT-Systemen, damit die implementierten Prozesse auch den ursprünglichen Geschäftszielen entsprechen.

Die *Geschäftsprozessmodellierung* im Unternehmen nimmt einerseits die bestehenden Geschäftsprozesse auf und stellt sie formalisiert als ein Modell dar. Ein solches Abbild kann vielfältigen Zielen dienen, z.B. der Ermittlung der Kosten für bestimmte Prozesse, als Nachweis für die Zertifizierungen im Bereich der Qualitätssicherung, zur Dokumentation der Abläufe oder zur Schulung aktueller oder neuer Mitarbeiter o.ä.

Darauf aufbauend erlaubt das Modell die Analyse und somit eine Verbesserung der aktuellen Prozesse durch eine Identifizierung von Schwachstellen, die typischerweise aufgrund von Medienbrüchen oder wegen des Übergangs zwischen zwei Abteilungen entstehen.

In jedem Fall geht es aber um die Ausrichtung der IT-Systeme auf die Geschäftsstrategie, damit das Unternehmen seine Ziele schneller und kostengünstiger erreichen kann. Diese fachliche Ausrichtung der IT-Systeme auf die geschäftlichen Ziele wird als *Business Alignment* bezeichnet und ist eine wichtige Voraussetzung um die vorgegebene Unternehmensstrategie erfolgreich umzusetzen.

Verständnisfragen

Haben Sie alles verstanden? Mit den folgenden Fragen können Sie das Gelernte schnell prüfen:

1. Welche der folgenden Elemente werden für die klassische Definition eines Geschäftsprozesses benötigt?

☐ Ein Geschäftsprozess ist eine Menge von Aktivitäten,

☐ die hintereinander ausgeführt werden

☐ für die eine oder mehrere Eingaben benötigt werden

2. Was sind die typischen Elemente eines Geschäftsprozesses?

☐ Eingaben und Ergebnisse, Bearbeitungsschritte

☐ Aufbau und Ablauforganisation, IT-Systeme

☐ Eingaben und Ergebnisse, IT-Systeme

☐ Eingaben und Ergebnisse, Bearbeitungsschritte, Aufbau und Ablauforganisation, IT-Systeme

3. Woher werden die Prozessziele abgeleitet?

☐ IT-Strategie

☐ Unternehmensstrategie

☐ Prozessstrategie

☐ Gesamtstrategie

4. Was ist notwendig, damit die implementierten Geschäftsprozesse auch den ursprünglichen Geschäftszielen entsprechen?

☐ Abstimmung zwischen den Entwicklern

☐ Abstimmung mit den Kunden

☐ Abstimmung zwischen allen Beteiligten

☐ Abstimmung zwischen allen Beteiligten, Organisationen und IT-Systemen

☐ Abstimmung zwischen allen Beteiligten und Organisationen

5. Was ist eine Geschäftsprozessmodellierung?

☐ Formalisierung eines bestehenden Geschäftsablaufs in einem Modell

☐ Modell für mögliche Abläufe

☐ informelle Ablaufbeschreibung

☐ Ablaufmodell

☐ Implementierung eines Programms

6. Was sind typische Ziele einer Geschäftsprozessmodellierung?

☐ Kostenermittlung

☐ Dokumentation der Abläufe

☐ Zertifizierung für Qualitätssicherung

☐ Darstellung der Abläufe für die Öffentlichkeit

☐ Schulung von Mitarbeitern

7. Was ist Business Alignment?

☐ Ausrichtung der Geschäftsziele auf die Ziele der IT-Strategie

☐ Ausrichtung der IT-Systeme auf die Geschäftsziele

☐ Ausrichtung der Geschäftsprozesse auf die IT-Systeme

☐ gegenseitige Abstimmung von Geschäftszielen und IT-Systemen

3 Geschäftsprozessmodellierung mit BPMN

Die Modellierung von Geschäftsprozessen wird üblicherweise durch geeignete Notationen unterstützt, die nach folgenden Aspekten unterschieden werden können:

- *Form*: textuell oder grafisch. Textuelle Formate sind informale Texte oder auch formale Sprachen wie z.B. BPEL (Business Process Execution Language). Grafische Formate erlauben eine Modellierung mit Hilfe grafischer Symbole (z.B. die Ereignis-gesteuerten Prozessketten in ARIS).

- *Definition*: informell oder formell mit einer klar definierten Syntax und Semantik.
- *Zielsetzung*: fachlich deskriptiv oder operativ. Fachliche Modelle dienen hauptsächlich der Analyse und sind typischerweise gröber modelliert. Operative Modelle werden üblicherweise auf einer sog. Process Engine ausgeführt und benötigen deshalb eine definierte Syntax und Semantik (vergleichbar einer Programmiersprache). Sie sind feiner modelliert.
- *Werkzeuge*: für die Notation wird in der Regel ein spezifischer Editor oder ein entsprechendes Werkzeug, das das Modell ausführen kann („Process Engine"), benötigt.

Im Folgenden wird BPMN 2.0 (Business Process Model and Notation) als Modellierungssprache vorgestellt.

> BPMN ist eine grafische Modellierungssprache mit definierter Syntax und Semantik. BPMN kann fachlich deskriptiv oder operativ eingesetzt werden. BPMN wurde 2001 ursprünglich durch die IBM entwickelt und von der Business Process Management Initiative (BPMI) 2004 veröffentlicht.

Im Folgenden wird der Schwerpunkt auf den fachlich deskriptiven Einsatz gelegt. Unterstützende Werkzeuge sind z.B. Microsoft Visio.

> Als durchgängiges **Beispiel** sollen Bestellprozesse in einem Unternehmen modelliert werden. Anhand dieses Modells werden die wesentlichen BPMN-Elemente vorgestellt. Die Elemente der Diagramme werden durch ❶ff gekennzeichnet und anhand der entsprechenden Nummer erläutert. Die Nummerierung ist kein Teil von BPMN.

?!! Verständnisfragen

Haben Sie alles verstanden? Mit den folgenden Fragen können Sie das Gelernte schnell prüfen:

1. Nach welchen Kriterien wird die Geschäftsprozessmodellierung generell unterschieden?

- ☐ Zielen
- ☐ Formen
- ☐ Problemen
- ☐ Werkzeugen
- ☐ Definitionen

2. Was bedeutet BPMN?

- ☐ Basic Process Modeling Name
- ☐ Business Profile Method Notation
- ☐ Business Process Method Name
- ☐ Basic Process Modeling Notation
- ☐ Business Process Modeling Notation

3. Was zeichnet BPMN aus?

- ☐ Modellierungssprache mit undefinierter Syntax und Semantik
- ☐ Modellierungssprache mit definierter Syntax und Semantik
- ☐ Modellierungssprache mit definierter Syntax
- ☐ Modellierungssprache mit definierter Semantik
- ☐ Modellierungssprache

4. Was zeichnet fachliche Modelle aus?

☐ Sie dienen hauptsächlich der Analyse.

☐ Sie können auf einer Process Engine ausgeführt werden.

☐ Sie benötigen eine definierte Syntax und Semantik.

☐ Sie sind eher grob formuliert.

☐ Sie sind eher fein formuliert.

5. Was zeichnet operative Modelle aus?

☐ Sie dienen hauptsächlich der Analyse.

☐ Sie können auf einer Process Engine ausgeführt werden.

☐Sie benötigen eine definierte Syntax und Semantik.

☐ Sie sind eher grob formuliert.

☐ Sie sind eher fein formuliert.

4 BPMN: Pools, Aktivitäten und Sequenzflüsse

Kern von BPMN (und anderen Modellierungsnotationen) ist die Darstellung von Aktivitätsabläufen. Abb. 3 zeigt ein einfaches Prozessdiagramm, das sehr abstrakt den Bestellvorgang eines Unternehmens darstellt.

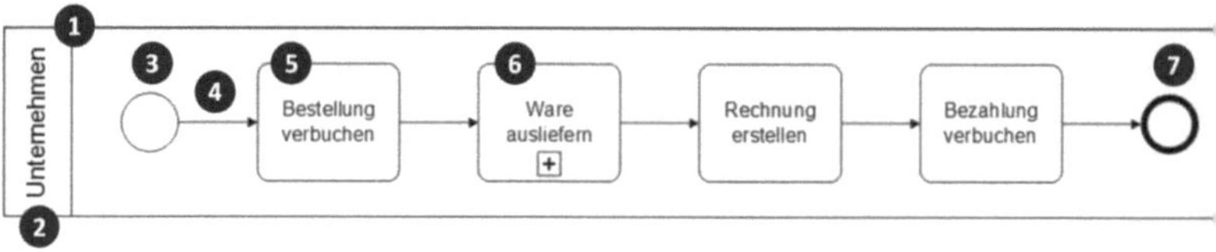

Abb. 3: Ein einfaches Prozessdiagramm für „Bestellung“

Die wichtigsten Darstellungselemente sind dabei:

❶ Der „**Pool**" (dargestellt durch einen Rahmen): Der Pool umfasst den Prozess und grenzt ihn ggfs. gegen andere Prozesse ab. Gibt es nur einen Pool, kann er auch weggelassen werden.

❷ Der **Name des Pools** (dargestellt durch einen Text am Poolanfang): in unserem Fall beschreibt er eine organisatorische Einheit, üblich ist aber auch ein Prozessname (z.B. „Bestellvorgang" oder „Bestellung verarbeiten").

❸ Das **Startereignis** („Start Event"; dargestellt durch einen Kreis mit dünnem Rand): initiiert den Prozess. Üblicherweise beginnt jeder Prozess mit nur einem (einzigen) Startereignis.

❹ Der **Sequenzfluss** („Sequence Flow", dargestellt durch einen Pfeil mit geschlossener Pfeilspitze): Der Sequenzfluss verbindet Ereignisse, Aktivitäten (s.u.) und Gateways. Er gibt die Reihenfolge an, in der die Elemente bearbeitet werden.

❺ Eine **Aktivität** („Activity", dargestellt durch ein beschriftetes Rechteck mit abgerundeten Ecken): Die Aktivität ist eine Aufgabe des Geschäftsprozesses. Eine nicht weiter unterteilte Aufgabe ist eine „Task".

❻ Eine **Aktivität**, die einen Teilprozess umfasst, der weiter detailliert werden muss (dargestellt durch ein beschriftetes Rechteck mit abgerundeten Ecken und einem „+"-Zeichen).

❼ Das **Endereignis** („End Event"; dargestellt durch einen Kreis mit dickem Rand): Das Endereignis beendet den Prozess. Prozesse können mehrere Endereignisse besitzen.

Abb. 4 detailliert die „Auslieferung der Ware" weiter.

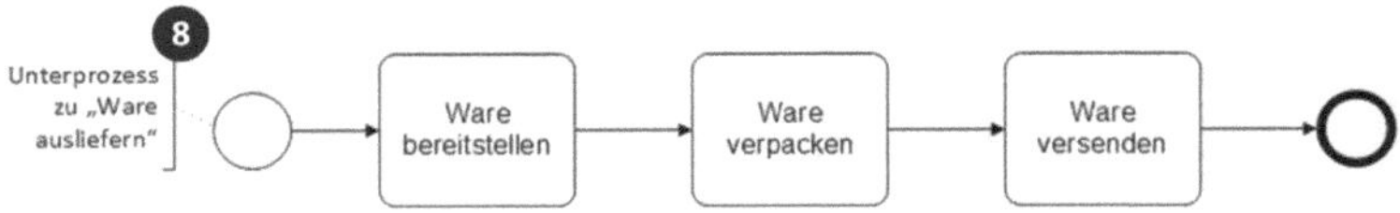

Abb. 4: Der Unterprozess zu „Ware ausliefern"

❽ Eine **Anmerkung** (dargestellt durch eine eckige Klammer mit Text und gestrichelter Linie). Prinzipiell können alle BPMN-Elemente mit Anmerkungen versehen werden.

?!! Verständnisfragen

Haben Sie alles verstanden? Mit den folgenden Fragen können Sie das Gelernte schnell prüfen:

1. Wie wird ein Pool dargestellt?

☐ Kreis

☐ Quadrat

☐ Dreieck

☐ Rahmen

☐ Gerade

2. Was wird durch einen Pool definiert?

☐ ein Schritt

☐ ein Prozess

☐ der Beginn des Ablaufs

☐ das Ende des Ablaufs

☐ der Name der Einheit

3. Was ist ein Sequenzfluss?

☐ Verbindung von Ereignissen

☐ Verbindung von Ereignissen und Aktivitäten

☐ Verbindung von Aktivitäten

☐ Verbindung von Ereignissen, Aktivitäten und Gateways

4. Durch was wird ein Sequenzfluss dargestellt?

☐ Pfeil

☐ Gerade

☐ Rahmen

☐ Doppelpfeil

☐ Dreieck

5. Was ist eine Aktivität?

☐ eine Sequenz von Ereignissen

☐ ein vollständiger Geschäftsprozess

☐ eine Aufgabe des Geschäftsprozesses

6. Was begrenzt einen Sequenzfluss?

☐ ein Start- und ein Endpunkt

☐ ein Start- und ein Endereignis

☐ Prozessrahmen

7. Wie werden Anmerkungen dargestellt?

☐ runde Klammer mit Bemerkungen

☐ Kreis mit Bemerkungen

☐ gestrichelte Linie mit Bemerkungen

☐ eckige Klammer mit Bemerkungen

8. Wie wird ein elementarer Schritt genannt, der nicht weiter unterteilt werden kann?

☐ Task

☐ Step

☐ Atom

☐ Element

5 BPMN: Kollaboration und Nachrichtenflüsse

Üblicherweise arbeiten mehrere Prozesse miteinander. Diese Prozesse senden und empfangen Nachrichten, um sich wechselseitig zu synchronisieren. Kollaborationsdiagramme beschreiben die Abstimmung zwischen den Prozessen. Abb. 5 zeigt ein solches Kollaborationsdiagramm.

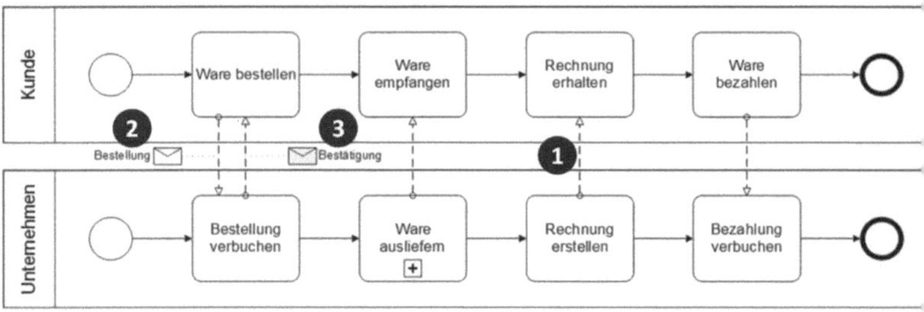

Abb. 5: Kollaborationsdiagramm

Das wichtigste Darstellungselement ist dabei:

➊ Der **Nachrichtenfluss** („Message Flow“, dargestellt durch einen gestrichelten Pfeil): Eine Nachricht wird in Pfeilrichtung vom Sender zum Empfänger geschickt.

Nachrichten können nur von einem Pool zu einem andern geschickt werden, nicht innerhalb eines Prozesses. Umgekehrt können keine Sequenzflüsse über Poolgrenzen hinweg stattfinden.

Nachrichten können auch von Pool zu Pool oder zwischen Pool und Aktivität stattfinden. In diesem Fall kann ein Pool als „Black Box" verstanden werden. Dies ist z.B. der Fall, wenn der eigene Prozess mit einem externen Prozess kollaboriert, von dem keine Interna, sondern nur die externen Schnittstellen bekannt sind.

Zusätzlich können Nachrichtenflüsse weiter detailliert werden. Die weiteren Darstellungselemente sind dabei:

❷ Eine **initiale Nachricht** (dargestellt durch ein nicht ausgefülltes Briefsymbol, das durch eine gestrichelte Linie mit dem Nachrichtenfluss verbunden ist). Die Nachricht kann zusätzlich mit einer Anmerkung versehen werden.

❸ Eine **Antwortnachricht** (dargestellt durch ein ausgefülltes Briefsymbol).

?!! Verständnisfragen

Haben Sie alles verstanden? Mit den folgenden Fragen können Sie das Gelernte schnell prüfen:

1. Wie synchronisieren sich Prozesse, die parallel ablaufen?

☐ durch den Versand und den Empfang von Ereignissen

☐ durch den Versand und den Empfang von Nachrichten

☐ durch den Versand und den Empfang von Informationen

☐ durch den Versand und den Empfang von Dateien

2. Was beschreibt ein Kollaborationsdiagramm?

☐ Nachrichtenflüsse

☐ Prozessablauf

☐ Abstimmung zwischen zwei Prozessen

☐ Austausch von Dateien

3. Was ist in diesem Kontext die wichtigste Darstellungsform?

☐ Ereignis

☐ Information

☐ Datei

☐ Nachricht

4. Was bedeutet ein ausgefülltes Briefsymbol?

☐ Anfragenachricht

☐ initiale Nachricht

☐ finale Nachricht

☐ Antwortnachricht

5. Welche der folgenden Aussagen ist richtig?

☐ Pools werden durch Sequenzflüsse synchronisiert.

☐ Pools werden durch Nachrichten synchronisiert.

☐ Sequenzflüsse werden durch Nachrichten synchronisiert.

6 BPMN: Bahnen und Gateways

Komplexere Prozesse sind dadurch gekennzeichnet, dass meist mehrere Rollen, die einen Prozessteil verantworten, beteiligt sind und dass situationsabhängige, z.T. parallele Abläufe stattfinden. Dies kann mit Hilfe von Bahnen und Gateways modelliert werden. Abb. 6 zeigt ein solches Diagramm.

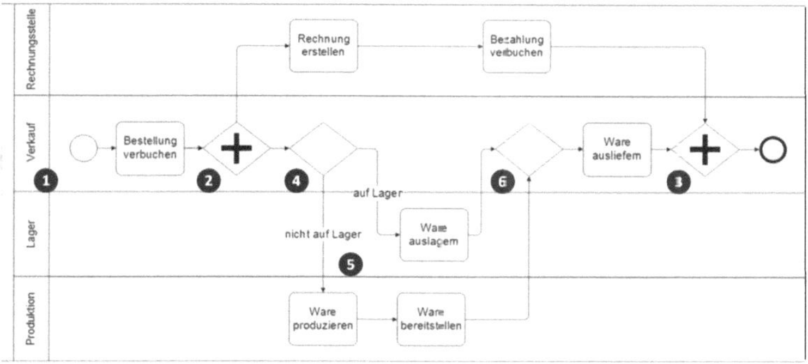

Abb. 6: Prozessdiagramm mit Bahnen und Gateways

Die wichtigsten **Darstellungselemente** (neben den bereits vorgestellten) sind dabei:

❶ Die **Bahn** („Swimlane“, dargestellt durch einen Rahmen mit Namen innerhalb eines Pools): Eine Bahn repräsentiert typischerweise eine Rolle. Oft repräsentieren Bahnen Organisationseinheiten, diese könnten aber auch z.B. Maschinen sein. Sequenzflüsse dürfen Bahnen überschreiten – nicht aber den Pool verlassen

❷ Ein **verzweigendes, paralleles Gateway** (dargestellt durch eine Raute mit „+“, mit einem eingehenden Sequenzfluss und mehreren abgehenden Sequenzflüssen): Dieses Gateway teilt den Ablauf in parallele Prozesse auf.

❸ Ein **zusammenfassendes, paralleles Gateway** (dargestellt durch eine Raute mit „+“, mit mehreren eingehenden Sequenzflüssen und einem ausgehenden Sequenzfluss): Dieses Gateway fasst parallele Flüsse zusammen – der Prozess wird erst fortgesetzt, wenn alle eingehenden Abläufe am Gateway „angekommen“ sind.

❹ Ein **verzweigendes, exklusives Gateway** (dargestellt durch eine leere Raute mit einem eingehenden Sequenzfluss und mehreren ausgehenden Sequenzflüssen): Dieses Gateway führt den Sequenzfluss in genau einem der abgehenden Flüsse fort.

❺ **Bedingungen** („Conditions“, dargestellt durch Texte an verzweigenden Gateway-Ausgängen): sie entscheiden, welcher der nachfolgenden Sequenzflüsse ausgewählt werden soll. Bedingungen führen keine Aktion aus, sondern entscheiden lediglich auf Basis der vorliegenden Informationen. Die Bedingungen müssen dabei überschneidungsfrei sein. (Ein paralleles Gateway hat keine Bedingung, da alle Pfade ausgeführt werden.)

❻ Ein **zusammenfassendes, exklusives Gateway** (dargestellt durch eine leere Raute, mehreren eingehenden Sequenzflüssen und einem ausgehenden Sequenzfluss): Dieses Gateway führt die aufgeteilten Flüsse wieder zusammen – da nur in einen der Abläufe verzweigt wurde, wird der Prozess fortgesetzt, sobald der verzweigte Ablauf am Gateway angekommen ist.

Tab. 1 zeigt eine Übersicht über die zur Verfügung stehenden, bedingungsbasierten Gateway-Typen.

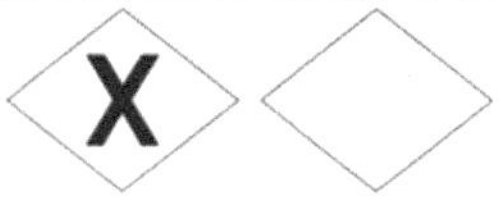 exklusives Gateway (mit und ohne Symbol)	Eindeutige Verzweigung gemäß einer Bedingung oder Zusammenführung (s.o.) Die Darstellung ist mit oder ohne „X“ möglich – sie sollte allerdings einheitlich sein.
 inklusives Gateway	Mehrfache Verzweigung gemäß einer Bedingung oder Zusammenführung. Die Bedingungen dürfen sich überschneiden. Alle der Bedingung entsprechenden Flüsse werden parallel ausgeführt. Die Zusammenführung wartet, bis alle ausgeführten Flüsse angekommen sind.
 paralleles Gateway	Parallele Verzeigung oder Zusammenführung. Der Sequenzfluss wird in mehrere parallele Flüsse aufgeteilt oder parallele Flüsse werden zusammengefasst.
 komplexes Gateway	Verzweigung oder Zusammenführung mit Hilfe einer komplexen Bedingung, die separat formuliert werden muss.

Tab. 1: Bedingungsbasierte Gatewaytypen

Häufig wird ein verzweigendes Gateway durch ein entsprechendes zusammenfassendes wieder beendet. Allerdings sind auch komplexere Strukturen mit beliebigen (sinnvollen) Kombinationen möglich.

BPMN erlaubt eine vereinfachte Darstellung von Gateways, wie in Abb. 7 dargestellt:

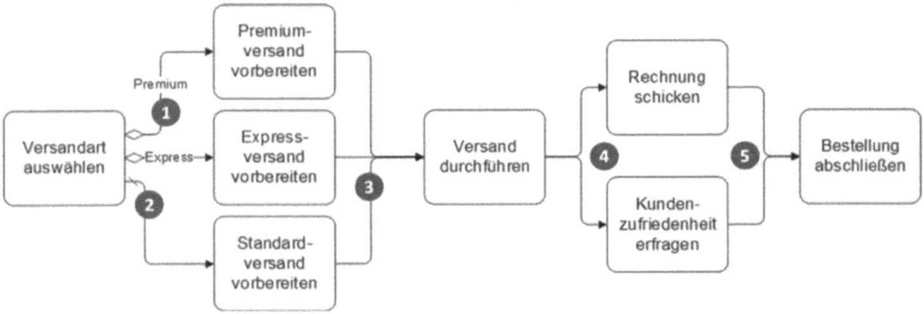

Abb. 7: Vereinfachte Gateways

Die **zugehörigen Darstellungselemente** (neben den bereits vorgestellten) sind dabei:

➊ Ein **verzweigendes, exklusives oder inklusives Gateway** (dargestellt durch eine kleine leere Raute mit einem ausgehenden Sequenzfluss für jede Bedingung mit zugehöriger Bedingung): Dieses Gateway führt den Sequenzfluss abhängig von der Bedingung fort. Ob es sich um eine exklusive oder inklusive Verzeigung handelt, ist nur aus den Bedingungen erkennbar.

➋ **Standardverzweigung** (dargestellt durch einen Schrägstrich im Sequenzfluss): Dieses Gateway führt den Sequenzfluss fort, wenn keine der anderen Bedingungen erfüllt ist. Standardverzeigungen können auch von einem Gateway wie zuvor abgehen – sie besitzen keine Beschriftung.

➌ **Zusammenfassung des verzweigenden Gateways**.

➍ Eine **parallele Verzweigung** (entspricht einem verzweigenden, parallelen Gateway, dargestellt durch mehrere ausgehende Sequenzflüsse).

➎ **Zusammenfassung eines parallelen Sequenzflusses**.

> Diese vereinfachte Darstellung erlaubt übersichtlichere Diagramme – allerdings ist die Semantik manchmal schwieriger nachzuvollziehen. Grundsätzlich sind auch Mischungen der ausführlichen und der verkürzten Darstellung möglich.

?!! Verständnisfragen

Haben Sie alles verstanden? Mit den folgenden Fragen können Sie das Gelernte schnell prüfen:

1. Was repräsentiert eine Bahn?

- ☐ Aufgabe
- ☐ Ablauf
- ☐ Rolle
- ☐ Kategorie von Aktivitäten

2. Was ist ein Gateway?

- ☐ Es verzweigt in parallele Sequenzflüsse.
- ☐ Es fasst parallele Sequenzflüsse zu einem Prozess zusammen.
- ☐ Es beendet einen Sequenzfluss.
- ☐ Es startet einen Sequenzfluss.

3. Was ist die Darstellungsform eines Gateways?

- ☐ Dreieck
- ☐ Quadrat
- ☐ Trapez
- ☐ Raute

4. Was ist die Aufgabe einer Bedingung?

☐ Ausführung einer Aktion

☐ Auslösung eines Ereignisses

☐ Auswahl eines Sequenzflusses

☐ Überprüfung einer Bahn

5. Welche der folgenden Gateway-Typen gibt es in BPMN?

☐ exklusiv

☐ obskur

☐ inklusiv

☐ parallel

☐ beschränkt

6. Was erlaubt ein exklusives Gateway?

☐ parallele Verzweigung

☐ keine Verzweigung

☐ eindeutige Verzweigung

☐ beliebige Verzweigung

☐ mehrfache Verzweigungen

7. Was erlaubt ein inklusives Gateway?

☐ parallele Verzweigung

☐ keine Verzweigung

☐ eindeutige Verzweigung

☐ beliebige Verzweigung

☐ mehrfache Verzweigungen

8. Was erlaubt ein ereignisbasiertes Gateway?

☐ Abbruch der Verarbeitung

☐ zufällige Verzweigung

☐ Verzweigung bei Eintreffen eines Ereignisses

☐ mehrfache Verzweigungen

7 BPMN: Ereignisse

Die bisher vorgestellten Prozesse waren Sequenzflüsse, die ggfs. durch Nachrichten gesteuert wurden. Tatsächlich sind viele Prozesse ereignisgesteuert und über Ereignisse („Events") synchronisiert. Normalerweise lösen Ereignisse Aktivitäten aus oder Aktivitäten warten auf Ereignisse. BPMN verfügt deshalb über ein umfangreiches Ereigniskonzept.

Typische Ereignisse sind:

- Eintreffen einer Nachricht (z.B. e-Mail)
- Erreichen eines Zeitpunkts oder Ablauf einer Zeitdauer
- Eintreten eines Zustands oder einer Bedingung
- Eintreten eines Fehlers

Ereignisse werden allgemein durch einen Kreis dargestellt. Ereignisse können durch Symbole konkretisiert werden. Das Briefsymbol ✉ beschreibt z.B. eine Nachricht. Abb. 8 zeigt ein solches konkrete Ereignis.

Abb. 8: Ein konkretes Ereignis

Ereignisse werden in den Sequenzfluss eingebunden, d.h. auf eine Aktivität oder Gateway kann ein Ereignis folgen, auf ein Ereignis kann wiederum eine Aktivität oder Gateway folgen. Ereignisse können an Aktivitäten „angeheftet" werden. Dies drückt aus, dass ein Ereignis während der Aktivität eintreten kann – ohne dass genau modelliert werden muss, wie das Ereignis eintritt. Abb. 9 zeigt ein solches angeheftete Ereignis.

Abb. 9: Ein angeheftetes Ereignis

Ereignisse werden zunächst nach der Art des Vorkommens unterschieden (wo es kein allgemeines Ereignis gibt, wird als Beispiel ein Nachrichtenereignis verwendet). Tab. 2 gibt eine Übersicht über die möglichen Ereignistypen.

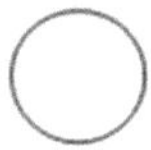		Startereignis: initiiert einen Prozess.
		Ausgelöstes Zwischenereignis: Der Prozess erzeugt ein Ereignis, das an anderer Stelle gefangen werden kann. Die Symbole für auslösende Ereignisse werden dunkel hinterlegt. Allgemeine Zwischenereignisse werden lediglich dazu benutzt einen erreichten Zustand zu zeigen – eine Reaktion (also empfangendes Ereignis) darauf ist in BPMN nicht vorgesehen.

		Nicht-unterbrechendes Startereignis: Startereignis eines Unterprozesses. Der Hauptprozess läuft parallel weiter, wenn das auslösende Ereignis eingetreten ist.
		Empfangendes Zwischenereignis: Der Prozess reagiert auf ein ausgelöstes Ereignis. Üblicherweise wartet ein Prozess, bis das auslösende Ereignis eingetreten ist.
		Angeheftetes, abbrechendes Zwischenereignis: Das Ereignis unterbricht die laufende Aufgabe. Der Prozess wird an dem vom Ereignis abgehenden Sequenzfluss fortgesetzt.
		Angeheftetes, nicht unterbrechendes Zwischenereignis: Die laufende Aufgabe erzeugt ein Ereignis, dabei wird aber die Aufgabe weiter (bis zum Ende) ausgeführt. Der Prozess teilt sich hier auf und wird am Ende der Aufgabe und an dem vom Ereignis abgehenden Sequenz-fluss fortgesetzt.
		Endereignis: beendet den Prozess.

Tab. 2: Ereignistypen

Neben der oben bereits vorgestellten Nachricht sind u.a. die folgenden konkreten Ereignisse vorgesehen. Allerdings sind dabei nicht immer alle Ereignistypen für die Konkretisierungen sinnvoll.

Folgende konkrete Ereignisse sind in BPMN vorgesehen. Dabei sind aber nicht alle Typen sind für die Konkretisierungen sinnvoll und deshalb in BPMN nicht vorgesehen.

Konkretisierung	**Symbol**	**Auslösung**	**Behandlung**
Timer		Zeitbezogenes Ereignis: Zeitpunkt oder Zeitspanne erreicht - kann nur implizit durch die Zeit ausgelöst werden.	Reaktion auf das Eintreten
Eskalation		Meldung an eine entscheidende Instanz	Entscheidung der Instanz
Fehler		Ein Fehler: kann nur implizit durch das Eintreten des Fehlers ausgelöst werden	Behandlung des Fehlers
Abbruch		Abbruch durch einen Unterprozess: kann nur implizit durch das Eintreten des Abbruchs ausgelöst werden.	*angeheftet:* Behandlung des Abbruchs oder als *Ende*
Kompensation		Auslösen einer Kompensation (Zurücksetzen)	*angeheftet:* Durchführung der Kompensation oder *Ende*
Signal		Auslösung eines prozessweiten Signals	Behandlung eines empfangenen Signals

Tab. 3: Konkrete Ereignisse in BPMN

?!! Verständnisfragen

Haben Sie alles verstanden? Mit den folgenden Fragen können Sie das Gelernte schnell prüfen:

1. Was sind typische Ereignisse?

☐ Zeitdauer

☐ Eintreffen einer Nachricht

☐ Erreichen eines Zeitpunkts

☐ Eintreten eines Zustands

☐ Erreichen eines Fehlers

2. Was sind die drei Kategorien von Ereignistypen?

☐ Start-, Zwischen- und Endereignis

☐ Start-, Mittel- und Endereignis

☐ Fehler-, Zwischen- und Nachrichtenereignis

☐ Fehler-, Zustands- und Nachrichtenereignis

3. Was sind Beispiele für konkrete Ereignisse in BPMN?

☐ Abbruch

☐ Eskalation

☐ Wecker

☐ Timer

☐ Signal

4. Wozu dienen angeheftete Ereignisse?

☐ Merker, dass ein Ereignis im Detail modelliert werden soll

☐ Kennzeichnung, dass ein Ereignis gelöscht werden soll.

☐ Kennzeichnung, dass eine Aktivität ein Ereignis auslösen kann

☐ als Platzhalter

5. Welche Aufgabe hat die Kompensation?

☐ Ausgleich verbrauchter Ressourcen

☐ Zurücksetzen einer Aktion

☐ Modellierung der Bezahlung

☐ Löschen einer Aktion

6. Welche Funktion hat ein ausgelöstes Zwischenereignis?

☐ Es informiert den Benutzer.

☐ Es beendet den Prozess.

☐ Es modelliert den Warenausgang.

☐ Es kann an anderer Stelle gefangen werden.

7. Welche Funktion hat ein empfangendes Zwischenereignis?

☐ Es modelliert den Wareneingang.

☐ Reaktion auf ein ausgelöstes Zwischenereignis

☐ Es informiert die Prozessbetreiber.

☐ Es führt eine Kompensation aus.

8 BPMN: Ereignisbehandlung

8.1 Allgemeine Ereignisbehandlung

Prinzipiell werden auslösende Ereignisse ohne Unterbrechung durchlaufen. Bei empfangenden Ereignissen stockt der Sequenzfluss und wartet bis ein passendes Ereignis ausgelöst worden ist.

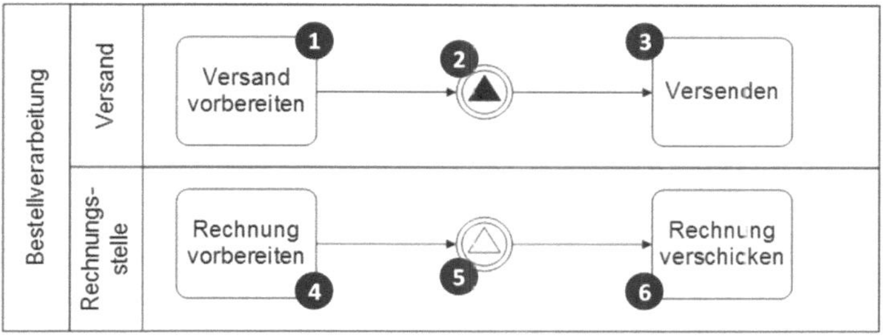

Abb. 10: Zusammenspiel von auslösendem und empfangendem Ereignis

Abb. 10 zeigt wie durch diesen Mechanismus sichergestellt wird, dass eine Rechnung immer erst verschickt wird, wenn der Versand stattfindet: Versand (❶) und Rechnung (❹) werden parallel oder zeitversetzt vorbereitet. Ist der Versand vorbereitet, wird ein Signal („fertig“, ❷) abgesetzt und ohne weitere Verzögerung der Versand durchgeführt (❸). Der Rechnungsprozess wartet an der Stelle ❺ auf das Eintreffen des Signals. Wenn es eingetroffen ist (d.h. der Versand durchgeführt wird), wird auch die Rechnung verschickt (❻). Ist das Signal ❷ bereits abgesetzt, bevor die Stelle ❺ erreicht ist, konsumiert die Rechnungsstelle das Ereignis unmittelbar und macht ohne Unterbrechung weiter.

> Bei angehefteten Ereignissen wird nur die Reaktion auf das Ereignis modelliert – ausgelöst wird es, von außen unsichtbar, im Inneren der Aktivität.

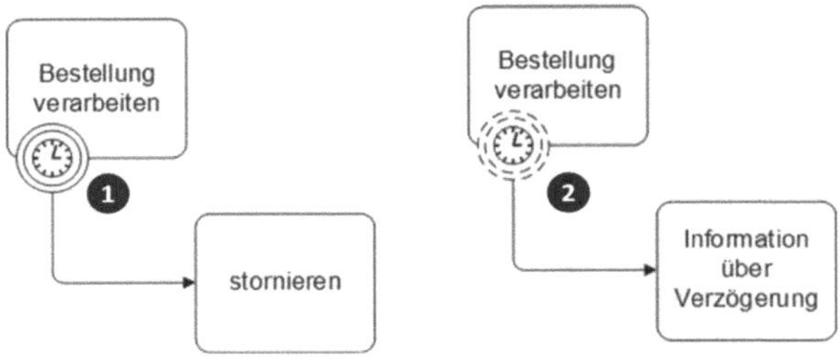

Abb. 11: Angeheftete Ereignisse

Abb. 11 zeigt die Reaktion auf angeheftete Ereignisse: Im Fall ❶ werden der Bestellvorgang nach einer gewissen Zeit abgebrochen (z.B. weil die Ware nicht geliefert wurde) und eine Stornierung eingeleitet. Im Fall ❷ wird nach einer gewissen Zeit, ohne dass der Bestellvorgang abgebrochen wird, eine Information über eine Bestellverzögerung erstellt.

Grundsätzlich ist es natürlich auch möglich, ein Ereignis in einem Unterprozess auszulösen und dann über ein angeheftetes Ereignis zu behandeln.

Abb. 12 zeigt einen erweiterten Teilprozess mit angehefteter Behandlung. Der innere Teilprozess erzeugt ein Signal (❶). Sobald das Signal eingetreten ist, wird ein empfangendes (nicht unterbrechendes) Ereignis (❷) ausgelöst, das einen äußeren Teilprozess anstößt.

> Die Semantik des Fehlerereignisses sieht vor, dass nach dem Auslösen des Fehlers keine Aktion im Teilprozess mehr möglich ist – der Fehler ist also ein Endereignis. Die

angeheftete Behandlung des Fehlers ist demzufolge unterbrechend. Bei der Eskalation ist sowohl eine unterbrechendes als auch eine nicht-unterbrechende Variante erlaubt.

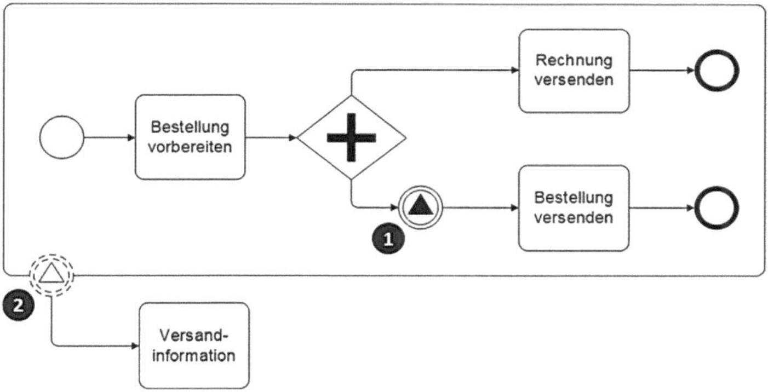

Abb. 12: Erweiterter Teilprozess mit angehefteter Behandlung

8.2 Kompensation

Im Verlauf des Prozesses kann es vorkommen, dass bestimmte Aktionen zurückgenommen werden müssen. Für diesen Fall sieht BPMN das Ereignis „Kompensation" vor. Die kompensierende Aktion wird durch einen gepunkteten Pfeil angebunden.

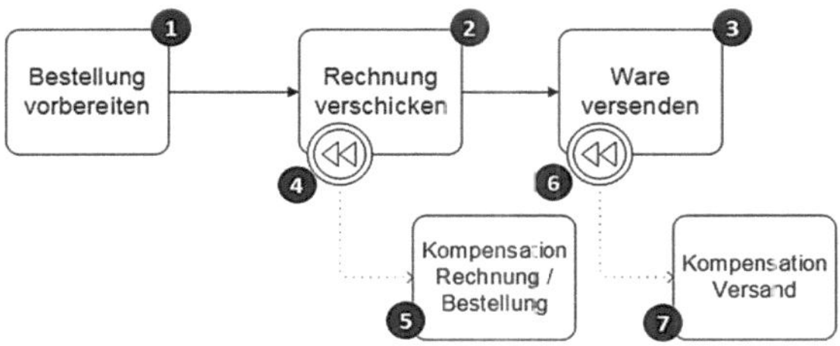

Abb. 13: Kompensation von Aufgaben

Abb. 13 zeigt die Kompensation von Aufgaben: Nach der Vorbereitung der Bestellung (❶) wird zunächst die Rechnung verschickt (❷) und dann die Ware versandt (❸). Findet während des Rechnungsversands eine Stornierung statt, wird eine Kompensation ausgelöst (❹): Aufgabe ❷ wird abgebrochen, die Rechnung und die Bestellung annulliert (❺). Findet die Stornierung während des Versands statt (❻), wird der Versand zurückgenommen (❼) und anschließend auch die vorgelagerte Kompensation (❺) durchgeführt.

?!! Verständnisfragen

Haben Sie alles verstanden? Mit den folgenden Fragen können Sie das Gelernte schnell prüfen:

1. Welchen Effekt hat ein ausgelöstes Zwischenereignis auf den auslösenden Prozess?

☐ Der Prozess unterbricht an dieser Stelle und wartet.

☐ Der Prozess wird zurückgesetzt.

☐ Der Prozess läuft weiter.

☐ Der Prozess wird beendet.

2. Welchen Effekt hat ein empfangendes Zwischenereignis auf den empfangenden Prozess?

☐ Der Prozess unterbricht an dieser Stelle und wartet.

☐ Der Prozess wird zurückgesetzt.

☐ Der Prozess läuft weiter.

☐ Der Prozess wird beendet.

3. Mit welchem Ereignis kann ein Prozessschritt zurückgesetzt werden?

- ☐ Abbruch
- ☐ Eskalation
- ☐ Kompensation
- ☐ Fehler
- ☐ Nachricht

4. Welches Merkmal haben unterbrechende Ereignisse?

- ☐ Der Prozess läuft weiter und kann einen parallelen Prozess starten.
- ☐ Der Prozess wird neu gestartet.
- ☐ Der Prozess unterbricht an dieser Stelle und wartet.
- ☐ Der Prozess gibt eine Unterbrechungsmeldung aus.

5. Welches Merkmal haben nicht-unterbrechende Ereignisse?

- ☐ Der Prozess läuft weiter und kann einen parallelen Prozess starten.
- ☐ Der Prozess wird neu gestartet.
- ☐ Der Prozess unterbricht an dieser Stelle und wartet.
- ☐ Der Prozess gibt eine Startmeldung aus.

6. Welche Ereignisse können implizit ausgelöst werden?

- ☐ Timer
- ☐ Eskalation
- ☐ Fehler
- ☐ Nachricht
- ☐ Kompensation

9 Modellierung, Analyse und Optimierung von Geschäftsprozessen

Im Folgenden wird eine mögliche Vorgehensweise zur Modellierung vorgeschlagen. Die Modellierung kann entweder einen neuen Prozess vorstellen, der dann Implementiert wird, oder einen bestehenden Prozess darstellen, der dann üblicherweise analysiert und optimiert wird. In beiden Fällen ergibt sich meist eine bewusste Entscheidung für neue IT-Projekte, die die neuen Prozesse unterstützen sollen. Entscheidend ist hierbei, wie gut die fachlichen Anforderungen auf die IT-Infrastruktur abgebildet oder erfüllt werden können.

9.1 Modellierung

Im ersten Schritt sollten die im Prozess verwendeten Begriffe gesammelt und definiert werden. Eine einheitliche *Definition der Begrifflichkeiten* und deren Verschriftlichung in Form eines Glossars erleichtert die Kommunikation über organisatorische und fachliche Grenzen hinweg. Außerdem ist so sichergestellt, dass inhaltliche Missverständnisse vermieden werden und ein einheitliches, gemeinsames Verständnis der Sachverhalte erzielt wird.

Im zweiten Schritt sollten die eigentlichen betrieblichen Abläufe, d.h. die Prozesse aufgenommen werden. Abhängig von der Struktur der Ablauforganisation sollten bei einer funktionalen Organisation zunächst die Bearbeitungsschritte modelliert werden. Bei einer ergebnisorientierten Organisation sollten zunächst die Daten modelliert werden.

Funktionale Zusammenhänge in *Bearbeitungsschritten* können einerseits in Form mathematischer Ausdrücke (z.B. in Form einer Gleichung mit mehreren Variablen oder eines prädikatenlogischen Terms) oder in rein textueller Form dargestellt werden. Leider lassen sich viele Zusammenhänge so nur schwer aufschreiben oder sie benötigen einen deutlich komplexeren Formalismus, was wiederum die Verständlichkeit beeinträchtigt. Insofern wird üblicherweise der einfacheren, textuellen Darstellung der Vorzug gegeben. Diese birgt aber das deutlich größere Risiko der Mehrdeutigkeiten und einer fehlenden Exaktheit.

Dabei sollten die folgenden **Fragen** geklärt werden:

- Welche Ein- und Ausgabedaten hat die Funktion eines Prozesses?
- Welches Format haben die Daten?
- Welche Daten oder Datentypen der Ein- oder Ausgabe sind verpflichtend, welche sind optional?
- Welche Form haben die Daten: elementar oder zusammengesetzt?
- Wie können die Daten adäquat formalisiert werden?

> Im dritten Schritt sollten die *Rollen* identifiziert werden, die in den Prozessen involviert sind.

Dabei sollten die folgenden **Punkte** aufgenommen werden:

- Welche Rolle hat welche Aufgabe?
- Welche Rolle hat welche Verantwortung?
- Welche Informationsflüsse zwischen den Rollen gibt es?
- Welche Rolle darf auf welche Daten oder Funktionen zugreifen?
- Welche Rolle darf Daten ändern oder Funktionen anstoßen oder anhalten?

Üblicherweise ist die *Aufbauorganisation* eines Unternehmens dokumentiert und sollte hier angefügt werden – fehlt diese

Dokumentation, so sollte sie hier ebenfalls in Form eines Organigramms ergänzt werden.

> Alle zuvor identifizierten halb-automatischen oder automatischen Bearbeitungsschritte werden von IT-Systemen unterstützt oder vollständig ausgeführt. Deshalb sollten im vierten Schritt die involvierten IT-Systeme in einer „*IT-Landkarte*" erfasst werden.

Dokumentiert werden sollten mindestens die folgenden **Informationen**:

- Name des Systems
- Aufgabe: Bearbeitungsschritte, die unterstützt oder abgedeckt werden
- Schnittstellen zu anderen (sowohl firmenintern als auch -externen) Systemen: Daten oder Services, die importiert oder exportiert werden.
- Historie des Systems: proprietäres, selbstentwickeltes System, (oder konfigurierte Standardsoftware)
- Nicht-funktionale Eigenschaften: z.B. Zuverlässigkeit, Skalierbarkeit, Leistung, Benutzerfreundlichkeit, Sicherheit, Kosten vor allem auf technischer Ebene

Sind die Begriffe, Bearbeitungsschritte, Daten, beteiligte Rollen und IT-Systeme definiert, können sie mit Hilfe von BPMN modelliert werden.

9.2 Analyse

Im vorherigen Abschnitt wurde der jeweils aktuelle Sachverhalt nur aufgenommen, ohne jedoch bewertet oder genauer untersucht zu werden. Im Rahmen der Analyse findet jedoch genau das statt. Die folgende Tabelle (Tab. 4) zeigt die typischen Probleme und Schwachstellen von Prozessen, die in der Analyse aufgedeckt werden.

Aspekt	typische Probleme	typische Anzeichen	typische Konsequenzen
Bearbeitungsschritte	fehlende Transparenz, keine Nachvollziehbarkeit	unzureichende oder keine Dokumentation	unzureichende Kommunikation, schwer änderbar
	viele Schnittstellen und Medienbrüche	zahlreiche beteiligte Rollen	hohe Komplexität, schwerfällig
	zahlreiche Varianten	komplexe oder uneinheitliche Beschreibungen	
Schnittstellen zwischen Prozessen	keine Abstimmung	erneute Validierung der Eingabedaten	Verzögerungen
	keine oder unzureichende Informationsweitergabe	zahlreiche Rückfragen	
Funktionsorientierte Ablauforganisationen	hohe (tayloristische) Arbeitsteilung	ungleichmäßiger Arbeitsverteilung	ineffiziente Verarbeitung
	Bürokratie und überflüssige Hierarchien	personelle Überausstattung	
	fehlende Kundenorientierung	arbeitsorientierte Abläufe	nur lokale Optimierungen
IT-Systeme	historisch gewachsene Systeme	heterogene Technologien	keine oder schwierige Integration
	inkonsistente Datendefinitionen	ähnliche, im Detail aber abweichende Stammdatendefinitionen (am auffälligsten	

		meist bei Kunden- und Auftragsdaten)	
	„Not invented here"-Syndrom	(meist undokumentierte) Individual-Software	teure Weiterentwicklung / Wartung

Tab. 4: Probleme und Schwachstellen von Prozessen

Wenn die Geschäftsprozesse in einem Unternehmen modelliert, formalisiert und implementiert wurden, ist das nachfolgende Ziel meist die Verbesserung oder Optimierung der bestehenden Prozesse, um die existierenden Kosten weiter zu reduzieren.

Bei der Verbesserung von Geschäftsprozessen existieren zwei gegensätzliche Ansätze: das Business Process Reengineering (BPR) und die Geschäftsprozessoptimierung:

- Die Idee des **BPR**, das in den 1990er Jahren eingeführt wurde, zielt auf einen radikalen Neubeginn oder Neudenken ab, das alle Geschäftsbereiche und -prozesse eines Unternehmens umfasst. Die Geschäftsprozessoptimierung konzentriert sich dagegen auf einzelne, ausgewählte Geschäftsprozesse. Es ist sicherlich stark vom Anwendungskontext abhängig, welcher Ansatz zu verfolgen ist. Ein radikaler Neubeginn bietet sicherlich größere Chancen, aber impliziert auch größere Risiken und Kosten, als eine Fokussierung auf wenige Geschäftsprozesse, die zu verbessern bzw. optimieren sind.

- Bei der **Optimierung von Geschäftsprozessen** ist es entscheidend zu wissen, *welcher* Parameter verändert, d.h. optimiert, werden sollte. Dies setzt wiederum voraus, dass alle relevanten Kenngrößen erfasst und bekannt sind. Typische Parameter sind dabei die Durchlaufzeit, die Kosten pro Bearbeitungsschritt, der Einsatz von Ressourcen usw. Dabei ist zu beachten, dass Kenngrößen gegensätzlich oder komplementär sein können, d.h. die Verbesserung einer Größe führt zu einer Verschlechterung einer anderen Größe oder bleibt davon unabhängig. Sofern ein vollständiges theoretisches Modell vorhanden ist, bei dem alle Parameter und die funktionalen Zusammenhänge bekannt sind, kann man durch Verfahren des Operation Research oder anhand einer Simulation die optimale Belegung der ausgewählten Parameter rechnerisch bestimmen. Dieser Ansatz ist aber in der Praxis selten möglich.

Wenn ein theoretisches Modell fehlt, ist man darauf angewiesen, das Verhalten des Gesamtsystems zu messen und sich auf ein empirisches Vorgehen zu verlassen. Dies bedeutet, dass die relevanten Parameter ausgewählt und so eingestellt bzw. abgeschätzt werden, dass sich daraus die gewünschten Effekte ergeben müssten. Aufgrund der unbekannten kausalen Auswirkungen auf die anderen Parameter ist es hier immer wieder erforderlich, alle relevanten Parameter zu messen, um zu sehen, ob die gewünschten Werte erreicht werden.

Üblicherweise gilt auch für Unternehmensprozesse die Pareto-Verteilung, d.h. wenige Prozesse sind für einen Großteil der Wertschöpfung verantwortlich. In diesem Fall ist ein pragmatischer Kompromiss zwischen Business Reengineering und Geschäftsprozessoptimierung, sich auf diese Kernprozesse zu konzentrieren. Eine Optimierung dieser Kernprozesse ist normalerweise auch ökonomisch sinnvoll und bietet eine sehr gute Kosten-Nutzen-Relation, da sich die Investitionen bald und unmittelbar auszahlen.

Typischerweise führen die in Tab. 5 aufgeführten Maßnahmen zu einem signifikanten Effekt:

Aspekt	Änderung	Ziele
Umstellung einer funktionsorientierten Ablauforganisationen auf Ergebnisorientierung	Ausrichtung auf Produkte und Kunden; Einsetzung eines Prozessverantwortlichen	Bearbeitung in Teams mit geringer Arbeitsteilung und wenigen Schnittstellen
	Bereitstellung von Gütern und Informationen erst bei tatsächlichem Bedarf (Just-in-Time)	Minimierung von Liege- und Wartezeiten
Beibehaltung einer funktionsorientierten Ablauforganisation	Information, wer welchen Vorgang zur Zeit bearbeitet	Verbesserung der Transparenz
	Einführung von Teams, die die einzelnen Schritte ganzheitlich bearbeiten	Reduzierung der nichtwertschöpfenden Schritte, Prüffunktionen und Entscheidungswege
	Vorverlagerung und Limitierung von Verantwortlichkeiten	
Bearbeitungsschritte	Standardisierung von Prozessen	höherer Automatisierungsgrad
	Automatisierung von Kontrollen, Belegverarbeitung und Informationsverteilung	erhöhter Durchsatz
	(automatisierte) Plausibilitätsprüfungen	Information zum Abarbeitungsgrad
	(automatisierte) Ermittlung von statistischen Kennzahlen	Informationen für weitere Optimierungen
IT-Systeme	Enterprise Application Integration (EAI)	Systemintegration

	Reduzierung der Datenredundanz	einheitliche Datendefinitionen über die Systeme hinweg
	einheitliche Datenbasis für alle Prozessbeteiligten	aktuelle und schnelle Verfügbarkeit aller relevanten Daten (z.B. durch Business Intelligence-Lösungen)

Tab. 5. Mögliche Prozessoptimierungsmaßnahmen

Bei den IT-Systemen ist zu beachten, dass eine Neugestaltung der IT-Landschaft üblicherweise nicht möglich ist. Grundsätzlich sollte – da die Änderungen hier meist sehr teuer werden – immer der Wirtschaftlichkeitsaspekt oder das Kosten-Nutzungs-Verhältnis im Vordergrund stehen. Dies ist üblicherweise mit einer sehr gründlichen Geschäftsprozessanalyse zu ermitteln.

Verständnisfragen

Haben Sie alles verstanden? Mit den folgenden Fragen können Sie das Gelernte schnell prüfen:

1. **Woraus besteht der erste Schritt bei der Modellierung?**

☐ Normierung der Einheiten

☐ Normalisierung der Daten

☐ Vereinheitlichung der Formate

☐ Sammlung und Vereinheitlichung der Begriffe

2. Woraus besteht der zweite Schritt bei der Modellierung?

- ☐ Optimierung der Prozesse
- ☐ Dokumentation der Prozesse
- ☐ Umgestaltung der Prozesse
- ☐ Diskussion der Prozesse

3. Wie werden normalerweise funktionale Zusammenhänge in Bearbeitungsschritten dargestellt?

- ☐ als informelle Ausdrücke
- ☐ als mathematische Ausdrücke
- ☐ als semiformale Ausdrücke
- ☐ in textueller Form

4. Welche Formen der Ablauforganisation gibt es?

- ☐ funktionsorientiert
- ☐ datenorientiert
- ☐ ergebnisorientiert
- ☐ ereignisorientiert

5. Was ist der Ansatz des Business Process Reengineerings?

- ☐ Umgestaltung der IT-Landschaft
- ☐ radikale Änderung aller Prozesse eines Unternehmens
- ☐ Änderung ausgewählter Prozesse eines Unternehmens
- ☐ Liquidierung eines Unternehmens

6. **Was ist der Ansatz der Geschäftsprozessoptimierung?**

☐ Umgestaltung der IT-Landschaft

☐ radikale Änderung aller Prozesse eines Unternehmens

☐ Änderung ausgewählter Prozesse eines Unternehmens

☐ Liquidierung eines Unternehmens

7. **Was sind typische Anzeichen für Probleme zwischen Schnittstellen von Prozessen?**

☐ hohe Telefonrechnungen

☐ zahlreiche Rückfragen

☐ hoher Papierverbrauch

☐ mehrfache Validierung der Eingabedaten

8. **Welches sind Möglichkeiten der Optimierung von IT-Systemen?**

☐ Einsatz von Enterprise Application Integration-Lösungen (EAI)

☐ Installation neuer Datenbanken

☐ einheitliche Datenbasis für alle Prozessbeteiligten

☐ Neuinstallation der Rechner

10 Service: Weiterführende Literatur / Links

Allweyer, T.: BPMN 2.0 Business Process Model and Notation, Books on Demand, 2009. *Vollständige Übersicht über BPMN 2.0.*

Berliner BPM-Offensive: BPMN 2.0 Poster, www.bpmb.de/images/BPMN2_0_Poster_DE.pdf , 2011. *Vollständige Übersicht über alle BPMN-Elemente.*

E. Best, M. Weth: Geschäftsprozesse optimieren. Gabler Verlag, Wiesbaden, 2003. *BPR-Berater beschreiben eine pragmatische Vorgehensweise für BPR-Projekte. Das Buch enthält zahlreiche Praxisbeispiele u. a. aus Beratungsprojekten.*

A. Gadatsch: Grundkurs Geschäftsprozess-Management: Methoden und Werkzeuge für die IT-Praxis: Eine Einführung für Studenten und Praktiker. 7. Auflage, Vieweg Verlag, Wiesbaden, 2012. *Ausführliche Einführung mit Schwerpunkt auf ARIS.*

M. Hammer, J. Champy: Business Reengineering: Die Radikalkur für das Unternehmen. Campus Verlag, Frankfurt, 1994. *Klassiker mit überzeugendem Plädoyer für BPR.*

Object Management Group: Business Process Model & Notation (BPMN) Resource Page. www.omg.org/bpmn, 2014. *Offizielle BPMN-Seite.*

D. U. Palleduhn, H. Neuendorf: Geschäftsprozessmanagement und Integrierte Informationsverarbeitung. Oldenbourg Verlag, München, 2013. *Einführung mit Schwerpunkt auf ARIS.*

S. L. Staud: Geschäftsprozessanalyse. Ereignisgesteuerte Prozessketten und objektorientierte Geschäftsprozessmodellierung für Betriebswirtschaftliche Standardsoftware. Springer Verlag, Luxemburg, Berlin, 2006. *Ausführliche Einführung mit Schwerpunkt auf ARIS.*

Marcus Deininger/Thomas Kessel

Systemanalyse und -entwurf mit UML

1 Einführung

Ein Aspekt der Software-Technik ist die Definition von Vorgehensmodellen.

Vorgehensmodelle zerlegen die Software-Entwicklung in Teilschritte und legen die Aktivitäten und Ergebnisse fest, die in diesen Teilschritten stattfinden sollen. Am Anfang steht dabei üblicherweise die **Analyse** (Festlegung, was umgesetzt werden soll) und darauf folgend der **Entwurf** (Festlegung, wie es umgesetzt werden soll). Daran schließt sich die eigentliche **Implementierung** an. Am Ende werden die entwickelten Artefakte **getestet**.

Unterschiedliche Vorgehensmodelle variieren dabei die Intensität und Wiederholung dieser Teilschritte:

- Während **frühere Vorgehensmodelle** (z.B. das Wasserfallmodell) versuchten, diese Schritte immer möglichst vollständig und starr sequenziell anzuordnen,
- erlauben **neuere Vorgehensmodelle** (z.B. agile Modelle) einen flexibleren, iterativen Ansatz.

Die Analyse soll die Anforderungen an das zukünftige System ermitteln. Typischerweise wird zwischen funktionalen und nicht-funktionalen Anforderungen unterschieden:

- **Funktionale Anforderungen** bestimmen die Abläufe des Systems.
- **Nicht-funktionale Anforderungen** die Qualität des Systems.

Analysemethoden versuchen, Analytiker bei der systematischen Ermittlung der Anforderungen zu unterstützen und die

Überführung in einen Entwurf zu erleichtern. Der Schwerpunkt der Methoden liegt dabei auf den funktionalen Anforderungen.

Frühe Analysemethoden (z.B. Structured Analysis) setzen dabei auf die Identifikation der Prozesse und Funktionen eines Systems. Mit der Einführung der objektorientierten Technologie rücken auch in diesen frühen Phasen die **Objekte** in den Mittelpunkt.

- Die **objektorientierte Analyse** (Object Oriented Analysis, OOA) hat das Ziel, die Begriffe des Anwendungsbereichs („Domänenklassen") zu identifizieren und das zugehörige Verhalten in Anwendungsfällen („Use Cases") zu beschreiben.
- Der **objektorientierte Entwurf** (Object Oriented Design, OOD) überführt die Analyse in eine Lösungsstruktur. Dabei stehen die Systemklassen im Mittelpunkt.
- Zur Unterstützung und Darstellung von OOA und OOD hat sich die **Unified Method Language** (UML) durchgesetzt. UML wurde ursprünglich 1995 von Grady Booch, Ivar Jacobson und James Rumbaugh entwickelt. 1997 wurde UML der Object Management Group (OMG) übergeben, die seitdem die Weiterentwicklung betreut.[1]

?!! Verständnisfragen

Haben Sie alles verstanden? Mit den folgenden Fragen können Sie das Gelernte schnell prüfen:

1. Was ist ein Vorgehensmodell?

☐ Es beschreibt ein möglichst allgemeines Verfahren.

[1] „UML" ist ein eingetragenes Warenzeichen der Object Management Group. Alle UML-Spezifikationen sind frei verfügbar unter www.uml.org.

☐ Es zerlegt die Softwareentwicklung in Teilschritte und legt deren Aktivitäten und Ergebnisse fest.

☐ Es beschreibt allgemeine Aktivitäten und Ergebnisse.

2. Was ist die übliche Reihenfolge der Schritte?

☐ Entwurf, Analyse, Implementierung

☐ Implementierung, Entwurf, Analyse

☐ Analyse, Implementierung, Entwurf

☐ Analyse, Entwurf, Implementierung

3. Was ist das Charakteristikum neuer Vorgehensmodelle?

☐ vollständige und sequenzielle Abläufe

☐ sequenzielle Abläufe

☐ flexible und iterative Abläufe

☐ iterative Abläufe

4. Was legen die funktionalen Anforderungen fest?

☐ die Qualität des Systems

☐ die Zuverlässigkeit des Systems

☐ die Leistung des Systems

☐ die funktionalen Abläufe des Systems

5. Was definiert die Qualität des Systems?

☐ die funktionalen Anforderungen

☐ die allgemeinen Anforderungen

☐ die nicht-funktionalen Anforderungen

☐ die hochwertigen Anforderungen

2 Vorgehen

Im Folgenden werden die wesentlichen Schritte von der objektorientierten Analyse zum objektorientierten Entwurf und die zugehörigen UML-Elemente vorgestellt.

Als durchgängiges **Beispiel** soll eine Autovermietung analysiert und entworfen werden:

Die Autovermietung soll die Autos des Fuhrparks verwalten. Die Verwaltung soll neue Fahrzeuge aufnehmen können und eine Übersicht über die aktuell freien und ausgeliehenen Autos ausgeben können. Kunden sollen Fahrzeuge ausleihen und wieder zurückgeben können. Die Autovermietung soll Kleinwagen, Mittelklassemodelle und Transporter verwalten.

Die Analyse und der Entwurf sind die erfolgskritischen und schwierigsten Phasen der Software-Entwicklung.

Die **Analyse** ist die Sammlung der Anforderungen in einer bestimmten Struktur – der Übergang zum Entwurf ist die eigentliche kreative Leistung in einem Software-Projekt und kann nur unterstützt werden, denn es gibt kein Verfahren, das dies automatisch durchführt. Allerdings erlaubt – anders als frühere Verfahren – der **objektorientierte Entwurf** einen einfacheren Übergang von den Domänenobjekten der Analyse zu den Systemobjekten des Entwurfs.

Wir werden für das **Beispiel** die folgende Vorgehensweise wählen:

- Objektorientierte Analyse mit Hilfe eines Domänenwörterbuchs, Anwendungsfällen und Aktivitätsdiagrammen.

- Auswahl und Definition einer geeigneten Systemarchitektur mit Hilfe von Paketdiagrammen.
- Verfeinerung der Architektur mit Hilfe von Klassen- und Sequenzdiagrammen

UML kennt zwei unterschiedliche Diagrammgruppen mit insgesamt 13 verschiedenen Diagrammtypen:

- Die **Strukturdiagramme**, die die Statik des Systems beschreiben: die in der Praxis wichtigsten sind die Paket- und Klassendiagramme.
- Die **Verhaltensdiagramme**, die die Dynamik des Systems beschreiben: die in der Praxis maßgeblichen sind die Anwendungsfall-, Aktivitäts- und Sequenzdiagramme.

Die UML-Diagramme werden anhand des Beispiels vorgestellt. Oberstes Prinzip von UML sollte eine möglichst einfache und übersichtliche Notation sein, Abwandlungen/Vereinfachungen sind deshalb möglich und durchaus sinnvoll.

UML-Diagramme sind Graphen mit Knoten und Kanten. Knoten und Kanten können weiter beschriftet sein. Knoten oder Kanten können durch sog. Stereotypen genauer spezifiziert werden. Stereotypen werden in «…». gesetzt: z.B. «use».

Die Elemente der Diagramme werden durch ❶ff gekennzeichnet und anhand der entsprechenden Nummer erläutert. Die Nummerierung ist kein Teil von UML. Alle Anmerkungen zur Umsetzung in eine Programmiersprache beziehen sich auf die Sprache Java. Möglicher Java-Code oder Code-Teile werden in der Schriftart `Courier` dargestellt.

Grundsätzlich gilt für alle objektorientierten Ansätze: Die in der Analyse entdeckten Objekte stellen keine selbstverständliche Sicht der Welt dar – die Welt ist nicht objektorientiert, die objektorientierte Analyse erstellt lediglich eine Objektsicht auf die Welt. D.h. alle Probleme sind im Prinzip auch mit herkömmlichen Mitteln zu analysieren, allerdings hat die **OOA** die folgenden **Vorteile**:

- Obwohl dem Menschen offensichtlich eine prozedurale Denkweise eher entgegen kommt, erlaubt eine **objektorientierte Modellierung komplexere Sachverhalte** zu erfassen, da eine dynamische/prozedurale Darstellung schnell an die Grenzen des Denkens stößt, während eine statische Sicht (die bei Objekten im Mittelpunkt steht) eher überblickt werden kann.
- Der **Übergang von den Domänenobjekten der Analyse zu den Systemobjekten** des Entwurfs geht einfacher von statten. Nichts desto trotz kann man nicht einfach die Objekte ineinander überführen. Vor Beginn des Entwurfs steht deshalb die Frage nach dem grundsätzlichen Systemaufbau.

Verständnisfragen

Haben Sie alles verstanden? Mit den folgenden Fragen können Sie das Gelernte schnell prüfen:

1. Wodurch zeichnet sich die Analyse aus?

☐ Sammlung der Anforderungen

☐ Sammlung der Überlegungen

☐ Sammlung der Lösungsvorschläge

☐ Sammlung der Meinungen

2. Was ermöglicht der objektorientierte Entwurf?

☐ den direkten Weg zur Codierung

☐ die Analyse der Domänenobjekte

☐ den Übergang vom Entwurf zur Codierung

☐ den einfacheren Übergang von den Domänenobjekten der Analyse zu den Systemobjekten des Entwurfs

3. Welche der vorgeschlagenen Aktivitäten wird beim Vorgehen für das zentrale Beispiel benötigt?

☐ objektorientierte Analyse mit Hilfe eines Domänenwörterbuchs

☐ Codierung der Algorithmen in Java

☐ Auswahl und Definition einer geeigneten Systemarchitektur mit Hilfe von Paketdiagrammen

☐ Verfeinerung der Architektur mit Hilfe von Klassen- und Sequenzdiagrammen

☐ Auswahl und Durchführung der Tests in Java

4. Wozu dienen UML-Strukturdiagramme?

☐ Beschreibung der Dynamik des Systems

☐ Beschreibung der Statik des Systems

☐ Beschreibung der Aufteilung des Systems

5. Wozu dienen UML-Verhaltensdiagramme?

☐ Beschreibung der Dynamik des Systems

☐ Beschreibung der Statik des Systems

☐ Beschreibung der Aufteilung des Systems

6. Woraus bestehen UML-Diagramme?

☐ aus Punkten und Bildern

☐ aus Knoten und Kanten

☐ aus Linien und Abbildungen

☐ aus Pfeilen und Knoten

3 Objektorientierte Analyse

Die objektorientierte Analyse hat das Ziel, die Anforderungen an das zukünftige System in Form von Domänenobjekten (Objekte aus dem Anwendungsbereich) und ihren Beziehungen zu ermitteln.

Um diese Domänenobjekte zu ermitteln, werden die folgenden Hilfsmittel vorgeschlagen:

- das Domänenwörterbuch und
- die Anwendungsfallanalyse

3.1 Das Domänenwörterbuch

Das **Domänenwörterbuch** (domain dictionary) ist eine Sammlung und Definition aller zentralen Begriffe des Anwendungsgebiets.

Es sollte in zwei Schritten erstellt werden:

1. Im ersten Schritt sollten die fünf zentralen Begriffe der Anwendung festgelegt und mit jeweils ein oder zwei Sätzen positiv beschrieben werden.
2. Im zweiten Schritt sollten diese und alle weiteren Begriffe der Anwendung ausführlicher definiert.

Abb. 1 zeigt einen Ausschnitt aus dem Domänenwörterbuch unseres Beispiels.

Zentrale Begriffe

Autovermietung: Die Autovermietung verwaltet Fahrzeuge, die an Kunden verliehen werden.

Fahrzeug: Fahrzeuge werden an Kunden vermietet. Nach Ende der Vermietung werden sie zurückgegeben. Es werden folgende Typen unterschieden: → Kleinwagen, → Mittelklassefahrzeuge und → Transporter. Abhängig von dem Typ werden unterschiedliche Preise pro Tag fällig.

…

Weitere Begriffe

…

Transporter: Transporter kosten 10 € am Tag plus Kilometergeld. Wird der Transporter nicht nach dem vereinbarten Rückgabedatum zurückgegeben, verdoppelt sich ab diesem Tag das Kilometergeld.

…

Abb. 1: Domänenwörterbuch

3.2 Anwendungsfallanalyse (Use Case Analysis)

Die Anwendungsfallanalyse ordnet die Begriffe der Domäne und stellt sie in Beziehung.

Ein Anwendungsfall ist eine sinnvolle Funktion die für den Anwender erbracht wird. Anwender werden dabei üblicherweise als „Akteure“ bezeichnet. Grafisch werden die Anwendungsfälle durch Anwendungsfalldiagramme repräsentiert – diese werden aber nur durch eine Anwendungsfall*beschreibung* vollständig.

3.2.1 Anwendungsfalldiagramm

> Das Anwendungsfalldiagramm repräsentiert Anwendungsfälle mit Hilfe von Systemgrenzen, Akteuren und den eigentlichen Anwendungsfällen.

Abb. 2 zeigt das Anwendungsfalldiagramm für unser Beispiel: die Autovermietung.

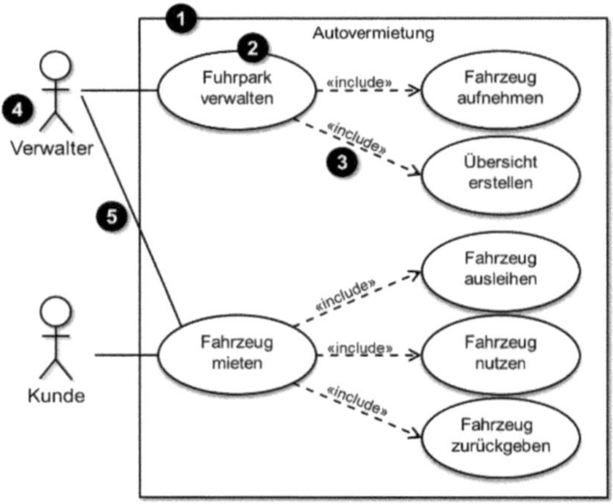

Abb. 2: Anwendungsfalldiagramm

Die wichtigsten Darstellungselemente sind dabei:

1. **System mit Systemgrenze** (dargestellt durch einen Rahmen): Das System hat einen Namen („Autovermietung") und schließt alle für die Aufgabe notwendigen Anwendungsfälle ein.
2. **Anwendungsfall** (dargestellt durch ein beschriftetes Oval): eine für den Akteur sinnvolle Systemfunktion. Der Anwendungsfall wird üblicherweise durch eine Ver-

balphrase beschrieben („Fuhrpark *verwalten*"). Die Anwendungsfälle liegen immer innerhalb der Systemgrenzen.

3. Die **include-Beziehung** zwischen zwei Anwendungsfällen (dargestellt durch einen gestrichelten Pfeil mit dem Stereotyp «include»): Ein Anwendungsfall kann weitere Anwendungsfälle umfassen – vergleichbar einem Unterprogrammaufruf. Achtung: Es ist nicht möglich, eine Aufrufreihenfolge zu definieren.
4. **Akteur**: Ein Akteur ist ein Element, für das das System eine Leistung erbringt. Akteure stehen immer außerhalb der Systemgrenzen. Akteure werden üblicherweise als Strichmännchen dargestellt, müssen aber keine Menschen sein. UML erlaubt hier auch beliebige andere Symbole (z.B. Firmenlogos).
5. **Beteiligungsbeziehung zwischen Akteur und Anwendungsfall** (dargestellt durch einen Strich oder Pfeil zwischen Akteuren und Anwendungsfall): Eine Beteiligung kann gerichtet oder ungerichtet sein. Die Richtung vom Akteur zum Anwendungsfall bedeutet, dass der Akteur den Anwendungsfall initiieren kann, die umgekehrte Richtung bedeutet, dass der Akteur vom Anwendungsfall informiert wird.

Darüber hinaus gibt es noch eine **„extend"-Beziehung** zwischen Anwendungsfällen. Sie ist wie „include" gerichtet und mit dem Stereotyp «extend» versehen. Sie erweitert einen Anwendungsfall mit Hilfe von Bedingungen.

> Die „extend"-Beziehung wird nicht empfohlen, da sie (für ungeübte Anwender – und das sind Kunden sehr oft) zu schwer verständlichen Diagrammen führt.

3.2.2 Anwendungsfallbeschreibung

Die Anwendungsfallbeschreibung ist eine Erläuterung der im Diagramm dargestellten Elemente.

Hier besteht insbesondere die Möglichkeit, Abläufe und Reihenfolgen zu beschreiben. Dazu können z.B. Aktivitätsdiagramme (s.u.) herangezogen werden. Beschrieben werden sollten:

- Vorbedingungen / Auslöser / Nachbedingungen des Anwendungsfalls
- Das Standardszenario, bei regulärem Verlauf
- Die Alternativ-/Fehlerszenarien, bei Ausnahmen.

Anwendungsfallbeschreibung „Fahrzeug ausleihen“

Vorbedingungen: Autovermietung ist geöffnet.

Auslöser: Kunde möchte ein Fahrzeug ausleihen.

Nachbedingung: (bei Erfolg) ein Fahrzeug ist an den Kunden verliehen.

Standardszenario: Kunde wählt ein Fahrzeug aus und entleiht es für eine vereinbarte Frist; die Daten des Kunden werden aufgenommen; der Kunde leistet eine Anzahlung.

Alternativ-/Fehlerszenario: Der gewünschte Fahrzeugtyp ist nicht vorhanden → der Vorgang wird abgebrochen.

...

Abb. 3 zeigt die Beschreibung für den Anwendungsfall „Fahrzeug ausleihen“:

Anwendungsfallbeschreibung „Fahrzeug ausleihen“

Vorbedingungen: Autovermietung ist geöffnet.

Auslöser: Kunde möchte ein Fahrzeug ausleihen.

Nachbedingung: (bei Erfolg) ein Fahrzeug ist an den Kunden verliehen.

Standardszenario: Kunde wählt ein Fahrzeug aus und entleiht es für eine vereinbarte Frist; die Daten des Kunden werden aufgenommen; der Kunde leistet eine Anzahlung.

Alternativ-/Fehlerszenario: Der gewünschte Fahrzeugtyp ist nicht vorhanden → der Vorgang wird abgebrochen.

...

Abb. 3: Anwendungsfallbeschreibung

3.2.3 Aktivitätsdiagramm

Um einen Anwendungsfall genauer zu spezifizieren können Aktivitätsdiagramme eingesetzt werden. Im Rahmen der Analyse beschreiben sie die Prozesse aus Sicht der Anwender. Sie können aber (mit der gleichen Notation) auch im Entwurf genutzt werden, um die internen Prozesse des Systems zu modellieren.

Das Aktivitätsdiagramm besteht aus verschiedenen Knoten, z.B. Start-, End-, Objekt-, Kontrollknoten oder Aktionen, und den gerichteten Kanten, d.h. Pfeilen, die sie miteinander verbinden.

Diese visuelle Darstellung ist in der Regel besser verständlich und nachvollziehbar als ein vorwiegend textuelles Format.

Abb. 4 zeigt das Aktivitätsdiagramm, das den Fahrzeugverleih und -rückgabe genauer spezifiziert.

Die wichtigsten Darstellungselemente sind dabei:

1. **Aktivitätsbereiche** („Swimlanes", dargestellt als Rahmen) gruppieren die Aktivitäten und ordnen sie den Rollen zu – in diesem Fall den Rollen „Kunde" und „Verwaltung". Die Aktivitätsbereiche sind optional. Sie können horizontal oder vertikal dargestellt werden – horizontale Bereiche beschreiben üblicherweise Geschäftsprozesse, vertikale üblicherweise Systemabläufe.

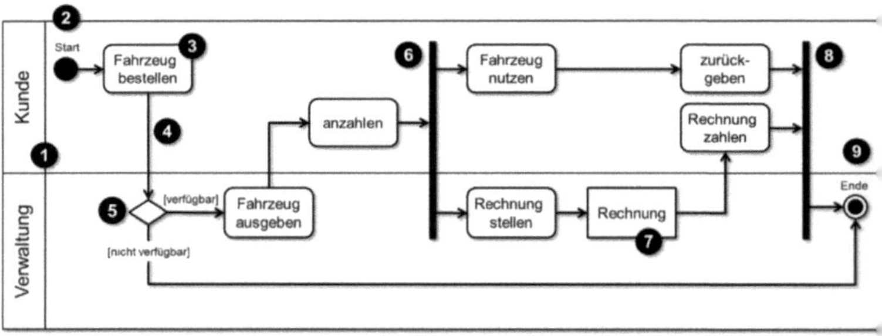

Abb. 4: Aktivitätsdiagramm

2. **Startknoten** (dargestellt als gefüllter Kreis und optional mit dem Wort „Start"). Hier beginnt der Prozess.

3. **Aktion oder Aktivitäten** (dargestellt durch ein abgerundetes Rechteck mit einem Text):
   - Aktionen sind atomare Einheiten, die eine grundlegende Funktion bereitstellen – in diesem Fall „Fahrzeug bestellen". Die Beschriftung sollte eine prägnante Verbalphrase sein.
   - Aktivitäten fassen den Ablauf mehrerer Aktionen zusammen und erlauben so eine größere Abstraktion oder die einfachere Wiederverwendung. Sie sind mit einem

Unterprogramm vergleichbar. Die Aktivität muss durch ein weiteres Aktivitätsdiagramm beschrieben sein.

4. **Übergang von einem Knoten zum nächsten** (dargestellt als Pfeil). Die Richtung des Pfeils gibt die Richtung des Kontrollflusses an.

5. **Entscheidungsknoten** (dargestellt als Raute mit Überwachungsbedingungen in eckigen Klammern). Entscheidungsknoten erlauben eine exklusive Verzweigung des Kontrollflusses, abhängig von den Überwachungsbedingungen („guards").

6. **Gabelung** („fork", dargestellt durch einen schwarzen Balken): Gabelungen teilen den Kontrollfluss in parallele Zweige auf, die gleichzeitig ablaufen können.

7. **Objektknoten** (dargestellt als Rechtecke, hier die „Rechnung"). Objektknoten können Daten speichern. Der Pfeil in einen Objektknoten liefert Daten für den Knoten. Der Pfeil aus dem Objektknoten liefert die Daten (als Kopie) an den folgenden Knoten.

8. **Vereinigung** („join", dargestellt durch einen schwarzen Balken): Vereinigungen fassen parallele Kontrollflüsse zusammen. Der Kontrollfluss wird erst fortgesetzt, wenn alle eingehenden Aktivitäten abgeschlossen sind. Hinweis: forks und joins können auch unabhängig voneinander vorkommen. Nicht alle Kontrollflüsse eines forks müssen auch wieder im join zusammenkommen (und umgekehrt).

9. **Aktivitätsendknoten** (dargestellt als Kreis mit einem Punkt und optional mit dem Wort „Ende"). Hier endet der Prozess. Ein weiterer Endknotentyp ist der Kontrollflussendknoten (dargestellt durch einen Kreis mit liegendem Kreuz). Er beendet nur den aktuellen Kontrollfluss, nicht aber den ganzen Prozess.

Verständnisfragen

Haben Sie alles verstanden? Mit den folgenden Fragen können Sie das Gelernte schnell prüfen:

1. Was ist das Ziel der objektorientierten Analyse?

- ☐ Ermittlung der Anforderungen
- ☐ Ermittlung aller Begriffe und deren Beziehungen
- ☐ Ermittlung der Anforderungen in Form von Domänenobjekten und deren Beziehungen
- ☐ Ermittlung aller Kunden
- ☐ Ermittlung der Domänenobjekte

2. Was ist ein Domänenwörterbuch?

- ☐ Übersetzung von Kundenanforderungen
- ☐ Sammlung und Definition aller zentralen Begriffe
- ☐ Sammlung und Definition aller objektorientierten Begriffe

3. Was ist die Aufgabe der Anwendungsfallanalyse?

- ☐ Sie ordnet die Begriffe und stellt sie zueinander in Beziehung.
- ☐ Sie definiert die Begriffe.
- ☐ Sie ordnet die Beziehungen zwischen den Begriffen.
- ☐ Sie definiert die Beziehungen.

4. Was sind typische Elemente eines Anwendungsfalldiagramms?

- ☐ System, Anwendungsfall, Beziehungen, Akteure
- ☐ System, Beziehungen, Akteure
- ☐ System, Anwendungsfall, Akteure

☐ System, Anwendungsfall, Beziehungen, Akteure, Domänenobjekte

5. **Welche der folgenden Antworten sind Komponenten einer Anwendungsfallbeschreibung?**

☐ Vor-/Nachbedingungen/Auslöser des Anwendungsfalls

☐ Standardszenario

☐ Alternativ-/Fehlszenarien

☐ Benennungen und Begriffe

☐ Domänenobjekte

6. **Was umfasst ein Aktivitätsdiagramm?**

☐ Aktionen und deren Verbindungen

☐ Start- und Endknoten oder Aktionen und deren Verbindungen

☐ Objekt- und Kontrollknoten oder Aktionen und deren Verbindungen

☐ Start-, End-, Objekt- und Kontrollknoten oder Aktionen und deren Verbindungen

4 Objektorientierter Entwurf: Systemarchitektur

Zu Beginn des Entwurfs sollte zunächst ein grundsätzliches Architekturmuster festgelegt oder gewählt werden.

Ein **Architekturmuster** („Architectural Pattern") beschreibt die grundlegenden Komponenten der Anwendung, ihren Aufbau und ihre Interaktion.

Die Komponenten der Architektur werden in den folgenden Schritten weiter detailliert.

Als Mittel zum Architekturentwurf dienen Paketdiagramme. Pakete repräsentieren die oberste Abstraktionsebene in einem Programm. Ein Paketdiagramm soll das System logisch in seine wesentlichen Komponenten zerlegen. Pakete werden in den folgenden Entwurfsschritten weiter verfeinert und können andere Pakete oder Klassen enthalten.

Abb. 5 zeigt die logische **4-Schichten-Architektur** unseres Beispiels mit Hilfe eines Paketdiagramms.

Die wichtigsten Darstellungselemente sind dabei:

1. **Paket** (dargestellt durch ein außerhalb beschriftetes Rechteck): Das Paket hat einen Namen („Benutzungsoberfläche"). Auf oberster Entwurfsebene wird das Paket üblicherweise leer gelassen. In späteren Entwurfsschritten werden Unterpakete oder Klassen eingefügt werden.

2. **Zugriffsbeziehung** von einem Paket zu einem anderen (dargestellt durch einen gestrichelten Pfeil mit dem Stereotyp «access»): Das Paket „Benutzungsoberfläche" greift auf Elemente aus dem Paket „Anwendungslogik" zu. Die Pfeilspitze zeigt die Verwendungsrichtung an. Verwendet

werden können alle Elemente, die in der Anwendungslogik mit **`public`** freigegeben sind.

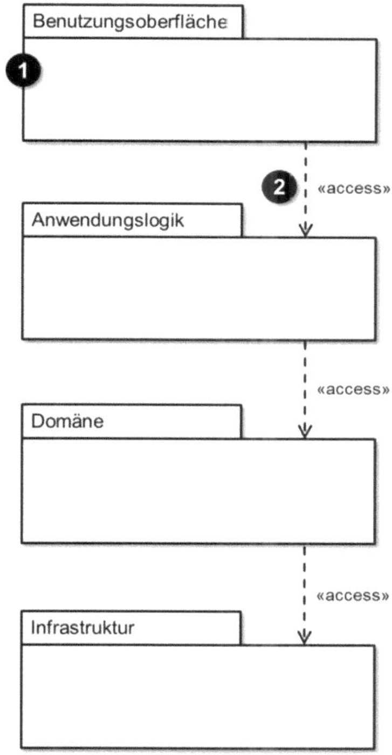

Abb. 5: Paketdiagramm

Für das **Beispiel** wurde eine typische n-Schichten-Architektur gewählt (in diesem Fall vier Schichten). Jede Schicht greift auf die darunterliegende Schicht zu – aber nicht umgekehrt; evtl. können auch Schichten übersprungen werden, d.h. z.B. ein direkter Zugriff von der Applikationslogik auf die Infrastruktur.

Jede Schicht hat einen klaren Aufgabenbereich:

- Die **Benutzungsoberfläche** nimmt Anwendereingaben entgegen, gibt Befehle an die darunterliegende Schicht weiter und präsentiert die Resultate der Verarbeitung.
- Die **Anwendungslogik** koordiniert die Verarbeitung und registriert den Verarbeitungsstand.
- Die **Domäne** umfasst das umgesetzte Domänenmodell und die Verarbeitungsregeln der Domäne.
- Die **Infrastruktur** liefert unterstützende Funktionen und insbesondere den Zugriff auf die Datenbank oder Backend-Systeme.

Die Namensgebung (und die Architektur selbst) für dieses Beispiel ist so allgemein, dass das dargestellte Paketdiagramm als generische Vorlage für 4-Schichten-Architekturen dienen kann.

?!! Verständnisfragen

Haben Sie alles verstanden? Mit den folgenden Fragen können Sie das Gelernte schnell prüfen:

1. Was beschreibt ein Architekturmuster?

- ☐ Es beschreibt den Aufbau der Anwendung und die zugehörigen Klassen.
- ☐ Es beschreibt die Komponenten der Anwendung, ihren Aufbau und ihre Interaktionen.
- ☐ Es beschreibt die Komponenten der Anwendung und ihre Interaktionen.
- ☐ Es beschreibt die Anwendung und ihre Interaktionen.

2. Welcher Diagrammtyp wird hierfür vorzugsweise verwendet?

☐ Klassendiagramm

☐ Aktivitätsdiagramm

☐ Anwendungsdiagramm

☐ Paketdiagramm

3. Was sind die typischen Elemente dieses Diagrammtyps?

☐ Aktivitäten

☐ Klassen

☐ Pakete

☐ Zugriffsbeziehungen

☐ Aktionen

5 Objektorientierter Entwurf: Klassen

Im Klassenentwurf werden die Klassen und Schnittstellen definiert, die durch Assoziationen und Vererbung / Implementierung in Beziehung gesetzt werden.

5.1 Klassen

Im Klassenentwurf werden die Komponenten innerhalb der Pakete verfeinert.

Die **Klasse** ist das zentrale Element der objektorientierten Programmierung. Ein Klasse besteht aus Attributen und Operationen.

Die Klasse hat zwei Aspekte:

- Sie kann eigene Attribute und Operationen zur Verfügung besitzen – dies sind die *statischen* („static") Eigenschaften einer Klasse.
- Sie ist ein „Bauplan" für Objekte (auch „Instanzen" oder „Exemplare"). Die Klasse beschreibt die Attribute und das Verhalten der zukünftigen Objekte – dies sind die *nicht-statischen* („non-static") Eigenschaften einer Klasse.

Programmiert man objektorientiert, sollten die nicht-statischen Aspekte einer Klasse im Mittelpunkt stehen, denn nur sie erlauben das vollständige Potenzial der objektorientierten Programmierung auszuschöpfen.

Abb. 6 zeigt das denkbar einfachste mögliche Klassendiagramm.

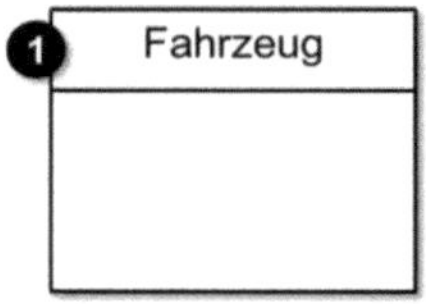

Abb. 6: Einfaches Klassendiagramm

Das wichtigste Darstellungselement ist dabei:

- Die Klasse „Fahrzeug" (dargestellt durch ein zweigeteiltes Rechteck mit dem Klassennamen): Diese Klasse repräsentiert die Domänenklasse „Fahrzeug" im System. Sie wird später im Domänenpaket angesiedelt sein. Die Klasse besteht lediglich aus einem Klassennamen. Von dieser Klasse können neue Objekte erzeugt werden. Alle später eingeführten Nutzungsbeziehungen zwischen Klassen beziehen sich tatsächlich auf die Objekte, die von dieser Klasse erzeugt werden. Abstrakte Klassen werden durch einen kursiven Namen dargestellt.

Abb. 7 zeigt demgegenüber ein vollständiges Klassendiagramm mit Attributen und Operationen.

Abb. 7: Vollständiges Klassendiagramm

Die wichtigsten Darstellungselemente sind dabei:

1. Die Klasse „Fahrzeug" (dargestellt durch ein dreigeteiltes Rechteck mit dem Klassennamen, Attributen und Operationen).

2. Attribute der Klasse. In diesem Fall die Attribute mit den Namen „kennzeichen" und „entliehen". Attribute haben allgemein die Form: **Modifier Name : Typ = Initialwert**. Dabei sind **Modifier, :Typ** und **=Initialwert** optional. Als Modifier gibt es die folgenden Möglichkeiten: + → `public`, - → `private`, # → `protected`, ~ → `default`. Statische Attribute werden unterstrichen.

3. Operationen der Klasse. In diesem Fall die Operationen mit den Namen „mieten" und „zurückgeben". Operationen haben allgemein die Form: **Modifier Name(Parameterliste) : Rückgabetyp**. Dabei sind **Modifier**, **Parameterliste** und **: Rückgabetyp** optional. Statische Operationen werden unterstrichen. Abstrakte Operationen werden kursiv dargestellt.

Abb. 8 zeigt dem gegenüber ein verkürztes Klassendiagramm, bei dem einige optionale Teile weggelassen sind.

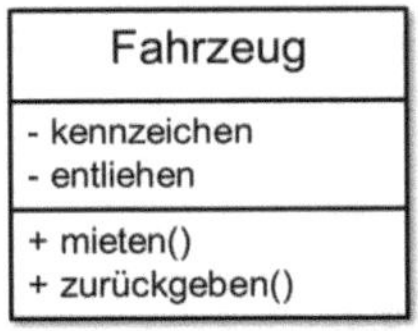

Abb. 8: Verkürztes Klassendiagramm

Oberstes Ziel beim Entwurf und bei der Modellierung mit UML sollte die Übersicht sein. Aus diesem Grund wird man zu Beginn zunächst mit sehr einfachen Klassendiagrammen arbeiten, die erst später ausführlichere Attribute und Operationen enthalten.

Typischerweise werden alle Informationen zunächst weggelassen, die für das Verständnis des Systems unnötig sind, das sind z.B. Konstruktoren, Getter, Setter, toString-Methoden usw. Dargestellt werden hingegen alle fachlichen Attribute und Operationen (z.B. „kennzeichen“ und „mieten“).

5.2 Schnittstellen

Die **Schnittstelle** (Interface) erlaubt es, die Spezifikation einer Klasse von ihrer Implementierung zu entkoppeln. Dazu legt sie nur fest, welche Funktionalitäten angeboten werden, aber nicht, wie diese implementiert werden. Abb. 9 zeigt eine mögliche Schnittstelle für unser Beispiel.

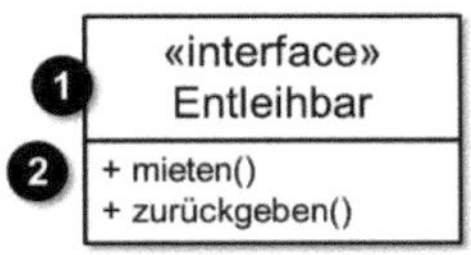

Abb. 9: Schnittstellendiagramm

Die wichtigsten Darstellungselemente sind dabei:

1. Das Interface „Entleihbar“ (dargestellt durch ein zweigeteiltes Rechteck mit dem Stereotyp «interface», dem Interfacenamen und Operationen)
2. Die vom Interface definierten Signaturen. Es gelten die gleichen Regeln wie für die Methoden der Klassendiagramme; es sind aber keine statischen Signaturen zugelassen.

Schnittstellen definieren üblicherweise Aspekte einer Anwendung, aber nicht die vollständige Funktion einer Klasse. Schnittstellennamen sind deshalb meist keine Substantive, sondern oft Adjektive die aus Verben mit dem Suffix „-bar“ gebildet werden (im Englischen mit dem Suffix „-able“).

5.3 Assoziationen

Eine Assoziation etabliert eine Beziehung zwischen Klassen oder Interfaces. Die Beziehung wird im später laufenden Programm durch die Objekte der Klassen etabliert werden. Damit drücken Assoziationen eigentlich die Möglichkeit einer späteren Objektbeziehung aus. Unterschieden wird dabei zwischen „Membership“-, „ist Teil von“- und allgemeine Abhängigkeitsbeziehungen.

Die gebräuchlichste Form ist die binäre Assoziation, die zwischen zwei Klassen oder Interfaces besteht. UML sieht zwar auch n-äre und hierarchische Assoziationen vor, diese werden aber für die Modellierung nicht empfohlen und hier auch nicht weiter betrachtet. Assoziationen können, vergleichbar den Klassen (→ Vererbung), ebenfalls untereinander in Hierarchien angeordnet werden – auch dies wird hier nicht mehr weiter betrachtet.

5.3.1 Membership-Beziehungen

Die Membership-Beziehung ist die wichtigste Assoziation zwischen Klassen oder Interfaces. Sie definiert Attributwerte, die Instanzen der Klssen aufnehmen können. Abb. 10 zeigt eine Membership-Beziehung für die Autovermietung.

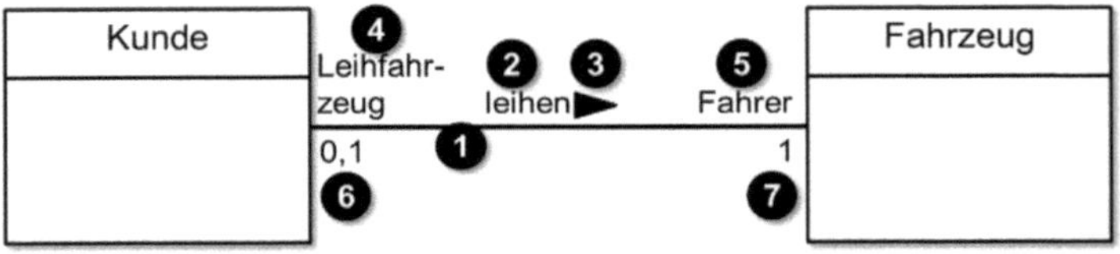

Abb. 10: Membership-Beziehung

Die wichtigsten Darstellungselemente sind dabei:

1. Die **Assoziation** (dargestellt durch eine Linie zwischen zwei Klassen oder Interfaces); hier wird eine Assoziation zwischen Kunde und Fahrzeug etabliert; beschrieben werden mögliche Beziehungen, die Objekte von Typ Kunde und Typ Fahrzeug eingehen können. Die Assoziation kann auch die Klasse mit sich selbst in Beziehung setzen –die Assoziation wird dann als reflexiv bezeichnet. Die Assoziation selbst ist verbindlich – alle anderen Elemente sind optional.
2. Der **Assoziationsname** (ein Text in der Mitte der Assoziation); hier die Assoziation „leihen".
3. Die **Leserichtung der Assoziation** (dargestellt durch eine geschlossene Pfeilspitze); hier: „ein Kunde leiht ein Fahrzeug".
4. **Rolle der Klasse in dieser Assoziation** (dargestellt durch einen Text am Anfang/Ende der Assoziation); Ein Rollen-

name bezeichnet dabei die Aufgabe, die eine Klasse in dieser Assoziation, übernimmt. In diesem Fall hat ein Fahrzeug die Rolle „Leihfahrzeug“ für den Kunden. Fehlt ein Rollenname, wird der Name der assoziierten Klasse angenommen – bei Multiplizität * (s.u.) der Name im Plural.

5. **Rolle der Klasse**: Ein Kunde hat für ein Fahrzeug die Rolle „Fahrer“.

6. **Multiplizität der Klasse** (dargestellt durch Zahlen, Zahlbereiche oder * am Anfang/Ende der Assoziation). Sie gibt an, wie viele Objekte jeweils miteinander in Beziehung stehen. In diesem Fall („0,1“) hat ein Objekt vom Typ Fahrzeug keinen („0“) oder einen („1“) Fahrer – dies drückt aus, dass ein Fahrzeug entweder nicht verliehen ist oder genau an *einen* Kunden. Ein Bereich z.B. 0...2 bedeutet 0, 1 oder 2; ein * bedeutet beliebig viele (auch 0). Fehlt die Multiplizität, wird üblicherweise 0,1 angenommen.

7. **Multiplizität der Klasse**: In diesem Fall („1“) kann ein Kunde genau ein („1“) Fahrzeug als Leihfahrzeug entleihen – dies drückt aus, dass ein Kunde auch gleichzeitig immer ein Fahrzeug entleiht (ansonsten wäre er kein Kunde).

Insgesamt drückt die Assoziation also aus, dass ein Kunde ein Leihfahrzeug entleihen kann und ein Fahrzeug in diesem Fall einen Fahrer hat. Falls es nicht entliehen ist, hat es auch keinen Fahrer.

Membership-Beziehungen können unmittelbar in **Java** umgesetzt werden:

- Rollen liefern die Namen der Instanzvariablen.
- Die Multiplizität bestimmt zusammen mit der Klasse den Typ der Variablen: 0, 1 bedeutet dabei ein Referenztyp; Bereiche werden durch Felder umgesetzt, * wird als `List` umgesetzt.

Das **Beispiel** aus Abb. 10 würde in Java folgendermaßen umgesetzt werden (Listing 1):

```
public class Kunde{                      public class Fahrzeug{
  private Fahrzeug leihfahrzeug;           private Kunde fahrer;
  ...                                      ...
}                                        }
```

Listing 1: Umsetzung einer Assoziation in Java

> Assoziationsname und Leserichtung finden keine Entsprechung in Java. Eine Multiplizität von „1" (also ohne „0") muss programmtechnisch garantiert werden.

Die Membership-Beziehung erlaubt zusätzlich eine Navigationsrichtung wie im folgenden Beispiel unserer Anwendung in Abb. 11:

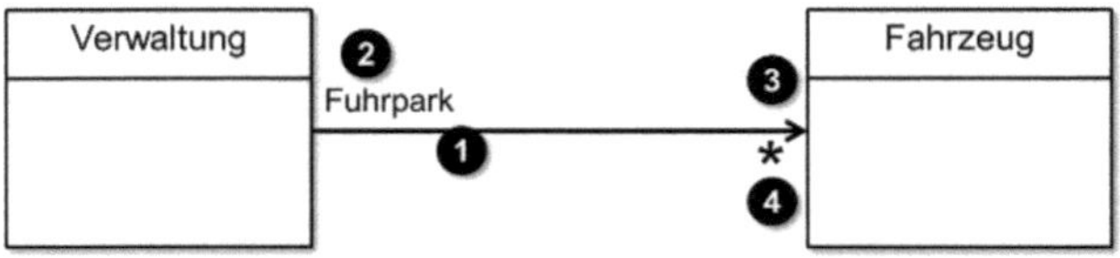

Abb. 11: Membership-Beziehung mit Navigationsrichtung

Die wichtigsten Darstellungselemente sind dabei:

1. **Die Assoziation** – s.o.
2. **Ein Rollenname** – s.o.
3. Die **Navigationsrichtung** (dargestellt durch eine offene Pfeilspitze): Die Navigationsrichtung gibt an, dass ein Objekt der Klasse Verwaltung auf die Objekte der anderen Klasse Fahrzeug zugreifen kann. Die Richtung kann auch bidirektional sein, d.h. die Objekte können wechselseitig zugreifen. Fehlt die Navigationsrichtung (wie in Abb. 10) ist der Zugriff unspezifiziert – d.h. Umsetzung wie in Listing 1 ist angenommen.

4. Die **Multiplizität** – s.o.; in diesem Fall („*") kann die Verwaltung beliebig viele Fahrzeuge aufnehmen.

Das **Beispiel** aus Abb. 11 würde in Java folgendermaßen umgesetzt werden (Listing 2):

```
public class Verwaltung{
  private List<Fahrzeug> fuhrpark;
  ...
}
```

```
public class Fahrzeug{
  // keine Variable
  // auf Verwaltung
  ...
}
```

Listing 2: Umsetzung einer Assoziation mit Navigationsrichtung in Java

5.3.2 „ist Teil von"-Beziehung

> Die „ist Teil von"-Beziehung ist ein Spezialfall der Membership-Beziehung mit der zusätzlichen Semantik, dass die Objekte einer Klasse Teil eines anderen Objekts sind.

Die „Aggregation" erlaubt Teile, die auch gleichzeitig in anderen Objekten verwendet werden können (Abb. 12). Die „Komposition" ist wiederrum ein Spezialfall der Aggregation, die Objekte sind dann exklusiv dem Ganzen zugeordnet (Abb. 13).

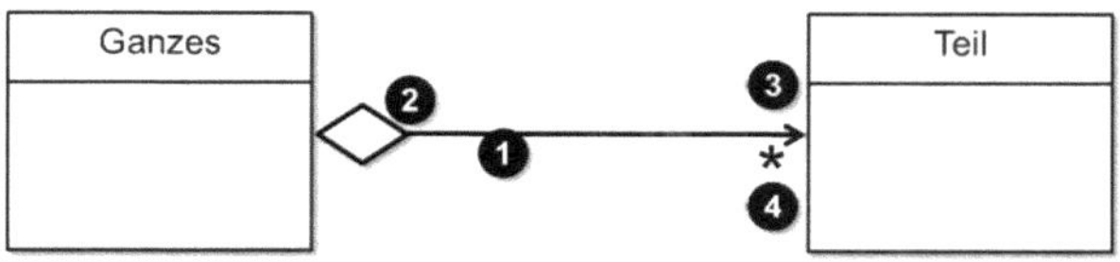

Abb. 12: Aggregation

Die wichtigsten Darstellungselemente sind dabei:

1. Die **Assoziation** – s.o.

2. Die **Aggregatklasse** (gekennzeichnet durch eine offene Raute am Anfang der Assoziation).

3. Eine **Navigationsrichtung** – s.o.; da das Ganze aus seinen Teilen besteht ist auch aus der Semantik heraus klar, dass das Ganze auf seine Teile zugreifen kann – die Pfeilspitze ist also optional. UML sieht keine Navigationsrichtung vom Teil zum Ganzen vor.
4. Die **Multiplizität** – s.o.

Alle übrigen Assoziationselemente (Name, Rolle) sind natürlich auch noch möglich. Die Umsetzung nach Java unterscheidet sich nicht von der allgemeinen Assoziation.

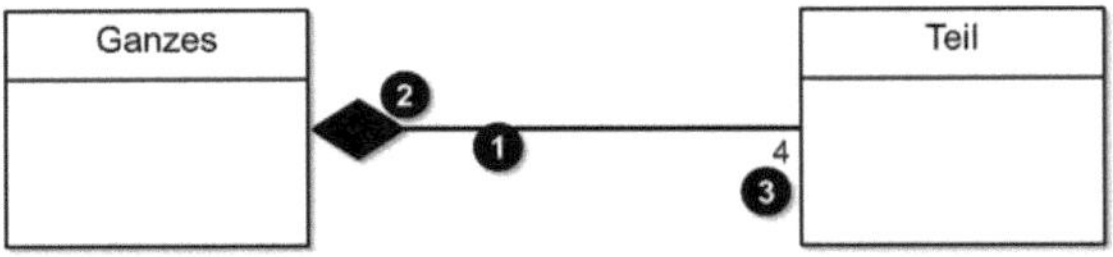

Abb. 13: Komposition

Die wichtigsten Darstellungselemente sind dabei:

1. Die **Assoziation** – s.o.
2. Die Kompositionsklasse (gekennzeichnet durch eine geschlossene Raute am Anfang der Assoziation).
3. Die **Multiplizität** ist auf genau 4 festgelegt; d.h. das „Ganze“ besteht aus 4 „Teilen“

Alle übrigen Assoziationselemente (Name, Rolle, Navigationsrichtung) sind natürlich auch noch möglich. Die Umsetzung nach Java unterscheidet sich nicht von der allgemeinen Assoziation.

5.3.3 Allgemeine Abhängigkeitsbeziehung

> Die allgemeine Abhängigkeitsbeziehung drückt aus, dass eine Klasse eine andere Klasse zur Erfüllung ihrer Aufgabe benötigt.

Die Beziehung ist deshalb üblicherweise gerichtet und weist auf die benötigte Klasse. Die Semantik durch einen Stereotyp genauer definiert. Von UML vordefiniert ist der Stereotyp «access» (→ Paketdiagramm). Weitere Stereotypen können bei Bedarf erstellt werden, sinnvoll sind u.a. «use» für eine Nutzung einer Klasse (z.B. deren static-Methoden) oder «create» für Klassen, die neue Objekte erzeugen.

Abb. 14 zeigt ein **Beispiel** für eine allgemeine Abhängigkeitsbeziehung.

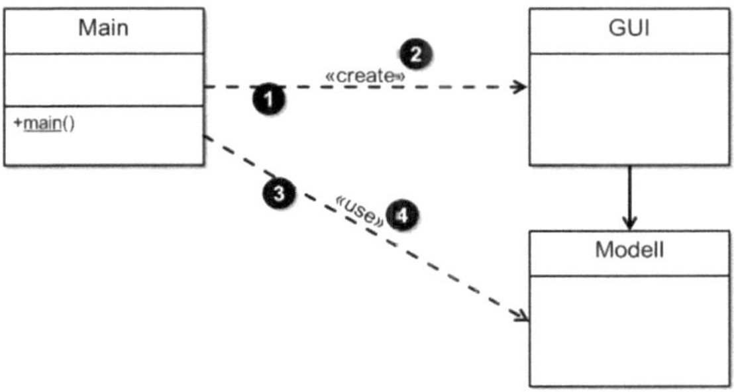

Abb. 14: Allgemeine Abhängigkeitsbeziehung

Die wichtigsten Darstellungselemente sind dabei:

1. Die Assoziation (dargestellt durch einen gestrichelten Pfeil): Die Klasse Main benötigt die Klasse GUI
2. Der Stereotyp «create» zeigt an, dass ein Objekt der Klasse GUI erzeugt wird.
3. Die Assoziation: Die Klasse Main benötigt die Klasse Modell.
4. Der Stereotyp «use» zeigt an, dass ein Objekt der Klasse Modell genutzt wird.

5.4 Vererbung und Implementierung

Vererbung und Implementierung sind zentrale Konzepte der Objektorientierung:

- **Vererbung**: Definition einer gerichteten Beziehung von der erbenden Klasse („der Unterklasse“) zur vererbenden Klasse („der Oberklasse“). Alle Attribute und alle `public`- oder `protected`-Operationen der Oberklasse werden an die Unterklasse vererbt. Geerbte Operationen können von der Unterklasse redefiniert werden. Die Klasse erstellt dazu eine Operation mit derselben Signatur (oder eine Signatur mit Unterklassen der ursprünglichen Signatur-Klasse). Mit Hilfe des Schlüsselworts `super` kann auf die redefinierte Methode zugegriffen werden. (Wird eine andere Operation gleichen Namens aber mit einer anderen Signatur erstellt, wird dies „Überladen“ bezeichnet – dies ist auch in nicht-objektorientierten Sprachen möglich).
- **Implementierung** (synonym auch „Realisierung“): Definition einer gerichteten Beziehung von der implementierenden Klasse zu einer Schnittstelle (Interface). Wenn die Klasse eine konkrete (also nicht abstrakte) Klasse ist, muss sie alle Operationen, die von der Schnittstelle definiert sind, implementieren.

Abb. 15 zeigt die Implementierung und Vererbung für die Autovermietung.

Die einzigen Darstellungselemente sind dabei:

1. **Implementierung** (dargestellt durch einen gestrichelten Pfeil mit geschlossener Pfeilspitze): Die (jetzt abstrakte) Klasse „Fahrzeug“ implementiert die Schnittstelle „Entleihbar“.
2. **Vererbung** (dargestellt durch einen Pfeil mit geschlossener Pfeilspitze): Die Klasse „Kleinwagen“ ist eine Unterklasse der Klasse „Fahrzeug“.

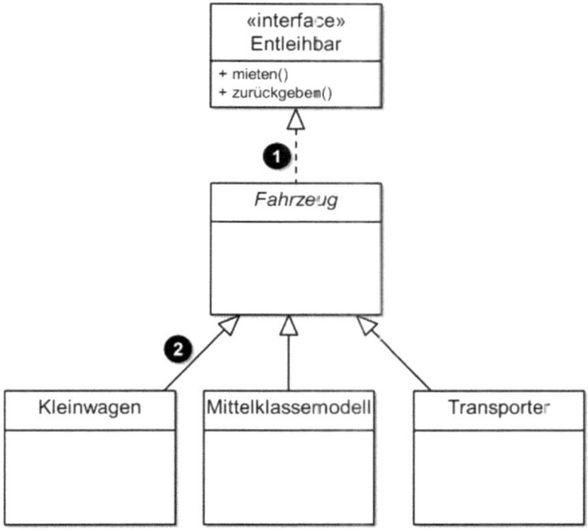

Abb. 15: Implementierung und Vererbung

- Die geerbten oder implementierten Operationen oder Attribute werden nicht mehr explizit in den Klassen aufgelistet.
- Weitere Elemente, wie Stereotypen, Beschriftungen oder Multiplizitäten, sind **nicht** erlaubt.

Manche **objektorientierten Programmiersprachen** (z.B. C++) erlauben Mehrfachvererbung von Klassen. In diesem Fall darf eine Unterklasse mehrere direkte Oberklassen besitzen – dies ist in Java nicht möglich. Java erlaubt aber, dass eine Klasse mehrere Schnittstellen implementieren kann. Schnittstellen können keine anderen Schnittstellen implementieren, sie können aber von anderen Schnittstellen erben; insbesondere (auch in Java) können Sie von mehreren Schnittstellen erben.

> Ziel der objektorientierten Modellierung sollte sein, dass eine Oberklasse immer ein generelles Konzept darstellt, die Unterklasse die Spezialisierung dieses Konzepts. Abweichungen davon führen zu unklaren Klassenhierarchien. Eine bequeme Nutzung von Methoden oder Attributen sollte nie die Motivation für Vererbung sein – in diesem Fall sollte eine geeignete Assoziation gewählt werden.

Auf dem Konzept der Vererbung und Implementierung basiert der **Polymorphismus** der Objektorientierung: Der Polymorphismus erlaubt, dass Variablen vom Typ einer Klasse oder einer Schnittstelle definiert werden können und diese Variablen alle Objekte einer Klasse aufnehmen können die von der Klasse, der Unterklasse oder einer implementierenden Klasse stammen. Dies führt dazu, dass man nicht wissen muss, ob ein Objekt ein verändertes Verhalten hat (oder nicht), sondern nur noch, ob die aufzurufende Operation angeboten wird (oder nicht). In Kombination mit der Nutzung der Vererbung im Sinne von „Spezialisierung“ erlaubt dies, eine abstrakte Definition der Klassen ohne sich zunächst um Details der Spezialisierung kümmern zu müssen.

?!! Verständnisfragen

Haben Sie alles verstanden? Mit den folgenden Fragen können Sie das Gelernte schnell prüfen:

1. Was sind die beiden Eigenschaftstypen einer Klasse?

☐ statische und nicht-statische Eigenschaften

☐ dynamische und nicht-dynamische Eigenschaften

☐ objektorientierte und funktionale Eigenschaften

☐ objektorientierte und prozedurale Eigenschaften

2. Was sind die Darstellungselemente eines Klassendiagramms?

☐ Klasse und Instanzen

☐ Attribute, Operationen, Instanzen

☐ Klasse, Attribute, Operationen

☐ Klasse, Operationen, Instanzen

3. Wozu dienen die Schnittstellen einer Klasse?

☐ Sie erlauben, die Beschreibung von der Implementierung zu entkoppeln.

☐ Sie erlauben, die Spezifikation von der Implementierung zu entkoppeln.

☐ Sie beschreiben die Beziehungen zwischen den Klassen.

☐ Sie erlauben, den Entwurf von der Implementierung zu entkoppeln.

4. Was sind die typischen Elemente eines Schnittstellendiagramms?

☐ Interface und Methoden

☐ Interface und Attribute

☐ Interface, Attribute und Methoden

☐ Interfaces und Signaturen

5. Was versteht man unter einer Assoziation?

☐ eine Beziehung zwischen Klassen oder Interfaces

☐ eine Beziehung zwischen Klassen und Methoden

☐ eine Beziehung zwischen Interfaces

☐ eine Beziehung zwischen Attributen

☐ eine Beziehung zwischen Instanzen

6. Was ist eine Membership-Beziehung?

☐ Sie definiert Attributwerte, die Instanzen der Klassen aufnehmen können.

☐ Sie definiert Klassen.

☐ Sie definiert die Attribute einer Klasse.

☐ Sie definiert das Verhalten der Klasse.

7. Was sind die wesentlichen Darstellungselemente einer Membership-Beziehung?

☐ Assoziation, Rolle der Klasse, Multiplizität

☐ Assoziation, Multiplizität

☐ Assoziation, Rolle der Klasse

☐ Assoziation, Assoziationsname, Rolle der Klasse, Multiplizität

8. In welcher Beziehung steht die „ist Teil von“-Beziehung zur Membership-Beziehung?

☐ Verallgemeinerung

☐ Spezialisierung

☐ keine

☐ Äquivalenz

☐ Vererbung

9. Was sind übliche Darstellungselemente einer Membership-Beziehung?

☐ Assoziation, Aggregatklasse, Navigationsrichtung, Multiplizität

☐ Assoziation, Navigationsrichtung, Multiplizität

☐ Assoziation, Aggregatklasse, Multiplizität

☐ Assoziation, Aggregatklasse, Navigationsrichtung

6 Objektorientierter Entwurf: Verhalten

Im letzten Schritt des objektorientierten Entwurfs werden die dynamischen Abläufe beschrieben. Dazu können Aktivitäts- oder Sequenzdiagramme genutzt werden. Aktivitätsdiagramme werden üblicherweise zur Beschreibung größerer, komplexer Abläufe eingesetzt. Sie wurden bereits im oben beschrieben. Sequenzdiagramme sind tiefer angesiedelt: Es beschreibt die Interaktion zwischen verschiedenen Kommunikationsteilnehmern und stellt dagegen den zeitlichen Verlauf des Aufrufs von mehreren Operationen und die Übergabe von Parametern dar. Dies setzt bereits einen objektorientierten Entwurf mit Klassen und Methoden voraus. Sequenzdiagramme erlauben jeden einzelnen Teilnehmer und die Reihenfolge der einzelnen Aufrufe darzustellen. Damit können die Abläufe besser nachvollzogen werden. Abb. 16 zeigt ein Sequenzdiagramm für den Ausleih-/Rückgabevorgang der Autovermietung.

Die wichtigsten Darstellungselemente sind dabei:

1. **Sequenzdiagrammrahmen**; der Name des Sequenzdiagramms wird links oben (mit dem Kürzel „sd") eingetragen.
2. **Kopf des Kommunikationspartners** (dargestellt durch ein Rechteck mit Doppelpunkt und Klassenname – dies repräsentiert ein Objekt der Klasse): Ein Objekt der Klasse Kunde.
3. **Passive Lebenslinie des Kommunikationspartners** (dargestellt durch eine gestrichelte Linie). Die Lebenslinie stellt den zeitlichen Verlauf von oben nach unten dar. Wenn der Partner passiv ist, tut er nichts.
4. **Aktive Lebenslinie des Kommunikationspartners** (dargestellt durch einen Balken). Wenn der Partner aktiv ist, sendet oder empfängt er Nachrichten.

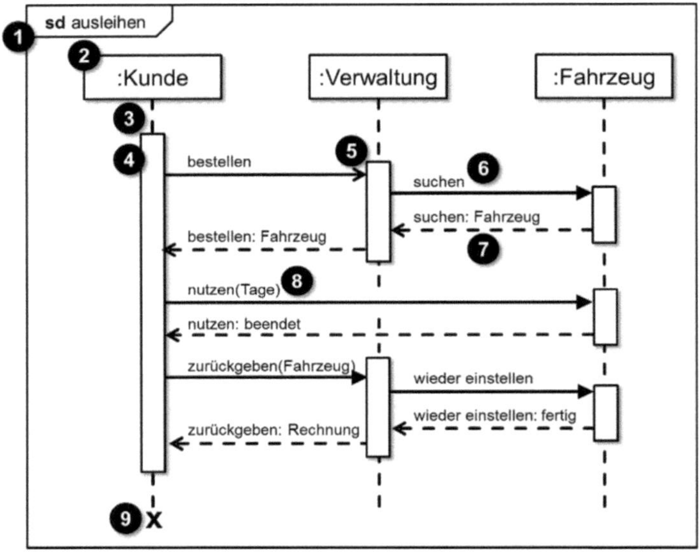

Abb. 16: Sequenzdiagramm

5. **Asynchrone Nachricht an einen Kommunikationspartner** (dargestellt durch einen Pfeil mit offener Pfeilspitze; der Pfeil ist mit dem Nachrichtennamen versehen). Der Kunde verschickt die Nachricht „Fahrzeug bestellen" an die Verwaltung. Bei einer asynchronen Nachricht wartet er nicht, sondern kann danach andere Dinge tun (z.B. mit seinem Smartphone die Verkehrsmeldungen abfragen).

6. **Synchrone Nachricht an einen Kommunikationspartner** (dargestellt durch einen Pfeil mit geschlossener Pfeilspitze). Die Verwaltung sucht ein geeignetes Fahrzeug. Bei einer synchronen Nachricht wartet das Objekt auf eine Antwort.

7. **Antwortnachricht** (dargestellt durch einen gestrichelten Pfeil mit offener Pfeilspitze; der Pfeil ist mit dem Namen

der ursprünglichen Nachricht und einem Ergebnis versehen). Das Fahrzeug liefert sich selbst als Resultat zurück.

8. **Synchrone Nachricht an einen Kommunikationspartner mit einem Parameter** (dargestellt in Klammern nach dem Nachrichtennamen). Der Kunde nutzt das Fahrzeug mehrere Tage.
9. **Ende der Lebenslinie eines Kommunikationspartners** (dargestellt durch ein „X“): Der Kunde wird nach Ende der Transaktion wieder gelöscht.

?!! Verständnisfragen

Haben Sie alles verstanden? Mit den folgenden Fragen können Sie das Gelernte schnell prüfen:

1. Welche Diagrammtypen beschreiben die dynamischen Abläufe?

- ☐ Aktivitäts-, Klassen- und Sequenzdiagramme
- ☐ Aktivitäts- und Klassendiagramme
- ☐ Aktivitäts- und Sequenzdiagramme
- ☐ Ablauf- und Aktivitätsdiagramme

2. Welche Nachrichtentypen können in diesen Diagrammtypen dargestellt werden?

- ☐ synchrone
- ☐ asynchrone
- ☐ keine
- ☐ synchrone und asynchrone

3. Was zeichnet synchrone Nachrichten aus?

- ☐ Die Nachricht kommt immer rechtzeitig an.
- ☐ Der Aufrufer wartet auf das Ergebnis.
- ☐ Die Nachricht wird rückverfolgt.
- ☐ Der Aufrufer wartet nicht auf das Ergebnis.

4. Was zeichnet asynchrone Nachrichten aus?

- ☐ Die Nachricht kommt immer rechtzeitig an.
- ☐ Der Aufrufer wartet auf das Ergebnis.
- ☐ Die Nachricht wird rückverfolgt.
- ☐ Der Aufrufer wartet nicht auf das Ergebnis.

7 Weiterführende Literatur

Grady Booch: Objektorientierte Analyse und Design. Addison Wesley, 1995.

Heide Balzert: Lehrbuch der Objektmodellierung: Analyse und Entwurf mit der UML 2, Spektrum Akademischer Verlag, 2. Auflage, 2004.

Heide Balzert: UML 2 kompakt: mit Checklisten, Spektrum Akademischer Verlag, 2010.

Christoph Kecher: UML 2: Das umfassende Handbuch, Galileo Press, 2011.

OMG (Object Management Group): Unified Modeling Language (UML) Resource Page, hwww.uml.org, zuletzt besucht 2014.

Bernd Oestereich: Analyse und Design mit der UML 2.5: Objektorientierte Softwareentwicklung, Oldenbourg Wissenschaftsverlag, 2013.

Chris Rupp, Stefan Queins und die SOPHISTen: UML 2 glasklar: Praxiswissen für die UML-Modellierung, Hanser, 2013.

Marcus Deininger/Thomas Kessel

K
Java

1 Einführung

Java ist eine typisierte, **objektorientierte Programmiersprache**, die von einem Compiler in den sogenannten Java-Byte-Code übersetzt wird. Der Java-Byte-Code wird durch eine virtuelle Maschine („JVM") interpretiert.

Dieses Vorgehen erlaubt, dass ein Java-Programm überall dort laufen (und zu den gleichen Ergebnissen kommen) kann, wo eine **virtuelle Maschine** installiert ist.

Java besitzt eine umfangreiche **Klassenbibliothek**, die Teil der Sprache ist und regelmäßig erweitert wird.

Es gibt **3 Ausgaben von Java**, die unterschiedliche Ziele verfolgen und sich im Wesentlichen durch die Klassenbibliotheken unterscheiden:

- **Java Standard Edition (JSE):** orientiert sich am PC und bietet grundlegende Funktionalitäten (inkl. Benutzeroberfläche, Datenbank) an.
- **Java Enterprise Edition (JEE):** ausgelegt für die Entwicklung unternehmenskritischer Anwendungen, es basiert auf der JSE und erweitert diese um weitere Technologien z. B. für verteilte Komponenten, Internet-Programmierung. JSE und JEE nutzen dieselbe JVM.
- **Java Micro Edition (JME):** entworfen für den Einsatz in mobilen und eingebetteten Systemen – die JME nutzt eine andere JVM, die nicht mit der von JSE kompatibel ist.

Java gehört der Firma Oracle. Das Java Development Kit (JDK), das den Java-Compiler und die virtuelle Maschine enthält, kann für alle üblichen Plattformen kostenlos unter www.oracle.com/java heruntergeladen und genutzt werden.

Notation

Die folgenden Abschnitte stellen die wesentlichen Konzepte und die dazugehörige **Syntax** der Programmiersprache Java zusammen.

Zur Beschreibung der Syntax wird die folgende **Notation** genutzt:

- Programmcode wird in der Schriftart `Courier` dargestellt.
- Schlüsselwörter werden **`fett`** dargestellt.
- Platzhalter für konkrete Namen, Schlüsselwörter oder Codeteile werden *`kursiv`* dargestellt.
- Mehrfache Wiederholungen werden durch einen Stern am Ende `*` dargestellt.
- Optionen werden durch eckige Klammern dargestellt `[]`.
- Alternativen werden durch einen Strich abgetrennt |.
- Analoge Fortsetzungen werden durch ... dargestellt.

Aufbau, Übersetzung und Ausführung eines Java-Programms

Das zentrale Element von Java ist die Klasse.

Eine Klasse hat die Form **`public class`** *`Klassenname`* { *`Anweisungen`* } und muss in einer Datei gleichen Namens mit der Endung java abgelegt sein. Die Methode, mit der ein

Java-Programm gestartet wird, ist die Methode namens `main`, die immer die Form **`public static void`** `main(String[] args)` haben muss.

Ein **einfaches Java-Programm**, das einen Text am Bildschirm ausgibt, hat die Form:

```
public class Hello{
 public static void main(String[] args){
 System.out.println("Hello World");
 }
}
```

Das Programm wird mit dem Befehl `javac Hello.java` in die Datei `Hello.class` übersetzt und mit dem Befehl `java Hello` ausgeführt. Als Resultat erscheint die Ausgabe `Hello World` am Bildschirm.

Verständnisfragen

Haben Sie alles verstanden? Mit den folgenden Fragen können Sie das Gelernte schnell prüfen:

1. Welche Versionen von Java gibt es?

- ☐ Java Super Edition (JSE)
- ☐ Java Standard Edition (JSE)
- ☐ Java Community Edition (JCE)
- ☐ Java Company Edition (JCE)
- ☐ Java Enterprise Edition (JEE)

2. Was gehört alles zu Java?

- ☐ Javas Virtuelle Maschine (JVM)
- ☐ Java Development Kit (JDK)
- ☐ Java Tutorial Kit (JTK)
- ☐ Java Virtual Accelerator (JAVA)
- ☐ Java Deveopment Tools (JDT)

3. Was ist die ausführbare Definition einer Java-Klasse?

- ☐ `public class Klassenname { Anweisungen }`
- ☐ `class Klassenname { Anweisungen } ;`
- ☐ `class ; class Klassenname { Anweisungen }`
- ☐ `Klassenname class { Anweisungen }`
- ☐ `class { Anweisungen }`

4. Welche der folgenden Klassendefinitionen von Summe ist ausführbar?

- ☐ `public class Summe { int i=4; int j=5; int summe = i + j;}`
- ☐ `Summe class { int i=4; int j=5; int summe = i + j;} ;`
- ☐ `public class Summe { }`
- ☐ `public class { }`

5. Unter welchem Dateinamen muss die Klasse Summe abgespeichert werden?

- ☐ Summe.class
- ☐ Summe.java
- ☐ Summe.exe
- ☐ Summe.txt
- ☐ Summe.source

6. Mit welchem Kommando wird die Quelltextdatei mit der Java-Klasse Summe übersetzt?

- ☐ java Summe.java
- ☐ java Summe.class
- ☐ javac Summe.class
- ☐ java Summe.java
- ☐ javac Summe.java

7. Wie lautet die Datei der übersetzten Java-Klasse Summe?

- ☐ Summe.java
- ☐ Summe
- ☐ Summe.exe
- ☐ Summe.binary
- ☐ Summe.class

8. Wie lautet die Eingabe um das übersetzte Java-Programm Summe auszuführen?

- ☐ Summe
- ☐ java Summe.class
- ☐ java Summe
- ☐ javac Summe.class
- ☐ run Summe

9. Wie heißt der Code in den das Java-Programm durch den Compiler übersetzt wird?

- ☐ Quellcode
- ☐ Javacode
- ☐ Java-Byte-Code
- ☐ Ausführbarer Code
- ☐ Binary

10. Was sind die typischen Merkmale von Java?

- ☐ objektorientiert
- ☐ prozedural
- ☐ logisch
- ☐ plattformunabhängig
- ☐ typisiert

2 Variablen und Datentypen

Datentypen beschreiben einen **Wertebereich und Operationen**, die auf den Daten des Wertebereichs ausgeführt werden können.

Java unterscheidet einfache (oder primitive) Typen und Referenztypen.

- Einfache Datentypen, z. B. **`int`**, **`double`**, sind durch die Programmiersprache vorgegeben.
- Referenztypen sind teilweise vorgegeben, ein Programmierer kann aber auch eigene Referenztypen über die Einführung von Klassen definieren und verwenden.

Einfache Datentypen

Einfache Datentypen haben einen fest vorgegebenen Speicherplatz. Sie sind in Java vordefiniert und können auch nicht ergänzt werden.

Es gibt die folgenden einfachen Typen:

Java-Typen	Datenart	Operationen	Anmerkung
`byte`, `short`, `int`, `long`	Ganze Zahlen	Mathematische Operationen: +, -, *, /, % (Divisionsrest), ...	Unterschiedliche Zahlenbereiche
`float`, `double`	Fließkommazahlen	Mathematische Operationen: +, -, *, /, ...	Unterschiedliche Genauigkeiten
`boolean`	Wahrheitswerte	Logische Operationen && (und), || (oder) ! (nicht)	Besitzt die beiden Werte `true` (wahr) oder `false` (falsch).

Java-Typen	Datenart	Operationen	Anmerkung
`char`	Zeichen	Mathematische Operationen, da Buchstaben intern als Zahlen codiert werden.	Hat den Umfang des Datentyps **`short`**

Die Datentypen sind in aufsteigender Reihenfolge (gemäß ihren Wertebereichen) wie folgt angeordnet:

`byte` → `short` → `int` → `long` → `float` → `double`

Dabei kann eine Variable eines Datentyps mit kleinem Wertebereich automatisch in einen Datentyp mit größerem Wertebereich konvertiert wer-den.

> Das Umgekehrte gilt aber nicht, da hier ggf. Informationen verloren gehen würden.

Variablen können **Werte** eines Typs aufnehmen. Sie werden in der folgenden Form deklariert: *`Typ Variablenname;`* z. B. **`int`** `x;`

> Variablen beginnen üblicherweise mit einem Kleinbuchstaben.

Variablen werden mittels des Zuweisungsoperators `=` mit einem Wert belegt. Eine **Zuweisung** hat die allgemeine Form *`Variablenname`* `=` *`Ausdruck`*`;`

Ein **Ausdruck** kann dabei

- ein einfacher Wert (z. B. `x = 10;`) oder
- ein arithmetischer Ausdruck
- oder logischer Ausdruck mit weiteren Variablen und Methodenaufrufen (z. B. `x = 5 + 10 * y;`) sein.

Variablen können bei der **Deklaration** bereits mit einem Ausdruck initialisiert werden, z. B. `int x = 10;`

Konstanten stellen eine besondere Kategorie von Variablen dar: Hier wird der Wert bei der ersten Zuweisung festgelegt und kann danach nicht mehr geändert werden. Dies wird durch die Präfix **`final`** bei der Deklaration angezeigt.

> Konstanten werden üblicherweise in Großbuchstaben gesetzt, z. B. `final int ANZAHL = 10;`

Referenztypen und Felder

> **Referenztypen** zeichnen sich dadurch aus, dass Variablen dieser Typen nur eine Referenz auf den Wert haben, nicht aber den Wert selbst enthalten.

Referenztypen sind einerseits der vordefinierte Feldtyp „Array" sowie alle in Java definierten Klassen. Mit neuen Klassen definiert ein Programmierer neue Referenztypen.

> **Felder** sind ein Referenztyp, der syntaktisch besonders formuliert wird.

Felder umfassen eine Reihe von Elementen desselben Datentyps, auf die über einen evtl. mehrdimensionalen Index zugegriffen wird.

Beim Feld muss bei der **Deklaration** festgelegt werden,

- um welchen Datentypen,
- wie viele Dimensionen und
- um wie viele Elemente es sich hierbei handelt.

Die **syntaktische Deklaration** eines eindimensionalen Feldes erfolgt durch ein dem Typ nachgestelltes „`[]`“. Initialisiert wird das Feld mit dem Operator **`new`** und der Angabe der Größe in der Form `Typ[] Variablenname = new Typ[Größe];` z. B. `int[] f = new int[10];` Mehrdimensionale Felder haben entsprechend mehr Klammerpaare.

Auf die einzelnen Feldelemente kann über den **Index** zugegriffen werden. Indizes beginnen bei 0, so liefert z. B. `f[0]` das erste Element des Felds und `f[2]` das dritte Element. Die **Größe** eines Feldes kann mit dem Attribut length ermittelt werden, so liefert z. B. `f.length` den Wert 10.

Verständnisfragen

Haben Sie alles verstanden? Mit den folgenden Fragen können Sie das Gelernte schnell prüfen:

1. Welche beiden Kategorien von Datentypen werden unterschieden?

- ☐ elementare und referenzierte Typen
- ☐ elementare und komplexe Typen
- ☐ einfache Typen und Referenztypen
- ☐ direkte und Referenztypen
- ☐ einfache und schwierige Typen

2. Welche der aufgeführten Datentypen werden in Java angeboten?

- ☐ `short`
- ☐ `integer`
- ☐ `complex`
- ☐ `long`
- ☐ `float`

3. Welche Aufgabe hat eine Variable?

- ☐ Speicherung eines Wertes
- ☐ Überprüfung des Wertes
- ☐ Flexibilität bei der Berechnung
- ☐ Anzeige des Wertes
- ☐ Löschung des Wertes

4. Wie erfolgt die Deklaration einer Variablen?

- ☐ `Variablenname;`
- ☐ `Variablenname Typ;`
- ☐ `Typ Variablenname;`
- ☐ `Typ: Variablenname;`
- ☐ `Typ; Variablenname;`

5. Welche der folgenden Variablendeklarationen und -zuweisungen ist korrekt?

- ☐ `i int ;`
- ☐ `int i,j;`
- ☐ `int i = 10;`
- ☐ `i int = 10;`
- ☐ `i: int = 10;`

6. Welche der folgenden Konvertierungen kann automatisch vorgenommen werden?

- ☐ `short` → `int`
- ☐ `double` → `byte`
- ☐ `long` → `double`
- ☐ `float` → `long`
- ☐ `int` → `float`

7. Welche der folgenden Ausdrucke ist gültig?

☐ `i = 10 * j++;`
☐ `i++;`
☐ `i = !(&a);`
☐ `i = a && b;`
☐ `+i`

8. Was ist eine Konstante?

☐ ein Wert
☐ der Name für eine besondere Variable
☐ eine Kategorie von Datentypen
☐ ein unveränderlicher Wert
☐ eine Zahl

9. Was wird bei der folgenden Deklaration eines Feldes alles festgelegt? `int [] feld = new int[4];`

☐ die Werte
☐ der Datentyp
☐ die Dimension
☐ die Anzahl der Elemente
☐ die Nutzung

10. Wie kann die Länge eines Feldes festgestellt werden?

☐ Bei der Deklaration des Feldes.
☐ Durch das Attribut length.
☐ Durch die Methode length().
☐ Gar nicht.

3 Kontrollstrukturen

Als Kontrollstrukturen bezeichnet man die Sprachelemente einer Programmiersprache, die den Ablauf eines Programms steuern.

Es gibt dabei im Wesentlichen **drei Kategorien** von Kontrollstrukturen in Java:

- Sequenz
- Auswahl: `if-else` oder `switch-case`
- Schleife (Wiederholung, Iteration): `for`, `while` oder `do-while`

Sequenz

Eine Sequenz ist eine Gruppe von Anweisungen hinter- oder untereinander geschrieben.

Diese Anweisungen werden in dieser Reihenfolge auch ausgeführt. Sequenzen können mit geschweiften Klammern zu einem *Block* zusammengefasst werden. Z. B.

```
{
  System.out.println
   ("Dies ist eine Anweisung");
  System.out.println
   ("Dies ist eine weitere Anweisung");
}
```

Auswahl

Eine Auswahl kann durch zwei Konstrukte realisiert werden:

- zum einen die if-else-Verzweigung und
- zum anderen die switch-Anweisung.

Der syntaktische Aufbau der **if-Anweisung** sieht wie folgt aus:

```
if(Bedingung)
  Anweisung_1;
else
  Anweisung_2;
```

Bei der **if-else-Abfrage** wird geprüft, ob die angegebene Bedingung logisch wahr oder falsch ist. Ist die Bedingung wahr, wird die Anweisung 1 ausgeführt, ansonsten wird die Anweisung 2 ausgeführt. Die Anweisungen sind entweder eine einzelne Anweisung oder ein Block mit mehreren Anweisungen.

> Der else-Teil mit der zweiten Anweisung ist optional. In diesem Fall wird nur die erste Anweisung ausgeführt, wenn die Bedingung wahr ist.

Die Syntax der **switch-case-Abfrage** ist:

```
switch(Ausdruck){
  case Alternative_1: Anweisungen_11;
    Anweisungen_12;...;
  case Alternative_2: Anweisungen_21;
    Anweisungen_22;...;
  ...
  default: Anweisungen;
}
```

Die Alternativen des Ausdrucks in switch dürfen lediglich konstante Werte vom Typ

- **`char`**,
- **`byte`**,
- **`short`**, und
- **`int`**
- (sowie vom Typ String seit Java 7)

sein.

> Die Anweisungen eines case sollten mit **`break;`** beendet werden, da ansonsten die nachfolgenden Anweisungsblöcke ebenfalls ausgeführt werden. Der default-Zweig wird ausgeführt, wenn keine der vorherigen Alternativen ausgeführt wird.

Schleifen

Bei den Schleifen (Wiederholungen, Iterationen) gibt es 3 Typen:

- `for`
- `while`
- `do-while`

> Die **for-Schleife** erlaubt es, die Schleifenparameter, die Abbruchbedingung und Änderung direkt zu definieren.

Der prinzipielle Aufbau sieht wie folgt aus:

```
for(Initialisierung; Bedingung; Update)
  Anweisung
```

Im ersten Teil wird üblicherweise die Schleifenkontrollvariable deklariert und initialisiert und anschließend wird diese auf eine Bedingung hin getestet.

- Im positiven Fall werden die Anweisungen des Schleifenrumpfs und ein Update der Schleifenkontrollvariable (typischerweise Erhöhung oder Reduzierung um 1) ausgeführt.
- Im negativen Fall wird die Schleife verlassen. Die Anweisung ist entweder eine einzelne Anweisung oder ein Block mit Anweisungen.

Beispiel für eine for-Schleife:

`for (int i = 1; i < 5; i++)`	■ Der Schleifenzähler i wird deklariert und mit dem Wert 1 belegt. ■ Die Schleife wird fortgeführt, solange i < 5 gilt, ansonsten wird die Schleife gestoppt und verlassen. ■ Im positiven Fall wird der Schleifenzähler (bei jedem Durchgang) jeweils um eins erhöht.
`System.out.println ("Durchlauf: " + i);`	■ Ausgabe des Texts, inklusive des Werts des Schleifenzählers

Eine typische Anwendung der for-Schleife ist die Durchwanderung eines Felds, z. B. eines Felds f:

```
for(int i = 0; i < f.length; i++)
  System.out.println((i + 1) +
    " Element: " + f[i]);
```

Die **while-Schleife** und die **do-Schleife** bietet im Gegensatz zur for-Schleife nur die Möglichkeit, die Abbruchbedingung zu prüfen.

Evtl. Schleifenparameter und deren Änderung muss ein Programmierer an anderer Stelle (vor der Schleife und im Rumpf) vorsehen.

Der prinzipielle Aufbau der while-Schleife sieht folgendermaßen aus:

```
while(Bedingung)
  Anweisung
```

Analog zur for-Schleife testet die while-Schleife zuerst, ob die Bedingung erfüllt ist, und erst danach werden die Anweisung(en) des Schleifenrumpfs ausgeführt.

Beispiel für eine while-Schleife:

`int i = 1;`	Der Schleifenzähler i wird deklariert und mit dem Wert 1 belegt.
`while (i < 5){`	Es wird geprüft, ob die Schleifenbedingung (noch) erfüllt ist.

`System.out.println ("Durchlauf: " + i);`
 	
`i++`
`}`
	Ausgabe des Texts, inklusive des Werts des Schleifenzählers.
	Hochzählen des Schleifenzählers.

Im Gegensatz zu den vorhergehenden Schleifen, testet die do-while-Schleife erst am Ende, ob die Bedingung zum weiteren Durchlauf der Schleife noch erfüllt ist. Sie ist syntaktisch wie folgt strukturiert:

```
do
 Anweisung
while(Bedingung)
```

Die do-while-Schleife wird mindestens einmal ausgeführt, der Rumpf der while-Schleife wird ggfs. gar nicht ausgeführt.

Beispiel für eine do-while-Schleife:

`int i = 1;`	Der Schleifenzähler i wird deklariert und mit dem Wert 1 belegt.
`do{`	Beginn der Schleife

`System.out.println`
`("Durchlauf: " + i);`
`i++;`
	Ausgabe des Texts, inklusive des Werts des Schleifenzählers.
	Hochzählen des Schleifenzählers.

`}while(i< 5);`	Es wird geprüft, ob die Schleifenbedingung (noch) erfüllt ist.

Verständnisfragen

Haben Sie alles verstanden? Mit den folgenden Fragen können Sie das Gelernte schnell prüfen:

1. Was ist eine Sequenz?

- ☐ eine einzelne Anweisung
- ☐ arithmetische Anweisungen, die inhaltlich zusammengehören
- ☐ eine Abfolge von Anweisungen
- ☐ eine Verzweigung des Programmflusses
- ☐ eine Schleife

2. Welche der folgenden Konstrukte setzt eine Auswahl um?

- ☐ `if-then-else`
- ☐ `if-else`
- ☐ `case`
- ☐ `switch`
- ☐ `switch-case`

3. Welche Schleifen sind in Java vorhanden?

- ☐ `repeat-until`
- ☐ `for`
- ☐ `while`
- ☐ `while-do`
- ☐ `do-while`

4. Welches der folgenden Code-Beispiele stellt eine ausführbare Sequenz dar?

- ☐ `i = 10; j++; k = 20;`
- ☐ `i = 10; if (i < j) { j++; }`
- ☐ `for(int i=1; i++);`
- ☐ `{ i = 10; j++; k = 20;}`
- ☐ `i++; ; ++j;`

5. Welcher der folgenden Ausdrücke zur Auswahl ist korrekt?

- ☐ `if (true) { i = 1; }`
- ☐ `if (true) then { i = 1; }`
- ☐ `if (i < j) i = 1;`
- ☐ `if (i < j) then { i = 1; }`
- ☐ `if (i < j) { i = 1; } else { i=2; }`

6. Welcher der folgenden for-Schleifenausdrücke ist ausführbar?

- ☐ `for(;;);`
- ☐ `for(int i=1; i++);`
- ☐ `for(i = 1; i++; );`
- ☐ `for(i=1; true;) { j++;};`

7. Welcher while-Schleifenausdruck ist korrekt?

☐ `while (i > 0) {i++;}`
☐ `while (i > 0) i++;`
☐ `while (true) i++;`
☐ `while (i++) {j++;}`

8. Welcher der folgenden for-Schleifenausdrücke führt zu einer Endlosschleife?

☐ `for(;true;);`
☐ `for(int i=-1; true; );`
☐ `for(int i=-1; i <0; i++);`
☐ `for(int i=1; i >0; i--);`
☐ `for(int i=-1; i >0; i--);`

9. Weche drei Arten von Kontrollstrukturen gibt es?

☐ Sequenz
☐ Addition
☐ Auswahl
☐ Schleife
☐ Subtraktion

10. Was bedeutet das Update in der for-Scheife?

☐ Eine Änderung der Scheifenkontrollvariable.
☐ Abbruch der Schleife.
☐ Eine Auswertung der Bedingung.
☐ Eine Aktualisierung aller Variablen.

4 Methoden

Grundlagen

Methoden werden in der Form definiert: `Modifier* (Rückgabetyp | void) Methodenname (Parameterliste){ Methodenkörper }`

Methoden fassen Anweisungen unter einem *symbolischen Methodennamen* zusammen. Die Methode kann unter diesem Namen aufgerufen werden und führt dann die enthaltenen Anweisungen aus.

Methoden können Werte durch *Parameter* übergeben bekommen.

- *Formale Parameter* sind symbolische Namen, die zur Deklaration der Methode genutzt werden.
- *Aktuelle Parameter* sind die tatsächlichen Werte, die während der Ausführung genutzt werden.

Die **formalen Parameter** werden in der Parameterliste zusammen mit ihrem Typ in der Form `Parametertyp Parameter, ...` deklariert. Die Parameterliste kann auch leer sein. Aktuelle Parameter werden in der Reihenfolge der Deklaration an die formalen Parameter gebunden.

Der `Methodenkörper` ist eine Sequenz von Java-Anweisungen.

Methoden können einen `Rückgabetyp` besitzen. In diesem Fall muss die Methode einen Wert vom entsprechenden Typ zurückgeben. Dem **Rückgabewert** wird das Schlüsselwort

return vorangestellt. Mit **return** wird die Ausführung der Methode beendet und die Kontrolle an den aufrufenden Programmteil zurückgegeben.

Gibt die Methode kein Ergebnis zurück, hat sie den Rückgabetyp **void**. In diesem Fall ist auch **return** ohne Rückgabewert möglich.

Modifier legen die Sichtbarkeit / Gültigkeit der Methode fest (→ Sichtbarkeit / Gültigkeit).
Methoden können sich selbst aufrufen – in diesem Fall spricht man von *Rekursion*.

Beispiel: Die folgende Methode schneidet Zahlen oberhalb von 7 ab:

	Die Methode
`float hoehenFilter(float x){`	■ hat keine *Modifier* (und hat damit `default`-Sichtbarkeit, → Sichtbarkeit / Gültigkeit) ■ hat den Rückgabetyp **`float`** ■ hat den Namen `hoehen-Filter` ■ hat einen formalen Parameter `x` vom Typ **`float`**

`if(x > 7.0f)`
`return 7.0f;`
`else`
`return x;`
`}`
	■ gibt per **`return`** `7` oder `x` (falls `x` größer als `7` war) zurück

Beispiel: Aufruf der Methode in einem anderen Programmteil:

	Der Aufruf
`System.out.` `prinln(hoehenFilter(8));`	■ bindet den aktuellen Parameter `8` an den formalen Parameter `x` ■ gibt das Ergebnis `7.0f` zurück.

Signatur und überladen

Als *Signatur* einer Methode werden der Name und die Parametertypen (in der Reihenfolge der Deklaration) bezeichnet. Modifier, Ergebnistyp und Parameternamen gehören nicht zur Signatur. Innerhalb einer Klasse (→ Sichtbarkeit / Gültigkeit) dürfen nur Methoden unterschiedlicher Signatur vorkommen.

Die Signatur der Methode `hoehenFilter` ist
`hoehenFilter(`**`float`**`)`.
Eine Klasse kann mehrere Methoden mit gleichem Namen und unterschiedlichen Parametertypen besitzen – die Methode ist in diesem Fall *überladen*.

Verständnisfragen

Haben Sie alles verstanden? Mit den folgenden Fragen können Sie das Gelernte schnell prüfen:

1. Was ist eine Methode?

- ☐ eine Reihe von Anweisungen
- ☐ eine Zusammenfassung von Anweisungen unter einem Methodennamen
- ☐ eine Anweisung die auf eine andere folgt

2. Welches Element gehört nicht zur Definition einer Methode?

- ☐ Rückgabetyp
- ☐ Methodenname
- ☐ Methodenaufruf
- ☐ Parameternamen
- ☐ Parametertypen

3. Was ist als Rückgabetyp zu deklarieren, wenn die Methode keinen Rückgabewert liefert?

- ☐ `null`
- ☐ `default`
- ☐ `nothing`
- ☐ `void`
- ☐ `Object`

4. Aus welchen Elementen setzt sich die Signatur der Methode zusammen?

- ☐ Modifier
- ☐ Methodenname
- ☐ Rückgabetyp
- ☐ Parametertypen
- ☐ Parameternamen

5. Gegeben ist der folgende Programmausschnitt

```
public int summe(int a, int b){
 return a + b;
}
public static void main(String[] args){
 int c = summe(2, 3);
}
```

Welche der folgenden Aussagen ist richtig?

- ☐ a ist ein formaler Parameter der Methode summe
- ☐ a ist ein aktueller Parameter der Methode summe
- ☐ 2 ist ein formaler Parameter der Methode summe
- ☐ 2 ist ein aktueller Parameter der Methode summe
- ☐ c ist ein formaler Parameter der Methode main

6. Gegeben ist die folgende Methode

```
public int summe(int n){
 if(n == 0)
  return 0;
 else
  return summe(n-1) + n;
}
```

Welche der folgenden Aussagen ist richtig?

- ☐ summe ist eine iterative Methode
- ☐ summe liefert ein Resultat für Werte < 0
- ☐ summe ist eine rekursive Methode
- ☐ summe ist nicht lauffähig
- ☐ summe liefert die Summe von 0 bis n

7. Welches Verhalten hat das return in einer Methode?

- ☐ Es gibt ein Ergebnis am Bildschirm aus.
- ☐ Es gibt ein Ergebnis zurück.
- ☐ Es beendet die Abarbeitung der Methode.
- ☐ Es beendet die Abarbeitung des Programms.
- ☐ Es wiederholt die Abarbeitung der Methode.

8. Was regelt der Zugriffsmodifier?

- ☐ Die Geschwindigkeit der Methode.
- ☐ Die Zugriffszeit auf die Methode.
- ☐ Die Sichtbarkeit einer Methode
- ☐ Den Speicherbedarf einer Methode.
- ☐ Von welcher Stelle die Methode ausgeführt werden kann.

9. Gegeben ist die folgende Methode

```
public int summe(int a, int b){
 return a + b;
}
```

Welches ist die Signatur der Methode?

- ☐ `public int summe(int a, int b)`
- ☐ `int summe(int a, int b)`
- ☐ `summe(int a, int b)`
- ☐ `int summe(int, int)`
- ☐ `summe(int, int)`

10. Welche der folgenden Aussagen sind richtig?

- ☐ Statische Methoden sind der Klasse zugeordnet.
- ☐ Rekursive Methoden müssen immer public sein.
- ☐ Abstrakte Methoden haben keinen Methodenkörper.
- ☐ Private Methoden dürfen keine formalen Parameter besitzen.
- ☐ Finale Methoden können nur einmal ausgeführt werden.

5 Sichtbarkeit / Gültigkeit

Ein Programmsystem wird in Teile oder *Komponenten* zerlegt, um diese Komponenten möglichst unabhängig behandeln zu können. In dieser Situation bekommt das Thema „Sichtbarkeit / Gültigkeit" eine zentrale Rolle.

Komponenten in Java sind Methoden, Klassen und Pakete.

- *Klassen*: Klassen sind die zentrale Komponente in Java (und allen objektorientierten Sprachen). Eine Klasse besteht aus Variablen und Methoden und ggfs. weiteren inneren Klassen.
- Klassen werden in der Form definiert: `Modifier* class Klassename { Klassenkörper }` Klassennamen beginnen üblicherweise mit einem Großbuchstaben
- *Methoden* (→ Methoden): die kleinste Einheit, in die ein Programm zerlegt werden kann. Methoden müssen innerhalb einer Klasse definiert werden. Methodennamen beginnen üblicherweise mit einem Kleinbuchstaben.
- *Pakete*: Pakete enthalten Klassen und ggfs. weitere Pakete.
- Klassen werden mit dem Schlüsselwort **package** einem Paket zugeordnet. Dies geschieht in der Form: `package Paketname.(Paketname)*;` am Anfang einer Klassendeklaration,

z. B.

`package aussen.innen;`	Dabei ist `aussen` das äußere Paket, das das Paket `innen` enthält, das wiederum die `Klasse` enthält.
`public class Klasse{ … }`	

Pakete können ein- oder mehrstufig sein. Eine Klasse kann immer nur einem Paket zugeordnet sein.

Pakete werden auf *Betriebssystemebene* als Verzeichnisse umgesetzt – der Paketname muss dabei genau dem Verzeichnisnamen entsprechen. Paketnamen sind üblicherweise in Kleinbuchstaben. Enthält ein Paket ein anderes Paket, so ist es auch im entsprechenden Verzeichnis. Enthält ein Paket eine Klasse, so ist die Klasse auch im entsprechenden Verzeichnis des Pakets.

Das Geheimnisprinzip und Modifier

Das zentrale Prinzip, um die Unabhängigkeit zwischen Komponenten zu erreichen, ist das **Geheimnisprinzip** („Information Hiding"), das auf David Parnas (1974) zurückgeht.

Dieses Prinzip bezieht sich im Wesentlichen auf die Zerlegung in

- Klassen und
- Pakete.

Die **zentralen Ideen** sind,

- dass Komponenten nur die Informationen, die tatsächlich nötig sind, zur Verfügung stellen – alle übrigen Informationen werden verborgen
- und dass auf diese Informationen von außerhalb nur über Methoden zugegriffen werden darf – der direkte Zugriff auf Variablen von außerhalb ist verboten.

Java kontrolliert den Zugriff (und realisiert damit das Geheimnisprinzip) mit Hilfe der *Modifier*

- **`public`**,
- **`private`**,
- **`protected`** und
- *`default`*.

> *`default`* ist kein eigenes Schlüsselwort, sondern ist dann festgelegt, wenn keines der anderen drei Schlüsselwörter verwendet wird.

Diese Modifier können auf Variablen, Methoden oder (eingeschränkt) auf Klassen angewandt werden.

Eine Variable x oder eine Methode m einer Klasse
`public class A {`
` Modifier EinTyp x;`
` Modifier void m(...){`
` ...`
` }`
`}`
kann verwendet werden von ...
	`public`	**`protected`**	– *(default)*	**`private`**

der Klasse A selbst	ja	ja	ja	ja
einer Klasse *B* im gleichen Paket	ja	ja	ja	nein
einer Unterklasse von *A* in einem anderen Paket	ja	ja	nein	nein
einer Klasse *B* in einem anderen Paket; wobei B keine Unterklasse von A sein muss	ja	nein	nein	nein

<table>
<tr><th>Die Klasse
Modifier **class** A
kann verwendet werden von ...</th><th>public</th><th>protected</th><th>–
(default)</th><th>private</th></tr>
<tr><td>einer Klasse *B* im gleichen Paket</td><td>ja</td><td rowspan="2">nur für innere Klassen verwendbar</td><td>ja</td><td rowspan="2">nur für innere Klassen verwendbar</td></tr>
<tr><td>einer Klasse *B* in einem anderen Paket</td><td>ja</td><td>nein</td></tr>
</table>

Hinweise:

- Üblicherweise sollten Variablen immer **`private`** sein.
- Methoden können je nach Verwendung **`private`** (Hilfsmethoden), **`public`** (öffentliche Methoden) oder **`protected`** (auf Pakete oder Unterklassen beschränkte Methoden) sein.
- *`default`* wird eher selten eingesetzt.

Qualifikation und Import

Elemente aus anderen Klassen können nicht direkt verwendet werden – sie müssen über eine Qualifikation identifiziert werden.

Eine **Qualifikation** besteht aus

- den Paketnamen,
- dem Klassennamen und schließlich
- dem Elementnamen,

jeweils getrennt durch einen Punkt, also:

`(Paketname.)*Klassenname.Elementname`

Die Qualifikation kann durch einen **Import** ersetzt werden – in diesem Fall werden zu Beginn der Klasse (nach der

Paketdeklaration) durch den Import die Klassen angegeben, von denen Elemente verwendet werden sollen. In diesem Fall kann die Qualifikation durch die Paketnamen weg gelassen werden, also: **`import`** `(`*`Paketname.`*`)*`*`Klassenname;`*

Gültige und sichtbare Elemente

Informationen, die von einer Komponente verwendet werden können, bezeichnet man als (für diese Komponente) *gültig*. Wenn Sie darüber hinaus direkt (d. h. ohne Qualifikation) verwendet werden können, bezeichnet man sie als *sichtbar*.

Eine Besonderheit stellen **überdeckte Elemente** dar:

Das sind Elemente, die denselben Namen haben z. B. eine Variable in einer Klasse und in einer Methode (z. B. ein Parameter). In diesem Fall ist in der Methode der Parameter sichtbar, die Variable der Klasse ist aber für die Methode nur gültig, aber nicht sichtbar.

Um auf diese Variable zuzugreifen, muss sie über den Klassennamen (bei statischen Elementen, → Objektorientierung) oder **`this`** (bei Instanzelementen, → Objektorientierung) qualifiziert werden.

Im folgenden **Beispiel** wird die Variable n durch den Parameter n in der Methode m überdeckt. Die Methode qualifiziert die Variable der Klasse durch **`this`**`.n`.

```
public class A{
  private int n;
  public int m(int n){
    this.n = n;
  }
}
```

Verständnisfragen

Haben Sie alles verstanden? Mit den folgenden Fragen können Sie das Gelernte schnell prüfen:

1. Aus welchen Elementen besteht eine Klasse?

- ☐ Variablen
- ☐ Methoden
- ☐ Objekten
- ☐ Paketen

2. Was ist das Java-Schlüsselwort für ein Paket?

- ☐ `paket`
- ☐ `box`
- ☐ `package`
- ☐ `pack`

3. Was ist das Geheimnisprinzip?

- ☐ Alle Informationen werden vor externen Zugriffen versteckt.
- ☐ Nur die benötigten Informationen werden sichtbar gemacht.
- ☐ Der externe Zugriff erfolgt einfach durch die Variablen.
- ☐ Der externe Zugriff ist in Form spezieller Methoden implementiert.

4. Welches der folgenden Schlüsselwörter bezeichnet keinen Modifier?

- ☐ `public`
- ☐ `protected`
- ☐ `private`
- ☐ `secure`
- ☐ `closed`

5. **Was wird für den Import von Java-Klassen, der sog. Qualifikation, benötigt?**

- ☐ Verzeichnispfad
- ☐ Paketnamen
- ☐ Klassennamen
- ☐ Methodennamen
- ☐ Variablennamen

6. **Gegeben ist die folgende Klasse**

```
public class K{
 private int n;
 public void m(int n){
  System.out.println(n);
 }
}
```

Welche der folgenden Aussagen ist richtig?

- ☐ Die Instanzvariable n ist in der Methode m sichtbar.
- ☐ Die Instanzvariable n ist in der Methode m gültig.
- ☐ Die doppelte Verwendung von Variablennamen führt zu einem Fehler.
- ☐ Die Instanzvariable n ist in der Methode m nicht erreichbar.
- ☐ Die Instanzvariable n ist in der Methode m überdeckt.

7. **Welchen Effekt hat der private-Modifier bei einer Variablen?**

- ☐ Die Variable ist nur innerhalb der Methode sichtbar.
- ☐ Die Variable ist nur innerhalb des Pakets sichtbar.
- ☐ Die Variable ist nur innerhalb der Klasse sichtbar.
- ☐ Die Variable kann nicht verändert werden.
- ☐ Die Variable verschlüsselt die gespeicherten Daten.

8. Welchen Effekt hat der public-Modifier bei einer Methode?

☐ Die Methode kann nur public-Variablen bearbeiten.
☐ Die Methode kann von überall aufgerufen werden.
☐ Die Methode kann nur von außerhalb der Klasse aufgerufen werden.
☐ Die Methode darf nur den Rückgabetyp `void` haben.
☐ Die Methode muss einen sinnvollen Namen haben.

9. Welchen Effekt hat eine Import-Deklaration?

☐ Die importierende Klasse kann alle privaten Elemente der importierten Klasse verwenden.
☐ Die importierte Klasse wird kopiert.
☐ Die importierte Klasse muss eine export-Deklaration haben.
☐ Die importierende Klasse kann alle öffentlichen Elemente der importierten Klasse ohne Qualifikation verwenden.
☐ Keinen.

10. Sollte ein Import per Wildcard (*) durchgeführt werden?

☐ Ja, da er Schreibarbeit spart.
☐ Nein, da das Geheimnisprinzip verletzt ist.
☐ Ja, da das Programm dadurch schneller wird.
☐ Nein, da die Abhängigkeiten verschleiert werden.
☐ Nein, da das Programm dadurch langsamer wird.

6 Objektorientierte Programmierung

Gegenüber der herkömmlichen, prozeduralen Programmierung, die die Methoden in den Mittelpunkt stellt, stehen bei der objektorientierten Programmierung die Daten (die „Objekte") im Mittelpunkt.

Die objektorientierte Programmierung setzt konsequent auf das Geheimnisprinzip (→ Sichtbarkeit /Gültigkeit).

Klassen und Objekte

Die **Klasse** hat zwei Aspekte:

- Sie kann eigene Daten und Methoden zur Verfügung besitzen – dies sind die *statischen* („static") Eigenschaften einer Klasse.
- Sie ist ein „Bauplan" für Objekte (auch „Instanzen" oder „Exemplare"). Die Klasse beschreibt die Daten und das Verhalten der zukünftigen Objekte – dies sind die *nicht-statischen* („non-static") Eigenschaften einer Klasse.

Die **Daten und Methoden** der Klasse selbst werden definiert durch:

- *Klassenvariablen* in der Form *`Modifier*`* **`static`** *`Typ Variablenname`*.
- *Klassenmethoden* in der Form *`Modifier*`* **`static`** (*`Rückgabetyp`* | **`void`**) *`Methodenname`* (*`Parameterliste`*) { *`Methodenkörper`* }
- Klassenvariablen und -methoden sind für die Klasse selbst und alle ihre Objekte gültig.

Die **Daten und das Verhalten der Objekte** einer Klasse werden definiert durch:

- *Instanzvariablen* in der Form `Modifier* Typ Variablenname`. Instanzvariablen sollten **`private`** sein.
- *Instanzmethoden* in der Form `Modifier* (Rückgabetyp | `**`void`**`) Methodenname (Parameterliste){ Methodenkörper }`.
- Instanzvariablen und -methoden sind nur für die Objekte der Klasse selbst gültig – nicht aber für die Klasse.

> Methoden, die ausschließlich zum Lesen oder Schreiben von Variablen dienen, werden *Getter* oder *Setter* genannt.

Das Objekt kann auf sich selbst (als Ganzes) mit dem Schlüsselwort **`this`** zugreifen. Mit **`this`**`.Elementname` kann ein Element des Objekts (z. B. eine Variable oder Methode) durch das Objekt qualifiziert angesprochen werden (z. B. wenn es durch einen Parameter verdeckt ist).

> **Hinweise:**
>
> - Klassen und Objekte sollten immer logisch /fachlich zusammengehörige Elemente zusammenfassen. Funktionen sollten immer dort ausgeführt werden, wo sie auch fachlich angesiedelt sind – ggfs. müssen aufrufende Objekte die Aufrufe delegieren.
> - Der direkte Zugriff auf Daten sollte auf keinen Fall möglich sein, der Zugriff über Getter und Setter sollten soweit wie möglich vermieden werden – ein Objekt sollte vor allem fachliche Funktionen zur Verfügung stellen.
> - Klassen, die nur Getter und Setter zur Verfügung stellen, sind reine Datencontainer ohne fachliche Funktion.

Eine besondere **Instanzmethode** (mit abweichender Syntax) ist der *Konstruktor*:

- Ein Konstruktor kann ausschließlich bei der Erzeugung eines Objekts verwendet werden.
- Der Konstruktor muss denselben Namen wie die zugehörige Klasse haben und besitzt keinen Rückgabetyp, kann aber Parameter besitzen. Der Konstruktor dient zur Initialisierung des gerade erzeugten Objekts.
- Der Konstruktor kann überladen werden: Es kann mehrere Konstruktoren mit unterschiedlichen Parametern geben.
- Java stellt automatisch für jede Klasse einen parameterlosen Standardkonstruktor zur Verfügung – wird ein eigener Konstruktor realisiert, steht der Standardkonstruktor nicht mehr zur Verfügung.

Ein neues Objekt wird mit Hilfe des Ausdrucks **`new`** *`Konstruktorname(Parameter)`* erzeugt. Der **`new`**-Operator erzeugt das Objekt, der Konstruktor initialisiert es. Das neu erzeugte Objekt ist vom Typ seiner Klasse. Es kann deshalb einer Variablen vom Typ der Klasse zugewiesen werden.

Beispiel zur Deklaration einer Klasse:

```
public class Beispiel{
  private static int n = 0;
  private int wert;

  public Beispiel(int wert){
    n++;
    this.wert = wert;
  }

  public static int anzahlObjekte(){
    return n;
  }

  public int getWert(){
    return wert;
  }

  public void setWert(int wert){
    this.wert = wert;
  }

  public void verdoppeln(){
    wert = wert * 2;
  }
}
```

Beispiel zur Nutzung der Klasse und Erzeugung von Objekten

```
public class Nutzung{

  public static void main
                      (String[] args){
    Beispiel b1 = new Beispiel(5);
    Beispiel b2 = new Beispiel(8);

    b1.verdoppeln();

    System.out.println(b1.getWert());

    System.out.println(
        Beispiel.anzahlObjekte ());
  }
}
```

Klassenvariable
Instanzvariable

Konstruktor:
zählt die erzeugten Instanzen und initialisiert jedes Objekt mit einem Wert.

Klassenmethode: liefert die Anzahl der erzeugten Objekte zurück.

Getter-Instanzmethode: liefert den Wert der Variablen `wert` zurück.

Setter-Instanzmethode: setzt den Wert der Variablen `wert` auf den Wert des übergebenen Parameters.

Instanzmethode: verdoppelt den Wert des Objekts.

Erzeugt zwei neue Objekte vom Typ `Beispiel` und initialisiert sie.

Verdoppelt den Wert des ersten Objekts.

Liest den Wert des ersten Objekts und gibt ihn aus (→ 10).

Liest die Anzahl der erzeugten Objekte und gibt sie aus (→ 2).

Erweiterung/Vererbung

Klassen können durch andere Klassen erweitert werden.

Dieser Mechanismus wird üblicherweise *Vererbung* genannt. In Java wird dies durch das Schlüsselwort **`extends`** angezeigt. **Vererbung** wird in der Form definiert: *`Modifier`* **`class`** *`Klassenname`* **`extends`** *`Oberklassenname`* { *`Klassenkörper`* } Die erbende oder erweiternde Klasse wird *Unterklasse* genannt, die vererbende oder erweiterte Klasse wird *Oberklasse* genannt.

Im Rahmen der Vererbung ist der `default`-Modifier nicht sinnvoll und wird im Folgenden nicht mehr betrachtet.

Eine **Unterklasse** in Java kann immer nur von einer Klasse erben. Eine Unterklasse erbt alle Instanzvariablen und alle nicht-privaten Instanzmethoden der Oberklasse.

Statische Elemente und Konstruktoren werden nicht vererbt.

Unterklassen können neue **Daten** und **Methoden** hinzufügen oder geerbte Methoden überschreiben oder redefinieren:

- Eine Unterklasse kann neue Daten oder Methoden anlegen.
- Eine Unterklasse kann nur auf **`public`**- oder **`protected`**-Daten direkt zugreifen.
- **`private`**-Daten werden für die Unterklasse zwar angelegt, können aber nicht direkt von der Unterklasse verwendet werden. In diesem Fall benötigt die Unterklasse einen **`public`**-/**`protected`**-Getter von der Oberklasse.
- **`public`**-/**`protected`**-Methoden der Oberklasse können durch Methoden mit der gleichen Signatur in der Unterklasse überschrieben werden („Overriding“). Auf die ur-

sprüngliche Methode der Oberklasse kann mit **`super.`** *`Methodenname(Parameter)`* zugegriffen werden.

- Konstruktoren werden nicht vererbt, der Konstruktor der Oberklasse kann mit **`super`**(*`Parameter`*) aufgerufen werden – dieser Aufruf muss als erste Anweisung im Konstruktor der Unterklasse stehen.
- Die oberste Klasse ist `Object`. Falls **`extends`** in der Klassendefinition weg gelassen wird, erbt die Klasse automatisch von `Object`.

Hinweise:

- Unterklassen, die gebildet werden, um auf die Daten oder Methoden der Oberklasse geschickt zuzugreifen, sind technisch möglich, sollten aber vermieden werden.
- Unterklassen sollten immer fachlich / logisch spezieller als ihre Oberklassen sein.

Sind Unterklassen eine **Spezialisierung der Oberklassen** sollte es möglich sein, auf den direkten Zugriff von Daten der Oberklassen zu verzichten – dies sollten die fachlichen Methoden der Oberklasse machen.

Unterklassen sollten dann die fachlichen Methoden der Oberklasse redefinieren, die ursprüngliche Methode mit **`super`** aufrufen und dann den speziellen Teil anschließen, wie in dem folgenden

Beispiel:

Oberklasse mit der allgemeinen `fachMethode`

```
public class AllgemeineKlasse {
  private int n;
  ...
  public void fachMethode(){
    n = n* 2;
  }
}
```

Spezielle Unterklasse

`public class SpezielleKlasse`
`      extends AllgemeineKlasse {`
`  private float x;`
`  ...`

Redefinition der `fachMethode`.

`  public void fachMethode(){`
Aufruf der ursprünglichen Implementierung.
`    super.fachMethode()`
Zusätzliche, spezielle Aktionen.
`    x = x / 2;`
`  }`
`}`

Abstrakte Klasse und Methoden

Abstrakte Klassen sind Klassen, von denen keine Instanzen erzeugt werden können.

Abstrakte Klassen werden durch den Modifier **`abstract`** gekennzeichnet und werden in der folgenden Form definiert: *`Modifier`* **`abstract class`** `Klassenname {` *`Klassenkörper`* `}`.

Abstrakte Klassen dienen zur Darstellung allgemeiner Sachverhalte, die z. T. noch unvollständig sein können und die dann durch Unterklassen konkretisiert und vervollständigt werden.

Abstrakte Methoden sind Methoden, die keinen Körper haben.

Abstrakte Methoden werden durch den Modifier **`abstract`** gekennzeichnet und werden in der folgenden Form definiert: *`Modifier`* **`abstract`** `(`*`Rückgabetyp`* `|` **`void`**`)` *`Methodenname`* `(`*`Parameterliste`*`);`

> Abstrakte Methoden können nur in abstrakten Klassen definiert werden. Ist die Unterklasse einer solchen Klasse nicht abstrakt, müssen alle in der Oberklasse definierten, abstrakten Methoden in dieser Klasse implementiert werden, d. h. es müssen Methoden mit der durch die abstrakte Klasse vorgegebenen Signatur und Rückgabetyp programmiert werden.

Schnittstellen / Interfaces

Interfaces sind Komponenten, die ausschließlich abstrakte Methoden definieren.

Sie werden durch das Schlüsselwort **`interface`** gekennzeichnet und in der folgenden Form definiert *`Modifier`* **`interface`** *`Interfacename`* { *`Methodendeklarationen`* }.

> Das Schlüsselwort **`abstract`** für die definierten Methoden ist optional und wird üblicherweise weggelassen. Anders als Klassen können Interfaces von mehreren anderen Interfaces erben.

Klassen können ein Interface *implementieren.* Anders als bei der Vererbung können Klassen auch mehrere Interfaces implementieren. Dies wird durch das Schlüsselwort **`implements`** angezeigt. In diesem Fall muss die implementierende Klasse alle Methoden mit der durch das Interface vorgegebenen Signatur und Rückgabetyp programmieren, wie in dem folgenden, allgemeinen

Beispiel:

```
public interface EinInterface {
  public void fachMethode();
}
public class ImplementierendeKlasse
implements EinInterface {
  public void fachMethode(){
   ...
  }
}
```

Interfaces können, wie Klassen auch, als **Typ zur Variablen- oder Parameterdeklaration** verwendet werden. Objekte einer Klasse, die ein Interface implementieren, können auch einer Variablen vom Typ des Interfaces zugewiesen werden – in diesem Fall sind für die Variable nur die im Interface definierten Methoden gültig.

Interfaces dienen vor allem dazu, auf der einen Seite eine Implementierungsvorgabe zu machen (durch die abstrakten Methoden) und auf der anderen Seite bereits Programmteile zu schreiben, die Objekte von diesem Interface-Typ nutzen. Dieses Vorgehen wird oft „Design by Contract" (Bertrand Meyer, 1986) genannt: das Interface stellt einen Vertrag dar, gegen den programmiert wird.

Polymorphismus

Polymorphismus in objektorientierten Programmiersprachen bedeutet, dass ein Objekt nicht unbedingt unter seinem eigenen Typ auftreten muss, sondern auch als ein anderer Typ auftreten kann.

In Java kann das der Typ eines implementierten Interfaces oder einer Oberklasse sein. In diesen Fällen wird das Objekt einer Variablen zugewiesen oder an einen Parameter gebunden, der nicht gleich dem Objekttyp ist, sondern eine Oberklasse oder ein implementiertes Interface des Objekts ist, wie in dem folgenden

Beispiel:

`public class Klasse implements EinInterface extends EineOberklasse{ ...}`	
`EinInterface k1 = new Klasse();`	Das Objekt vom Typ `Klasse` tritt als `EinInterface` auf.
`EineOberklasse k2 = new Klasse();`	Das Objekt vom Typ `Klasse` tritt als `EineOberklasse` auf.

Polymorphismus erlaubt die **Programmierung eines allgemeinen Verhaltens** (z. B. auf Basis eines Interfaces), das dann von konkreten oder implementierenden Klassen genutzt wird – diese Klassen müssen zur Zeit der Formulierung des allgemeinen Verhaltens noch nicht bekannt sein.

Verständnisfragen

Haben Sie alles verstanden? Mit den folgenden Fragen können Sie das Gelernte schnell prüfen:

1. Welche der folgenden Variablendeklarationen ist korrekt?

☐ `private static zahl int;`
☐ `public static int zahl;`
☐ `protected zahl int;`
☐ `private zahl;`
☐ `int zahl;`

2. Welche der folgenden Methodendeklarationen ist korrekt?

☐ `private int getNull(){ return 0; )`
☐ `public getEins():int { return 1; )`
☐ `public final int getZwei(){ return 2; )`
☐ `public private int getDrei(){ return 3; )`
☐ `static int getVier(){ return 4; )`

3. Was ist ein Getter?

☐ Methode zum Setzen des Wertes einer Variablen
☐ Methode zum Lesen des Wertes einer Variablen
☐ Zugriffsmethode zum Lesen und Setzen einer Variablen

4. Wie lautet das Java-Schlüsselwort für die Deklaration der Vererbung (von einer Klasse)?

☐ `inherits`
☐ `extends`
☐ `extension`
☐ `includes`
☐ `uses`

5. Was ist das Java-Schlüsselwort für die Deklaration einer abstrakten Klasse oder Methode?

- ☐ `abstrakt`
- ☐ `abstract`
- ☐ `abstraction`
- ☐ `abstracted`

6. Was sind die Merkmale einer abstrakten Klasse?

- ☐ Es können keine Instanzen davon erzeugt werden.
- ☐ Sie muss vollständig implementiert werden.
- ☐ Sie enthält nur abstrakte Methoden.
- ☐ Sie enthält nur Klassenvariablen.
- ☐ Sie enthält nur Instanzvariablen.

7. Welche der folgenden Interfacedeklarationen ist korrekt?

- ☐ `abstract interface I1{ public int m1(); )`
- ☐ `public interface I2{ public int m2(); )`
- ☐ `public interface class I3{ public int m3(); )`
- ☐ `public class as interface I4{ public int m4(); )`
- ☐ `public interface I5 extends I2{ public int m5(); )`

8. Wie ist die Beziehung zwischen Klasse und Schnittstelle?

- ☐ Die Schnittstelle definiert alle Methoden der Klasse.
- ☐ Die Schnittstelle implementiert die Klasse.
- ☐ Die Klasse implementiert die Schnittstelle.
- ☐ Die Klasse definiert alle Methoden der Schnittstelle.

9. Was sind Eigenschaften einer statischen Methode?

- ☐ Sie kann nur von der Klasse ausgeführt werden.
- ☐ Sie darf nicht private sein.
- ☐ Sie ist der Klasse zugeordnet.
- ☐ Sie kann von Klassen und Objekten ausgeführt werden.
- ☐ Sie kann nicht von Objekten ausgeführt werden.

10. Was ist ein Setter?

- ☐ Methode zum Setzen des Wertes einer Variablen
- ☐ Methode zum Lesen des Wertes einer Variablen
- ☐ Zugriffsmethode zum Lesen und Setzen einer Variablen

11. Welche der folgenden Anweisungen nutzt Polymorphismus?

- ☐ `Integer i = 10;`
- ☐ `int i = (int)10.5;`
- ☐ `Object o = "abc";`
- ☐ `String s = "a".trim();`
- ☐ `Collection c = new ArrayList();`

12. Welches sind Best Practices der objektorientierten Programmierung?

- ☐ Variablen als public deklarieren
- ☐ Fachlich arbeiten
- ☐ Speicherbedarf reduzieren
- ☐ Verwendung genereller Eigenschaften
- ☐ Konsequente Delegation

13. Welche der folgenden Methoden sind korrekte Konstruktoren der folgenden Klasse `public class K{`

```
 private int n, m;
}
```

- ☐ `public void K(int n){ this.n = n; }`
- ☐ `public K(int n){ this.n = n; }`
- ☐ `public k(int n){ this.n = n; }`
- ☐ `public K new(int n){ this.n = n; }`
- ☐ `public K(){ this.n = 10; }`

14. Was ist die Aufgabe des Konstruktors?

- ☐ Speicherung eines neu erzeugten Objekts
- ☐ Initialisierung der Klasse
- ☐ Bereitstellung von Speicherplatz
- ☐ Initialisierung eines neu erzeugten Objekts
- ☐ Erzeugung eines neuen Objekts

15. Was ist das Ziel der Delegation?

- ☐ Die Aufgaben werden von dem Objekt ausgeführt, das als letztes erzeugt wurde.
- ☐ Die Aufgaben werden von dem Objekt ausgeführt, das die dazu notwendigen Daten besitzt.
- ☐ Die Aufgaben werden von dem Objekt ausgeführt, das als erstes erzeugt wurde.
- ☐ Die Aufgaben werden möglichst schnell ausgeführt.
- ☐ Die Aufgaben werden vom Java-Laufzeitsystem ausgeführt.

7 Ausnahmen / Exceptions

Die Klasse der Exception ist bereits in Java vordefiniert und sie erlaubt eine integrierte Ausnahmebehandlung für Anwendungen.

Es gibt **2 Arten von Fehlerklassen**:

- **Error:** (schwerwiegende) Fehler, die nicht von der Anwendung selbst aufgefangen und behandelt werden können. Das Programm bricht ab, z. B. OutOfMemoryError, tritt auf, falls die JVM nicht mehr über ausreichend Hauptspeicher verfügt.
- **Exception:** Fehler, die zur Laufzeit des Programms behoben werden können z. B. ein fehlerhafter Zugriff auf die Ein- oder Ausgabe (IOException), die Datenbank oder das Netzwerk. Ein Entwickler kann eine Exception „auffangen", ggfs. Maßnahmen durchführen und das Programm fortsetzen. Falls eine Exception nicht aufgefangen wird, bricht das Programm ab. Bei den Exceptions gibt es Unterarten: Ausnahmen die behandelt werden *müssen* (z. B. die IOException) und andere (die sog. RuntimeExceptions), die abgefangen werden *können*.

Exceptions können entweder

- mit einem try-catch-Block abgefangen und bearbeitet werden oder
- mit dem throws-Konstrukt weiter delegiert werden. Mit der Konsequenz, dass sie eventuell nirgendwo aufgefangen wird. In diesem Fall stoppt die Anwendung.

Der **try-catch-Block** besteht aus 3 Teilen, von denen die beiden ersten verpflichtend sind:

- **try**: alle Anweisungen bei denen prinzipiell die Exceptions aufgefangen werden sollen, müssen sich innerhalb der geschweiften Klammern des try-Blocks befinden
- **catch**: alle Exceptions, die aufgefangen werden sollten, müssen explizit aufgeführt werden
- **finally**: ist optional, wird aber bei Vorhandensein in jedem Fall ausgeführt, selbst dann wenn keine Exception geworfen wird.

Syntaktisch ist das try-catch-Konstrukt folgendermaßen aufgebaut:

```
try{
  Anweisungen
}catch (Ausnahmeklasse e1){
  Anweisungen zur Fehlerbehandlung
}catch (Ausnahmeklasse e2){
  Anweisungen zur Fehlerbehandlung
}
...
finally{
  Anweisungen zur letzten Fehlerbehandlung
}
```

Beispiel für eine Fehlerbehandlung:

	Die Exception-Fehlerbehandlung

`try {`
`  int[] x = new int[1];`
`  x[1] = 10;`
`}`
	Java-Code (..) wird von try-Block eingeschlossen

`catch (RuntimeException e){`
`  e.printStackTrace();`
`}`
	Es wird die Ursache des Fehlers ausgegeben, das Programm läuft danach weiter.

Wird eine Ausnahme nicht behandelt, sondern nur **delegiert**, so wird das im Kopf einer Methode mit **`throws`** *`Ausnahmeklasse`* angezeigt, z. B.

```
public void m() throws IOException{
  ... // Code, der eine IOException auslösen
         kann
}
```

Verständnisfragen

Haben Sie alles verstanden? Mit den folgenden Fragen können Sie das Gelernte schnell prüfen:

1. Warum ist eine Fehlerbehandlung sinnvoll?

- ☐ Um die Anwendung sofort zu stoppen.
- ☐ Um den Benutzer zu verunsichern.
- ☐ Um den Benutzer zu informieren.
- ☐ Um den Fehler zu berücksichtigen und eventuell korrigieren zu können.
- ☐ Um den Fehler an andere Programme weiterzuleiten.

2. Was ist ein Error?

- ☐ ein zu behebender Fehler
- ☐ ein nicht zu behebender Fehler
- ☐ eine Fehlernachricht der JVM
- ☐ eine eigene Fehlerklasse

3. Was ist eine Exception?

- ☐ ein zu behebender Fehler
- ☐ ein nicht zu behebender Fehler
- ☐ eine Fehlernachricht der JVM
- ☐ eine eigene Fehlerklasse

4. **Mit welchen zwei Konstrukten können Exceptions verarbeitet werden?**

- ☐ `try`
- ☐ `try-catch`
- ☐ `catch`
- ☐ `throws`
- ☐ `ignore`

5. **Mit welcher Kombination von Schlüsselwortern wird eine Exception aufgefangen?**

- ☐ `try - throws`
- ☐ `try - get`
- ☐ `throws - catch`
- ☐ `throws - get`
- ☐ `try - catch`

6. **Wie lautet das Schüssewort, so dass die Bearbeitung einer Exception an die aufrufende Methode delegiert werden?**

- ☐ `try`
- ☐ `get`
- ☐ `catch`
- ☐ `throws`
- ☐ `pass`

7. **Was ist die Aufgabe des try-Blocks?**

- ☐ Die Fallunterscheidung, in Abhängigkeit von den Exceptions, zu treffen.
- ☐ Den kritischen Java-Code einzuklammern.
- ☐ Auf die Exception zu zugreifen.
- ☐ Die Exception anzuzeigen.

8. Was ist die Aufgabe des catch-Teils?

☐ Die Fallunterscheidung, in Abhängigkeit von den Exceptions, zu treffen.
☐ Den kritischen Java-Code einzuklammern.
☐ Java-Code auszuführen, der auf den Fehler reagiert und ihn eventuell korrigiert.
☐ Die Exception weiterzuleiten.

9. Wo wird die Delegation bzw. Weiterleitung der Exception angezeigt?

☐ Im Paket.
☐ In der Klasse.
☐ In der Methode.
☐ In geschweiften Klammern.

10. Welche Konsequenzen hat das Schlüsselwort finally?

☐ Es ist notwendig und verpflichtend.
☐ Es ist optional.
☐ Der dadurch aufgerufene Java-Code wird als letztes ausgeführt.
☐ Die Exception wird beendet.

Marcus Deininger/Thomas Kessel

L
Linux

1 Einführung

Linux ist ein modernes, quelloffenes **Betriebssystem**, das multitasking- und mehrbenutzerfähig ist. Es wird auf einer Vielzahl von Hardware-Plattformen eingesetzt: von eingebetteten Systemen, über Smartphones, Tablets, bis hin zu PCs und Servern.

Die besonderen **Vorteile** von Linux liegen

- in seiner Offenheit (der Quellcode ist allgemein verfügbar),
- den geringen Lizenzkosten (Privatnutzer können es kostenlos nutzen, Unternehmen zahlen für bestimmte Versionen),
- der großen Modularität (für viele Werkzeuge oder Systemprogramme stehen in der Regel mehrere Alternativen zur Verfügung),
- der Anpassbarkeit (es gibt zum einen eine Vielzahl von Distributionen bzw. Versionen und zum anderen die Möglichkeit es sehr individuell zu konfigurieren) und
- der großen Verbreitung (aufgrund der globalen Benutzer- und Entwicklergemeinschaft werden kontinuierlich weitere Funktionalitäten und Verbesserungen hinzugefügt).

Hier werden ausgewählte Aspekte von Linux vorgestellt, wobei ein besonderer Schwerpunkt auf die Beherrschung der Kommandozeile gelegt wird.

2 Grundlagen

Linux unterscheidet sich von vielen anderen Betriebssystemen sowohl

- in ökonomischer,

- in organisatorischer als auch
- in technischer Hinsicht.

2.1 Open Source Projekt

Im Unterschied zu kommerziellen Betriebssystemen, die in der Regel einem Unternehmen gehören, ist Linux ein **Open Source Projekt**. Dies bedeutet, dass es unter einer Open Source Lizenz steht, und somit sein Quellcode für die Öffentlichkeit verfügbar ist, und kopiert, verändert und weitergegeben werden kann.

Außerdem existiert eine große, **weltweite Gemeinschaft von Entwicklern und Anwendern**, die dafür sorgt, dass Linux ständig verbessert wird und auch zukünftig neue Funktionen integriert werden. Die beteiligten Softwareentwickler sind dabei sowohl unentgeltlich arbeitende Freiwillige als auch Programmierer, die für ihre Tätigkeit bezahlt werden (z.B. von Firmen, die Software auf Linux portieren möchten). Faszinierend ist hierbei, dass es sich um eines der größten nicht-kommerziellen IT-Projekte handeln dürfte.

Man spricht im Zusammenhang von Open Source Projekten auch gerne von den „**3 Cs**“:

Code,

Copyright und

Community.

Code steht für den verfügbaren Quellcode des Programms, Copyright für die Open Source Lizenz, und Community für die Entwickler- und Nutzerbasis.

Unternehmen, die sich bei Open Source Produkten engagieren, haben oft Geschäftsmodelle, die darin bestehen, dass zusätzliche Dienstleistungen oder Softwarepakete angeboten werden, welche die bestehenden Produkte ergänzen.

2.2 Anwendungsgebiete

Obwohl Linux zwar ursprünglich für den PC entwickelt wurde, hat es mittlerweile eine Vielzahl von Hardware-Plattformen erobert. Während es im PC-Umfeld über einen sehr überschaubaren Marktanteil verfügt, hat es vor allem im Bereich der **professionellen Informationstechnik** auf den leistungsstarken Rechnern, den Servern, eine zunehmende Verbreitung erfahren. Die Gründe liegen

- in seiner guten Stabilität,
- in den geringen Lizenz- und Supportkosten sowie
- in der Unabhängigkeit von einem Technologieanbieter.

Darüber hinaus hat Linux eine sehr positive Aufnahme bei den **eingebetteten Systemen** gefunden. In diesem Bereich wird Linux innerhalb eines anderen Produkts, z.B. einem Fernseher oder Handy, eingesetzt und seine Funktionalität wird in der Regel auf das, was unmittelbar zur Erfüllung seiner Aufgaben notwendig ist, fokussiert. Bei dieser Kategorie von Produkten ist insbesondere der **Kostenaspekt** sehr wichtig und aufgrund seiner geringen Lizenzkosten und seiner Offenheit ist Linux hier oft die erste Wahl.

2.3 Distributionen und Installationen

Linux steht in einer **Vielzahl von Versionen und Installationen** zur Verfügung. Eine Linux Distribution wird die Zusammenstellung einer Linux-Version mit weiteren ergänzenden Systemprogrammen und Anwendungen, z.B. Browsern, Entwicklungsumgebungen, Datenbanken, Webservern, genannt.

Das **Geschäftsmodell** einer Linux Distribution besteht darin, aus den Versionen aufeinander abgestimmter Softwarepakete einen **Release** erstellen. Dies bedeutet konkret, dass z.B. die Java Entwicklungsumgebung auf die neue Version der Programmiersprache Java aufbaut. Dies erfordert in der Regel einen hohen Aufwand wegen des Umfangs und der Vielzahl der Programme, obwohl die Erstellung solcher dazugehörigen Softwarepakete mittlerweile schon teilweise automatisiert ist.

Distributionen für Unternehmen unterscheiden sich von denen für Privatkunden, da erstere vor allem an stabilen, zuverlässigen Versionen und einem lang andauernden Support interessiert sind, während Privatkunden sich vor allem für neue Features begeistern und diese auch gerne installiert haben möchten. Bekannte Distributionen sind

- Red Hat,
- Suse,
- Ubuntu oder
- Debian

und sind in der Regel auf DVD oder im Web verfügbar.

Technisch gesehen bezeichnet Linux nur den Betriebssystemkern, den **Kernel**. Der Kernel ist dazu gedacht, alle Betriebsmittel, z.B. die CPU-Zeit oder den Hauptspeicher, zu verwalten. Jedes Programm benötigt zum Ablauf solche Betriebsmittel.

Ein **Betriebssystem** stellt eine Basis für andere Anwendungen dar und verwaltet diese, in dem es ihnen die notwendigen Betriebsmittel zuweist oder entzieht. Aber erst durch weitere Programme, wie z.B.

- Texteditoren,
- Internetbrowser,
- Entwicklungsumgebungen,

wird ein Betriebssystem wirklich für den Anwender benutzbar. Auch im Fall von Linux entwickelt sich ein **Ökosystem von Anwendungen**, die oft auch Open Source-Projekte sind, so dass sie ohne lizenzrechtliche Probleme in einem gemeinsamen Release ausgeliefert werden können.

2.4 Hinweise

! Für einen ersten Einstieg in Linux ist es normalerweise sinnvoll, mit einer Live-DVD oder einer virtuellen Maschine zu beginnen. Der Vorteil dieser Herangehensweise liegt darin, dass man so Linux einfach ausprobieren kann, ohne es definitiv auf dem Rechner zu installieren.

! Ansonsten besteht natürlich immer die Option, Linux parallel zum existierenden Betriebssystem anzulegen.

Verständnisfragen

Haben Sie alles verstanden? Mit den folgenden Fragen können Sie das Gelernte schnell prüfen:

1. Was sind die besonderen Vorteile von Linux?

☐ Kompatibilität zu Windows

☐ Offenheit des Quellcodes

☐ große Modularität

☐ hoher Marktanteil

☐ gute Anpassbarkeit

2. Was sind die „3 Cs" bei Open Source?

☐ Costs

☐ Code

☐ Complexity

☐ Community

☐ Copyright

3. Linux ist besonders verbreitet bei …

☐ Spielern

☐ professioneller Informationstechnik

☐ eingebetteten Systemen

☐ Bildungsbereich

☐ industrieller Fertigung

4. Was ist eine Linux-Distribution?

☐ kommerzielle Firma

☐ gemeinnützige Organisation

☐ Zusammenstellung einer Linux-Version

☐ Name einer spezifischen Linux-Marke

5. **Was sind Gründe für den Einsatz von Linux auf Servern?**

☐ komplexe Installation

☐ Abhängigkeit von einem Unternehmen

☐ Stabilität

☐ geringe Lizenz- und Supportkosten

☐ Unabhängigkeit von einem Technologieanbieter

6. **Wozu dient der Betriebssystemkern (Kernel)?**

☐ Verwaltung von Betriebsmitteln

☐ Steuerung der graphischen Benutzeroberfläche

☐ Verwaltung der Lizenz

☐ Verwaltung der Anwendungen

☐ Kontrolle des Netzwerks

3 Benutzeroberfläche und Kommandozeile

Linux bietet seinen Benutzern sowohl eine grafische Benutzeroberfläche als auch eine **Kommandozeile** an. Es lässt somit seinen Benutzern die Wahl, wie die Eingaben erfolgen können. Insbesondere erfahrene und geübte Anwender, wie z.B. Softwareentwickler oder Systemadministratoren, bevorzugen die Kommandozeile, da sie gegenüber der grafischen Benutzeroberfläche oft schneller und ausdrucksstärker ist, sofern man mit einer Tastatur vertraut ist.

Die **Kommandozeile** wird in einem separaten Fenster, dem Terminal, als Text eingegeben. Dies bedeutet insbesondere den Verzicht auf grafische Symbole oder auf die Benutzung einer Maus.

Die Motivation ist hierbei, dass erfahrene Benutzer, die z.B. mit zehn Fingern tippen, schneller ganze Kommandos eingeben, als ständig zwischen Maus- und Tastatureingabe hin und her zu wechseln. Darüber hinaus ist es auch nicht (mehr) notwendig, innerhalb der verschiedenen Menüs eines Fensters die passende Anwendung zu suchen.

Die Voraussetzungen für den erfolgreichen Einsatz der Kommandozeile sind aber die Kenntnis der einzelnen Kommandos und eine akzeptable Tippgeschwindigkeit.

3.1 Arten von Kommandos

Ein **Befehl** besteht aus dem eigentlichen Kommando und den möglichen **Optionen** sowie Parametern. Das Kommando ist in jedem Fall notwendig, aber es kann um die Optionen ergänzt werden, die eine zielgerechte oder spezifische Ausrichtung ermöglichen. Ein **Parameter** bezeichnet oft Daten, die als Eingabe dienen und auf die das Kommando angewendet wird.

Kommandoarten	Beispiel	Bedeutung
< Kommando >	ls	Anzeige aller Verzeichnisse und Dateien
< Kommando > <Option>	ls -al	Anzeige der Verzeichnisse und Dateien (inklusive

		der versteckten) im langen Format
< Kommando > <Option> <Parameter>	ls –al *.txt	Anzeige aller Textdateien im langen Format, die mit der Endung .txt versehen sind

3.2 Hinweise

! Eine grundlegende **Schwierigkeit bei der Eingabe** von Anweisungen besteht darin, sich die verschiedenen Befehle und deren Bedeutungen zu merken, da diese häufig **kryptische Abkürzungen** sind, z.B. *cd* für change directory oder *ls* für list. Aus diesem Grunde ist es sehr sinnvoll, zum einen die einzelnen Kommandos mehrfach auszuprobieren, und zum anderen sollte ein Überblick aller wichtigen Befehle neben dem Arbeitsplatz liegen.

! Weiterhin ist es wichtig, die **Gemeinsamkeiten ganzer Befehlskategorien** und deren ähnliche Strukturen, z.B. bei den Optionen, zu erkennen, um sich so die einzelnen Kommandos besser merken zu können.

! Ein typischer Anfängerfehler ist es, nicht die **Groß- und Kleinschreibung** zu beachten, diese ist aber sowohl für die Befehle als auch für die Optionen bzw. Parameter sehr wichtig.

?!! Verständnisfragen

Haben Sie alles verstanden? Mit den folgenden Fragen können Sie das Gelernte schnell prüfen:

1. Was ist das Charakteristische der Kommandozeile?

- ☐ Verzicht auf grafische Symbole und Icons
- ☐ einfache, schnelle Eingabe von Befehlen in Textform
- ☐ Setzt auf die Unterstützung durch Maus und grafische Benutzeroberfläche.
- ☐ Basiert auf Spracherkennung und setzt die gesprochenen Befehle um.
- ☐ Es gibt keine.

2. Was sind typische Nutzer der Kommandozeile?

- ☐ erfahrene Benutzer, die regelmäßig Befehle in textueller Form eingeben
- ☐ Spieler
- ☐ Softwareentwickler
- ☐ Systemadministratoren
- ☐ Einsteiger und Neulinge

3. Was sind die Vorteile einer Kommandozeile?

- ☐ hohe Produktivität durch die schnelle Eingabe von typischen Befehlen
- ☐ Benutzer müssen nicht ständig zwischen Tastatur und Maus wechseln.
- ☐ schnelle Einarbeitung
- ☐ Sprachunterstützung

4. Was sind die Voraussetzungen für die Nutzung der Kommandozeile?

☐ keine

☐ Unterstützung durch die grafische Benutzeroberfläche

☐ Kenntnis der Kommandos

☐ gute Tippgeschwindigkeit

☐ Sprachunterstützung

5. Aus welchen möglichen Komponenten besteht ein Befehl?

☐ Kommando

☐ kryptischen Symbolen

☐ grafischen Symbolen

☐ Optionen

☐ Parametern

6. Was ist eine typische Schwierigkeit bei der Eingabe von Anweisungen?

☐ schnell tippen

☐ verständlich sprechen

☐ Kommandos merken

☐ Eingaben editieren

4 Hierarchie der Verzeichnisse

Die Verzeichnisse eines Betriebssystems sind normalerweise hierarchisch angeordnet. Es gibt eine **oberste Ebene**, von der aus alle weiteren Dateien und Verzeichnisse zugänglich sind. Jedes Verzeichnis kann eine (fast) beliebige Anzahl weiterer Verzeichnisse und Dateien enthalten.

Umgekehrt ist jedes Verzeichnis bzw. jede Datei nur in einem (übergeordneten) Verzeichnis enthalten. Außerdem kann ein Verzeichnis (beinahe) beliebig viele ineinander geschachtelte Verzeichnisse haben, vergleichbar den russischen Matrjoschka-Puppen.

- Neben den von Linux **vordefinierten Standardverzeichnissen**, wie z.B. etc, bin, doc, können je nach Bedarf
- **zusätzliche Verzeichnisse** angelegt werden.

Es ist zu beachten, dass die oben erwähnten Standardverzeichnisse erhalten bleiben und nicht umbenannt werden, da ansonsten Linux nicht mehr korrekt funktioniert.

4.1 Absolute und relative Datei- und Verzeichnispfade

Die **Position eines Verzeichnisses** bzw. einer Datei innerhalb der Verzeichnisstruktur ist immer eindeutig bestimmt. Dies bedeutet konkret, dass eine Datei immer nur in genau einem Verzeichnis liegt und es nur genau einen Weg von der obersten Ebene zu dieser Position gibt.

Dieser Weg, wird auch absoluter Datei- oder Verzeichnispfad genannt und er listet alle Verzeichnisse auf, die zwischen der obersten Ebene bis hin zur Position liegen.

- Ein **absoluter Pfad** ist vergleichbar einer exakten Routenangabe, der man nur zu folgen braucht. Beispiele für absolute Pfade sind z.B. /tmp/enterprise/eineDatei, wobei *tmp* und *enterprise* Verzeichnisse sind und *eineDatei* – wie der Name schon andeutet – eine Datei darstellt. Bitte beachten Sie, dass es syntaktisch keinen Unterschied zwischen einem Verzeichnis und einer Datei gibt. Würde man also *eineDatei* durch *XXX* ersetzen, so könnte man a priori nicht wissen, ob es sich um ein Verzeichnis oder eine Datei handelt.
- Das Gegenstück zum absoluten Pfad stellt ein **relativer Pfad** dar, denn er beschreibt den Pfad von der aktuellen Position des Benutzers (statt von der obersten Ebene) aus. Wenn der Beobachter sich also beim oben genannten Pfad im Verzeichnis *tmp* befindet, dann lautet der relative Pfad enterprise/XXX.

> Wenn der Pfad also von der obersten Ebene aus geht, handelt es sich um einen absoluten Pfad, erkennbar durch das vorangestellte „/" im Pfad. Falls der Pfad aber von der aktuellen Position innerhalb der Verzeichnisstruktur beschrieben wird, wird er relativ genannt. Ein relativer Pfad zeichnet sich immer dadurch aus, dass er nicht mit „/" beginnt.

4.2 Heimat- und Arbeitsverzeichnis

> **Jedem Benutzer ist ein Heimatverzeichnis zugeordnet**, in dem sich alle persönlichen Daten befinden. Der Benutzer hat alle Zugriffsberechtigungen für die dortigen Verzeichnisse und Dateien und kann diese beliebig verändern.

Außerhalb des Heimatverzeichnisses ist dies normalerweise nicht mehr der Fall und nur noch der Systemadministrator kann ohne Einschränkungen auf alle Dateien zugreifen.

Das Heimatverzeichnis ist normalerweise die **Ausgangsbasis für alle Dateioperationen**, da sich der Benutzer in der Regel dort befindet und von dort aus auf die (lokalen) Verzeichnisse und Dateien zugreift. Der **Zugriff** auf die Verzeichnisse oder Dateien anderer Benutzer hängt davon ab, ob diese den Zugriff erlauben (oder auch nicht).

Die **Rückkehr zum Heimatverzeichnis** erfolgt durch den Befehl *cd* (ohne weitere Zusätze). Die aktuelle Position des Benutzers innerhalb des Verzeichnissystems wird durch *pwd* in Form eines Pfads ausgegeben. Die Abkürzung *pwd* steht hierbei für *print working directory*. Als Arbeitsverzeichnis wird das aktuelle Verzeichnis bezeichnet.

4.3 Hinweise

! Zuerst sollten Sie ein **Heimatverzeichnis anlegen**, in dem Sie alle Ihre Dateien und Dokumente speichern. Versuchen Sie später möglichst die relativen Pfade zu nutzen.

! In der Regel lohnt es sich daher in das entsprechende Verzeichnis zu **wechseln**, dessen Dateien man bearbeiten möchte.

Verständnisfragen

Haben Sie alles verstanden? Mit den folgenden Fragen können Sie das Gelernte schnell prüfen:

1. **Wie sind die Verzeichnisse eines Betriebssystems angeordnet?**

☐ in konzentrischen Kreisen

- ☐ parallel zueinander
- ☐ hierarchisch
- ☐ linear
- ☐ sequenziell

2. Welche der folgenden Verzeichnisse sind bei Linux vordefiniert, d.h. bereits vorhanden?

- ☐ etc
- ☐ bin
- ☐ xxx
- ☐ doc

3. Was ist ein Verzeichnispfad?

- ☐ Weg zur Position einer Datei innerhalb des Dateisystems
- ☐ Dateiname
- ☐ Beschreibung aller wesentlichen Dateieigenschaften
- ☐ alle möglichen Wege zur Datei innerhalb des Dateisystems

4. Was ist ein absoluter Verzeichnispfad?

- ☐ Weg von der obersten Ebene bis hin zur aktuellen Position der Datei
- ☐ absolute Auflistung aller Bestandteile des Dateinamens
- ☐ absolute Auflistung aller Dateieigenschaften

5. Was ist ein relativer Verzeichnispfad?

- ☐ relative Auflistung aller Bestandteile des Dateinamens
- ☐ Weg von der aktuellen Position zur spezifizierten Datei
- ☐ relative Auflistung aller Dateieigenschaften

6. Woran erkennt man einen absoluten Verzeichnispfad?

☐ durch das vorangestellte *

☐ durch das vorangestellte /

☐ durch das vorangestellte \

7. Was ist das Heimatverzeichnis?

☐ Ausgangspunkt aller Dateioperationen

☐ ein für jeden Benutzer reserviertes Verzeichnis

☐ Verzeichnis aller Dateien

☐ Gesamtheit aller Benutzerverzeichnisse

8. Was ist das Arbeitsverzeichnis?

☐ das Startverzeichnis

☐ das Systemverzeichnis

☐ das Benutzerverzeichnis

☐ das aktuelle Verzeichnis

☐ das frühere Verzeichnis

5 Interne Handbücher und Dokumentation

Linux verfügt – wie vergleichbare Betriebssysteme – über eine sehr detaillierte und vollständige **Dokumentation** der verfügbaren Befehle, die Herausforderung besteht also nur darin die betreffenden Dokumente zu finden.

Jeder Linux-Befehl ist automatisch in der **internen Dokumentation** beschrieben, die von jedem Benutzer aufgerufen werden kann und auch neue Anwendungen können ebenfalls dort ihre Kommandos hinterlegen und so das interne Hilfesystem erweitern und auf den neuesten Stand halten.

Die Problematik besteht vor allem darin zum einen, die vorhandene **Systematik zu verstehen** und zum anderen, die Befehle zu kennen, so dass Sie gezielt nach dem jeweiligen Namen suchen können. Hier werden die einzelnen Befehlskategorien für die internen Handbücher erläutert.

5.1 Informationen über Befehle

Der zentrale Befehl zum Aufruf des internen Hilfesystems lautet *man*, gefolgt von dem gewünschten Kommando. Er ist abgeleitet von **manual**, dem englischen Begriff für Handbuch.

Die Abfrage der eigenen Dokumentation von *man* lautet beispielsweise *man man*.

Der Zugriff auf die betreffende Dokumentation funktioniert aber nur dann, wenn man auch den erforderlichen **Befehl** kennt. Anfänger kennen aber oft nur sehr wenige Befehle, so dass das eigentliche Problem darin besteht, für eine Funktion, z.B. das Kopieren oder Löschen von Dateien, das zugehörige Kommando zu identifizieren.

Die Anweisung *apropos* <Schlüsselwort> löst genau diese Aufgabenstellung, d.h. es listet **alle relevanten Instruktionen** auf, die das verwendete Schlüsselwort in der Dokumentation enthalten. Wichtig ist in diesem Kontext auch, dass die Schlüsselwörter in der Sprache der internen Handbücher (im Regelfall: Englisch) abgefasst sind, so sucht z.B. *apropos file* nach allen Befehlen bei denen in der Beschreibung das Wort *file* auftaucht, was ziemlich viele sein dürften.

Die Handbücher enthalten **sehr lange Beschreibungen**, was die meisten Anwender überfordern dürfte, in diesen Fällen empfiehlt es sich *whatis* zu verwenden, so dass man nur eine Kurzübersicht erhält, die aber ausreicht, um zu beurteilen, ob die betreffende Anweisung in Frage kommt.

5.2 Aufbau der Dokumentation

Die Dokumentation ist prinzipiell immer gleich aufgebaut:

- Zuerst finden Sie den **syntaktischen Aufbau des Befehls** mit seinen verschiedenen Optionen bzw. Parametern beschrieben,
- danach folgen die **detaillierten Informationen** hierzu.

Leider fehlt es oft an konkreten Beispielen, wie die konkrete Ausgabe aussieht oder welche Eingabedaten sinnvoll sind. In diesem Fall hilft einfach nur ausprobieren und üben.

Neben den vorhandenen Handbüchern können Sie aber auch eine Vielzahl von Daten über das Rechnersystem abrufen, das Sie gerade nutzen, denn auch hierfür gibt es spezialisierte Befehle. Mittels *hostname* können Sie sich den Rechnernamen anzeigen lassen und über *uname* erhalten Sie Infos über das zugrundeliegende Betriebssystem. Die aktuell wichtigsten Prozesse werden durch *top* aufgelistet.

5.3 Interne Dokumentation im Überblick

Funktion: Anzeige ...	**Befehl**	**engl. Bezeichnung**	**Beispiel**
der Dokumentation	man <Befehl>	manual	man man
der Kurzdokumentation	whatis <Befehl>	what is	whatis man
der verbundenen Befehle	apropos <Wort>		apropos
der Benutzer im System	who		who -a
des Rechnernamens	hostname	host name	hostname
des Betriebssystems	uname		uname
der aktuellen Prozesse	top	top processes	top

5.4 Hinweise

! Bitte überprüfen Sie bei der vorhandenen Linux-Installation, ob die interne Dokumentation vorhanden ist, da sie eine wichtige Quelle für den Einstieg und zur Vertiefung bietet.

! Machen Sie sich zuerst mit dem **Aufbau einer Dokumentationsseite** vertraut und danach rufen Sie diese für die wichtigen Linux-Kommandos auf. Versuchen Sie, Querverbindungen zu anderen Anweisungen zu finden.

?!! Verständnisfragen

Haben Sie alles verstanden? Mit den folgenden Fragen können Sie das Gelernte schnell prüfen:

1. Was ist die interne Dokumentation?

- ☐ Beschreibung der Dokumente
- ☐ Beschreibung der Benutzereigenschaften
- ☐ Beschreibung aller Befehle des Betriebssystems
- ☐ die Dokumentation des Herstellers
- ☐ die nichtöffentlichen Teile der Linux-Dokumentation

2. Mit welchem Kommando kann auf die interne Dokumentation zugegriffen werden?

- ☐ men
- ☐ manual
- ☐ doc
- ☐ man
- ☐ manuals

3. Aus welchen Komponenten setzt sich die Dokumentation eines Befehls zusammen?

- ☐ semantischer Aufbau des Befehls
- ☐ syntaktischer Aufbau des Befehls
- ☐ Stichworte zum Befehl
- ☐ detaillierte Informationen zum Befehl
- ☐ Beispiele zum Befehl

4. Wie wird die Kurzübersicht aufgerufen?

- ☐ what
- ☐ was
- ☐ whatsup
- ☐ whatshort
- ☐ whatis

5. Welcher Befehl listet die Benutzer des Systems?

- ☐ who
- ☐ whom
- ☐ whoare
- ☐ whois
- ☐ users

6. Wie kann der Rechnername ermittelt werden?

- ☐ name
- ☐ host
- ☐ computer
- ☐ computername
- ☐ hostname

6 Dateien

Die typischen Arbeiten mit Dateien, z.B. die Auflistung von Dateien in einem Verzeichnis, sind in Linux immer auf zweierlei Weise möglich:

- zum einen über die **grafische Benutzeroberfläche** (vergleichbar dem Datei-Explorer) oder

- zum anderen über die **Kommandozeile.**

6.1 Wild Cards

Um beim letzten Ansatz einen effizienten Umgang mit Dateien zu erzielen, ist es aber zuerst erforderlich, das Konzept der sog. **wild cards** zu verstehen. Normalerweise müssten alle zu verarbeitenden Dateien explizit in der Kommandozeile aufgezählt werden, was aber oft zu aufwändig und unhandlich ist, z.B. beim Löschen aller Dateien oder von über fünfzig Dateien.

Aus diesem Grund wurden **wild cards** eingeführt, die für ein **beliebiges Zeichen** (?) oder für eine **beliebige Zeichenkette** (*) stehen, und somit können gleichzeitig mehrere Dateinamen abgedeckt werden.

Sollen z.B. alle Dateien angesprochen werden, die mit dem Buchstaben L beginnen, so lässt sich dies als *L** darstellen, ein beliebiger Dateiname wäre hingegen *, und alle Dateinamen, die nur aus drei Zeichen bestehen und mit L beginnen sind durch L?? beschrieben.

6.2 Wechsel der Verzeichnisse

Der Wechsel von einem Verzeichnis in ein anderes dürfte mit zu den häufigsten Operationen gehören und wird durch den *cd* (***change directory***)-Befehl ausgeführt, wobei das Zielverzeichnis entweder als absoluter oder als relativer Pfad aufgeführt werden kann.

Die Anweisung *cd /tmp* führt zum Verzeichnis *tmp,* das auf der höchsten Ebene liegt. Die beiden einzigen Voraussetzungen für einen erfolgreichen Verzeichniswechsel sind

(1) die Existenz des Zielverzeichnisses und

(2) die erforderlichen Zugriffsrechte.

Beide Bedingungen lassen sich aber auch für alle nachfolgenden Dateioperationen reklamieren.

6.3 Verzeichnisinhalte

Bei der **Anzeige der Dateien** und Unterverzeichnisse eines gegebenen Verzeichnisses ist *ls* zu verwenden.

- In der einfachsten Variante, ohne Optionen, werden nur die **sichtbaren Dateien** angezeigt und es erfolgt keine Auswahl bei den Dateinamen.
- Dank der Optionen –a bzw. –l werden **alle Dateien** bzw. die vollständigen Informationen (z.B. über Dateigröße, Zugriffsrechte) angezeigt.
- Eine **Auswahl bei den Dateien** kann wieder über die wild cards erfolge, z.B. in Form von *ls –af L**, das alle Dateien und Verzeichnisse aufführt, die mit L beginnen.

6.4 Verschieben und Kopieren von Dateien

Die Befehle *mv* bzw. *cp* zum **Verschieben (move)** und **Kopieren (copy)** von Dateien sind strukturell sehr ähnlich aufgebaut. Es wird immer ein Ausgangs- und ein Zielverzeichnis benötigt, die Auswahl der zu verschiebenden bzw. kopierenden Dateien erfolgt durch die wild cards und die Optionen regeln den Fall, dass eventuell schon vorhandene Dateien überschrieben werden (z.B. in jedem Fall oder nur nach Rücksprache).

- Die Anweisung *mv * /tmp* verschiebt zum Beispiel alle Dateien (wegen *) aus dem lokalen Verzeichnis (da kein anderes Verzeichnis explizit angegeben wurde) ins Zielverzeichnis */tmp*.
- Analog kopiert *cp /tmp/* neu* , alle Dateien von */tmp* ins relative Verzeichnis *neu*.

Eine **Umbenennung** erfolgt (bei der Verschiebung bzw. der Kopie) dann, wenn die alten und die neuen Dateinamen explizit angegeben werden.

6.5 Löschen von Dateien

Das **Löschen von Dateien** geschieht mittels *rm* (remove), wobei – analog zu *ls* – als Parameter nur die betreffenden Dateien aufzuführen sind.

Als Optionen kann man angeben,

- ob in **jedem Fall** oder
- erst **auf Anfrage** gelöscht werden darf.
- Eine besondere Option ist das **rekursive Löschen**, das auch alle geschachtelten Unterverzeichnisse und deren Dateien löscht.

Hier sei besonders darauf hingewiesen, dass die Kombination von rekursiven Löschen der Unterverzeichnisse zusammen mit den wild cards sehr schnell unerwünschte Seiteneffekte zeigen kann.

6.6 Dateioperationen im Überblick

Funktion	**Befehl**	**engl. Bezeichnung**	**Beispiel**
Anzeige von Dateien und Verzeichnissen	ls <Pfad>	list	ls /tmp
Wechsel des Verzeichnisses	cd < Pfad >	change directory	cd /tmp
Verschieben von Dateien	mv <Datei> <Pfad>	move	mv * /tmp/*
Kopie von Dateien	cp <Datei>	copy	cp * /tmp
Löschen von Dateien und Verzeichnissen	rm <Datei>	remove	rm /tmp/*

6.7 Zugriffsberechtigungen

Neben den Dateioperationen ist es auch wichtig zu wissen, **welcher Benutzer welche Rechte** hat. Jedes Verzeichnis bzw. jede Datei verfügt deshalb über eine Berechtigungsliste, in der festgelegt wird, welche Benutzerkategorie welchen Zugriff erhält.

Es gibt **drei unterschiedliche Benutzerkategorien** und auch jeweils drei Zugriffsarten, die für jedes Verzeichnis und jede Datei unabhängig voneinander definiert werden können. Die Benutzerkategorien bestehen aus:

- Owner (Eigentümer der Datei bzw. des Verzeichnisses)
- Group (alle Benutzer die zur selben Gruppe gehören)
- Others (alle sonstigen Benutzer)

Die **Zugriffsmöglichkeiten** bestehen aus:

- Execute (ausführen)
- Write (schreiben)
- Read (lesen)

Bei der ausführlichen, langen Darstellung eines Verzeichnisses oder einer Datei wird für alle drei Benutzerkategorien (Owner, Group, Others) jeweils aufgeführt, welche dieser drei Zugriffsmöglichkeiten (Execute, Write, Read) erlaubt sind.

6.8 Hinweise

! Denken Sie bitte daran, dass alle Löschungen von Verzeichnissen oder Dateien in der Regel **nicht mehr rückgängig** gemacht werden können; deshalb seien Sie sich der Grenzen und Gefahren von Wildcards bewusst.

! Dateioperationen können anfangs daran scheitern, dass Sie nicht über die notwendigen **Zugriffsberechtigungen** verfügen, deshalb überprüfen Sie diese immer vorher.

! Schalten Sie bei den Dateioperationen, sofern möglich, den ***Verbose*-Modus** ein. So erhalten Sie eine explizite Ausgabe der beteiligten Dateien und eine Protokollierung aller Aktionen.

Verständnisfragen

Haben Sie alles verstanden? Mit den folgenden Fragen können Sie das Gelernte schnell prüfen:

1. Für was steht eine Wildcard?

☐ nur für Buchstaben

☐ für ein Zeichen

☐ nur für Ziffern

- ☐ für eine Zeichenkette
- ☐ für ein Leerzeichen

2. Welche Symbole stehen für eine Wildcard?

- ☐ +
- ☐ !
- ☐ *
- ☐ ?
- ☐ $

3. Wofür steht cd?

- ☐ close directory
- ☐ copy directory
- ☐ create directory
- ☐ change directory

4. Was sind die Voraussetzungen für einen erfolgreichen Wechsel des Verzeichnisses?

- ☐ Das Zielverzeichnis existiert.
- ☐ Das Zielverzeichnis enthält Dateien und Verzeichnisse.
- ☐ Das Zielverzeichnis liegt unmittelbar über oder unter dem aktuellen Verzeichnis.
- ☐ Das Zielverzeichnis liegt innerhalb des Benutzerverzeichnisses.
- ☐ Der Benutzer hat hierfür die erforderlichen Zugriffsrechte.

5. Wie lautet das Kommando für die Anzeige der Dateien und Unterverzeichnisse?

- ☐ list
- ☐ dir
- ☐ ls
- ☐ listfiles
- ☐ listdirectory

6. Was sind mögliche Parameter für die Anzeige von Dateien und Verzeichnissen?

- ☐ Dateipfad
- ☐ Wildcards
- ☐ weitere Befehle
- ☐ Benutzer

7. Was bedeutet der Befehl cp?

- ☐ Löschen von Dateien
- ☐ Verschieben von Dateien
- ☐ Kopieren von Dateien
- ☐ Vergleichen von Dateien

8. Mit welchem Befehl können alle Dateien in einem Verzeichnis gelöscht werden?

- ☐ rm
- ☐ rm all
- ☐ rm *
- ☐ rm ?
- ☐ del

9. Welche drei unterschiedlichen Benutzerkategorien gibt es?

☐ User, Company, Admin

☐ Owner, Group, Others

☐ Owner, Group, Company

☐ Owner, Others, Company

☐ Owner, Users, Others

10. Wozu dient der Verbose-Modus?

☐ Ausgabe aller beteiligten Dateien

☐ Bereitstellung zusätzlicher Optionen

☐ Ausgabe des Benutzers

☐ Ausgabe des Befehlsnamens

7 Texteditor vi

> Ein Texteditor ist in den meisten Betriebssystemen verfügbar, er dient dazu Textdateien zu öffnen, zu verändern und abzuspeichern.

Im Gegensatz zu einer Textverarbeitung geht es also nicht um die komplexe Formatierung oder die Gestaltung des Layouts größerer Dokumente, sondern nur um die elementaren Funktionen

- editieren,
- navigieren,
- speichern.

Trotz der Vielfalt von Texteditoren unter Linux hat sich der ***vi*** als ein Klassiker und die Referenz erwiesen. Daneben zeigt der vi, wie ein Texteditor vollständig **tastaturorientiert** sein kann, auch wenn dies auf den ersten Blick verwirrend erscheinen mag.

7.1 Die drei Modi: Befehls-, Einfüge- und Exitmodus

Die Bedienung des vi wird geprägt durch die Unterscheidung in drei Modi:

(1) den **Befehlsmodus**,

(2) den **Einfügemodus** und

(3) den **Exitmodus**.

Je nach Modus verhält sich der vi dabei völlig unterschiedlich.

- Beim **Aufruf** des vi befindet er sich im **Befehlsmodus**, dies bedeutet, dass jegliche Eingabe als Kommando aufgefasst wird.
- Erst durch **Drücken der Tasten *i*, *I*, *a*, *A*** wechselt er in den **Eingabemodus**, bei dem jeder Tastendruck auf dem Bildschirm und in der Textdatei dargestellt wird.
- Erst durch die **Escape-Taste** gelangt man wieder zurück in den **Befehlsmodus**.
- In den **Exitmodus** kommt man durch **:** , dort kann man die aktuelle Datei abspeichern.
- Der **Rücksprung in den Befehlsmodus** erfolgt wie üblich durch **Escape**.

7.2 Wechsel der Modi im Überblick

Funktion	Befehl	zurück in den Befehlsmodus
Wechsel in den Einfüge-modus	i, I, a, A	Escape
Wechsel in den Exitmodus	:	Escape

Aufgerufen wird der vi in der Kommandozeile durch vi oder vi <Datei>, wobei der Dateiname entweder bereits existiert oder ansonsten neu angelegt wird.

Mit der Option + wird die entsprechende Zeile der Datei im vi geöffnet, wie z.B. bei *vi+10* <Datei>, die zehnte Zeile der Datei.

7.3 Aufruf des Texteditors vi

Funktion	Befehl
vi aufrufen	vi
Datei mit vi aufrufen	vi <Datei>
öffnet <Datei> in der 10. Zeile	vi +10 <Datei>

Im Befehlsmodus ist die wichtigste Funktion, den Cursor innerhalb der Datei mittels der Pfeiltasten oder der Tasten *h,j,k,l* zu bewegen.

Eine Besonderheit ist hierbei, dass die Bewegung nicht nur zeichenweise, sondern auch **wort- oder satzweise** (über *w,b* bzw. *(,)*) erfolgen kann.

Andere wichtige Aufgaben sind die Löschung eines Zeichens, eines Wortes oder einer Zeile und die Wiederherstellung der letzten Eingabe.

7.4 Befehlsmodus im Überblick

Funktion	**Befehl**
Navigation in der Datei	←,↓,↑,→ (Pfeiltasten) oder h,j,k,l
w, b	wortweise vorwärts und rückwärts Springen
(,)	satzweise vorwärts und rückwärts Springen
x, dw, dd	Löschen des aktuellen Zeichens, Wortes, Zeile
u	annulliert die letzte Eingabe

7.5 Einfügemodus im Überblick

Funktion	**Befehl**
Eingabe vor bzw. hinter dem Cursor	i, a
Eingabe zu Beginn bzw. am Ende der Zeile	I, A

7.6 Die Befehle des Exitmodus

Die **Speicherung** der aktuellen Datei oder der Ausstieg aus dem vi erfolgt im Exitmodus, wobei es hier eine Reihe von Varianten gibt. Charakteristisch ist für jedes Kommando der **vorangestellte Doppelpunkt** (:), welches den Übergang vom Befehls- in den Exitmodus vollzieht.

Die beiden wesentlichen Komponenten für den Exitmodus sind *w* und *q*, wobei *w* hier für schreiben (engl. write) und *q* analog für verlassen (engl. quit) stehen.

Im **einfachsten Fall** besteht das Kommando aus *:w* oder *:q* , was bedeutet, dass der aktuelle Dateiinhalt gespeichert wird bzw. der vi verlassen wird. Letzteres ist allerdings nur möglich, sofern vorher keine Änderungen erfolgten, ansonsten muss *:q!* verwendet werden, was die letzten Änderungen nicht abspeichert.

Die **Kombination *:wq*** speichert die Datei und verlässt den vi. Es sei noch die Besonderheit erwähnt, dass die Datei ggf. unter einem anderen Namen gespeichert werden sollte. Dies kann mittels :*w* <Datei> vorgenommen werden.

7.7 Exitmodus im Überblick

Funktion	**Befehl**
Sicherung des Inhalts	:w
Verlassen des vi	:q
Ausstieg aus dem vi ohne abzuspeichern	:q!
Verlassen des vi und Abspeichern der Datei	:wq
Sicherung des Inhalts unter dem <Namen>	:w <Namen>

?!! Verständnisfragen

Haben Sie alles verstanden? Mit den folgenden Fragen können Sie das Gelernte schnell prüfen:

1. Welche drei Modi gibt es beim Texteditor vi?

☐ Navigations-, Exit-, Editmodus

☐ Grafik-, Exit-, Einfügemodus

- ☐ Grafik-, Befehls-, Einfügemodus
- ☐ Grafik-, Einfüge-, Befehlsmodus
- ☐ Befehls-, Exit-, Einfügemodus

2. Mit welchen Tasten gelangt man in den Einfügemodus?

- ☐ i, I, a, A
- ☐ e, E, a, A
- ☐ i, a
- ☐ x, X, i, I
- ☐ x, X, e, E

3. Mit welchem Kommando wird der Inhalt einer Datei gesichert?

- ☐ :s
- ☐ :q
- ☐ :w
- ☐ :q!

4. Wie kann man innerhalb der Datei navigieren?

- ☐ Pfeiltasten
- ☐ h, j, k, l
- ☐ w, b
- ☐ x, y
- ☐ x, dw, dd

5. Wie wird die letzte Eingabe rückgängig gemacht?

- ☐ undone
- ☐ t

- ☐ y
- ☐ u
- ☐ z

6. **Mit welcher Taste gelangt man wieder zurück in den Befehlsmodus?**

- ☐ Delete
- ☐ Escape
- ☐ Enter
- ☐ Space
- ☐ Control

8 Kommando-Interpreter bash

Die Aufgabe eines **Interpreters für Kommandozeilen** (sog. **shell**) ist es, die einzelnen Eingaben des Benutzers entgegenzunehmen und zu verarbeiten.

Hier geht es also nicht darum, neue Befehle zu lernen, sondern wie der Umgang mit bereits bekannten Befehlen durch die Nutzung der shell komfortabler und effizienter gestaltet werden kann.

> Die beliebteste Linux-Shell, die als Standard installiert ist, heißt **bash** (= bourne again shell).

8.1 Umgebungsvariablen

Durch die Festlegung bzw. die Änderung von **Umgebungsvariablen** kann die shell an die eigenen Präferenzen angepasst werden, z.B. kann beim Prompt der Kommandozeile das aktuelle Verzeichnis oder der jeweilige Rechnername angezeigt werden.

Alle **Umgebungsvariablen** können über *env* abgerufen werden, eine einzelne kann hingegen über *echo $*<Umgebungsvariable>, z.B. *echo $HOME* angezeigt werden.

Mit Hilfe des Konstrukts *export* kann der Umgebungsvariable ein neuer Wert zugewiesen werden. Bekannte **vordefinierte Umgebungsvariablen** sind

- PATH (die Liste aller Verzeichnisse, die bei der Ausführung von Kommandos durchsucht werden),
- HOME (das Heimatverzeichnis, in dem die eigenen Dateien oder Verzeichnisse abgelegt sind) oder
- PWD (das aktuelle Arbeitsverzeichnis, in dem sich der Benutzer befindet).

8.2 Pipes

Befehle können über sog. **Pipes** miteinander verbunden werden, in dem die Ausgabe eines Befehls als Eingabe für einen anderen dient.

Die **Pipe** ermöglicht es somit zwei Befehle hintereinander auszuführen. Das Symbol für die Pipe ist hierbei |.

Der Einsatz der Pipe ist dann sinnvoll, wenn der zweite Befehl direkt auf dem ersten aufbauen soll. Zum **Beispiel** kann zuerst nach bestimmten Prozessen gesucht werden und danach kann deren Anzahl berechnet werden.

8.3 Umleitung von Ein- und Ausgabe

Außerdem können die Ein- bzw. Ausgaben der Kommandos von den üblichen Standardwerten (Tastatur als Standardeingabe und Bildschirm als Standardausgabe) umgeleitet werden, so dass die Ein- bzw. Ausgabe beispielweise von einer bzw. **in eine Datei** erfolgt.

Die Umleitung der Ein- bzw. Ausgabe von Kommandos erfolgt durch < bzw. >, die der Fehlermeldungen durch *2*> .

Der **Vorteil der Umleitungen** besteht darin, dass die Anweisungen so wesentlich flexibler eingesetzt werden können.

8.4 History

Die Historie der bash erlaubt es, die vorher eingegebenen Befehle aufzulisten, zu verändern und wieder neu auszuführen.

Dies ermöglicht es dem Benutzer seine Produktivität zu steigern, weil viele Eingaben nur eine Variation der vorhergehenden Eingaben darstellen.

8.5 Shell-Skripte

Die bash verfügt über eine integrierte Skriptsprache (vergleichbar einer Programmiersprache), die es erlaubt, sogenannte Shell-Skripte zu schreiben, die dann vom Benutzer aufgerufen werden. Ein Shell-Skript ist nichts anderes als ein Programm, das Linux-Kommandos aufrufen kann. Anstatt einzelne Sequenzen von Anweisungen manuell ausführen ergibt sich dank der Shell-Skripte die Möglichkeit, diese zusammenzufassen und automatisieren zu können.

8.6 Befehle im Überblick

Funktion	**Befehl**
Anzeige aller Umgebungsvariablen	env
Anzeige einer Umgebungsvariablen	Echo $<Name>
Umleitung der Ein- bzw. Ausgabe	<, >
Aufruf der Historie	history

8.7 Hinweise

! Passen Sie die Umgebungsvariablen an Ihre besonderen **Anforderungen** an.

! Rufen Sie die **Befehlshistorie** auf und modifizieren Sie dann eine frühere Eingabezeile, denn dies ist in der Regel deutlich weniger aufwändig als eine Neueingabe.

! Shell-Skripte sind Programme, die getestet und gewartet werden müssen. Typische Probleme sind falsche Zugriffsrechte, die fehlende Referenz auf die Shell oder die mangelnde Kennzeichnung als auszuführende Datei.

?!! Verständnisfragen

Haben Sie alles verstanden? Mit den folgenden Fragen können Sie das Gelernte schnell prüfen:

1. Was ist die Aufgabe eines Kommandointerpreters?

☐ Verwaltung der Betriebsmittel

☐ Verarbeitung der Benutzereingaben

☐ grafische Darstellung der Oberfläche

☐ Verwaltung der Netzwerktätigkeiten

2. Wozu dient eine Umgebungsvariable?

☐ Sie ermöglicht die Anpassung des Kommandointerpreters an die Präferenzen des Benutzers.

☐ Sie stellt den Kommandointerpreter immer auf die Standardvorgaben des Systems ein.

☐ Sie legt die wesentlichen Eigenschaften des Betriebssystems fest.

☐ Sie definiert die Standardvariablen einer Programmiersprache.

3. Was enthält die Variable PATH?

☐ den Pfad des aktuellen Arbeitsverzeichnisses

☐ den Pfad des Benutzerverzeichnisses

☐ die Liste aller Verzeichnisse, die für die Ausführung der Kommandos durchsucht werden

☐ die Liste aller Verzeichnisse, die regelmäßig gespeichert werden

☐ die Liste aller Verzeichnisse, in denen sich Anwendungen befinden

4. In welcher Umgebungsvariable befindet sich das aktuelle Verzeichnis?

- ☐ HOME
- ☐ PATH
- ☐ PWD
- ☐ SYSTEM
- ☐ USER

5. Was ist eine Pipe?

- ☐ logische UND-Verknüpfung zweier Kommandos
- ☐ logische ODER-Verknüpfung zweier Kommandos
- ☐ Verknüpfung der Ausgabe des ersten Befehls mit der Eingabe des zweiten
- ☐ automatisches Drucken der Ergebnisse eines Befehls

6. Wie kann man alle Umgebungsvariablen anzeigen?

- ☐ env
- ☐ display environment
- ☐ show ENV
- ☐ ENV
- ☐ display ENV

7. Wie nennt man die Programme des Kommandointerpreters, die typische Abläufe automatisieren?

- ☐ Shell-Programme
- ☐ Shell-Kommandos
- ☐ Shell-Anwendungen
- ☐ Shell-Skripte

8. Wie können alle zuvor ausgeführten Befehle in der Kommandozeile aufgerufen werden?

- ☐ hist
- ☐ history
- ☐ prev
- ☐ previous
- ☐ p

9 Zusätzliche Dateioperationen

9.1 Suche nach Dateien bzw. in Dateiinhalten

Die Suche nach Dateien mittels des Dateinamens und weiterer Dateieigenschaften, z.B. dem Typ, der Zugriffszeiten oder die Größe, wird durch den *find* Befehl ermöglicht.

> Um den Gesamtaufwand bei der Suche effektiv zu begrenzen ist es wichtig, dabei möglichst viele Eigenschaften und das Startverzeichnis anzugeben.

Die Anweisung *grep* sucht hingegen einen Text in den Dateiinhalten, wobei die Zeilen und die Dateien angezeigt werden, in denen der Text vorkommt. Die erforderliche Flexibilität entsteht durch den Einsatz eines regulären Suchausdrucks und den Optionen für die Ausgabe der Ergebnisse.

9.2 Anzeige von Dateiinhalten

Für die Anzeige der Inhalte von Textdateien bieten sich prinzipiell *less*, *head* und *tail* an. Das flexibelste Werkzeug hiervon ist *less*, denn es ermöglicht ein Durchblättern der Textdatei in beide Richtungen, während *head* nur den ersten und *tail* nur den letzten Abschnitt der Datei anzeigt.

9.3 Vergleich von Inhalten

Häufig müssen Dateien miteinander verglichen werden, da sie z.B. verschiedene Versionen darstellen oder unklar ist, ob und inwieweit sie sich unterschieden. In solchen Fällen greift man auf die Befehle *diff* (engl. differ) und *cmp* (engl. compare) zurück.

> Die erste Anweisung ist vor allem für Textdateien gedacht und vergleicht beide Dateien zeilenweise, die zweite Instruktion liefert eine Null bei Gleichheit oder die Position des ersten Unterschieds.

9.4 Zählung von Dateiinhalten und Dateiumfang

Mittels *wc* (eng. word count) kann (über geeignete Optionen) die Anzahl der Zeilen, Wörter und Zeichen einer Datei bestimmt werden. Der Dateiumfang wird anhand von *du* (engl. disk usage) ermittelt werden.

10 Glossar

absoluter Pfad: Weg von der obersten Verzeichnisebene zum gewünschten Zielort.

bash (bourne again shell): Die bash ist der Standard-Kommandozeileninterpreter unter Linux.

Befehl: Eine Anweisung, die vom Benutzer eingegeben und vom Betriebssystem ausgeführt wird.

Betriebssystem: Ein Systemprogramm, das auf der Hardware aufsetzt, und diese den Anwendungen bzw. den Benutzern zur Verfügung stellt.

Dokumentation: Die internen Handbücher von Linux.

Kernel: Der Betriebssystemkern verwaltet alle notwendigen Ressourcen (z.B. CPU-Zeit, Hauptspeicher, Prozesse).

Kommandozeile: Die textuelle Eingabe von Anweisungen an das Betriebssystem.

Optionen: Sie sind Argumente des Befehls und spezifizieren genau(er) wie dieser umzusetzen ist.

Parameter: Parameter sind- wie Optionen - Argumente eines Befehls und Teil der Kommandozeile.

Pipe: Es wird dargestellt durch | und bezeichnet die Weiterleitung der Ausgabe der ersten Instruktion als Eingabe des nächsten Kommandos.

relativer Pfad: Weg von der aktuellen Position zum gewünschten Zielort.

Shell: Die englische Bezeichnung für Kommandozeileninterpreter.

vi: Der vi ist ein Texteditor, der in Linux (und anderen Betriebssystemen) angeboten wird.

11 Tipps

11.1 Nützliche Weblinks

www.ubuntu.com : Ubuntu ist die am weitesten verbreitete Linux Distribution und sie steht in einer Reihe von verschiedenen Versionen zur Verfügung.

de.redhat.com : die Red Hat Distribution wird vor allem in Unternehmen und im englischsprachigen Raum eingesetzt

www.suse.com : die SUSE Distribution kommt aus Deutschland und ist deshalb traditionell sehr präsent im deutschsprachigen Umfeld vertreten

11.2 Literaturtipps

Daniel J. Barrett „Linux – kurz & gut“, O’Reilly: *eine Kurzübersicht aller wesentlichen Linux-Befehle*

Thomas Kessel „Linux – eine praktische Einführung“, Oldenbourg: *eine kurze Einführung in die Linux-Kommandozeile*

Johannes Plötner und Steffen Wendzel „Linux: das umfassende Handbuch“, Galileo Press: *ein ausführliches Nachschlagewerk zu Linux*

11.3 Prüfungstipps

- Die beste Vorbereitung besteht darin, die einzelnen Befehle in Form von Übungen auszuprobieren. Testen Sie die verschiedenen Optionen und Parameter aus.
- Erstellen Sie Ihre eigenen Befehlsübersichten mit den zugehörigen Beispielen. Ordnen Sie diese nach Häufigkeit oder Wichtigkeit.
- Machen Sie sich die Vorteile jeder Anweisung klar und heben Sie die Unterschiede zu anderen Optionen hervor.

Glossar

ABC-Analyse

Die ABC-Analyse ist ein Verfahren zur Bestimmung relativer Wertbindungen. Ursprünglich wurde das Verfahren zur Analyse der Wertbindung in Lagerbeständen entwickelt. Die ABC-Analyse basiert auf der Beobachtung, dass meist nur ein kleiner Prozentsatz der Materialmengen einen großen Prozentsatz des Lagerbestandswertes bindet. Werden die drei Materialklassen A, B, C nach ihrem relativen Anteil am Wert des Gesamtbestandes unterschieden, ergibt sich beispielsweise folgendes Bild: A-Güter umfassen ca. 10 % der Mengen und binden ca. 80 % des Wertes, B-Güter umfassen ca. 20 % der Mengen und binden ca. 15 % des Wertes, C-Güter umfassen ca. 70 % der Mengen und binden ca. 5 % des Wertes. Nach Bedarf können weniger oder mehr Materialklassen gebildet werden.

Abfindung

Einmalige Geldleistung zur Ablösung von Ansprüchen, z.B. bei Kündigung gem. §§ 9 ff. KSchG oder Ausscheiden aus einem Unternehmen bzw. einem Arbeitsverhältnis. Gem. §§ 304 ff. AktG ist bei Abschluss eines Beherrschungs- oder Gewinnabführungsvertrages im Zusammenhang mit einem Unternehmenszusammenschluss eine angemessene Abfindung zu zahlen, um eine Benachteiligung außenstehender Aktionäre zu vermeiden. Gleiches gilt bei Betriebsänderungen gem. §§ 113 ff. BetrVG. Abfindungen werden auch häufig innerhalb von Sozialplänen (§§ 112 ff. BetrVG) vereinbart. Die Bemessung der Abfindung bei Ausscheiden aus einer Gesellschaft kann z.B. mittels der Barwertmethode erfolgen. Abfindungen sind für Arbeitnehmer gem. Sozialgesetzbuch bis zu bestimmten Beträgen steuerfrei.

Absatz

Die Generierung von Umsatz im Unternehmen erfolgt durch den Absatz von mit Preisen versehenen Produkten bzw. Dienstleistungen. Dieser erfolgt vom Produzenten bzw. einkaufenden Unternehmen zum Endkunden bzw. Wiederverkäufer (Handel) durch den Marktkanal. Unterschieden wird dabei zwischen direktem (Direktvertrieb) und indirektem Absatz (Vertrieb) mit Hilfe verschiedener Absatzmittler und Absatzhelfer in einem langen Marktkanal.

Absentismus

Absentismus bezeichnet Fehlzeiten, die nicht krankheitsbedingt, sondern infolge privater Probleme oder motivationaler Ursachen entstehen.

absoluter Pfad

Weg von der obersten Verzeichnisebene zum gewünschten Zielort.

Abtretung

Hier handelt es sich um die Übertragung einer Forderung auf eine andere Person durch Rechtsgeschäft.

AfA-Tabelle

Hierbei handelt es sich um eine Richtlinie der Finanzverwaltung zur standardisierten Schätzung von betriebsgewöhnlichen Nutzungsdauern von allgemein verwendbaren Anlagegütern.

Agilität

Agilität ist die Fähigkeit einer Organisation, flexibel, aktiv, anpassungsfähig und mit Initiative in Zeiten des Wandels und der Unsicherheit zu agieren.

Akku (oder Akkumulator)

Ein besonderes Register im Rechenwerk der CPU, das die Ergebnisse der arithmetischen Operationen enthält.

Aktie

Aktien sind Wertpapiere, die das Mitgliedschaftsrecht an einer Aktiengesellschaft (AG) verbriefen. Eine Aktie gewährt das Stimmrecht. Vorzugsaktien können als Aktie ohne Stimmrecht ausgegeben werden.

Aktiengesellschaft

AG: Gesellschaft mit eigener Rechtspersönlichkeit, an der sich die Gesellschafter (Aktionäre) durch Einzahlung auf das in Aktien zerlegte Grundkapital beteiligen. Für die Verbindlichkeiten der Gesellschaft haftet den Gläubigern nur das Gesellschaftsvermögen (§ 1 AktG). Die AG gilt auch dann als Handelsgewerbe, wenn der Gegenstand des Unternehmens nicht im Betrieb eines Handelsgewerbes besteht (§ 3 AktG). Die AG ist körperschaftlich organisiert und vom Bestand der Mitglieder unabhängig. Das Aktiengesetz ergänzend gelten die Bestimmungen über das Recht des rechtsfähigen Vereins. Der oder die Gründer müssen gegen Einlagen die Aktien übernehmen (§ 2 AktG) und die Satzung feststellen, die der notariellen Beurkundung bedarf (§ 23 AktG).

Eine AG hat drei Organe:
- Vorstand (Unternehmensleitung),
- Aufsichtsrat (Überwachung der Geschäftsführung) und
- Hauptversammlung (Interessenvertretung der Aktionäre).

Aktivitätsdiagramm

Das Aktivitätsdiagramm besteht aus verschiedenen Knoten, z.B. Start-, End-, Objekt-, Kontrollknoten oder Aktionen, und den gerichteten Kanten, d.h. Pfeilen, die sie miteinander verbinden.

Algorithmus

Ein Verfahren, das in endlichen Schritten ein gegebenes Problem löst.

Allgemeine Geschäftsbedingungen AGB

Um Geschäfte möglichst einheitlich, einfach und reibungslos abwickeln zu können, sind sogenannte Allgemeine Geschäftsbedingungen (AGB) entwickelt worden. Sie stellen standardisierte Vertragsbedingungen dar.

Anleger

Hierbei handelt es sich um potentielle Käufer und Verkäufer von Wertpapieren, die für sich selbst und nicht für Dritte, wie z.B. Wertpapiermakler, handeln. Man unterscheidet Privatanleger und institutionelle Anleger. Zu letzteren zählt man gewöhnlich Kapitalanlagegesellschaften, Versicherungsunternehmen, Pensionsfonds, Stiftungen, mitunter aber auch Kreditinstitute.

Anleihe

Die Anleihe ist ein verbriefter Kredit. Sie wird auch als Rente oder Obligation (Industrieobligation) bezeichnet. Im Englischen wird dafür der Begriff Bond verwendet.

Annuität

Hierbei handelt es sich um einen gleichbleibenden Betrag des Kapitaldienstes im Zusammenhang mit der Zinszahlung und Tilgung eines Darlehens. Man spricht von einer Kreditbedienung bei konstanter Verzinsung der ausstehenden Verbindlichkeit. Die Annuität setzt sich zusammen aus einem Tilgungs- und einem Zinsanteil. Zu Beginn der Annuitätenzahlung ist der Tilgungsanteil gegenüber dem Zinsanteil geringer als gegen Ende der Annuitätentilgung. Grund dafür ist der sich mit jeder Tilgungsleistung verringernde Kreditbetrag, so dass ein immer kleiner werdender Betrag verzinst werden muss. Man spricht auch von der Methode der Effektivverzinsung.

Anschaffungskosten

Vermögensgegenstände des Anlagevermögens werden zu den Anschaffungskosten bilanziert (Anschaffungswertprinzip, Pagatorik). Zu den Anschaffungskosten dürfen die Anschaffungsnebenkosten (Fracht, Montagekosten) hinzugefügt werden. Die Anschaffungskosten sind stets Nettopreise (Umsatzsteuer wurde abgezogen). Die Umsatzsteuer kann als Vorsteuer geltend gemacht werden. Der Wertansatz darf auch bei einer Wertsteigerung des Vermögensgegenstands nicht erhöht werden. Es gilt das Niederstwertprinzip.

Anstellung

Hierbei handelt es sich um die vertragliche Verbindung der Geschäftsleiter mit ihrer Kapitalgesellschaft (entgeltlicher Geschäftsbesorgungsvertrag).

Anwendungsfallbeschreibung

Die Anwendungsfallbeschreibung ist eine Erläuterung der im Diagramm dargestellten Elemente.

Anwendungsfalldiagramm

Das Anwendungsfalldiagramm repräsentiert Anwendungsfälle mit Hilfe von Systemgrenzen, Akteuren und den eigentlichen Anwendungsfällen.

Anwendungssystem

Ein Anwendungssystem ist Teil eines Informationssystems und beschreibt dessen Harware, Software, Daten/Speicher und Kommunikationstechnik.

App

App (Kurzform von Applikation) ist eine Anwendungssoftware, die oft speziell für mobile Endgeräte entwickelt wird.

Architekturmuster

Ein Architekturmuster („Architectural Pattern") beschreibt die grundlegenden Komponenten der Anwendung, ihren Aufbau und ihre Interaktion.

Arithmetic Logical Unit (ALU)

Es ist das Rechenwerk der CPU, in dem alle Berechnungen durchgeführt und die Resultate in Registern abgespeichert werden.

Assoziation

Eine Assoziation etabliert eine Beziehung zwischen Klassen oder Interfaces. Die Beziehung wird im später laufenden Programm durch die Objekte der Klassen etabliert werden. Damit drücken Assoziationen eigentlich die Möglichkeit einer späteren Objektbeziehung aus. Unterschieden wird dabei zwischen „Membership"-, „ist Teil von"- und allgemeine Abhängigkeitsbeziehungen.

Außendienst

Der Verkauf durch den Außendienst wird auch als persönlicher Verkauf im engeren Sinne bezeichnet. Der Außendienstmitarbeiter betreut die Verkaufsstätten der Handelskunden.

Eine der Hauptaufgaben ist, die Distribution der Produkte im Rahmen von Verkaufsgesprächen mit den Marktleitern und Regalkräften der Einkaufsstätte sicherzustellen.

bash (bourne again shell)

Die bash ist der Standard-Kommandozeileninterpreter unter Linux.

Basispreis

Beim Optionsgeschäft wird außer der zu zahlenden Prämie (Optionsprämie) auch der Preis des zugrundeliegenden Basistitels bei Vertragsabschluss festgesetzt.

Befehl

Ein Befehl besteht aus dem eigentlichen Kommando und den möglichen Optionen sowie Parametern. Das Kommando ist in jedem Fall notwendig, aber es kann um die Optionen ergänzt werden, die eine zielgerechte oder spezifische Ausrichtung ermöglichen. Ein Parameter bezeichnet oft Daten, die als Eingabe dienen und auf die das Kommando angewendet wird.

Besitz

Hierbei handelt es sich um die tatsächliche Herrschaftsgewalt über eine Sache, faktische Möglichkeit auf diese zuzugreifen.

Bestellung

Hierbei handelt es sich um einen einseitigen korporativen Akt, der eine natürliche Person zum Geschäftsleiter oder Aufsichtsrat einer Kapitalgesellschaft macht.

Betriebsrat

Als Betriebsrat wird das gesetzliche Vertretungsorgan der Arbeitnehmer zur Wahrung der Mitbestimmung gegenüber den Arbeitgebern in Betrieben des privaten Rechts bezeichnet. Abzugrenzen hiervon ist die Mitbestimmung durch Arbeitnehmervertreter in Aufsichtsräten von Kapitalgesellschaften sowie die Mitwirkung im öffentlichen Dienst. Regelungen zu den Rechten des Betriebsrats finden sich im Betriebsverfassungsgesetz von 1972 (BetrVG).

Betriebssystem

Betriebssysteme ermöglichen erst die Arbeit mit Computern und sind deshalb zum Verständnis der Informatik unabdingbar. Sie gehören zu den wichtigsten systemnahen Softwareprodukten und befähigen deshalb den Benutzer, die einzelnen Hardware- und Softwarekomponenten zu nutzen.

Betriebsverfassungsgesetz

Das BetrVG von 1972 ersetzte das Betriebsverfassungsgesetz von 1952 und wurde im Juli 2001 novelliert. Es regelt die Mitwirkung sowie die Mitbestimmung der Arbeitnehmer auf betrieblicher Ebene.

Bewertung

Die Bewertung ist ein entscheidender Prozess der Bilanzierung. Den einzelnen Vermögensgegenständen werden Geldwerte zugeordnet. In der Handels- und Steuerbilanz wird das Anschaffungswertprinzip (Pagatorik) angewandt.

Big Data

Als Big Data bezeichnet man sehr große Mengen an Daten, die mit herkömmliche Datenbanken nur unzureichend analysiert werden können.

Bilanz

Hierbei handelt es sich um eine stichtagbezogene Gegenüberstellung von Vermögen und Kapital. Auf der linken Seite der Bilanz werden die Vermögensgegenstände (Aktiva, Mittelverwendung) aufgeführt; auf der linken Seite notiert man das Kapital (Passiva, Mittelherkunft).

Bit

Es ist die kleinste Speichereinheit und beschreibt die Unterscheidung zwischen 0 und 1.

Bonität

Hierbei handelt es sich um die Güte eines Unternehmens als Schuldner nach Finanzmarktkriterien: Kreditwürdigkeit (Schuldner-Qualität); primär dessen Zahlungsfähigkeit bzw. die Sicherheit einer Geldforderung. Relevant hinsichtlich des mit der Geldanlage (Kapitalüberlassung) verbundenen Risikos und der geforderten Verzinsung des überlassenen Kapitals.

Bonus

Der Bonus ist eine Form des Mengenrabatts. Der Bonus wird meist am Ende einer Periode bei der Erreichung bestimmter Absatz- oder Umsatzgrößen gewährt.

Börse

Eine Börse ist ein organisierter Markt für vertretbare Güter. Vertretbar (börsenfähig, fungibel) bedeutet, dass das handelbare Gut einer Gattung zuzurechnen ist, z. B. ein Barrel (159 Liter) Rohöl der Sorte Light Sweet Crude 1 oder eine Feinunze Gold.

Buchung

Die Buchung beinhaltet die Erfassung und Dokumentation eines Geschäftsvorfalls anhand eines Buchungssatzes in der Finanzbuchführung. Bei jeder Buchung in der doppelten Buchführung sind ein Soll- und ein Habenkonto beteiligt.

Buchwert

Der Buchwert beschreibt den Wert, zu welchem ein Vermögensgegenstand oder eine Verbindlichkeit in der Bilanz angesetzt wird.

Bundeskartellamt

Das Bundeskartellamt ist eine Bundesbehörde, welche die im Gesetz gegen Wettbewerbsbeschränkungen (GWB) festgelegten Aufgaben wahrnimmt (z. B. Überwachung der Zusammenschlusskontrolle).

Bürgschaft

Durch den Bürgschaftsvertrag verpflichtet sich der Bürge gegenüber dem Gläubiger eines Dritten, für die Erfüllung der Verbindlichkeiten des Dritten einzustehen (§ 765 BGB).

Business Intelligence (BI)

Analyse unterschiedlicher Datenmengen eines Unternehmens, um bessere Entscheidungen treffen zu können.

Business Process Model and Notation (BPMN)

BPMN ist eine grafische Modellierungssprache mit definierter Syntax und Semantik. BPMN kann fachlich deskriptiv oder operativ eingesetzt werden. BPMN wurde 2001 ursprünglich durch die IBM entwickelt und von der Business Process Management Initiative (BPMI) 2004 veröffentlicht.

Byte

Acht Bits bilden ein Byte und erlauben somit die Speicherung von $2^8 = 256$ Kombinationen.

Central Processing Unit (CPU)

Besteht aus einem Rechen- und einem Steuerwerk. Es kann als das Gehirn eines Computers angesehen werden.

Chief Information Officer (CIO)

Der CIO gilt als „Bindeglied“ zwischen IT und Geschäftsführung und ist maßgeblich an der IT-Strategie beteiligt.

Cloud Computing

Als Cloud Computing bezeichnet man die verteilte Bearbeitung von Daten über virtuelle Infrastrukturen.

Code / Codierung

Code wird in der Wirtschafsinformatik als eine maschinenverständliche Sprache beschrieben. Ein Programmierer codiert daher logische Anweisungen in Programmcode.

Compiler

Der Compiler übersetzt den Quelltext nur einmal und generiert daraus einen Code, der immer wieder aufgerufen wird, wenn die Anwendung gestartet wird.

CPU

Der zentrale Baustein eines Computers ist die CPU (Central Processing Unit), die die Verarbeitung der Befehle übernimmt und einen entscheidenden Einfluss auf die Performance des Gesamtsystems hat. Der Grafikprozessor übernimmt in der Regel die aufwändigen Berechnungen und das Rendering von Bildern, z. B. bei Computerspielen oder 3D-Darstellungen.

CSCW

Computer Supported Collaborative Work stellt Informationssysteme für eine effektive und effiziente Zusammenarbeit zur Verfügung.

Customizing

Das Customizing bezeichnet die Anpassung von Standardsoftware auf die Bedürfnisse des Unternehmens.

Darlehen

Hierbei handelt es sich um ein Rechtsgeschäft, durch das der Darlehensschuldner Geld oder andere vertretbare Sachen empfängt und verpflichtet ist, dem Darlehensgläubiger das Empfangene in Sachen von gleicher Art, Güte und Menge zurückzuerstatten (vgl. §§ 607 ff. BGB). Es handelt sich meist um ausgereichte oder erhaltene Kredite mit festem Betrag und fester Laufzeit (in der Regel mehrere Jahre) sowie festvereinbarter Kündigungs- oder Rückzahlungsmodalität. Gegensatz: Kontokorrentkredit.

Datei

Eine Folge von Daten.

Datentypen

Datentypen beschreiben einen Wertebereich und Operationen, die auf den Daten des Wertebereichs ausgeführt werden können.

DAX

DAX ist die Abkürzung von Deutscher Aktienindex. Er ist der Leitindex der Deutschen Börse und setzt sich aus den dreißig größten deutschen börsennotierten Aktiengesellschaften (AG) zusammen. Entscheidend für die Aufnahme einer AG in den DAX sind die Marktkapitalisierung und der Börsenumsatz. Der Streubesitz muss mindestens 10 % betragen. Dies ist besonders wichtig für AGs, die in fester Hand sind.

Demoskopie

Hierbei handelt es sich um Umfrageforschung, Meinungsforschung, Survey-Research – also um eine Untersuchung sozialer Sachverhalte mit Hilfe von Befragungen.

Derivate

Wertpapiere wie Aktien und Anleihen unterliegen Kursschwankungen. Diese Kursbewegungen können Gegenstand eines Vertrages sein. Der Wert eines derartigen Vertrages leitet sich aus der Kursbewegung des zugrunde liegenden Wertpapiers (Basiswert bzw. underlying) ab. Der sich auf den Basiswert beziehende Vertrag (Finanzkontrakt) wird als D. (derivare [lat.] = ableiten) bezeichnet, da er sich aus dem Basiswert ableitet. Beispiel: Die Option zum Kauf einer Aktie (= Basiswert) an einem künftigen Termin zu einem festgelegten Preis ist ein Derivat.

Devisen

Devisen sind Forderungen, die auf fremde Währung lauten und im Ausland zahlbar sind, bestehend aus Schecks, Wechsel und Guthaben in fremder Währung bei ausländischen Banken. Banknoten zählen nicht zu den Devisen.

Distributionspolitik

Hierbei handelt es sich um die Einkommensverteilungspolitik in einer Volkswirtschaft. Die Primärverteilung durch Marktprozesse soll nach Redistribution durch den Staat als Sekundärverteilung an sich einerseits bestimmten Gerechtigkeitsüberlegungen genügen und Anreize zur Teilnahme am Produktionsprozess setzen, andererseits aber auch ein menschenwürdiges Dasein aller Bürger gewährleisten. Die tatsächliche Distributionspolitik wird oft von Partialinteressen gesteuert.

Dividende

Die Dividende ist der Teil des aus dem Bilanzgewinn an die Aktionäre verteilten Gewinnes. Sie wird in Euro pro Stück ausgedrückt. Die Hauptversammlung entscheidet über die Gewinnverwendung. Vgl. Aktiengesellschaft (AG).

Domänenwörterbuch

Das Domänenwörterbuch (domain dictionary) ist eine Sammlung und Definition aller zentralen Begriffe des Anwendungsgebiets.

E-Business & E-Commerce

E-Business bezeichnet alle digitalisierten Prozesse innerhalb des Unternehmens und der Wertschöpfungskette. E-Commerce ist ein Teil des E-Business und befasst sich mit dem elektronischen Handel von Waren und Dienstleistungen.

Effektivität

Effektivität soll ausdrücken, dass ein Prozess den richtigen Output zur richtigen Zeit am richtigen Ort zum richtigen Preis liefert. Maßstab für die Effektivität eines Prozesses sind die Erwartungen der Kunden.

Effizienz

Effizienz soll das ökonomische Prinzip in den Ausprägungen des Maximal- und Minimalprinzips zum Ausdruck bringen: maximales Leistungsniveau bei konstantem Verbrauch von Ressourcen wie Material, Raum, Arbeitszeit und Maschinen oder Minimierung des Ressourcenverbrauchs.

Einkommensteuer

Hierbei handelt es sich um die Steuer, die vom Einkommen von Privatpersonen und Selbständigen erhoben wird.

Einzelkaufmann

Einzelfirma, Einzelunternehmung.

1. Unternehmungsform mit einem das Handelsgewerbe als Alleininhaber betreibenden Kaufmann. Gegensatz: Handelsgesellschaft.
2. Die Firma des Einzelkaufmanns muss den Zusatz „eingetragener Kaufmann (e.K.)“ enthalten, § 19 HGB. Zweigniederlassung ist möglich. Auflösung durch Liquidation formlos, kein Abwickler.
3. Der Einzelkaufmann haftet mit seinem gesamten, d.h. auch mit seinem privaten Vermögen.
4. Der Erwerber haftet für die Verbindlichkeiten, wenn der Ausschluss nicht ins Handelsregister eingetragen wird.
5. Erben haften, wenn sie die Firma der Einzelunternehmung fortführen und die Erbschaft nicht ausschlagen.

Die bloße Errichtung einer Einzelunternehmung als solche unterliegt keiner Steuer. Abgaben, wie z.B. die frühere Gesellschaftsteuer, bei denen die bloße Aufbringung des Kapitals für eine Kapitalgesellschaft schon Steuern auslöste, sind hier also unbekannt, jedoch muss die Eröffnung des Unternehmens den Finanzbehörden angezeigt werden (§ 138 AO). Der laufende Geschäftsbetrieb löst dann aber anschließend infolge der anfallenden Umsätze und Gewinne i.d.R. Einkommen-, Gewerbe- und Umsatzsteuer aus.
Der Einzelkaufmann ist von der Buchführung und Inventaraufstellung befreit, wenn er an den Abschlussstichtagen von zwei aufeinanderfolgenden Geschäftsjahren nicht mehr als 500.000 € Umsatz und 50.000 € Gewinn aufzuweisen hat (§ 241a HGB).

Enterprise Application Integration (EAI)

Befasst sich mit der Integration verschiedener Informationssysteme.

Enterprise Architecture (EA)

Beschreibt die Planung und das Zusammenspiel von IT und geschäftsrelevanten Tätigkeiten.

Erlöse

Erlöse sind die Rechnungsbeträge aus Verkäufen (Umsätzen). Von den Erlösen werden Rabatte (Mengen-, Staffel-, Treuerabatte), Skonti, Boni und die Umsatzsteuer abgezogen.

Ertrag

Hierbei handelt es sich um einen monetär bewerteten Wertzuwachs eines Unternehmens. Ertrag ist das Gegenteil von Aufwand. Als weiterer Ertragsbegriff wird der Rohertrag (gross profit) und Vorsteuergewinn (net profit) verwendet.

EVA-Prinzip

Das EVA-Prinzip besteht darin, dass jedes informationstechnische System eine Eingabe-, eine Verarbeitungs- und eine Ausgabekomponente benötigt. Dieser Ansatz lässt sich analog auf verschiedene Probleme anwenden.

Executables

Ausführbare Programme (sog. Executables) sind Zeichendateien, die – im Gegensatz zu Texten – nicht vom Menschen gelesen werden können. Sie enthalten Anweisungen in Maschinensprache oder in einem Zwischencode, der von einem Rechner interpretiert werden kann.

Festplatte

Die Festplatte enthält – analog zum Hauptspeicher – sowohl Programmcode als auch Daten, aber im Unterschied zum Hauptspeicher sind sie dort permanent gespeichert und gehen auch nach dem Ausschalten nicht verloren.

FIFO-Methode

Die FIFO-Methode (First In – First Out) beschreibt die Bewertungsmethode, bei der unterstellt wird, dass die Güter verbraucht werden, welche als Erstes hergestellt bzw. erworben wurden.

Finanzmärkte

Finanzmärkte sind Märkte für den Handel mit Finanzinstrumenten (z. B. Aktien, Anleihen, Finanzderivate). Auf ihnen sind Akteure mit verschiedenen Interessen und Zielen tätig.

Die Käufe und Verkäufe von Wertpapieren lassen sich in die GeschäfteSpekulation, Arbitrage und Kurssicherung gliedern. Diese Geschäfte unterscheiden sich durch die Ziele der Akteure und durch deren Einstellung zu Rendite und Risiko ihrer Kapitalanlage.

Finanzplan

Ein Finanzplan erfasst künftige Einzahlungen und Auszahlungen, um den Kapitalbedarf und die Liquidität künftiger Perioden zu ermitteln. Finanzplanung: Planungstätigkeit eines Unternehmens zur Ermittlung und anschließend zur Deckung bzw. Verwendung eines kurz-, mittel- und langfristigen Bedarfs bzw. Überschusses an Zahlungsmitteln.

Fluktuation

Verlässt ein Arbeitnehmer die Organisation auf Dauer, spricht man von Fluktuation. Die jährliche Mitarbeiterfluktuation errechnet sich aus der aufsummierten Zahl der Ein- und Austritte in einem Unternehmen im Verhältnis zur durchschnittlichen Beschäftigtenzahl.

Framework

Wird oft als Rahmenwerk, Ordnungsrahmen oder Gerüst für bestimmte planerische Aufgaben oder in der Softwareentwicklung verwendet.

Fremdkapital

Hierbei handelt es sich um alle über Fremdfinanzierung beschafften Geldmittel (Lieferantenverbindlichkeiten, Bankverbindlichkeiten, Rückstellungen, passivische Rechnungsabgrenzungsposten). Das Fremdkapital wird in kurz-, mittel- und langfristig unterteilt. Das Fremdkapital wird nach der Fristigkeit (Fälligkeit) gegliedert. Für die Bewertung von Verbindlichkeiten gilt das Höchstwertprinzip.

Führung

In einer engen Interpretation wird hierunter die Personalführung verstanden, d.h., es geht um die zielgerichtete Beeinflussung von Mitarbeitern durch Führungskräfte. In einer weiteren Fassung wird hierunter jede Beeinflussung innerhalb einer Auftraggeber-/Auftragnehmerbeziehung verstanden.

Funktion (betriebliche)

Bezeichnet einen Aufgabenbereich im Betrieb. Oft gleichzusetzen mit einer Abteilung.

Fusion

Eine Fusion liegt dann vor, wenn die sich verbindenden Unternehmen nicht nur ihre wirtschaftliche, sondern auch ihre rechtliche Selbstständigkeit verlieren.

Future

Hierbei handelt es sich um ein standardisiertes, börsennotiertes, unbedingtes Termingeschäft. Generell wird zwischen Financial Futures auf Zinsen, Aktien, Aktienindizes, Währungen und Commodity Futures (Warentermingeschäfte) auf Edelmetalle, Rohstoffe, Nahrungsmittel und andere Güter unterschieden. Der Future ist ein für beide Vertragsparteien verpflichtender Terminkontrakt. Der Käufer verpflichtet sich zur Abnahme und der Verkäufer zur Lieferung des vereinbarten Gegenstandes. Vertragsabschluss und Erfüllung liegen dabei zeitlich auseinander.

Geschäftsführung

Jedes Tätigwerden zur Erreichung des Gesellschaftszweckes i.S.d. Unternehmensleitung mit Ausnahme der Grundlagenentscheidungen, die den Gesellschaftern vorbehalten sind.

Geschäftsprozess

Ein wiederholbarer, wertschöpfender Ablauf im Betrieb, der einen definierten Input und Output hat.

Geschäftsprozessmodellierung (GPM)

Erfassung und Darstellung existierender Geschäfts- oder Arbeitsabläufe im Unternehmen. Ziel ist die Verbesserung der Prozesse.

Gewerbe

Hierbei handelt es sich um die planmäßige und dauerhafte selbständige Tätigkeit mit Gewinnerzielungsabsicht.

Gewerkschaften

Die Gewerkschaften sind aus der deutschen Arbeiterbewegung zum Ende des 19. Jahrhunderts entstandene Interessenorganisationen der Arbeitnehmer.

Gläubiger

Hierbei handelt es sich um eine Person, der ein Anspruch, z.B. auf Zins und Tilgung, gegen einen anderen, den Schuldner, zusteht, den er auch im Insolvenzverfahren des Schuldners geltend machen kann.

Handelsregister

Verzeichnis aller vollkaufmännisch geführten Unternehmen mit Ausnahme der Genossenschaften, da diese ins Genossenschaftsregister einzutragen sind. Das Handelsregister hat eine Abteilung A, in welche vollkaufmännische Einzelunternehmen und Personengesellschaften eingetragen werden. In Abteilung B werden Kapitalgesellschaften geführt.

In Abteilung A lautet die Spaltengliederung:

1. Nummer der Eintragung
2. Firma, Ort der Niederlassung bzw. Sitz der Gesellschaft, Gegenstand des Unternehmens
3. Geschäftsinhaber, persönlich haftende Gesellschafter (Komplementäre), Vorstand, Abwickler
4. Prokura
5. Rechtsverhältnisse
6. Tag der Eintragung und Unterschrift, Bemerkungen.

In Abteilung B ist zusätzlich noch eine Spalte vorgesehen für die Höhe des gezeichneten Kapitals. Vgl. im Einzelnen §§ 8 ff. HGB.

Hardware

Als Hardware kann man die Gesamtheit aller oder die einzelnen Komponenten eines Computersystems ansehen.

Hauptversammlung

Nach dem Aktiengesetz oberstes Organ der Aktiengesellschaft (AG), gesetzlich vorgesehene und mit besonderen Rechten ausgestattete Versammlung aller Aktionäre und Instrument der Eigentümer einer Aktie zur Wahrnehmung ihrer Mitverwaltungsrechte. Die H. bestimmt nämlich über Bestellung und Abberufung der Aufsichtsratsmitglieder (§§ 101, 103 Aktiengesetz – AktG), die wiederum über die Bestellung und Abberufung des Vorstandes entscheiden (§ 84 AktG). Anders als die Gesellschafterversammlung einer Gesellschaft mit beschränkter Haftung (GmbH) stellt die H. im Tagesgeschäft jedoch nicht das zentrale Entscheidungsorgan dar. Aufgrund der gesetzlich vorgeschriebenen Kompetenzverteilung zwischen den Organen einer AG ist sie insbesondere nicht befugt, dem Vorstand und dem Aufsichtsrat direkte Weisungen zu erteilen (§ 119 AktG).

Unterschieden wird zwischen der ordentlichen und der außerordentlichen H. Die ordentliche H. (§ 175 I 2 AktG) muss mindestens einmal jährlich in den ersten acht Monaten des Geschäftsjahrs stattfinden und behandelt insbesondere die jährlich wiederkehrenden Beschlüsse (Vorlage Jahresabschluss, Verwendung des Bilanzgewinns, Entlastung von Vorstand und Aufsichtsrat, Bestellung des Abschlussprüfers). Die außerordentliche H. hat in rechtlicher Hinsicht keine andere Qualität und liegt vor, wenn neben der ordentlichen H. eine weitere H. einberufen wird. Die Zuständigkeit der H. ist auf die im Gesetz und in der Satzung ausdrücklich bestimmten Fälle beschränkt (§ 119 AktG) und kann kaum erweitert werden (vgl. § 23 V AktG); ihre Kompetenz umfasst nach § 119 AktG vor allem:

1. die Bestellung der Mitglieder des Aufsichtsrates,
2. die Entlastung der Mitglieder des Vorstands und des Aufsichtsrats,
3. die Bestellung des Abschlussprüfers,
4. die Verwendung des Bilanzgewinns,
5. Satzungsänderungen,
6. Maßnahmen der Kapitalbeschaffung und der Kapitalherabsetzung,
7. Die Bestellung von Prüfern zur Prüfung von Vorgängen bei der Gründung oder der Geschäftsführung,
8. die Auflösung der Gesellschaft.

Weitere im Gesetz genannte Befugnisse sind z.B.

9. der Verzicht bzw. Vergleich über Ersatzansprüche (§§ 50, 93 IV, 116 AktG),

10. die Abberufung von Aufsichtsratsmitgliedern (§ 103 AktG).

Einberufen wird die H. in der Regel durch den Vorstand (§ 121 II AktG), ausnahmsweise durch den Aufsichtsrat (§ 111 III AktG). Die H. entscheidet durch (mehrheitliche) Beschlüsse. Teilnahme- und stimmberechtigt sind grundsätzlich alle Aktionäre, soweit es sich nicht um Inhaber von Vorzugsaktien ohne Stimmrecht (§§ 139 ff. AktG) handelt. Die Stimmkraft richtet sich nach Aktiennennbeträgen (§ 134 AktG). Die Beschlüsse bedürfen der einfachen Mehrheit der abgegebenen Stimmen (einfache Stimmenmehrheit), soweit nicht Gesetz oder Satzung eine größere Mehrheit oder weitere Erfordernisse bestimmen (§ 133 AktG); Letzteres ist etwa der Fall bei Grundlagenbschlüssen (z.B. Satzungsänderungen, § 179 II AktG, Beschlüsse über Unternehmensverträge, § 293 I AktG). Jeder Beschluss der H. ist durch eine über die Verhandlung notariell aufgenommene Niederschrift zu beurkunden; bei nichtbörsennotierten Gesellschaften reicht eine vom Vorsitzenden des Aufsichtsrats zu unterzeichnende Niederschrift aus, soweit keine Beschlüsse gefasst worden sind, für die das Gesetz eine 3/4- oder größere Mehrheit bestimmt (§ 130 I AktG). Diese ist nach Beendigung der H. unverzüglich zum Handelsregister einzureichen (§ 130 V AktG). Neben dem Stimmrecht steht dem Aktionär in der H. auch ein umfassendes Auskunftsrecht (§§ 131, 132 AktG) zu.

Hedging

Hedging ([to] hedge [engl.] = Hecke; absichern) ist die Absicherung vor Kursrisiken, i. d. R. durch Kauf von Derivaten und deren späteren Verkauf.

Hexadezimal

Ein Zahlensystem auf der Basis 16, das gekennzeichnet ist durch eine tiefer gesetzte 16. Die Zahlen 10 ... 15 werden durch die Hexziffern A ... F ersetzt. Die Hexzahl A4 ist eine 164 im Dezimalsystem.

HIFO-Methode

HIFO- (Highest In, First Out) und LOFO-Methode (Lowest In, First Out) nutzen entsprechende Bewertungskriterien zur Einteilung der Produkte im Lager.

Holding

Hat eine Gesellschaft lediglich die Funktion, Beteiligungen an den Tochtergesellschaften auf Dauer zu halten (engl.: to hold), übt sie selbst also keine produktionswirtschaftliche Tätigkeit aus, so wird diese Obergesellschaft als Holding oder Holdinggesellschaft bezeichnet.

IFRS

IFRS ist die Abkürzung für International Financial Reporting Standards. Bezeichnung der seit 2003 vom IASB neu geschaffenen Standards zur Rechnungslegung. Das IFRS-Regelwerk umfasst ein Framework, die IAS/IFRS und die Interpretationendes IFRS-IC (International Financial Reporting Standards Interpretation Committee). Zur Anwendung der IFRS-Rechnungslegung in der EU ist deren Anerkennung im Rahmen eines Endorsement Prozesses notwendig.

Individualsoftware

Ein für den Betrieb individuell programmiertes Anwendungssystem.

Information

(Digitale) Daten werden erst zu Informationen, wenn sie eine geeignete Semantik erhalten. Dies hat zur Konsequenz, dass dieselben digitalen Daten, je nach Semantik eine völlig verschiedene Interpretation erhalten können und so z. B. als Text, Grafik, Zahlen oder Programmcode aufgefasst werden können. Dies wird durch die folgende „Gleichung" formuliert:

Information = Daten + Semantik.

Informationssystem (betriebliches)

Ein System zur Deckung der Informationsnachfrage im Betrieb. Es beinhaltet das Anwendungssystem.

Innovation

Der Innovationsbegriff erfährt in der Literatur ein differenziertes Verständnis und deshalb legen Autoren auch unterschiedliche Inhalte ihren Definitionen zugrunde. Hier werden also nur exemplarische Definitionen vorgestellt:

Der Begründer der wirtschaftswissenschaftlichen Innovationsforschung *Josef A. Schumpeter* erläuterte und beschrieb 1911 Innovationen folgendermaßen: Innovationen sind für ihn neue Kombinationen, die er auf verschiedene Anwendungsfälle verstanden wissen möchte: Herstellung eines neuen Gutes oder einer neuen Qualität eines Gutes, Einführung einer neuen Produktionsmethode, Erschließung eines neuen Absatzmarktes, Eroberung einer neuen Bezugsquelle von Rohstoffen oder Halbfabrikaten, Durchführung einer Neuorganisation.

Pragmatisch kann man das Innovationsphänomen auf Produkte, Dienstleistungen, Organisationsprozesse (z.B. Just-In-Time-System) und Sozialsysteme (Betriebliche Altersversorgung, Pflegeversicherung) beziehen. Innovation kann mit einem patentfähigen Neuheitsbegriff verknüpft werden.

Mehr pragmatisch gilt in der Betriebswirtschaftslehre jedoch das subjektive Neuheitsverständnis von Innovationen, dass die Neuheit für den Betrieb und den Markt heraushebt und nicht die Anzahl der bestehenden oder nicht bestehenden Patente sowie das sich die Innovation ökonomisch verkaufen lässt und rechnet.

Innovationsphänomen: Innovation gilt als die Quelle der Produktivität, des materiellen Reichtums und der Zerstörung alter Arbeitsplätze. Der Ansatz bei Systemen der Innovation gilt dem Studium der Innovation und dem technologischen Wandel. Innovationen sind neue Schöpfungen ökonomischer Signatur. Es handelt sich um Prozesse, durch welche technologische Innovationen hervorkommen. Diese sind extrem komplex und umfassen Wissenselemente, Handlungselemente und die Überführung von technischem Wissen und Handeln in neue Produkte. Innovationen werden heute nicht allein oder von einzelnen Firmen durchgeführt. Wenn wir den Prozess der Innovation beschreiben, verstehen, erklären und möglicherweise auch beeinflussen wollen, müssen wir alle wichtigen Faktoren erfassen, die Innovationen gestalten und beeinflussen. Es geht um die Struktur und die Dynamik solcher Systeme, die als Nationales System der Innovation (NIS) bezeichnet werden. Der Berliner Humankapitalorientierte Innovationsansatz und der Integrierte Berliner Innovationsansatz gehen wie *Irrgang* von einem technischen Verständnis von Innovationsphänomenen in Industrieunternehmen aus, um wettbewerbsfähig zu bleiben.

1. Im Industriebetrieb erfolgt die Erarbeitung qualitativ neuartigen Wissens, z.B. durch die Ingenieure im Forschungs- und Entwicklungsbereich eines Unternehmens, das idealerweise zu einer Erfindung, einem Patent und zu einem Prototyp einer Innovation führt Man kann auch sagen, dass das wissensbasierte Humankapital durch den Kognitionsprozess bei Erfindern beschrieben werden kann: Der Kognitionsprozess bei

Erfindern ist durch das naturwissenschaftlich-technische Beobachten und technische Nachdenken des Erfinders geprägt, damit er dadurch seine Erkenntnis über das naturwissenschaftlich-technische Wissen bewahrt und zu neuen Erkenntnissen gelangt, sprich zu einem wissensbasierten Humankapital.

2. Überführung des wissensbasierten Humankapitals in technologisches, arbeitsteiliges Wissen der Mitarbeiter im Produktions- und Marketingbereich, um die Innovation in einem Diffusionsprozess massenhaft herzustellen und zu vermarkten. Die externe Qualifizierung der Mitarbeiter und die interne Schulung der Mitarbeiter durch Personalentwicklungsmaßnahmen dienen dazu, technische Innovationen im Industriebetrieb beherrschen zu lernen. Durch Innovationen treten betriebswirtschaftlich mehrere Phänomene auf, die von den Betroffenen emotional und rational unterschiedlich bewertet werden, und zwar Zerstörung alter Arbeitsplätze, Erhöhung der Produktivität der neuen Arbeitsplätze, Senkung der Personalkosten, Erhöhung des Shareholder Values und Erhöhung der internationalen Wettbewerbsfähigkeit des Unternehmens.

Insolvenz

Insolvenz ist die bei Zahlungsunfähigkeit und Überschuldung einsetzende Folge nach der Insolvenzordnung.

Interfaces

Interfaces sind Komponenten, die ausschließlich abstrakte Methoden definieren.

Interpreter

Ein Interpreter nimmt die Benutzereingaben und den Quelltext entgegen und übersetzt bei jedem Durchlauf den Quelltext in Code und führt diesen dann aus.

Invention

Eine Invention wird als eine Erfindung verstanden, die sich im Ideenstadium befindet und für die es noch keine ersten Vermarktungsschritte gibt.

Investition

Unter Investition ist die Umwandlung (Bindung) von Kapital bzw. Geld in Sachgüter (Sachinvestition) oder Wertpapiere und Forderungen (Finanzinvestition) zu verstehen, die sich über mehrere Perioden erstreckt. Umgekehrt ist die Desinvestition die Freisetzung gebundenen Kapitals aus Sach- oder Finanzinvestitionen.

IT-Governance

Befasst sich mit Entscheidungs- und Führungsstrukturen bzgl. IT und deren Auswirkung auf die Unternehmensstrategie bzw. IT-Strategie.

IT-Strategie

Vision bzgl. der Ausrichtung der IT nach der Unternehmensstrategie und deren Beeinflussung.

IT-Systeme

Alle Arten von datenverarbeitenden, automatisierten Systemen, die die Bearbeitungsschritte unterstützen. Dies umfasst sowohl Software als auch Hardware. Sie führen in der Regel Teile der Bearbeitungsschritte aus und erlauben den organisatorischen Einheiten, miteinander Daten auszutauschen.

Java

Java ist eine typisierte, objektorientierte Programmiersprache, die von einem Compiler in den sogenannten Java-Byte-Code übersetzt wird. Der Java-Byte-Code wird durch eine virtuelle Maschine („JVM“) interpretiert.

juristische Person

Hierbei handelt es sich um Rechtssubjekte, die durch Eintragung in ein staatliches Register (z. B. Handelsregister) uneingeschränkte Rechtsfähigkeit erlangen; typisch für Körperschaften.

Kalkulation

Eine Kalkulation stellt die Art und Weise (Technik, Verfahren) dar, wie der Einheit (Stück) einer Bezugsgröße bestimmte Wertgrößen zugerechnet werden.

Kartell

Kartelle und andere Formen der Verhaltensabstimmung betreffen Vereinbarungen zwischen Konkurrenten über den Einsatz absatzpolitischer Instrumente. Beides ist nur in Ausnahmefällen zulässig. Gegenstand der unerwünschten Kooperation sind meist die Preisgestaltung und eine Aufteilung des Marktes.

Käufermarkt

Ein Käufermarkt zeichnet sich im Gegensatz zum Verkäufermarkt dadurch aus, dass sich die Käufer gegenüber den Verkäufern in der verhandlungstaktisch besseren Position befinden, da das Angebot die Nachfrage übersteigt.

Kaufkraft

Kaufkraft ist der Geldbetrag, der Konsumenten für Konsumzwecke zur Verfügung steht.

Kernel

Der Betriebssystemkern verwaltet alle notwendigen Ressourcen (z.B. CPU-Zeit, Hauptspeicher, Prozesse).

Klasse

Die Klasse ist das zentrale Element der objektorientierten Programmierung. Ein Klasse besteht aus Attributen und Operationen.

Kommandozeile

Die textuelle Eingabe von Anweisungen an das Betriebssystem.

Kommunikationspolitik

Die Kommunikationspolitik ist das Instrument des Marketingmix, mit dem Informationen vom Unternehmen an die aktuellen bzw. potenziellen Abnehmer und die Öffentlichkeit übermittelt werden, um z. B. Präferenzen und Einstellungen zu beeinflussen (Sprachrohr des Marketings).

Kompetenz

1. Fähigkeiten, Fertigkeiten und andere Ressourcen einer Organisation, die ein effektives Handeln und Wertschöpfung ermöglichen.

2. Disposition eines Individuums zu einem selbstorganisierten Handeln, welche sich insbesondere in der Bewältigung zuvor nicht bekannter, komplexer Aufgaben zeigt und entwickelt.

Komplexität

Ein Maß für den Aufwand zur algorithmischen Lösung des Problems.

Konkurs

Ein Betrieb wird zwangsweise aufgelöst, wenn ein Konkurs über das Vermögen eines Betriebes eröffnet wird. Die Eröffnung des Konkursverfahrens setzt die Zahlungsunfähigkeit des Gesamtschuldners voraus. Zahlungsunfähigkeit ist insbesondere dann anzunehmen, wenn Zahlungseinstellung erfolgt ist (§ 102 Konkursordnung).

Kontrollstrukturen

Als Kontrollstrukturen bezeichnet man die Sprachelemente einer Programmiersprache, die den Ablauf eines Programms steuern.

Kooperation

Unter einer Kooperation versteht man die Zusammenarbeit zwischen mehreren Unternehmen auf einem bestimmten wirtschaftlichen Gebiet. Im Gegensatz zu den Konzernen und Fusionen (Unternehmenszusammenschlüsse) wird die wirtschaftliche Selbstständigkeit lediglich in den von der Kooperation betroffenen Bereichen für die Dauer der Kooperation eingeschränkt.

Kosten

In der Betriebswirtschaftslehre sind Kosten und Erlöse die Grundbegriffe der Kurzfristigen Erfolgsrechnung (Kosten- und Erlösrechnung). Sie sind quantitative Begriffe und als solche Maßausdrücke von Güterverbrauch und Güterentstehung im Produktionsprozess des Unternehmens.

Kostenrechnung

Die Kostenrechnung bildet die Basis für die Erstellung realitätsbezogener Budgets und einen effizienten Einsatz von Ressourcen.

Kündigung

Die Kündigung bezeichnet eine einseitige, empfangsbedürftige (schriftliche) Willenserklärung über die Beendigung eines Dauerschuldverhältnisses (Vertrag) und ist damit allgemeingültig auf das Vertragsrecht anwendbar.

Leasing

Hierbei handelt es sich um Miete von Vermögensgegenständen mit einer Kaufoption.

Linux

Linux ist ein modernes, quelloffenes Betriebssystem, das multitasking- und mehrbenutzerfähig ist. Es wird auf einer Vielzahl von Hardware-Plattformen eingesetzt: von eingebetteten Systemen über Smartphones, Tablets, bis hin zu PCs und Servern.

Liquidität

Hierbei handelt es sich um die jederzeitige Zahlungsbereitschaft (Zahlungsfähigkeit) eines Unternehmens, d.h. die jederzeitige Fähigkeit, seinen Zahlungsverpflichtungen nachzukommen. Die Liquidität ist ein qualitatives Zeitpunktproblem, obwohl die zu ihrer Überwachung eingesetzten Instrumente zeitraumbezogene Quantitätsüberlegungen beinhalten.

Makler

Makler werden für die Vermittlung eines Vertragsabschlusses zwischen Käufer und Verkäufer eingesetzt. Wird infolge der Maklertätigkeit ein rechtsgültiger Vertrag zwischen Käufer und Verkäufer geschlossen, verpflichtet sich der Auftraggeber mit dem Abschluss eines Maklervertrags zur Zahlung einer Vergütung (Provision, Maklerlohn).

Management, internationales

Die zunehmende Globalisierung der Wirtschaft stellt an das Management international tätiger Unternehmen hohe Anforderungen.

Marke

Der Begriff Marke geht auf das griechische *Marka* (dt.: Zeichen) zurück. In der betriebswirtschaftlichen wie auch juristischen Betrachtungsweise ist damit ein Warenzeichen verbunden, wobei auch Dienstleistungen unter einem geschützten Zeichen vertrieben werden können.

Marktvolumen

Das Marktvolumen ist der von allen Anbietern zu einem bestimmten Zeitpunkt realisierte Absatz. Das Marktpotenzial stellt das zu einem bestimmten Zeitpunkt realisierbare Marktvolumen dar.

Matrixorganisation

Hierbei handelt es sich um eine zweidimensionale Organisationsform mit Zweiliniensystem, bestehend aus den Ebenen der Matrix-Leitung (1. Ebene), zweite Ebene aus den Matrix-Stellen (Matrix-Manager) aus den beiden Matrix-Dimensionen und der dritten Ebene, den Matrix-Schnittstellen. Das Aufgabengebiet jeder Einheit auf dieser dritten Ebene ist durch eine Kombination von zwei Aufgabenmerkmalen definiert, beispielsweise „Marketing/Produktgruppe B".

Medienbruch

Unterbrechung eines digitalen Prozesses. Oft Grund für Informationsverlust oder Fehler.

Modellierung

Grafische Darstellung eines Systems oder eines Geschäftsprozesses.

Nachhaltigkeit

Nachhaltigkeit ist ein Begriff, der zur Zeit sehr in Mode ist. Er hat seinen Ursprung im ökologischen Bereich und meint dort die langfristige Nutzung natürlicher Ressourcen, wobei langfristig meint, auch noch an die kommenden Generationen zu denken. Wenn wir heute bspw. die nicht-erneuerbaren Energien Öl und Gas verbrauchen, dann müssen künftige Generationen darauf verzichten. Am nachhaltigsten ist es, wenn man immer nur das verbraucht, was auch wieder erneuert werden kann, bspw. wenn man für Bäume, die gefällt werden, wieder neue Bäume pflanzt.

Der Nachhaltigkeitsgedanke wurde inzwischen auf ökonomische und soziale Ziele ausgedehnt. Man spricht auch vom Drei-Säulen-Modell der Nachhaltigkeit oder von drei Dimensionen der Nachhaltigkeit. Für die wirtschaftliche und soziale Nachhaltigkeit ist aber nicht so klar, was gemeint ist. Man könnte bei ökonomischer Nachhaltigkeit daran denken, dass Unternehmen oder auch Wirtschaftsräume langfristig wirtschaftlich gesund sein sollen. Nicht nachhaltig wäre dann eine Art des Wirtschaftens, welche riesige Schulden anhäuft, die spätere Generationen zahlen müssen. Auch die soziale Nachhaltigkeit ist nicht klar definiert. Angelehnt an die ökologische Nachhaltigkeit könnte man als sozial nachhaltig eine Entwicklung ansehen, welche die sozialen Ressourcen Toleranz, Solidarität, Gemeinsinn nicht überstrapaziert, sondern immer wieder erneuert und auf Dauer ein friedliches Miteinander ermöglicht. Nicht sozial nachhaltig wäre dann bspw. die zunehmende Kluft zwischen Arm und Reich, weil über das damit verbundene Unrechtsempfinden Unfrieden entsteht.

Ökonometrie

Die Ökonometrie ist eine statistisch-ökonomische Interdisziplin, die sich mit der Modellierung (Modelle) und Analyse ökonomischer Daten und Beziehungen (Strukturen) befasst.

Oktal

Ein Zahlensystem auf der Basis 8, das gekennzeichnet ist durch eine tiefer gesetzte 8. Die Oktalzahl 27_8 entspricht der 23 im Dezimalsystem.

Open-Source-Software

Software mit offenem Quellcode, der individuell angepasst werden kann.

Optionen

Sie sind Argumente des Befehls und spezifizieren genau(er) wie dieser umzusetzen ist.

Organigramm

Das Organigramm ist die grafische Darstellung der Organisationsstruktur. Es spiegelt vor allem die Art der Arbeitsteilung zwischen den Stellen und die Leitungsbeziehungen, also die Über- und Unterordnung von Stellen wider.

Organisation

Unter Organisation wird die ordnende Gestaltung (Strukturierung) von Potenzialen und Prozessen in Institutionen verstanden. Diese Institutionen können Unternehmen, Haushalte, Verbände, Kirchen, Heere, Theater, Museen, Schulen, Behörden u.a. sein. Mit Organisation wird traditionell sowohl der Vorgang des Gestaltens (ein Unternehmen wird organisiert) als auch das Gestaltungsergebnis (ein Unternehmen hat eine Organisation) bezeichnet.

Outsourcing

Auslagerung von bestimmten Diensten oder Prozessen an Dritte (oft aus Kostengründen).

Parameter

Parameter sind – wie Optionen – Argumente eines Befehls und Teil der Kommandozeile.

Pipe

Es wird dargestellt durch | und bezeichnet die Weiterleitung der Ausgabe der ersten Instruktion als Eingabe des nächsten Kommandos.

Planung

Hierunter ist ein geistiger Akt zur Lösung von Entscheidungsproblemen unter Beachtung von Zielvorstellungen zu verstehen, d.h., es geht um die gedankliche Vorwegnahme zukünftiger Handlungen. Mit der Planung werden folglich mehrere Merkmale angesprochen:

1. sie ist zukunftsorientiert,
2. sie ist eine gedankliche Vorwegnahme zukünftiger Handlungen und
3. sie ist zielorientiert.

Ergebnis dieses Prozesses ist dann ein Plan, d.h. ein System von Vorgaben, das den Handlungsspielraum der Ausführenden und die zu vollziehenden Maßnahmen einengt und strukturiert.

Polymorphismus

Polymorphismus in objektorientierten Programmiersprachen bedeutet, dass ein Objekt nicht unbedingt unter seinem eigenen Typ auftreten muss, sondern auch als ein anderer Typ auftreten kann.

Produktivität

Die Produktivität stellt eine Ausprägung von Wirtschaftlichkeit dar. Wirtschaftlichkeit ist das Verhältnis von Gütérertrag zu Gütereinsatz. Wählt man als Output die produzierte Menge und als Input die Menge an Einsatzfaktoren, erhält man die Produktivität.

Programmiersprache

Eine formale Sprache, in der der Algorithmus beschrieben wird und dann in einen für den Computer verständlichen Maschinencode übersetzt wird.

Projekt

Ein Projekt ist ein Vorhaben, das sich durch folgende Merkmale auszeichnet:

Zeitliche Befristung: Für ein Projekt ist von Anfang an ein Termin für den Projektabschluss vorgesehen.

Neuartigkeit: Ein Projekt stellt eine Herausforderung dar, da es sich nicht um einen wiederholten Routinevorgang handelt, sondern um das Eindringen in ein mehr oder weniger unbekanntes Terrain.

Einmaligkeit: Ein Projekt ist ein einmaliges Vorhaben und unterscheidet sich insofern von den Routineaufgaben.

Größe: Da ein Projekt ein spezifisches Management, u. a. einen spezifischen Planungsprozess und eine eigenständige Projektorganisation verlangt, muss eine bestimmte Größenordnung vorliegen, die diesen Einsatz rechtfertigt.

Komplexität: Ein Projekt besteht aus verschiedenen voneinander abhängigen Teilaufgaben, die aufeinander abzustimmen sind, etwa durch Einsatz der Netzplantechnik.

Prokura

Prokura ist eine ausdrücklich und persönlich zu erteilende handelsrechtliche Vollmacht, die einen gesetzlich festgelegten Inhalt besitzt und im Handelsregister eingetragen werden muss.

Prozessor

Ein Prozessor besteht in der Regel aus zwei Teilen: dem Steuerwerk und dem Rechenwerk.

Qualität

Die Qualität (qualitas [lat.] = Eigenschaft, Güte, Beschaffenheit) eines Produkts ist eine Relation, nach der die Produkteigenschaften bestimmten Zielvorgaben entsprechen sollen.

Rating

Rating ist die Eingruppierung von Unternehmen, Emittenten und Wertpapieren nach ihrer Bonität. Ratings werden regelmäßig von Ratingagenturen durchgeführt. Die bekanntesten Agenturen sind Standard & Poor's (S&P), Moody's und Fitch.

Rechtsform

Im Rahmen der Rechtsformwahl ist eine Entscheidung darüber zu treffen, welcher der verschiedenen Unternehmensgrundtypen, also Einzelunternehmen, Kapitalgesellschaft oder Personengesellschaft, am besten den konkreten situativen Gegebenheiten entspricht. Ggf. bietet es sich auch an, eine zusammengesetzte Rechtsform, wie etwa die GmbH & Co. KG auszuwählen. Wichtige Entscheidungskriterien sind beispielsweise: Eigentümerzahl und -struktur, Haftungsumfang und Mindestkapital, Finanzierungsmöglichkeiten, Regelungen zur Geschäftsführung, Rechnungslegungs- und Publizitätspflichten, Flexibilität der Rechtsform und Nachfolgeregelungen, Veräußerung und ggf. Marktfähigkeit. Ergänzend können steuerliche Vorteilhaftigkeitsüberlegungen zu diesen Auswahlmerkmalen hinzutreten. Die Wahl der Rechtsform ist eine wichtige Entscheidung bei der Unternehmensgründung oder bei anderen Anlässen im Lebenszyklus eines Unternehmens, die insbesondere mit Veränderungen der Eigentumsverhältnisse einhergehen.

Referenztypen

Referenztypen zeichnen sich dadurch aus, dass Variablen dieser Typen nur eine Referenz auf den Wert haben, nicht aber den Wert selbst enthalten.

Regelkreis

Unter einem Regelkreis versteht man den geschlossenen Ablauf einer selbsttätigen Regelung.

relativer Pfad

Weg von der aktuellen Position zum gewünschten Zielort.

Rentabilität

Die Rentabilität ist der Quotient aus einer Erfolgsgröße und einer diesen Erfolg mitbestimmenden Einflussgröße. Als Einflussgröße finden das Eigenkapital (Eigenkapitalrentabilität), das Gesamtkapital (Gesamtkapitalrentabilität) und der Umsatz (Umsatzrentabilität) Verwendung.

Rohdaten

Unmittelbar gewonnene Daten aus einem operativen System.

Scheck

Hierbei handelt es sich um eine unbedingte Anweisung des Ausstellers an die bezogene Bank, zu Lasten seines Kontos den angegebenen Betrag auszuzahlen. Auf Grund des Scheckgesetzes ist der Scheck ein geborenes Orderpapier. Üblicherweise ist jedoch auf den Bank-Vordrucken die sog. Überbringerklausel eingedruckt, so dass der Scheck zum Inhaberpapier wird, d.h. der angegebene Betrag ist an den Vorleger der Urkunde auszuzahlen.

Schnittstelle (Interface)

Standardisierte Verbindungsstelle von Mensch-Maschine oder Maschine-Maschine zum Austausch von Information.

Schufa

Hierbei handelt es sich um eine Schutzgemeinschaft für allgemeine Kreditsicherung; Evidenz-Zentrale.

Sequenz

Eine Sequenz ist eine Gruppe von Anweisungen hinter- oder untereinander geschrieben.

Service-Orientierte Architekturen (SOA)

Architekturmuster im Bereich verteilter Systeme, die auf eine Wiederverwendung einzelner Services abzielen.

Shareholder

Ein Shareholder ist ein Anteilseigner.

Shell

Die englische Bezeichnung für Kommandozeileninterpreter.

Software

Als Software bezeichnet man die Gesamtmenge der für einen Computer verfügbaren Programme, Daten und zugehörige Dokumentation.

Speicher (Haupt- und Massenspeicher)

Ein physikalischer Ort (Hardware), an dem Daten strukturiert abgelegt und abgerufen werden können.

Stakeholder

Wer zu den Stakeholdern einer Unternehmung gehört, kann verschieden weit abgegrenzt werden. Im engsten Sinne sind es nur diejenigen, die im Unternehmen einen „Einsatz halten" (to have a stake in something = ein Interesse oder einen Anteil an etwas haben). Dazu gehören dann die Eigenkapitalgeber, die Fremdkapitalgeber, Lieferanten, die auf Ziel geliefert haben und Mitarbeiter, die spezifisches Humankapital in das Unternehmen einbringen. Erweitert wird das Spektrum, wenn man alle dazu rechnet, auf deren Unterstützung das Unternehmen angewiesen ist. Vor allem die Kunden kommen dann als weitere Stakeholder in den Blick. Nach der weitesten Definition gehört zu den Stakeholdern jeder, der sich von der Unternehmenstätigkeit betroffen fühlt und/oder auf die Unternehmung Einfluss nehmen kann. Zu den Stakeholdern zählen dann bspw. auch Anwohner des Unternehmens, NGOs, Gewerkschaften, Verbraucherverbände, die Standortgemeinde, der Staat, Lieferanten, Wettbewerber, die Öffentlichkeit. Stakeholder im Sinne der Unternehmensethik sind alle, die gegenüber dem Unternehmen ein legitimes Anliegen vertreten. Man spricht auch von Anspruchsgruppen oder Interessengruppen.

Standardsoftware

Eine Software, die nicht nur für ein bestimmtes Unternehmen hergestellt wurde, sondern von jedem erworben werden kann.

Steuern

Steuern sind nach § 3 Abs. 1 Abgabenordnung Geldleistungen, die nicht eine Gegenleistung für eine besondere Leistung darstellen und von einem öffentlich-rechtlichen Gemeinwesen zur Erzielung von Einnahmen allen auferlegt werden, bei denen der Tatbestand zutrifft, an den das Gesetz die Leistungspflicht knüpft; die Erzielung von Einnahmen kann Nebenzweck sein. Der fehlende Leistungsbezug von Steuern unterscheidet sie von Beiträgen und Gebühren.

Strategie

Strategie ist die subjektive Erkenntnis über das Wesen einer grundsätzlichen Lösung. Das Ergebnis einer Strategie ist ein Finalbild, im militärischen Sinne ein zu erreichender Endzustand bzw. im technischen Sinne eine Prinzipkonstruktion in der Zukunft.

Text

Ein Text kann als eine Abfolge von Zeichen (Buchstaben, Ziffern und Sonderzeichen) aufgefasst werden. Jedes Zeichen kann wiederum mittels eines Zeichensatzes oder Codes in eine Zahl umgewandelt und so auf eine Bitfolge abgebildet werden.

Übersetzer

Allgemeine Bezeichnung für Compiler oder Interpreter.

UML-Diagramme

UML-Diagramme sind Graphen mit Knoten und Kanten. Knoten und Kanten können weiter beschriftet sein. Knoten oder Kanten können durch sog. Stereotypen genauer spezifiziert werden. Stereotypen werden in «…». gesetzt: z.B. «use».

Verbindlichkeiten

Hierbei handelt es sich um Schulden eines Unternehmens zum Bilanzstichtag. Man unterscheidet zwischen kurzfristigen Verbindlichkeiten (Lieferantenkredite, Kontokorrentkredite, Wechselverbindlichkeiten) und langfristigen Verbindlichkeiten (Bankdarlehen, Hypothekenkredite).

Vertrag

Hierbei handelt es sich um ein Rechtsgeschäft, das aus den inhaltlich übereinstimmenden Willenserklärungen von mindestens zwei Personen besteht.

Vi

Der vi ist ein Texteditor, der in Linux (und anderen Betriebssystemen) angeboten wird.

Vollmacht

Hierbei handelt es sich um eine durch Rechtsgeschäft erteilte Vertretungsmacht.

von-Neumann-Architektur

Die meisten Computer basieren auf der von-Neumann-Architektur, die sich dadurch auszeichnet, dass sowohl die Programme als auch die zugehörigen Daten im gemeinsamen Hauptspeicher (Read-Only Memory ROM; Random Access Memory RAM) liegen.

Vorsichtsprinzip

Das Vorsichtsprinzip ist ein handelsrechtlicher Grundsatz des HGB, dem zufolge Vermögensgegenstände vorsichtig bewertet werden müssen, wodurch sich stille Reserven bilden. Das Vorsichtsprinzip manifestiert sich im Realisations-, Imparitäts- und dem Niederstwertprinzip. In internationalen Rechnungslegungssystemen steht das Zeitwertprinzip (Fair Value) im Vordergrund.

Wertschöpfungskette

Verknüpfung von wertschöpfenden Tätigkeiten innerhalb eines Unternehmens oder eine Lieferkette.

Zielsystem

Ein Zielsystem ist ein konsistentes (widerspruchsfreies) Bündel von Zielen, die ein Unternehmen gleichzeitig erreichen will. Notwendig ist eine horizontale und vertikale Abstimmung der Ziele, da die einzelnen Ziele gleichrangig oder hierarchisch gegliedert sein können.

Zugriffsberechtigungen

Neben den Dateioperationen ist es auch wichtig zu wissen, welcher Benutzer welche Rechte hat. Jedes Verzeichnis bzw. jede Datei verfügt deshalb über eine Berechtigungsliste, in der festgelegt wird, welche Benutzerkategorie welchen Zugriff erhält.

Lösungen

1 Zwecke der Kosten- und Leistungsrechnung

1. Die Ermittlung der Kosten einer Rechnungsperiode ist die Aufgabe der ...

- ☐ Wirtschaftlichkeitskontrolle
- ■ Erfolgskontrolle
- ☐ Bilanz
- ☐ Gewinn- und Verlustrechnung
- ☐ Ermittlung der Herstellungskosten

2. Erläutern Sie die Einordnung der Kosten- und Leistungsrechnung in das Rechnungswesen.

Das Rechnungswesen wird nach den Empfängern seiner Informationen in das externe und das interne Rechnungswesen gegliedert. Die Kosten- und Leistungsrechnung ist ein Teilsystem des internen Rechnungswesens. Es erfasst den bewerteten Einsatzgüterverbrauch für die Erstellung und Verwertung des Leistungsprogramms der Unternehmung und bereitet diese Daten für die Zwecke unternehmungsinterner Informationsempfänger auf.

3. Die Zwecke der Kosten- und Leistungsrechnung werden auch als Rechnungsziele der Kosten- und Leistungsrechnung bezeichnet. Nennen Sie die Rechnungsziele der Kosten- und Leistungsrechnung.

Rechnungsziele der Kosten- und Leistungsrechnung sind die Bereitstellung von Informationen für

- die Bewertung selbst erstellter Anlagen sowie der Bestände fertiger und unfertiger Erzeugnisse in der Bilanz,

- die Unterstützung von Entscheidungen über das Leistungsprogramm der Unternehmung,
- die Erfolgskontrolle sowie
- die Wirtschaftlichkeitskontrolle.

4. Wie kann die Wirtschaftlichkeit kontrolliert werden?

Zur Kontrolle der Wirtschaftlichkeit der Leistungserstellung und -verwertung werden die in der Periode tatsächlich angefallenen Kosten (Ist-Kosten) mit einer Normgröße verglichen. Als Normgröße können herangezogen werden:

- die Kosten der Vorperiode (Zeitvergleich),
- die Kosten einer anderen Unternehmung (Betriebsvergleich) oder
- die Kosten, die bei wirtschaftlicher Leistungserstellung und -verwertung unter den gegebenen Bedingungen angefallen wären (Soll-Ist-Vergleich).

2 Gliederung der Kosten- und Leistungsrechnung

1. Die Kostenträgerrechnung enthält …

- ☐ Kalkulation und Spesenrechnung
- ■ Kalkulation und Betriebsergebnisrechnung
- ☐ Kalkulation und Stellenrechnung
- ☐ Kostenartenrechnung und Abrechnung
- ☐ Kostenstellenrechnung und Betriebsergebnisrechnung

2. In welche Teilrechnungen ist die Kostenrechnung gegliedert?

Die Kostenrechnung ist in die folgenden Teilrechnungen gegliedert:

- Kostenartenrechnung
  Sie ist eine reine Erfassungsrechnung und gibt Auskunft über die Höhe der Kosten, die während der Periode entstanden sind.
- Kostenstellenrechnung
  Sie informiert über die Höhe der Kosten, die in den einzelnen Kostenstellen angefallen sind.
- Kostenträgerrechnung
  In dieser Teilrechnung werden die Kosten den Kostenträgern zugerechnet, die sie verursacht haben. Die Kostenträgerrechnung informiert darüber, wofür die Kosten der Periode angefallen sind. Sie umfasst
  - die Kalkulation (Kostenträgerstückrechnung)
    Die Kosten werden einem einzelnen Kostenträger zugerechnet. Ermittelt werden die Selbstkosten, d. h. die Gesamtkosten eines Kostenträgers.

- die Betriebsergebnisrechnung (Kostenträgerzeitrechnung)
  Die Kosten für die in der Periode abgesetzten Mengen aller Kostenträger werden ermittelt und den Periodenerlösen gegenübergestellt, um den Periodenerfolg zu bestimmen.

3. Warum wird die Kostenrechnung durch eine Leistungsrechnung ergänzt?

In den Teilrechnungen der Kostenrechnung wird angestrebt, die Kosten bei den Leistungen auszuweisen, für die sie angefallen sind. Die Kostenrechnung wird deshalb um eine Leistungsrechnung ergänzt. Diese weist die Leistungen der Unternehmung und der einzelnen Kostenstellen aus.

3 Gegenstand der Kosten- und Leistungsrechnung

1. Die Teile des Aufwandes (Kosten), die mit den Kosten (Aufwand) übereinstimmen, sind …

- ☐ Zeitaufwand und Zusatzkosten
- ☐ Investition und Anderskosten
- ■ Zweckaufwand und Grundkosten
- ☐ Zweckaufwand und kalkulatorische Kosten
- ☐ Außerordentlicher Aufwand und Grundkosten

2. Nach der Ursache können verschiedene Arten des neutralen Aufwands unterschieden werden. Erläutern Sie diese verschiedenen Formen des neutralen Aufwands.

Nach der Ursache der Entstehung werden die folgenden Arten des neutralen Aufwands unterschieden:

- Sachzielfremder neutraler Aufwand
  Hierbei handelt es sich um einen Güterverbrauch, der nicht für die Realisation des Sachziels der Unternehmung angefallen ist. Als Beispiel können Spenden für karitative Zwecke genannt werden.
- Außerordentlicher neutraler Aufwand
  Diese Form des neutralen Aufwands ist ein Güterverbrauch, der nach Art oder Umfang im Rahmen der betrieblichen Tätigkeit ungewöhnlich ist, wie z. B. Schäden durch einen Brand.
- Bewertungsbedingter neutraler Aufwand
  Diesem neutralen Aufwand liegt ein mengenmäßiger Güterverbrauch zugrunde, der im externen und internen Rechnungswesen unterschiedlich bewertet wird. Bewertungsunterschiede gibt es z. B. bei den Abschreibungen.

3. Was wird unter den kalkulatorischen Kosten verstanden?

Kalkulatorischen Kosten steht kein Aufwand (Zusatzkosten) oder ein Aufwand in anderer Höhe (Anderskosten) gegenüber. Zu den kalkulatorischen Kosten zählen der kalkulatorische Unternehmerlohn, die kalkulatorischen Mieten, die kalkulatorischen Abschreibungen, die kalkulatorischen Wagnisse und die kalkulatorischen Zinsen.

4. Nennen Sie Beispiele für Zusatz- und Anderskosten.

Zu den Zusatzkosten zählen der kalkulatorische Unternehmerlohn und die kalkulatorischen Mieten. Anderskosten sind die kalkulatorischen Abschreibungen, die kalkulatorischen Wagnisse und die kalkulatorischen Zinsen.

5. Was wird unter dem kalkulatorischen Unternehmerlohn verstanden? Aus welchen Gründen wird er in der Kostenrechnung erfasst?

Der kalkulatorische Unternehmerlohn ist der Wert der Arbeitsleistung, die der Eigentümer, ein Gesellschafter einer Personengesellschaft oder die ohne feste Entlohnung mitarbeitenden Angehörigen erbringen. Dieser ist über den Gewinn zu entgelten und darf deshalb im externen Rechnungswesen nicht als Aufwand erfasst werden. Durch die Erfassung des kalkulatorischen Unternehmerlohns in der Kostenrechnung soll zum einen die Vergleichbarkeit der Kosten von Unternehmungen verschiedener Rechtsformen herbeigeführt werden. Zum anderen wird damit die vollständige Erfassung des Güterverzehrs einer Periode angestrebt.

6. Führen die folgenden Geschäftsvorfälle in einer Unternehmung, die Fahrräder produziert, zu neutralem Aufwand, Zweckaufwand / Grundkosten, Anderskosten oder Zusatzkosten?

Die Zinsen für einen Bankkredit werden bezahlt.	Bewertungsbedingter neutraler Aufwand; Anderskosten, da in der Kostenrechnung die Zinsen auf das betriebsnotwendige Kapital einbezogen werden
Die Rechnung für Reifen wird beglichen.	Zweckaufwand, Grundkosten
Eine Maschine ist für 100.000 € angeschafft worden. Bilanziell wird sie mit 10 % pro Jahr abgeschrieben. In der Kostenrechnung wird sie mit 7,5 % pro Jahr abgeschrieben.	Bewertungsbedingter neutraler Aufwand 2.500 €; Zweckaufwand/Grundkosten 7.500 €
Ein Kunde hat Insolvenz angemeldet. Die Unternehmung wird informiert, dass 25 % der Forderung gegenüber dem Kunden in Höhe von 50.000 € beglichen werden.	Bewertungsbedingter neutraler Aufwand 37.500 €; Anderskosten, da die Forderungsabschreibung in den kalkulatorischen Wagnissen berücksichtigt werden
Für das betriebsnotwendige Kapital sind 12.000.000 € ermittelt worden. Der kalkulatorische Zinssatz liegt bei 8,5 %.	Anderskosten 1.020.000 €; bewertungsbedingter neutraler Aufwand, da im externen Rechnungswesen die Fremdkapitalzinsen erfasst werden

Zu ihrem 350. Geburtstag werden einer Universität 50 Fahrräder in den Universitätsfarben für die Aktion „campusrad" auf Dauer zur Verfügung gestellt.	Sachzielfremder neutraler Aufwand; keine Kosten

4 Kostenartenrechnung

1. Kostenarten sind z. B. …

- ■ Gehälter
- ■ Materialeinzelkosten
- □ Vertriebskosten
- □ Verwaltungskosten
- ■ kalkulatorische Kosten

2. Welche Aufgabe hat die Kostenartenrechnung?

Aufgabe der Kostenartenrechnung ist es, die Kosten einer Periode kostenartenweise zu erfassen, die Kostenhöhe festzustellen und die Kosten nach ihrer Zurechenbarkeit zu den Kostenträgern zu gliedern.

3. In einer Unternehmung werden Fahrräder produziert. Nennen Sie Beispiele für Einzel- und Gemeinkosten.

- Einzelkosten
  Materialeinzelkosten des Ausgangsmaterials für den Rahmen (Stahl, Aluminium, Titan) sowie der Bauteile, die von außen bezogen werden, z. B. Reifen und Lichtanlagen
- Gemeinkosten
  Abschreibung auf die Werkshalle, Miete für das Verwaltungsgebäude, Gehalt des Buchhalters, kalkulatorische Zinsen

4. Wie werden die Einzelkosten auf die Kostenträger verrechnet?

Einzelkosten werden aus der Kostenartenrechnung unmittelbar in die Kostenträgerrechnung übernommen und den Kostenträgern direkt zugeordnet.

5. Wie werden die Gemeinkosten auf die Kostenträger verrechnet?

Gemeinkosten werden aus der Kostenartenrechnung in die Kostenstellenrechnung übernommen und den Kostenstellen zugerechnet. Die in den Kostenstellen ausgewiesenen Kosten werden anschließend in der Kostenträgerrechnung im Verhältnis der beanspruchten Kostenstellenleistung auf die Kostenträger verrechnet.

6. Welche Zinsen gehen als kalkulatorische Zinsen in die Kostenrechnung ein?

In die Kostenrechnung werden nicht die Zinsen des Fremdkapitals einbezogen, sondern die Zinsen auf das betriebsnotwendige Kapital.

5 Kostenstellenrechnung

1. Was ist ein geeignetes Instrument für die Kostenstellenrechnung?

- ☐ Kalkulation
- ☐ Betriebsergebnisrechnung
- ☐ Deckungsbeitragsrechnung
- ☐ Leistungsrechnung
- ■ Betriebsabrechnungsbogen

2. Erläutern Sie den Aufbau eines Betriebsabrechnungsbogens.

Der Betriebsabrechnungsbogen ist die tabellarische Übersicht über die Verteilung der Gemeinkosten auf die Kostenstellen, die innerbetriebliche Leistungsverrechnung sowie die Berechnung der Gemeinkostenzuschlagssätze. Der Aufbau eines Betriebsabrechnungsbogens kann durch die Spalten- und Zeilengliederung beschrieben werden. Die Spalten enthalten die Kostenstellen. In den ersten Zeilen werden die Gemeinkosten, die aus der Kostenartenrechnung übernommen werden, auf die Kostenstellen verrechnet. Die zweite Gruppe von Zeilen ist der innerbetrieblichen Leistungsverrechnung gewidmet. Die letzte Zeile des Betriebsabrechnungsbogens enthält die Berechnung der Gemeinkostenzuschlagssätze.

3. Welchen Zweck hat die innerbetriebliche Leistungsverrechnung?

Mit der innerbetrieblichen Leistungsverrechnung wird angestrebt, die Kosten der innerbetrieblichen Leistungen bei den Kostenstellen auszuweisen, die sie verursacht haben, d. h. die innerbetrieblichen Leistungen verbraucht haben. Deshalb werden die liefernden Kostenstellen von den Kosten der innerbetrieblichen Leistungen entlastet, die empfangenden Kostenstellen werden mit diesen Kosten belastet.

4. Was sind Kostenstellengemeinkosten? Nennen Sie Beispiele für diese Kostenkategorie.

Kostenstellengemeinkosten fallen entweder für mehrere Kostenstellen gemeinsam an oder werden für mehrere Kostenstellen gemeinsam erfasst. Kostenstellengemeinkosten können den Kostenstellen nicht direkt, sondern nur über Kostenschlüssel zugerechnet werden. Beispiele für Kostenstellengemeinkosten sind die Abschreibungen auf Gebäude, in denen mehrere Kostenstellen untergebracht sind, die Gehälter von Mitarbeitern, die für mehrere Kostenstellen tätig sind, die kalkulatorischen Zinsen, die kalkulatorischen Wagnisse und Versicherungsprämien.

5. Wie unterscheiden sich Vor- und Endkostenstellen?

Vorkostenstellen erbringen ausschließlich innerbetriebliche Leistungen, während Endkostenstellen primär Absatzleistungen erstellen. Die Kosten von Vorkostenstellen werden vollständig auf andere Kostenstellen verrechnet. Nach Abschluss der innerbetrieblichen Leistungsverrechnung weisen nur die Endkostenstellen Kosten aus.

6. Welche Arten von Endkostenstellen werden unterschieden?

Es werden in der Regel folgende Arten von Endkostenstellen abgegrenzt: Material-, Fertigungs-, Verwaltungs- und Vertriebsstellen.

7. **Welchem Zweck dienen die Gemeinkostenzuschlagssätze, die im BAB berechnet werden?**

   Gemeinkostenzuschlagssätze werden für die Kostenträgerrechnung zur Verrechnung der Gemeinkosten auf die Kostenträger ermittelt.

8. **In einer Unternehmung, die Fahrräder produziert, sind in einer Periode die folgenden Kosten angefallen:**

	Kostenbetrag
Materialeinzelkosten	3.137.500 €
Fertigungslöhne	351.210 €
Gehälter	240.000 €
Hilfslöhne	40.000 €
Sozialkosten	48.000 €
Kosten für Hilfs- und Betriebsstoffe	26.000 €
Mieten	120.000 €
Kalkulatorische Abschreibungen	150.000 €
Kalkulatorische Zinsen	96.000 €

Die Unternehmung ist in folgende Kostenstellen gegliedert: Gebäudereinigung, Reparaturwerkstatt, Materialstelle, Fertigungsstelle, Verwaltungs-/Vertriebsstelle. Die Gehälter, die Hilfslöhne und die Kosten für Hilfs- und Betriebsstoffe sind Kostenstelleneinzelkosten. Die folgende Tabelle zeigt die Gehälter, die in den einzelnen Kostenstellen verursacht worden sind. Die Hilfslöhne sind je zur Hälfte in der Gebäudereinigung und der Fertigungsstelle angefallen. Von den Kosten für die Hilfs- und Betriebsstoffe sind 2.000 € in der Gebäudereinigung, 4.000 € in der Reparaturwerkstatt und 20.000 € in der Fertigungsstelle angefallen. Die nachfolgende Tabelle informiert über die Kostenschlüssel

zur Verrechnung der Kostenstellengemeinkosten auf die Kostenstellen.

<table>
<tr><th colspan="2">Gemeinkosten / Kostenstelle</th><th>Sozial-kosten</th><th>Mieten</th><th>Kalkulatorische Abschreibung und Kalkulatorische Zinsen</th></tr>
<tr><td colspan="2">Kostenschlüssel</td><td>Gehälter</td><td>Fläche</td><td>Gebundenes Kapital</td></tr>
<tr><td rowspan="5">Schlüsselwerte</td><td>Gebäudereinigung</td><td>20.000 €</td><td>300 m²</td><td>80.000 €</td></tr>
<tr><td>Reparaturwerkstatt</td><td>40.000 €</td><td>1.000 m²</td><td>100.000 €</td></tr>
<tr><td>Materialstelle</td><td>60.000 €</td><td>1.200 m²</td><td>20.000 €</td></tr>
<tr><td>Fertigungsstelle</td><td>60.000 €</td><td>8.500 m²</td><td>800.000 €</td></tr>
<tr><td>Verwaltungs- und Vertriebsstelle</td><td>60.000 €</td><td>1.000 m²</td><td>200.000 €</td></tr>
</table>

Die Gebäudereinigung und die Reparaturwerkstatt erbringen für die anderen Kostenstellen Leistungen. Folgende Tabelle fasst die Daten über die Leistungsverflechtungen zusammen:

Liefernde Kostenstelle / Empfangende Kostenstelle	Gebäude-reinigung	Reparatur-werkstatt
Gesamtleistung	327 St.	350 Std.
Gebäudereinigung	–	–
Reparaturwerkstatt	25 Std.	–
Materialstelle	62 Std.	100 Std.
Fertigungsstelle	140 Std.	200 Std.
Verwaltungs- und Vertriebsstelle	100 Std.	50 Std.

Erstellen Sie den Betriebsabrechnungsbogen in folgenden Schritten:

a) Verrechnen Sie die Kostenstellengemeinkosten auf die Kostenstellen und ermitteln Sie die Summe der Gemein-

kosten, die in jeder der fünf Kostenstellen angefallen ist.

- Verrechnung der Sozialkosten

Gebäude-reinigung	Reparatur-werkstatt	Material-stelle	Fertigungs-stelle	Verw./Ver-triebsstelle
4.000 €	8.000 €	12.000 €	12.000 €	12.000 €

- Verrechnung der Mieten

Gebäude-reinigung	Reparatur-werkstatt	Material-stelle	Fertigungs-stelle	Verw./Ver-triebsstelle
3.000 €	10.000 €	12.000 €	85.000 €	10.000 €

- Verrechnung der kalkulatorischen Abschreibungen

Gebäude-reinigung	Reparatur-werkstatt	Material-stelle	Fertigungs-stelle	Verw./Ver-triebsstelle
10.000 €	12.500 €	2.500 €	100.000 €	25.000 €

- Verrechnung der kalkulatorischen Zinsen

Gebäude-reinigung	Reparatur-werkstatt	Material-stelle	Fertigungs-stelle	Verw./Ver-triebsstelle
6.400 €	8.000 €	1.600 €	64.000 €	16.000 €

- Gemeinkosten der Kostenstellen

Gebäude-reinigung	Reparatur-werkstatt	Material-stelle	Fertigungs-stelle	Verw./Ver-triebsstelle
65.400 €	82.500 €	88.100 €	361.000 €	123.000 €

b) **Führen Sie die innerbetriebliche Leistungsverrechnung durch.**

Gebäude-reinigung	Reparatur-werkstatt	Material-stelle	Fertigungs-stelle	Verw./Ver-triebsstelle
- 65.400 €	5.000 € -87.500 €	12.400 € 25.000 €	28.000 € 50.000 €	20.000 € 12.500 €

c) **Berechnen Sie die Gemeinkostenzuschlagssätze der Endkostenstellen. Die Kosten der Materialstelle sollen über die Materialeinzelkosten, die der Fertigungsstelle über die Fertigungslöhne und die Kosten der Verwaltungs- und Vertriebsstelle über die Herstellkosten verrechnet werden.**

- Gemeinkosten der Kostenstellen nach der innerbetrieblichen Leistungsverrechnung

Gebäudereinigung	Reparaturwerkstatt	Materialstelle	Fertigungsstelle	Verw./Vertriebsstelle
–	–	125.500 €	439.000 €	155.500 €

- Gemeinkostenzuschlagssätze

Materialgemeinkostenzuschlagssatz $= \frac{125.500\ €}{3.137.500\ €} \cdot 100 = 4\,\%$

Fertigungsgemeinkostenzuschlagssatz $= \frac{439.000\ €}{351.210\ €} \cdot 100 = 124{,}996\,\%$

Herstellkosten = 3.137.500 € (Materialeinzelkosten) + 125.500 € (Materialgemeinkosten) + 351.210 € (Fertigungslöhne) + 439.000 € (Fertigungsgemeinkosten) = 4.053.210 €

Verwaltungs-/Vertriebsgemeinkostenzuschlagssatz

$\frac{155.500\ €}{4.053.210\ €} \cdot 100 \approx 3{,}836\,\%$

6 Kalkulation

1. **Welche Kosten können direkt auf die Kostenträger verrechnet werden?**

- ■ Fertigungslöhne
- □ Verwaltungskosten
- □ Selbstkosten
- ■ Materialeinzelkosten
- □ Gemeinkosten

2. **Welche Aufgabe hat die Kalkulation?**

   Mit der Kalkulation werden die Kosten eines Kostenträgers ermittelt.

3. **Wie unterscheiden sich die Divisions- und die Äquivalenzziffernkalkulation von der Zuschlagskalkulation?**

   Die Zuschlagskalkulation zeichnet sich durch die getrennte Zurechnung der Einzel- und der Gemeinkosten auf die Kostenträger aus. Bei der Divisions- und Äquivalenzziffernkalkulation wird auf eine getrennte Verrechnung der Einzel- und Gemeinkosten verzichtet.

4. **Kalkulieren Sie mit den in Kapitel 5, Aufgabe 8 berechneten Gemeinkostenzuschlagssätzen die Selbstkosten eines Auftrags über 120 Fahrräder des Typs „Unirad". Für ein Fahrrad dieses Typs entstehen Materialeinzelkosten in Höhe von 550 € und Fertigungslöhne in Höhe von 85 €. Zudem entstehen für den Auftrag Verpackungs- und Transportkosten in Höhe von 1.200 €.**

	Materialeinzelkosten	66.000,00 €	
+	Materialgemeinkosten (4 %)	2.640,00 €	
+	Fertigungslöhne	10.200,00 €	
+	Fertigungsgemeinkosten (124,996 %)	12.749,59 €	
=	Herstellkosten		91.589,59 €
+	Verwaltungs- und Vertriebsgemeinkosten (3,836 %)		3.513,38 €
+	Sondereinzelkosten		1.200,00 €
=	Selbstkosten		96.302,97 €

5. Eine Unternehmung stellt vier verschiedene Arten von Stumpenkerzen her, die sich in der Höhe und im Durchmesser unterscheiden. Es liegen die folgenden Daten vor:

Variante	Produktionsmenge	Höhe × Ø (in cm)
A	**12.000 St.**	**10 × 7**
B	**8.000 St.**	**20 × 7**
C	**20.000 St.**	**8 × 5**
D	**5.000 St.**	**10 × 10**
Selbstkosten der Periode		**102.080 €**

Berechnen Sie mit einer Äquivalenzziffernkalkulation die Stückselbstkosten jeder Kerzenart.

– Berechnung der Äquivalenzziffern

Variante	Produktionsmenge	Höhe × Ø (in cm)	Volumen	Äquivalenzziffern
A	12.000 St.	10 × 7	384,85 cm³	1,0
B	8.000 St.	20 × 7	769,69 cm³	2,0
C	20.000 St.	8 × 5	157,08 cm³	0,41
D	5.000 St.	10 × 10	785,40 cm³	2,04

- Äquivalenzziffernkalkulation

Variante	Äquivalenz-ziffer	Produktions-menge	Kostenidentische Menge des Einheitsproduktes	Stückherstell-kosten	Perioden-herstell-kosten
A	1,0	12.000 St.	12.000 St. · 1 = 12.000 St.	1,0 · 2,20 €/St. = 2,20 €/St.	26.400 €
B	2,0	8.000 St.	8.000 St. · 2 = 16.000 St.	2,0 · 2,20 €/St. = 4,40 €/St.	35.200 €
C	0,41	20.000 St.	20.000 St. · 0,41 = 8.200 St.	0,41 · 2,20 €/St. = 0,902 €/St.	18.040 €
D	2,04	5.000 St.	5.000 St. · 2,04 = 10.200 St.	2,04 · 2,20 €/St. = 4,488 €/St.	22.440 €
Kostenidentische Gesamtmenge des Einheitsproduktes			46.400 St.		102.080 €
Stückherstellkosten des Einheitsproduktes $= \frac{102.080}{46.400}$ St. = 2,20 €/St.					

7 Betriebsergebnisrechnung

1. Welche Aussagen treffen auf das Umsatzkostenverfahren zu?

- ☐ Die Erlöse werden korrigiert.
- ■ Die Kosten werden korrigiert.
- ■ Die Stückherstellkosten werden mit den Absatzmengen multipliziert.
- ■ Vertriebskosten fallen nur für abgesetzte Erzeugnisse an.

2. Welche Aufgaben hat die Betriebsergebnisrechnung?

Aufgabe der Betriebsergebnisrechnung ist die Bereitstellung von Informationen über den Erfolg einer Periode.

3. Wie unterscheiden sich das Gesamt- und das Umsatzkostenverfahren?

Beim Gesamtkostenverfahren werden zur Ermittlung des Periodenerfolgs die nach Kostenarten gegliederten Gesamtkosten der Periode, d. h. die Kosten der produzierten Produktmengen, den um die Bestandsveränderungen und selbst erstellten Anlagen korrigierten Erlöse der Periode gegenübergestellt.

Beim Umsatzkostenverfahren werden zur Ermittlung des Periodenerfolgs die Erlöse der Absatzmengen den nach Produkten gegliederten Selbstkosten der Absatzmengen gegenübergestellt. Da Vertriebskosten nur für abgesetzte Erzeugnisse anfallen und dies auch für die Verwaltungskosten angenommen wird, gehen die Verwaltungs- und Vertriebskosten in vollem Umfang in die Betriebsergebnisrechnung nach dem Umsatzkostenverfahren ein.

4. Welchen Vorteil hat das Umsatzkostenverfahren gegenüber dem Gesamtkostenverfahren?

Das Umsatzkostenverfahren weist den Vorteil auf, dass sowohl die Kosten als auch die Erlöse nach Produktarten gegliedert sind, so dass Informationen über die Erfolgsbeiträge der verschiedenen Produkte für Gewinn- und Verlustquellenanalysen hergeleitet werden können.

5. In der Unternehmung aus Kapitel 5, Aufgabe 8 werden drei Typen von Fahrrädern produziert und verkauft. Für die letzte Abrechnungsperiode liegen die folgenden Daten vor.

	Unirad	Cityrad	Ausflugsrad
Materialeinzelkosten	550,00 €/St.	400,00 €/St.	630,00 €/St.
Fertigungslöhne	85,00 €/St.	40,00 €/St.	71,98 €/St.
Produktionsmengen	650 St.	3.800 St.	2.000 St.
Absatzmengen	680 St.	3.000 St.	2.200 St.
Absatzpreis pro Stück	800 €/St.	630 €/St.	850 €/St.

Ermitteln Sie das Betriebsergebnis nach dem Gesamtkosten- und dem Umsatzkostenverfahren. Da es sich um eine Quartalsabrechnung handelt, kann davon ausgegangen werden, dass sich die Herstellkosten der Produkte, die sich auf Lager befinden, nicht verändert haben.

- Berechnung des Betriebserfolgs nach dem Gesamtkostenverfahren
  - Berechnung der Herstellkosten pro Stück

		Unirad	Cityrad	Ausflugsrad
	Materialeinzelkosten	550,00 €/St.	400,00 €/St.	630,00 €/St.
+	Materialgemeinkosten	22,00 €/St.	16,00 €/St.	25,20 €/St.
+	Fertigungslöhne	85,00 €/St.	40,00 €/St.	71,98 €/St.
+	Fertigungsgemeinkosten	106,25 €/St.	50,00 €/St.	89,97 €/St.
=	Herstellkosten	763,25 €/St.	506,00 €/St.	817,15 €/St.

  - Berechnung der Herstellkosten der Bestandsveränderungen

	Unirad	Cityrad	Ausflugsrad	Wert der Bestandsveränderungen
Produktionsmengen	650 St.	3.800 St.	2.000 St.	
Absatzmengen	680 St.	3.000 St.	2.200 St.	
Bestandserhöhung		800 St.		404.800,00 €
Bestandsminderung	30 St.		200 St.	186.327,50 €

- Betriebsergebnisrechnung

Betriebsergebnisrechnung nach dem Gesamtkostenverfahren			
Kosten			Erlöse
Materialeinzelkosten	3.137.500,00 €	Erlöse Unirad	544.000 €
Fertigungslöhne	351.210,00 €	Erlöse Cityrad	1.890.000 €
Gehälter	240.000,00 €	Erlöse Ausflugsrad	1.870.000 €
Hilfslöhne	40.000,00 €	Herstellkosten der Bestandserhöhung	404.800 €
Sozialkosten	48.000,00 €		
Kosten für Hilfs- und Betriebsstoffe	26.000,00 €		
Mieten	120.000,00 €		
Kalkulatorische Abschreibungen	150.000,00 €		
Kalkulatorische Zinsen	96.000,00 €		
Herstellkosten der Bestandsminderung	186.327,50 €		
Betriebsgewinn	313.762,50 €		
	4.708.800,00 €		4.708.800 €

– Berechnung des Betriebserfolgs nach dem Umsatzkostenverfahren
  - Ermittlung der Herstellkosten der abgesetzten Mengen

	Unirad	Cityrad	Ausflugsrad
Absatzmengen	680 St.	3.000 St.	2.200 St.
Herstellkosten pro Stück	763,25 €	506,00 €	817,15 €
Herstellkosten der abgesetzten Menge	519.010,00 €	1.518.000,00 €	1.797.730,00 €

- Betriebsergebnisrechnung

Betriebsergebnisrechnung nach dem Umsatzkostenverfahren			
Kosten			Erlöse
Herstellkosten Unirad	519.010,00 €	Erlöse Unirad	544.000,00 €
Herstellkosten Cityrad	1.518.000,00 €	Erlöse Cityrad	1.890.000,00 €
Herstellkosten Ausflugsrad	1.797.730,00 €	Erlöse Ausflugsrad	1.870.000,00 €
Verwaltungs- und Vertriebsgemeinkosten	155.500,00 €		
Betriebsgewinn	313.760,00 €		
	4.304.000,00 €		4.304.000,00 €

Die Differenz zwischen dem Betriebsgewinn nach dem Gesamtkostenverfahren und dem nach dem Umsatzkostenverfahren berechneten Betriebsgewinn geht auf Rundungsfehler zurück.

1 Aufgaben und Funktionen

1. Was sind Aufgaben des Controlling?

- [x] Steuerung des Unternehmens
- [x] Kontrolle
- [x] Dokumentation und Beratung

2. Wie kann eine Controlling-Abteilung organisiert sein?

- [x] Spartenorganisation
- [ ] Nichtregierungsorganisation
- [x] Matrixorganisation
- [x] Ablauforganisation
- [x] Tensororganisation

3. Welche Aufgaben hat das Controlling?

- [x] Kontrolle und Revision von Zielvorgaben
- [x] mehr Effizienz und Effektivität
- [x] höhere Innovationsfähigkeit
- [x] strategische Unternehmensentwicklung

4. Welche Formen des Controlling können unterschieden werden?

- [x] strategisches Controlling
- [ ] temporäres Controlling
- [x] operatives Controlling

2 Kosten- und Leistungsrechnung

1. Was sind Teilbereiche der Kosten- und Leistungsrechnung?

- ■ Kostenstellenrechnung
- □ Gewinn- und Verlustrechnung
- ■ Kostenträgerzeitrechnung
- ■ Kalkulation
- ■ Kostenartenrechnung

2. Welche Kostenarten werden unter dem Kriterium der Verrechnung unterschieden?

- □ Fixkosten
- □ Fertigungskosten
- ■ Gemeinkosten
- □ Prozesskosten

3. Was sind Kostenträger?

- □ soziale Einrichtungen
- ■ Produkte und Dienstleistungen
- □ Abteilungen

4. Welches Kalkulationsverfahren wird vorwiegend in Rohstoffunternehmen mit nur einem Produkt verwendet?

- □ Zuschlagskalkulation
- □ Kuppelkalkulation
- □ Äquivalenzziffernkalkulation
- ■ Divisionskalkulation

3 Kalkulation

1. Was ist eine retrograde Kalkulation?

- ☐ Prozesskostenrechnung
- ☐ Break-Even-Analyse
- ■ Zielkostenrechnung
- ☐ Zuschlagskalkulation
- ☐ Äquivalenzziffernkalkulation

2. Was entspricht einer Aktivität in der Vollkostenrechnung?

- ☐ gar nichts
- ☐ Zuschlagsbasis
- ■ Unterkostenstelle

3. Was sind die Verwaltungskosten in einer Bestellabteilung?

- ☐ leistungsmengeninduziert
- ■ leistungsmengenneutral
- ☐ keines von beiden

4. Wie wird die Break-Even-Analyse noch bezeichnet?

- ☐ Gemeinkostenmanagement
- ☐ Activity Based Costing
- ■ Gewinnschwellenanalyse
- ☐ Prozesswertanalyse

4 Teilkostenrechnung

1. Durch welche Kosten unterscheiden sich Deckungsbeitrag III und IV?

- ☐ durch erzeugnisfixe Kosten
- ☐ durch Kostenstellenfixkosten
- ■ durch bereichsfixe Kosten
- ☐ durch Unternehmensfixkosten

2. Was ist ein Synonym für Fixkostendeckungsrechnung?

- ☐ Prozesskostenrechnung
- ☐ Direct Costing
- ■ mehrstufige Deckungsbeitragsrechnung
- ☐ Gewinnschwellenanalyse

3. Welche Größen liegen der Normalkostenrechnung zugrunde?

- ☐ Ist-Werte
- ☐ Planwerte
- ■ Durchschnittswerte
- ☐ Soll-Werte

5 Die Investitionsrechnung

1. Was sind Ansätze in der dynamischen Investitionsrechnung?

- ■ Kapitalwertmethode
- □ Amortisationsrechnung
- ■ Annuitätenmethode

2. Wie sind Beispiele für Sachinvestitionen?

- ■ Erweiterungsinvestitionen
- ■ Rationalisierungsinvestitionen
- □ Finanzinvestitionen
- □ immaterielle Investitionen
- ■ Ersatzinvestitionen

3. Welcher Ansatz der Unternehmensbewertung beruht auf dem Reproduktionswert?

- □ Ertragswertverfahren
- ■ Substanzwertverfahren
- □ Mittelwertverfahren

6 Das strategische Controlling

1. Wofür steht das „s“ in der Abkürzung SWOT?

- ■ Strengths
- ☐ Strategy
- ☐ Sign

2. Welcher Aspekt wird vom Lebenszyklusmodell vorwiegend berücksichtigt?

- ☐ Marketingaspekte
- ☐ Organisationsaspekte
- ■ ökologische Aspekte

3. Wofür stehen die Quadranten in der BCG-Matrix?

- ☐ Stars, Question Marks, Wild Dogs, Slow Cats
- ■ Stars, Question Marks, Poor Dogs, Cash Cows
- ☐ Stars, Question Marks, Poor Dogs, Money Foxes

4. Welche Determinanten beeinflussen die Marktattraktivität?

- ■ Marktwachstum
- ■ Marktgröße
- ■ Markteintrittsbarrieren

5. Welche Perspektiven umfasst die Balanced Scorecard?

- ■ Finanzperspektive
- ■ Kundenperspektive
- ■ Mitarbeiterperspektive

7 Das operative Controlling

1. Was ist eine andere Bezeichnung für Zero Base Budgeting?

☐ Grundbudgetierung
■ Nullbasis-Budgetierung
☐ Nullgrundlagen-Budgetierung

2. Welche Budgetformen gibt es im Zero Base Budgeting?

■ Minimalbudget
■ Normalbudget
☐ Standardbudget
■ Spezialbudget

3. Wie findet der Vergleich beim Best-Practice-Benchmarking statt?

☐ zwischen Abteilungen
☐ zwischen Unternehmen derselben Branche
■ zwischen Unternehmen aus verschiedenen Branchen
☐ zwischen Unternehmen in einem Konzern

4. Was wird mit der Gap-Analyse ermittelt?

☐ der Zielerreichungsgrad
☐ die Aufbauorganisation
■ die Divergenz zwischen Soll- und Ist-Werten
☐ die Wettbewerbslücke
☐ der Cashflow

1 Systematik der Finanzierung

1) Sind die folgenden Aussagen richtig oder falsch? Markieren Sie bitte durch Ankreuzen, ob folgende Aussagen richtig oder falsch sind.

	Aussagen	**richtig**	**falsch**
a)	Zur Außenfinanzierung zählt die Beteiligungsfinanzierung.	☒	☐
b)	Zur Innenfinanzierung zählt die Finanzierung über Rückstellungen.	☒	☐
c)	Zur kurzfristigen Fremdfinanzierung gehört die Kundenanzahlung.	☒	☐
d)	Kundenanzahlungen sind Kundenkredite, die oft Finanzierungshilfen für Hersteller darstellen.	☒	☐
e)	Die Beteiligungsfinanzierung ist eine Form der Innenfinanzierung.	☐	☒
f)	Unter dem Begriff „Finanzierung" versteht man die Beschaffung finanzieller Mittel und die Vermeidung von Auszahlungen.	☒	☐

2) Beschreiben und erklären Sie kurz die zwei verschiedenen Formen der „goldenen Bilanzregel".

Die goldenen Bilanzregeln lassen sich in die ‚goldene Bilanzrege im engeren Sinne‘ und in die ‚goldene Bilanzregel im weitere Sinne‘ unterteilen. Bei ersterer soll das gesamte Anlagevermöge durch Eigenkapital oder langfristiges Fremdkapital finanzier werden, wobei die goldene Bilanzregel im weiteren Sinne soga noch weitergeht. Hier soll nicht nur das Anlagevermögen, son dern auch das langfristige Umlaufvermögen durch Eigenkapita oder langfristiges Fremdkapital finanziert werden.

- Goldene Bilanzregel im engeren Sinne:

Eigenkapital (EK) + langfristiges Fremdkapital (FK) ≥ Anlagevermögen

- Goldene Bilanzregel im weiteren Sinne:

EK + langfristiges FK ≥ Anlagevermögen + langfristiges Umlaufvermögen

2 Finanzierungsarten im Überblick

1. Sind die folgenden Aussagen richtig oder falsch? Markieren Sie durch Ankreuzen, ob folgende Aussagen richtig oder falsch sind.

	Aussagen	**richtig**	**falsch**
a)	Die Kreditfinanzierung ist eine Form der Innenfinanzierung.	☐	☒
b)	Zur Innenfinanzierung zählt die Subventionsfinanzierung.	☐	☒
c)	Die Selbstfinanzierung ist eine Form der Fremdfinanzierung.	☐	☒
d)	Die Beteiligungsfinanzierung zählt zur Innenfinanzierung.	☐	☒
f)	Zur Fremdfinanzierung gehört auch die Finanzierung aus Gewinnen und Rücklagen.	☐	☒
g)	Zur Fremdfinanzierung zählt man die Inanspruchnahme von Kontokorrent- und Lieferantenkrediten.	☒	☐
h)	Unter der Außenfinanzierung versteht man die Finanzierung von Objekten außerhalb des Unternehmens (z. B. Finanzierung der Kunden).	☐	☒
i)	Zur Außenfinanzierung zählt die Beteiligungsfinanzierung.	☒	☐
j)	Zur Innenfinanzierung zählt die Finanzierung über Rückstellungen.	☒	☐
k)	Zur kurzfristigen Fremdfinanzierung gehört die Kundenanzahlung.	☒	☐

2. Sind die folgenden Aussagen richtig oder falsch? Markieren Sie durch Ankreuzen, ob folgende Aussagen richtig oder falsch sind.

	richtig	falsch
Welche der folgenden Finanzierungsarten gehören zur **Innenfinanzierung**?		
■ Finanzierung aus Abschreibungen,	☒	☐
■ Inanspruchnahme des Kontokorrentkredits,	☐	☒
■ Finanzierung durch Einlagen der Anteilseigner,	☐	☒
■ Ausgabe einer Schuldverschreibung,	☐	☒
■ Gewinne thesaurieren, anstatt auszuschütten.	☒	☐

3. Nennen Sie bitte die Unterschiede zwischen Eigen-, Fremd- und Mezzanine Kapital in Bezug auf drei unterschiedliche Kriterien.

Unterscheidung nach	**Eigenkapital**	**Mezzanine-Kapital**	**Fremdkapital**
Finanzierungsart:	Beteiligungsfinanzierung	Hybrid-Kapital	Kreditfinanzierung
Rechtsverhältnis:	Beteiligungsverhältnis	Fremdkapitalcharakter	Schuldverhältnis
Kapitalgeber:	Stammaktionär	Stiller Gesellschafter	Kreditgeber
Haftung für Verluste:	Eigentümerstellung, Haftung mindestens in Höhe der Einlage	Rangrücktritt gegenüber erstrangigem Fremdkapital	Gläubigerstellung

Ertragsanteil:	volle Teilhabe an Gewinn und Verlust	feste und / oder erfolgsabhänge Verzinsungsanteile	Fester Verzinsungsanspruch
Verfügbarkeit:	unbefristet	befristet	befristet
Vermögensanspruch:	Quotenanspruch bei Verkauf	optionale Beteiligung an Wertsteigerung	Rückzahlungsanspruch
Unternehmensleitung:	Informations-, Kontroll- und Stimmrechte	Informations- und Kontrollrechte möglich	Grundsätzlich ausgeschlossen
steuerlicher Behandlung:	Gewinn wird steuerlich voll belastet	Zinsen steuerlich absetzbar	Zinsen steuerlich absetzbar
finanzieller Kapazität:	begrenzt durch privates Vermögen	orientiert sich am erwarteten Cashflow	abhängig vom Rating

4. Nennen und erläutern Sie die folgenden Finanzierungsarten:

Außenfinanzierung: Zufuhr von finanziellen Mitteln von außen, z. B. durch Kapitalerhöhung der Anteilseigner oder Aufnahme eines Kredits.

Beteiligungsfinanzierung: Erhöhung der Kapitaleinlagen von bereits vorhandenen oder neu hinzukommenden Anteilseignern des Unternehmens. Die Anteilseigner haben folgende Rechte und Pflichten:

- Beteiligung sowohl am Gewinn als auch am Verlust,
- Anspruch der Anteilseigner am Liquidationsnettoerlös,
- in der Regel Mitspracherecht bei der Unternehmensleitung und
- unter Umständen kann eine Nachschusspflicht bestehen.

Kreditfinanzierung:

- Es sind verschiedene Formen der Kreditfinanzierung möglich (z. B. Bankdarlehen, Gesellschafterdarlehen, Genussrechte etc.).
- Fremdkapitalzinsen stellen Aufwendungen in der Gewinn- und Verlustrechnung dar und vermindern den Gewinn.
- Kredite sind in der Regel zweckgebunden.
- Kredite müssen getilgt werden, in der Regel haben die Fremdkapitalgeber keinen Einfluss auf die Geschäftspolitik des kreditnehmenden Unternehmens.

Innenfinanzierung:

- Finanzierung aus einbehaltenen Gewinnen,
- Finanzierung aus Abschreibungsgegenwerten,
- Finanzierung durch Bildung von (langfristigen) Rückstellungen,
- Finanzierung durch Vermögensumschichtung und
- Finanzierung durch Rationalisierung und Reduzierung der Außenstände.

3 Kreditfinanzierung

1. a) Mit was ist ein entgangener Skonto vergleichbar?

Der Skonto stellt einen Preisnachlass dar, der dem Käufer gewährt wird, wenn er innerhalb einer vereinbarten Frist bezahlt. Bei einem Lieferantenkredit entspricht der entgangene Skonto rechnerisch dem Jahreszinskostensatz des Lieferanten, denn der Skontosatz entspricht den Kosten des Kredits. Wird dieser Skonto vom Käufer nicht in Anspruch genommen, bedeutet das für den Lieferanten keine Preisreduzierung.

b) Nennen Sie die wichtigsten Faktoren eines Lieferanten- sowie eines Kundenkredites.

Ein Kundenkredit wird dem Verkäufer durch den Käufer in Form einer Anzahlung gewährt. Die Anzahlung reduziert das Risiko des Verkäufers und werden entweder nach Abschluss des Vertrags oder nach, vorher definierten, Zeitpunkten der Fertigstellung bezahlt.

Hingegen wird ein Lieferantenkredit einem Käufer durch einen Verkäufer gewährt. Es wird ein Zahlungsziel und eventuell eine Skontofrist eingeraumt. Bezahlt der Käufer innerhalb der gesetzten Skontofrist, so wird der Kaufpreis um den vorher festgelegten Skontosatz, welcher einem prozentualen Preisabzug entspricht, reduziert.

c) Durch welche Besonderheit zeichnet sich der Zinssatz bei einem Kontokorrentkredit aus? Nennen Sie einen wesentlichen Unterschied zwischen Kontokorrent- und Lombardkredit.

Der Zinssatz bei einem Kontokorrentkredit ist ein variabler Zinssatz. Er setzt sich aus den Sollzinsen, einer Kreditprovision, einer Bereitstellungsprovision, den Kontoführungsgebühren und, bei Überschreitung der Kontokorrentkreditlinie, einer Überziehungsprovision zusammen. Der Kontokorrentkredit stellt einen Bankkredit gegen zusätzliche Kreditkosten dar, wobei der Lombardkredit die Ausreichung eines kurzfristigen Darlehns gegen Verpfändung von Gütern (materiell und immateriell) darstellt.

d) Unterscheiden Sie kurz den Akzeptkredit von dem Avalkredit.

Zwar haben beide Kreditarten Gemeinsamkeiten, allerdings lassen sie sich durch ein wesentliches Merkmal unterscheiden. Bei beiden Formen übernimmt die Bank zwar eine Bürgschaft für das Unternehmen und stellt somit ihre Kreditwürdigkeit zur Verfügung. Allerdings definiert sich der Akzeptkredit durch, dass die Bank die Kreditwürdigkeit als Bezieher eines Wechsels zur Verfügung stellt, wobei hingegen bei einem Avalkredit die Bank eine Bürgschaft oder Garantie bezüglich einer Verpflichtung des Unternehmens gegenüber einem Dritten bereitstellt.

e) Beschreiben Sie die „Möglichkeit zur Weitergabe" bei einem Wechsel. Gehen Sie insbesondere auf die Diskontierung ein.

Ein Wechsel oder Diskontkredit enthält die unbedingte Anweisung des Wechselausstellers an den Bezogenen eine bestimmte Geldsumme an ihn oder an einen Dritten zu zahlen.

Ein Wechsel kann auch weitergegeben werden. Entweder wird der Wechsel an einen Gläubiger weitergegeben, wodurch die Verbindlichkeit beglichen wird, oder der Wechsel wird bei einem Kreditinstitut diskontiert. Bei einer Diskontierung wird eine noch nicht fällige Wechselforderung von einer Bank angekauft, wobei Zinsen für die Zeit vom Ankaufstag bis zum Fälligkeitstag anfallen.

f) Ein Hersteller für Bürobedarf beliefert ein kleines Warenversandhaus mit Waren im Wert von 79.000 €. Aufgrund eines finanziellen Engpasses seitens des Warenversandhauses, wird ein Zahlungsaufschub um 90 Tage in Form eines Wechsels vereinbart. Der Wechsel wird von dem Hersteller für Bürobedarf bei seiner Hausbank zum Diskont eingereicht. Einvernehmlich wird der entstehende Aufwand von dem Warenversandhaus getragen. Für 90 Tage verlangt die Hausbank 1,73 % und pauschal 0,17 % Diskontspesen.

Bitte ermitteln Sie zuerst den Ausstellungsbetrag für den Wechsel und anschließend den effektiven Jahreszins des Diskontkredits.

Wechselsumme	79.000,00 €	100,00 %
– Diskontbetrag	– 1.366,70 €	1,73 %
– Diskontspesen	– 134,30 €	0,17 %
= Auszahlungsbetrag	77.499,00 €	98,10 %
Gesamtforderung	79.000,00 €	98,10 %
Wechselsumme	**80.530,10 €**	**100,00 %**

Ermittlung des effektiven Jahreszinssatzes (i_{eff}):

$$i_{eff} = \frac{\text{Kosten der Diskontierung}}{\text{Kredit}} \times \frac{360 \text{ Tage}}{\text{Laufzeit}} \times 100$$

$$= \frac{1.501}{79.000} \times \frac{360}{90} \times 100 = 7{,}6\,\%$$

g) Beschreiben Sie die unterschiedlichen Tilgungs- und Zinsverläufe für alle drei Formen der langfristigen Kreditfinanzierung.

	Annuitätendarlehen	Ratendarlehen	Endfälligkeitsdarlehen
Tilgung	steigende Tilgung während der Laufzeit	immer gleich hohe Tilgungsraten	einmalige Rückzahlung am Ende der Laufzeit
Zinsen	langsam sinkende Zinszahlungen	schneller sinkende Zinszahlungen	konstante Zinszahlungen

h) Nennen und beschreiben Sie drei verschiedenen Formen einer Anleihe.

I. Festzinsdarlehen:
Haben über die Laufzeit einen festen Zinssatz.

II. Wandelanleihendarlehen:
Gewähren das zusätzliche Recht/die Option auf Umtausch der Schuldverschreibungen auf Aktien.

III. Optionsanleihen:
Gewähren das zusätzliche Recht Aktien zu vorab festgelegten Bedingungen, während einer bestimmten Frist zu beziehen.

IV. Zero Bonds:
Beinhaltet keine laufenden Zinsen. Alle Zahlungen erfolgen am Ende der Laufzeit.

V. Floating Rate Notes:
Dies sind variabel verzinste Anleihen.

VI. Gewinnanleihen:
Besitzen einen zusätzlichen, mit einer Dividende gekoppelten, Gewinnanspruch.

2. Tilgungsformen von Darlehen

Eine Bank bietet für ein Darlehen folgende Konditionen an:

- **Nennbetrag: 100 T€**
- **Disagio: 2 T€**
- **Laufzeit: 8 Jahre**
- **Tilgungsfreie Jahre: 3 Jahre**
- **Nominalzinssatz: 8 %**

Tragen Sie aus Kundensicht für die drei bekannten Tilgungsformen die Einzahlungen (+) – und Auszahlungen (–) für jedes Jahr in die folgenden Tabellen ein:

a) Ratendarlehen

Jahr	01	02	03	04	05	06	07	08
Einzahlung	+98							
Zinsen	–8	–8	8	–8	–6,4	–4,8	–3,2	–1,6
Tilgung	0	0	0	–20	–20	–20	–20	–20
Zins + Tilgung	–8	–8	–8	–28	–26,4	–24,8	–23,2	–21,6

b) Festdarlehen

Jahr	01	02	03	04	05	06	07	08
Einzahlung	+98							
Zinsen	–8	–8	8	–8	–8	–8	–8	–8
Tilgung	0	0	0	0	0	0	0	–100
Zins + Tilgung	–8	–8	–8	–8	–8	–8	–8	–108

c) Annuitätendarlehen

Jahr	01	02	03	04	05	06	07	08
Einzahlung	+98							
Zinsen	–8	–8	–8	–8	–6,636	–5,163	–3,573	–1,855
Tilgung				–17,045	–18,409	–19,882	–21,473	–23,190
Zins + Tilgung	–8	–8	–8	–25,045	–25,045	–25,045	–25,045	–25,045

$$\text{Annuität} = 100\,€ \times \frac{1{,}08^5 \times 0{,}08}{1{,}08^5 - 1} = 25{,}045{,}64\,€/\text{Jahr}$$

Jahr	Restschuld	Annuität	Zinsen	Tilgung
1	100.000,00		8.000,00	0
2	100.000,00		8.000,00	0
3	100.000,00		8.000,00	0
4	100.000,00	25.045,64	8.000,00	17.045,64
5	82.954,35	25.045,64	6.636,35	18.409,29
6	64.545,06	25.045,64	5.163,61	19.882,03
7	44.663,03	25.045,64	3.573,04	21.472,60
8	23.190,43	25.045,64	1.855,23	23.189,77

3. Vergleich von Darlehensangeboten

Die IM AG möchte im Januar des nächsten Geschäftsjahrs in Ihrem Werk in Karlsruhe eine neue Produktionsanlage (Anschaffungskosten = 3 Mio. €) mit einem Bankdarlehen finanzieren. Das Bankdarlehen soll nach fünf Jahren vollständig getilgt sein. Der IM AG liegen zwei Darlehensangebote vor:

- **Angebot der Volksbank eG**
  Abzahlungsdarlehen: Darlehensbetrag = 3.125.000 €, Auszahlung = 96 %, Nominalzinssatz = 6,5 %, Zins und Tilgung erfolgen immer am Jahresende
  [Hinweis: das Disagio würde die IM AG aktivieren (aktiver RAP) und über die Laufzeit gleichmäßig verteilen (abschreiben)].

- **Angebot der Baden Bank AG**
  Annuitätendarlehen: Darlehensbetrag = 3.000.000 €, Auszahlung 100 %, Nominalzinssatz = 7,0 %, die Zahlung der Annuitäten erfolgt immer am Jahresende.

a) Ermitteln Sie den Effektivzinssatz für das für das Abzahlungsdarlehen der Volksbank e. G. mit der Faustformel.

Berechnung des Effektivzinssatzes

$$t_m = \frac{5 + 1}{2} = 3 \text{ Jahre}$$

$$i_{eff} = \frac{i_{nom} + \frac{R - A}{t_m}}{A} = \frac{0{,}065 + \frac{1{,}0 - 0{,}96}{3}}{0{,}96} \times 100 = 8{,}16\,\%$$

b) Ermitteln Sie für beide Darlehen die Aufwands- und die Liquiditätsbelastungen für die gesamte Darlehenslaufzeit. Steuern sind nicht zu berücksichtigen. Nutzen Sie bitte für die Lösungen die beiden folgenden Tabellen.

Abzahlungsdarlehen der Volksbank e. G.

Jahr	Darlehensbetrag	Tilgung	Zinsen	Disagio	Aufwand	Liquiditätsbelastung
1	3.125.000 €	625.000 €	203.125 €	25.000 €	228.125 €	828.125 €
2	2.500.000 €	625.000 €	162.500 €	25.000 €	187.500 €	787.500 €
3	1.875.000 €	625.000 €	121.875 €	25.000 €	146.875 €	746.875 €
4	1.250.000 €	625.000 €	81.250 €	25.000 €	106.250 €	706.250 €
5	625.000 €	625.000 €	40.625 €	25.000 €	65.625 €	665.625 €
Summe		3.125.000 €	609.375 €	125.000 €	734.375 €	3.734.375 €

Annuitätendarlehen der Baden Bank AG

Berechnung der Annuität

$$\text{Annuität} = K_0 \times KWF = 3.000.000\,€ \times \frac{0{,}07 \times 1{,}07^3}{1{,}07^3 - 1}$$

$$= 3.000.000\,€ \times 0{,}243890694 = 731.672{,}08$$

Jahr	Darlehens-betrag	Annuität	Tilgung	Zinsen	Aufwand	Liquiditäts-belastung
1	3.000.000,00	731.672,08	521.672,08	210.000,00	210.000,00	731.672,08
2	2.478.327,92	731.672,08	558.189,13	173.482,95	173.482,95	731.672,08
3	1.920.138,79	731.672,08	597.262,37	134.409,71	134.409,71	731.672,08
4	1.322.876,42	731.672,08	639.070,73	92.601,35	92.601,35	731.672,08
5	683.805,69	731.672,09	683.805,69	47.866,40	47.866,40	731.672,09
Summe		3.658.360,41	3.000.000,00	658.360,41	658.360,41	3.658.360,41

4. Die Formenbau KG bezieht von der Chemie AG ihre Rohstoffe. Die Rechnungsstellung erfolgt monatlich. Der Rechnungsbetrag beträgt pro Monat durchschnittlich 45.000 EUR, wobei die Zahlung innerhalb 14 Tage abzüglich 2 % Skonto bzw. innerhalb von 30 Tagen netto Kasse zu erfolgen hat.

Ermitteln Sie den effektiven Zinssatz für den Fall, dass die Formenbau KG das Zahlungsziel ausnutzt, mithilfe der praxisüblichen Faustformel.

Ermittlung des Jahreszinssatzes =

$$i_{appr} = \frac{S}{z - f} \times 360 = \frac{2}{30 - 14} \times 360 = 45\,\%$$

5. Sind die folgenden Aussagen richtig oder falsch? Markieren Sie durch Ankreuzen, ob folgende Aussagen richtig oder falsch sind.

	Aussagen	**richtig**	**falsch**
a)	Eine Sonderform der Anleihe ist das Schuldscheindarlehen.	☐	☒
b)	Beim Annuitätendarlehen nimmt im Zeitablauf der Zins zu und die Tilgung ab.	☐	☒
c)	Beim Ratendarlehen nimmt im Zeitablauf der Zins ab und die Tilgung zu.	☐	☒
d)	Beim Endfälligkeitsdarlehen nimmt im Zeitablauf die Tilgung ab.	☐	☒
e)	Beim Ratendarlehen kann eine Tilgungsaussetzung vereinbart werden.	☒	☐
f)	Beim Endfälligkeitsdarlehen erfolgt die Tilgung immer am Jahresende.	☐	☒
g)	Der Kontokorrentkredit ist ein kurzfristiger Kredit, kann aber durch Prolongation langfristigen Charakter haben.	☒	☐
h)	Ein Kontokorrentkredit ist im Vergleich zum Ratendarlehen in der Regel teurer.	☒	☐
i)	Beim Annuitätendarlehen bleibt während der Kreditlaufzeit die Summe aus Zinsen und Tilgungen immer gleich hoch.	☒	☐
j)	Der Effektivzinssatz eines Annuitätendarlehens mit Disagio, erhöht sich, wenn unter sonst gleichen Bedingungen die Halbjahresraten statt bisher nachträglich im Voraus fällig sind.	☒	☐

		richtig	falsch
k)	Beim Annuitätendarlehen ist während der Gesamtlaufzeit die Summe aus Zinsen und Tilgungen in jeder Periode gleich groß.	☒	☐
l)	Beim Tilgungsdarlehen sinkt im Zeitablauf die absolute Höhe der in den Raten enthaltenen Zinszahlungen.	☒	☐
m)	Beim endfälligen Darlehen ist die mittlere Laufzeit des Darlehens identisch mit der Gesamtlaufzeit des Darlehens.	☒	☐
n)	Endfällige Darlehen wurden in der Vergangenheit oft in Verbindung mit der Ablaufleistung einer Kapitallebensversicherung getilgt.	☒	☐
o)	Beim Ratendarlehen nimmt die Gesamtrate aus Zins und Tilgung während der Kreditlaufzeit grundsätzlich progressiv ab.	☐	☒
p)	Der Effektivzinssatz eines Annuitätendarlehens erhöht sich, wenn die Bearbeitungsgebühr erhöht wird.	☒	☐
r)	Ein Avalkredit ist für einen Kunden so lange kostenlos, so lange an den Begünstigten keine Zahlung erfolgt.	☐	☒
s)	Schuldscheindarlehen und Industrieobligationen gehören zur langfristigen Fremdfinanzierung.	☒	☐

4 Mezzanine Finanzinstrumente

1. Was versteht man unter der „Mezzanine Finanzierung"?

Die ‚Mezzanine Finanzierung' bezeichnet alle Finanzierungsarten, die eine Mischform aus Eigen- und Fremdkapitalfinanzierung darstellen. Außerdem ist sie der Form nach eine Außenfinanzierung.

2. Erläutern Sie je zwei Vor- und zwei Nachteile von Mezzanine-Kapital gegenüber einem traditionellen Bankdarlehen.

Vorteile:

- Die Banken erkennen das Mezzanine-Kapital in der Regel als Eigenkapital an. Dies verbessert das von den Kreditinstituten ermittelte Haftungskapital.
- Durch die Nachrangigkeit des Kapitals und den weitest gehenden Verzicht auf Sicherheiten bietet Mezzanine-Kapital die Möglichkeit, weiteres Fremdkapital aufzunehmen.

Nachteile:

- In der Regel hohe Gesamtkosten, da der Zinssatz oft zwischen 10 % und 20 % liegt. Das höhere Risiko des Kapitalgebers wird durch eine höhere Verzinsung im Vergleich zur klassischen Kreditverzinsung ausgeglichen.
- Mezzanine-Finanzierungsinstrumente richten sich an einen kleinen Empfängerkreis, der vor allem Unternehmen mit stabilem Cashflow und hohen Wachstumserwartungen anspricht.
- Für kleine Unternehmen oder Unternehmen mit geringem Kapitalbedarf ist die Finanzierung mit Mezzanine-Kapital eher ungeeignet.

5 Beteiligungsfinanzierung

1. a) Erklären Sie die unterschiedlichen Arten der Kapitalerhöhung und zwar:

- **ordentliche Kapitalerhöhung**
- **bedingte Kapitalerhöhung**
- **genehmigte Kapitalerhöhung**
- **nominelle Kapitalerhöhung**

- **Ordentliche Kapitalerhöhung:** Hierbei handelt es sich um eine ordentliche Kapitalerhöhung, d. h. es werden neue (junge) Aktien gegen Einlagen ausgegeben, um die Eigenkapitalbasis der Gesellschaft zu vergrößern.
- **Bedingte Kapitalerhöhung:** Sie ist für den Fall vorgesehen, dass die Gesellschaft zu dem Zeitpunkt der Entscheidung über die Kapitalerhöhung noch nicht genau weiß, wie viele junge Aktien überhaupt benötigt werden. In derartigen Fällen kann die Hauptversammlung eine Kapitalerhöhung beschließen, die nur so weit durchgeführt wird, wie von Umtausch- oder Bezugsrechten Gebrauch gemacht wird. Das Aktiengesetz sieht folgende Fälle vor:
  - Gewährung von Umtausch- oder Bezugsrechten an Gläubiger von Wandelschuldverschreibungen oder Optionsanleihen,
  - Gewährung von Umtausch- oder Bezugsrechten zur Vorbereitung von Unternehmenszusammenschlüssen sowie
  - Gewährung von Bezugsrechten an eigene Mitarbeiter (Ausgabe von Belegschaftsaktien).
- **Genehmigte Kapitalerhöhung:** Hier genehmigt die Hauptversammlung dem Vorstand einer AG, das Grundkapital bis zu einem bestimmten Zeitpunkt zu erhöhen, ohne dass hierzu eine erneute Zustimmung der Hauptversammlung eingeholt

werden muss. Die Kapitalerhöhung kann innerhalb eines Zeitraums von fünf Jahren durchgeführt werden und das genehmigte Kapital darf 50 % des bisherigen gezeichneten Kapitals nicht übersteigen. Auch eine Kapitalerhöhung in mehreren Schritten ist möglich, solange die Summe der Teilerhöhungen nicht den genehmigten Gesamtbetrag übersteigt.

- **Nominelle Kapitalerhöhung:** Das Grundkapital einer Aktiengesellschaft kann auch erhöht werden, indem Teile der Rücklagen in gezeichnetes Kapital gewandelt werden. Diesen Vorgang bezeichnet man auch als Kapitalerhöhung aus Gesellschaftsmitteln. Die Bilanzsumme bleibt gleich, es findet lediglich ein Passivtausch statt, d. h. die Relation zwischen Grundkapital und offenen Rücklagen ändert sich. Die dabei ausgegebenen jungen Aktien werden als Berichtigungsaktien oder als Gratisaktien bezeichnet und den Altaktionären entsprechend ihrer Beteiligungsquote an der Gesellschaft ausgegeben, ohne dass ein Bezugspreis zu zahlen ist.

b) Von welchen Faktoren ist der rechnerische Wert des Bezugsrechts abhängig?

- Bezugsverhältnis alter zu junger Aktien,
- Bezugskurs der jungen Aktien,
- Börsenkurs der alten Aktien und
- eventuell der Dividendenberechtigung der jungen Aktien.

c) Ein kleines Warenversandhaus plant eine Kapitalerhöhung um 2.000.000 € auf 12.000.000 €. Der bisherige Kurs der Aktien beträgt 40 €/Aktie und die jungen Aktien werden für 25 €/ Aktie herausgegeben. Berechnen Sie das Bezugsrecht und den neuen Mittelkurs.

Bezugsverhältnis

$$= \frac{\text{bisheriges Grundkapital}}{\text{Grundkapitalerhöhung}}$$

$$= \frac{10.000.000\,€}{2.000.000\,€} = \frac{5}{1}$$

Bezugsrecht

$$= \frac{\text{Kurs alte Aktien} - (\text{Kurs neue Aktien} + \text{Dividendennachteil})}{\text{Bezugsverhältnis} + 1}$$

$$= \frac{40\,€}{\text{Aktie}} - \frac{\left(\frac{25\,€}{\text{Aktie}} + 0\right)}{5 + 1} = \frac{15}{6} = 2{,}5\,€/\text{Aktie}$$

Neuer Mittelkurs

$$= \frac{\text{Kurswert alte Aktien} + \text{Kurswert neue Aktien}}{\text{Anzahl Altaktien} + \text{Anzahl Jungaktien}}$$

$$= \frac{(40\,€ \times 5) + (25\,€ \times 1)}{5 + 1} = \frac{37{,}50\,€}{\text{Aktie}}$$

d) Nennen Sie den wesentlichen Unterschied zwischen Überschuss- und Umschichtungsfinanzierung. Nennen und erläutern Sie zusätzlich zwei Bestandteile der Überschussfinanzierung.

Während die Umschichtungsfinanzierung aus sonstigen Kapitalfreisetzungen (z. B. Verkauf von Gütern) erfolgt, sind bei der Überschussfinanzierung verschiedene Formen möglich. Beispielsweise kann die Finanzierung durch Abschreibungen oder Rückstellungen erfolgen, sowie durch stille Reserven oder Gewinneinbehaltung aus versteuerten Gewinnen. Die Umschichtungsfinanzierung erfolgt also durch den Verkauf durch Gütern, und den Ankauf mit den dadurch entstanden Mitteln, wobei die Überschussfinanzierung, wie der Name schon sagt, aus entstanden Überschüssen des Jahres erfolgt.

2. Ist die folgende Aussage richtig oder falsch? Markieren Sie durch Ankreuzen, ob folgende Aussage richtig oder falsch sind.

Aussage	**richtig**	**falsch**
Der Umfang des Mittelzuflusses bei einer Neuemission von Aktien wird ausschließlich durch die Höhe des Ausgabekurses der emittierten Aktie bestimmt.	☐	☒

6 Innenfinanzierung

1. Sind die folgenden Aussagen richtig oder falsch? Markieren Sie durch Ankreuzen, ob folgende Aussagen richtig oder falsch sind.

	Aussagen	richtig	falsch
	Zur Innenfinanzierung zählt man:		
a)	die Bildung von Rückstellungen;	☒	☐
b)	eine weitere Kapitaleinlage eines Personengesellschafters aus seinem Privatvermögen;	☐	☒
c)	die Finanzierung zusätzlicher Periodenkapazitäten aus Abschreibungsgegenwerten.	☒	☐

2. Zeigen Sie die Unterschiede zwischen stiller und offener Selbstfinanzierung auf.

Die **stille Selbstfinanzierung** ist nicht aus dem Jahresabschluss ersichtlich. Durch die Bildung stiller Reserven entstehen Kapitalreserven. Sie basieren auf einer positiven Wertdifferenz zwischen dem Wiederbeschaffungspreis und dem Buchwert. Auslöser sind Bilanzierungswahlrechte, Bewertungswahlrechte und Ermessensspielräume (Unterbewertung der Aktiva, Überbewertung der Passiva), die liquide Mittel im Unternehmen binden und dies nicht als Gewinn ausweisen.

Bei der **offenen Selbstfinanzierung** ist die Gewinnerzielung Voraussetzung, wobei der Gewinn einbehalten und in der Bilanz ausgewiesen, versteuert und nicht an die Gesellschafter des Unternehmens ausgeschüttet wird. Diesen Gegenwert findet man entweder als Guthaben, soweit noch keine Investitionen erfolgt sind, wieder oder als Investitionen innerhalb des Umlauf- und Anlagevermögens.

3. Die M-Metall AG möchte zur Finanzierung des Kaufs einer neuen Lackieranlage in Höhe von 36 Mio. € eine ordentliche Kapitalerhöhung durchführen. Der Kurs der M-Metall Aktie wird vor der Kapitalerhöhung mit 220 €/Aktie notiert, der Bezugskurs der jungen Aktie beträgt 180 €/Aktie. Das Grundkapital der M-Metal AG vor der Kapitalerhöhung betrug 3 Mio. €. Dabei ist jede Aktie mit einem Nennwert von 5 € je Aktie ausgestattet. Die Jahresdividende soll 6 € pro Aktie betragen, wobei die jungen Aktien nur zur Hälfte dividendenberechtigt sind.

Ermitteln Sie den rechnerischen Kurs der M-Metall Aktie nach Durchführung der Kapitalerhöhung.

Kurs nach Kapitalerhöhung: Kurs vorher – Wert des Bezugsrechts

Wert des Bezugsrechts

$$= \frac{\text{Kurs alte Aktien} - (\text{Kurs neue Aktien} + \text{Dividendennachteil})}{\text{Bezugsverhältnis} + 1}$$

$$= \frac{220 \frac{€}{\text{Aktie}} - 180 \frac{€}{\text{Aktie}} - 3 \frac{€}{\text{Aktie}}}{\text{Bezugsverhältnis} + 1}$$, (das Bezugsverhältnis muss noch berechnet werden)

$$\text{Bezugsverhältnis (BV)} = \frac{\text{Anzahl der alten Aktien}}{\text{Anzahl der jungen Aktien}}$$

$$\text{Anzahl der alten Aktien} = \frac{\text{bisheriges Grundkapital (alt)}}{\text{Nennwert}}$$

$$= \frac{3\,\text{Mio.}\,€}{5\,€/\text{Aktie}} = 600.000 \text{ Aktien}$$

$$\text{Anzahl der neuen Aktien} = \frac{\text{Mittelzufluss}}{\text{Bezugskurs}}$$

$$= \frac{36\,\text{Mio.}\,€}{180\,€/\text{Aktie}} = 200.000 \text{ Aktien}$$

$$\text{Bezugsverhältnis (BV)} = \frac{\text{Anzahl der alten Aktien}}{\text{Anzahl der jungen Aktien}}$$

$$= \frac{600.000 \text{ Aktien}}{200.000 \text{ Aktien}} = \frac{3}{1}$$

Bezugsverhältnis = 3 : 1

Wert des Bezugsrechts

$$= \frac{220 \frac{€}{\text{Aktie}} - 180 \frac{€}{\text{Aktie}} - 3 \frac{€}{\text{Aktie}}}{3 + 1} = 9{,}25\ €/\text{Aktie}$$

Kurs nach Kapitalerhöhung = 220 €/Aktie – 9,25 €/Aktie
= **210,75 €/Aktie**

oder

$$K_{mittel} = \frac{K_{alt} \times a + (K_{neu} + DN) \times n}{a + n}$$

$$= \frac{220\ €/\text{St.} \times 600.000\,\text{St.} + (180\ €/\text{St.} + 3\ €/\text{St.}) \times 200.000\,\text{St.}}{600.000\,\text{St.} + 200.000\,\text{St.}}$$

$$= 210{,}75\ €/\text{St.}$$

7 Finanzkennzahlen

1. a) Nennen Sie die direkte Formel zur Berechnung des Cashflows.

Cashflow = zahlungswirksame Erträge – zahlungswirksame Aufwendungen

Cashflow = Einzahlungen – Auszahlungen

b) Nennen Sie jeweils zwei Verwendungszwecke des Brutto-Cashflows sowie des freien Cashflows.

Verwendungszwecke Brutto-Cashflow:

I. Investitionen
II. Erhöhung des Nettoumlaufvermögens
III. Schuldentilgungen
IV. Zinszahlungen
V. Gewinnausschüttungen

Verwendungszwecke freier Cashflow:

I. Schuldentilgungen
II. Zinszahlungen
II. Gewinnausschüttungen

c) Was beschreibt der EBIT?

Das EBIT, oder „Earnings before Interest and Taxes“ ist mit dem deutschen „operativen Ergebnis vor Zinsen und Steuern“ gleich zusetzten und bietet eine gute Vergleichsbasis für Unternehmen.

d) Wie drückt sich der Unterschied der Berechnung von der Liquidität 1. und 2. Grades aus?

Die Liquidität 1. Grades setzt das kurzfristige Fremdkapital lediglich ins Verhältnis zu den liquiden Mitteln, wobei die Liquidität 2. Grades einen Schritt weiter geht und das kurzfristige

Fremdkapital dem gesamten monetären Umlaufvermögen, also den liquiden Mitteln und den kurzfristigen Forderungen, gegenüberstellt.

e) Wie drückt sich der Unterschied der Berechnung von Deckungsgrad B und C aus?

Der Deckungsgrad B setzt das Eigenkapital und das langfristige Fremdkapital in Verhältnis zum vorhandenen Anlagevermögen. Der Deckungsgrad C geht einen Schritt weiter und setzt nicht nur das Anlagevermögen, sondern auch das langfristige Umlaufvermögen dem gegenüber.

f) Beschreiben Sie kurz den Leverage-Effekt und nennen Sie die Formel.

Der Leverage-Effekt, oder auch Hebel-Effekt, drückt aus, dass sich die Eigenkapitalrentabilität durch die Aufnahme von zusätzlichem Fremdkapital erhöhen lässt. Allerdings gilt dieser Effekt nur, solange der Fremdkapitalzinssatz niedriger ist als die Gesamtkapitalrentabilität.

$EKR = GKR + (GKR - FKZ) \times FK/EK$

2. Sind die folgenden Aussagen richtig oder falsch? Markieren Sie durch Ankreuzen, ob folgende Aussagen richtig oder falsch sind.

	Aussagen	richtig	falsch
a)	Als Leverage-Effekt bezeichnet man die Steigerung der Eigenkapitalrentabilität durch die zusätzliche Aufnahme von Fremdkapital, wobei der Fremdkapitalzinssatz niedriger sein muss als die Gesamtkapitalrentabilität.	☒	☐

b)	Als Leverage-Effekt bezeichnet man die Zunahme der Gesamtkapitalrentabilität bei zusätzlicher Aufnahme von Fremdkapital.	☐	☒
c)	Bei Verringerung der Verschuldung steigt die Eigenkapitalrentabilität, wenn der Fremdkapitalzinssatz größer als die Gesamtkapitalrentabilität ist.	☒	☐

8 Derivate

1. a) Wie lassen sich die Derivate unterteilen?

Einfach ausgedrückt, lassen sich die Derivate in unbedingte und in bedingte Termingeschäfte unterteilen. Demgegenüber lässt sich die Kreditfinanzierung in kurzfristige und langfristige Kreditfinanzierung unterteilen.

Genau genommen können die bedingten und unbedingten Termingeschäfte beide weiter in außerbörsliche und börsliche Geschäfte unterteilt werden.

b) Nennen Sie mindestens drei verschiedene Basiswerte für Derivate.

I. Aktien
II. Zinstitel
II. Indizes
IV. Währungen
V. Rohstoffe
VI. Edelmetall
VII. Waren
VIII. etc.

c) Erläutern Sie eine der drei Zinsoptionen.

I. Zins-Cap:
Beim Zins-Cap wird eine Zinsobergrenze vereinbart. Der Käufer hat also das Recht, vom Verkäufer die Zinsdifferenz aus dem vereinbarten Kapitalbetrag zu verlangen, falls der Marktzinssatz die vereinbarte Zinsobergrenze überschreiten sollte.

II. Zins-Floor:
Beim Zins-Floor wird eine Zinsuntergrenze vereinbart. Der Verkäufer verpflichtet sich dem Käufer gegenüber die Zinsdifferenz

zu erstatten, falls der Marktzinssatz die vereinbarte Zinsuntergrenze unterschreiten sollte.

III. Zins-Collars:
Die Zins-Collars stellen eine Kombination aus Zins-Cap und Zins-Floor dar. Es wird eine Zinsobergrenze, eine Zinsuntergrenze sowie ein Referenzzinssatz vereinbart. Der Käufer hält das Recht, eine Ausgleichszahlung zu verlangen, wenn der Marktzins die Zinsobergrenze überschreitet, allerdings muss er eine Ausgleichszahlung leisten, wenn der Marktzins die Zinsuntergrenze unterschreitet.

d) Nennen Sie drei Rechte, die ein Käufer einer Option erwirbt, sowie zwei Pflichten, die der Verkäufer einer Option innehat.

I. Rechte:
   1. festgelegter Gegenstand
   2. festgelegte Menge
   3. bestimmter Zeitraum/Zeitpunkt
   4. festgelegter Preis
   5. Kauf-/Verkaufsmöglichkeit

II. Pflichten:
   1. Basiswert/Basispreis muss eingehalten werden.
   2. Lieferungs- oder Kaufpflicht.

e) Beschreiben Sie Erwartungshaltung, maximalen Gewinn und maximalen Verlust für zwei der Grundpositionen von Optionen.

I. Long-Call:
   1. Erwartungshaltung: steigender Preis des Basiswertes
   2. Max. Gewinn: unbegrenzt
   3. Max. Verlust: Optionsprämie

II. Short-Call:
   1. Erwartungshaltung: fallender Preis des Basiswertes
   2. Max. Gewinn: Optionsprämie
   3. Max. Verlust: unbegrenzt
III. Long-Put:
   1. Erwartungshaltung: sinkender Preis des Basispreises
   2. Max. Gewinn: Basispreis ./. Optionsprämie
   3. Max. Verlust: Optionsprämie
IV. Short-Put:
   1. Erwartungshaltung: steigender Preis des Basiswertes
   2. Max. Gewinn: Optionsprämie
   3. Max. Verlust: Basispreis ./. Optionsprämie

f) Wodurch zeichnet sich ein Swap aus?

Es wird, zwischen zwei Parteien, ein Austausch von Zahlungsströmen zu einem fest vereinbarten Zeitpunkt vereinbart. Das Ziel ist die Reduzierung bzw. Eliminierung von Zins- und/oder Währungsrisiken.

1 Grundbegriffe des Marketings

1. Das strategische Marketing wird auch Marketing-Mix genannt.

☐ richtig
■ falsch

2. Der Marketing-Mix besteht aus drei Feldern.

☐ richtig
■ falsch

3. Marketing in der weiten Definition ist alles, was jemand tut, damit jemand anderes etwas tut.

■ richtig
☐ falsch

4. Marketing meint heute nur die Unternehmensfunktion des Absatzes (Absatzwirtschaft).

☐ richtig
■ falsch

5. Marketing richtet sich immer nur an Kunden.

☐ richtig
■ falsch

6. Marketing-Ziele können nur quantitative Zielgrößen sein.

☐ richtig
■ falsch

2 Strategisches Marketing

1. Bei der BCG-Portfolio-Analyse werden das reale Marktwachstum und der absolute Marktanteil betrachtet.

☐ richtig
■ falsch

2. Bei der Differenzierungsstrategie versucht das Unternehmen, etwas Besonderes, vielleicht Einzigartiges anzubieten, das die Kunden wertschätzen.

■ richtig
☐ falsch

3. Bei der Marktentwicklungsstrategie hat das Unternehmen das Ziel, mit den derzeitig angebotenen Produkten auf neuen Märkten Erfolg zu haben.

■ richtig
☐ falsch

4. Fixkostendegression meint den Effekt, dass bei höherer Produktionsmenge die Fixkosten sinken.

☐ richtig
■ falsch

5. In der BCG-Portfolio-Analyse sind Question Marks Produkte, die auf attraktiven Märkten eine starke Wettbewerbsposition haben.

☐ richtig
■ falsch

6. **Marktdurchdringung heißt, den Absatz bestehender Produkte auf bestehenden Märkten zu verstärken.**

■ richtig
☐ falsch

7. **Skaleneffekte sind ein Grund, warum viele Unternehmen ihren Marktanteil erhöhen möchten.**

■ richtig
☐ falsch

3 Produkt- und Programmpolitik

1. **Bei der Produktdifferenzierung besteht die Gefahr der Image-Verwässerung.**

■ richtig
□ falsch

2. **Die eigenen Mitarbeiter sind keine geeignete Quelle bei Produktinnovationen.**

□ richtig
■ falsch

3. **Ein Nutzentreiber ist eine Produkteigenschaft, die wichtig ist, weil sie beim Kunden dessen Nutzen bei der Produktnutzung stark beeinflusst.**

■ richtig
□ falsch

4. **Ein Unternehmen, das Kundenspezialist ist, hat meist eine größere Programmbreite und eine geringere Programmtiefe.**

■ richtig
□ falsch

5. **Ergänzende Dienstleistungen können vom Unternehmen nur vor dem Kauf angeboten werden.**

□ richtig
■ falsch

6. **Mass-Customization ist eine extreme Form der Produktvariation.**

☐ richtig
■ falsch

7. **Produktvariation ist die Veränderung des Produkts im Zeitablauf bei Ersatz des bisherigen Produkts.**

■ richtig
☐ falsch

8. **Wenn ein Kunde die Verpackung besonders bequem benutzen kann, spricht man von der Consequencefunktion der Verpackung.**

☐ richtig
■ falsch

4 Markenpolitik

1. **Bei einer Mehrmarkenstrategie vermarktet ein Unternehmen seine bestehende Marke mit mehreren Produkten.**

☐ richtig
■ falsch

2. **Die beiden einzigen Funktionen einer Marke sind Informationseffizienz und ideeller Nutzen.**

☐ richtig
■ falsch

3. **Die Markenpolitik beeinflusst alle vier übrigen Bereiche des Marketing-Mixes.**

■ richtig
☐ falsch

4. **Die Verpackung von Markenprodukten kann nichts zur Markenbildung beitragen.**

☐ richtig
■ falsch

5. **Beim Co-Branding wird im Rahmen einer Kooperation ein Produkt mit zwei Marken gleichzeitig markiert.**

■ richtig
☐ falsch

5 Preis- und Konditionenpolitik

1. Bei Gütern, die nicht aufbewahrt werden können, ist der Konsumdruck höher, je kürzer der Zeitpunkt der Zahlung zurückliegt.

■ richtig
□ falsch

2. Der Preis hat als Erfolgsfaktor in den letzten Jahren an Bedeutung verloren.

□ richtig
■ falsch

3. Die Höhe der Preiselastizität ist auch davon abhängig, wie transport- und lagerfähig das betrachtete Produkt ist.

■ richtig
□ falsch

4. Die Preis- und Konditionenpolitik wird auch als Leistungspolitik bezeichnet.

□ richtig
■ falsch

5. Die Preiselastizität zeigt an, wie stark die Nachfrage auf Preisveränderungen reagiert.

■ richtig
□ falsch

6. Einzige Einflussgrößen auf die Preisfestlegung sind die Kosten und das Wertempfinden der Kunden.

☐ richtig
■ falsch

7. Es kann sinnvoll sein, dass ein Unternehmen einen Preis anbietet, der unter der kurzfristigen Preisuntergrenze liegt.

■ richtig
☐ falsch

8. Mittels der Penetrationsstrategie ist es möglich, die Preisbereitschaft des Kunden graduell abzuschöpfen.

☐ richtig
■ falsch

9. Nur wenn das Produkt neu eingeführt wird, muss ein Preis festgelegt werden.

☐ richtig
■ falsch

6 Distributionspolitik

1. Absatzhelfer erwerben Eigentum an der Ware, Absatzmittler nicht.

☐ richtig
■ falsch

2. Bei vielen kleinen Abnehmern empfiehlt sich der direkte Absatz.

☐ richtig
■ falsch

3. Beim exklusiven Absatz setzt ein Hersteller alle Händler ein, die festgelegte Kriterien erfüllen.

☐ richtig
■ falsch

4. Beim Vertrieb erklärungsbedürftiger Produkte empfiehlt sich der indirekte Absatz.

☐ richtig
■ falsch

5. Die physische Distribution kann den Absatz nicht beeinflussen.

☐ richtig
■ falsch

6. **Franchising kann wegen der hohen wirtschaftlichen Abhängigkeit auch als quasi-internes Distributionsorgan gesehen werden.**

■ richtig
□ falsch

7. **Im Rahmen der passiven Informationsaufgabe gibt ein Distributionsorgan Informationen an den Kunden.**

□ richtig
■ falsch

7 Kommunikationspolitik

1. **Bei der Push-Strategie adressiert ein Hersteller sein Marketing an Endkunden, die dann beim Händler das Produkt kaufen möchten.**

☐ richtig
■ falsch

2. **Beim Product Placement wird ein direkter Kontakt zwischen dem verkaufenden Unternehmen und dem potenziellen Kunden hergestellt.**

☐ richtig
■ falsch

3. **Bekanntheit und Image sollten sich immer auf die relevante Zielgruppe beziehen.**

■ richtig
☐ falsch

4. **Das Instrument der Öffentlichkeitsarbeit dient der kurzfristigen Absatzsteigerung.**

☐ richtig
■ falsch

5. **Das Instrument der Verkaufsförderung dient der kurzfristigen Absatzsteigerung.**

■ richtig
☐ falsch

6. Die Glaubwürdigkeit der Werbung aus Sicht der Kunden hat in den letzten Jahrzehnten abgenommen.

■ richtig
□ falsch

7. Die Kommunikationspolitik richtet sich nur an die Kunden des Unternehmens.

□ richtig
■ falsch

8. Kommunikationspolitische Maßnahmen können die Aufgabe haben, den Kunden nach dem Kauf in seiner Kaufentscheidung zu bestätigen.

■ richtig
□ falsch

9. Nur positive emotionale Reize können in der Werbung Aufmerksamkeit erregen.

□ richtig
■ falsch

1 Einordnung und Ziele der Personalwirtschaft

1. Welche Ziele strebt die Personalwirtschaft an?

- [x] Kostenreduzierung
- [x] mehr Effizienz und Effektivität
- [x] höhere Innovationsfähigkeit
- [x] Abbau der Personalfluktuation

2. Was beinhaltet das Personalmarketing?

- [ ] besserer Verkauf von Gütern
- [x] optimale Positionierung auf dem Arbeitsmarkt
- [x] Verbesserung der Attraktivität als Arbeitgeber

3. Was gehört zum externen Personalmarketing?

- [x] Jobmessen
- [ ] Unternehmensbeteiligungsmodelle
- [x] Bewerbertag
- [ ] Praktika für Studierende
- [ ] Diversity Management
- [x] Hochschulrecruiting

2 Personalplanung

1. Welche Zeithorizonte werden bei der Personalplanung unterschieden?

■ mittelfristig
■ kurzfristig
■ langfristig

2. Was sind Beispiele für eine unternehmensbezogene Personalplanung?

■ Personalbedarfsplanung
□ Karriereplanung
□ Laufbahnplanung
■ Personalentwicklungsplanung
■ Personaleinsatzplanung

3. Was bedeutet Zieloperationalisierung?

□ verschiedene Operationen des Ziels
□ konkrete Zieldefinition
■ Auffächerung des Ziels nach messbaren Kriterien

3 Personalbeschaffung

1. Welche internen Beschaffungswege gibt es?

- ■ interne Stellenausschreibung
- ■ Versetzung
- □ Direct Search

2. Welche Methoden kommen in einem Assessmentcenter zum Einsatz?

- ■ Gruppendiskussion
- ■ psychologische Tests
- ■ Postkorbübung
- □ grafologische Verfahren

4 Personaleinsatz

1. In welche Kategorien wird die Personaleinsatzplanung eingeteilt?

■ zeitraumbezogen
■ zeitpunktbezogen
□ unternehmensbezogen

2. Welche Methoden gibt es bei der Personaleinführung?

■ Patensystem
□ Coaching
■ Mentoring
□ Supervision

3. Hat der Betriebsrat beim Personaleinsatz ein Mitwirkungsrecht?

■ ja
□ nein

4. Was sind Beispiele für Formen der Arbeitszeitflexibilisierung?

■ Teilzeitarbeit
■ Sabbatical
■ Job Sharing
■ Gleitzeit

5 Personalentwicklung

1. Welche Formen des Trainings werden unterschieden?

- ■ Training on the job
- ■ Training off the job
- □ Training around the job
- ■ Training near the job

2. Was ist Coaching?

- □ eine Seminarmethode
- □ eine Form des Controlling
- □ ein Ansatz in der Psychotherapie
- ■ eine konstruktive Führungskräfteentwicklung

3. Welche Kompetenzen können unterschieden werden?

- ■ Führungskompetenz
- ■ Fachkompetenz
- ■ Sozialkompetenz
- ■ Methodenkompetenz
- □ Amtskompetenz

6 Personalführung

1. Welche Management-by-Ansätze gibt es?

■ Management by Systems
□ Management by Turtle
■ Management by Exception
■ Management by Objectives

2. Was ist ein Managerial Grid?

■ ein Raster zur Darstellung von Führungsstildimensionen
□ ein Ansatz für mehrdimensionale Führungsstile
□ ein Führungskennzahlensystem
□ eine Form des Führungscontrolling

3. Was sind Charakteristika des Managments by Exception?

■ Intervention nur in Ausnahmefällen
■ Prinzip der Subsidiarität
□ Delegation von Aufgaben

4. Womit können Zielvereinbarungssysteme gekoppelt werden?

□ Arbeitszeitkonten
■ Prämiensysteme
■ Vergütungssysteme

7 Personalvergütung

1. Was sind Beispiele für geldwerte Vorteile?

- ■ Zurverfügungstellung eines Dienstwagens
- ■ Belegschaftsrabatt
- □ Provision

2. Was sind Personalbasiskosten?

- □ Gratifikationen
- □ Leistungsprämien
- ■ Lohn
- ■ Gehalt

3. Welche zwei Hauptkategorien gibt es bei der Arbeitsbewertung?

- ■ summarisch
- □ kumulativ
- ■ analytisch
- □ synthetisch

8 Personalverwaltung

1. Was sind Beispiele für die Aufgaben in der Personalverwaltung?

- ■ Erfassung der Daten für die gesetzliche Krankenversicherung
- ■ Verwaltung der Personalakten
- ☐ Erstellung von Controlling-Kennzahlen

2. Was ist ein Personalinformationssystem?

- ■ ein System zur Verwaltung von Personaldaten
- ☐ eine Datenbank im Internet
- ☐ häufig ein Modul in einem Gesamtpaket

9 Personalfreisetzung

1. Welche Kündigungsgründe gibt es?

■ betriebsbedingte Kündigung
■ verhaltensbedingte Kündigung
■ personenbedingte Kündigung
□ altersbedingte Kündigung

2. Wann ist eine außerordentliche Kündigung möglich?

■ aus schwerem Grund
■ Sabotage
□ häufiges Zuspätkommen
□ häufige Erkrankung
■ Werksspionage

3. Unter welchen Bedingungen ist eine Abmahnung möglich?

■ genauer Zeitpunkt und Datum
■ genaue Beschreibung des Verhaltens
■ abmahnbares Verhalten
■ Zeugen
□ Abmahnung innerhalb von 2 Monaten
■ Abmahnung innerhalb von 2 Wochen
■ eine Gegendarstellung ist möglich
□ eine Gegendarstellung ist nicht möglich
□ gegen die Abmahnung kann geklagt werden

10 Personalcontrolling

1. Was bedeutet Controlling?

☐ die Kontrolle der Beschäftigten
■ die Optimierung anhand von Kennzahlen
■ die Analyse von Kennzahlen

2. Was bedeutet Effektivität?

☐ die Dinge richtig tun
■ die richtigen Dinge tun

3. Ein Human-Resources-Portfolio ist ein …?

☐ Arbeitsplatzmodell
☐ ein Vergütungssystem
■ ein Vier-Quadranten-Modell

1. Ein Projekt ist ein Vorhaben, das

■ zeitlich befristet ist
☐ ständig wiederholt wird
☐ als Routineaufgabe verstanden werden kann

2. Ein typisches Modell der Organisation von Projekten stellt

☐ die Funktionale Organisation
■ die Matrixorganisation
■ die Stabsprojektorganisation dar

3. Nachteile der Matrixprojektorganisation sind

■ Konflikte wegen Doppelunterstellung
■ Herumreichen des „Schwarzen Peters"
☐ flexibler Personaleinsatz

4. Die Projektkultur ist die Gesamtheit der in einem Projekt gültigen Werte und Normen, die über bestimmte

■ Verhaltensmuster
■ Denkmuster
☐ Leistungsprozesse

das Entscheiden und Handeln des Projektteams prägen.

5. Positive Wirkungen der Projektkultur:

■ gemeinsames Orientierungsmuster
■ Wir-Gefühl
☐ Gruppendruck

6. Die Machbarkeitsstudie steht

■ am Anfang eines Projektes
☐ bei einzelnen Meilensteinen eines Projektes
☐ am Abschluss eines Projektes

7. Das Lastenheft enthält die vom Auftraggeber eines Projektes

- ■ formulierten Forderungen bezüglich der Leistungen des Auftragnehmers
- ☐ genannten finanziellen Belastungen zur Durchführung des Projektes
- ☐ fixierten Vorschläge des Kunden bezüglich der Merkmale des Projektes

8. Die Projektablaufplanung befasst sich mit der Planung

- ■ der Termine
- ■ der Kosten
- ■ der Anforderungen an die Ressourcen

9. Das Nachforderungsmanagement (claim management) umfasst

- ■ die Überwachung der Verträge in Bezug auf die erbrachten Leistungen
- ☐ die Beschreibung der einzelnen Meilensteine
- ■ die Bemessung der Entschädigung für Vertragsverletzungen

10. Die Arbeitsaufwandsplanung lässt sich mit Hilfe folgender Planungstechniken unterstützen:

- ☐ Balkenpläne
- ☐ Netzpläne
- ■ Multiplikatormethode

11. Die Prozesskostenrechnung eignet sich insbesondere

■ zur verursachungsgerechten Zurechnung der indirekten Leistungsbereiche

□ zur Ermittlung der Preisuntergrenze für ein Projekt

12. Die Earned Value Technik

□ eignet sich insbesondere für die Terminkontrolle

■ ermöglicht ein Bild vom aktuellen Stand eines Projektes

13. Projektstrukturpläne lassen sich bilden durch

■ eine funktionsorientierte Gliederung

■ eine objektorientierte Gliederung

□ eine kostenorientierte Gliederung

14. Quality Gates stellen

■ Meilensteine der Erreichung bestimmter Qualitätsanforderungen im Rahmen des Projektverlaufs dar

□ Voraussetzungen für die Fortsetzung der Realisation eines Projektplanes dar

15. Das Management durch Projekte befasst sich

□ mit der Planung und Realisation eines einzelnen Projektes

■ mit der Auswahl der „richtigen" Projekte

16. Ein Balkenplan ist die graphische Darstellung

■ von Terminen und Dauern für die einzelnen Arbeitspakete

□ der Kostenentwicklung im Rahmen eines Projektverlaufes

17. Die Kosten von Projekten fallen i. d. R. deshalb höher aus als geplant, weil

■ zur Durchsetzung eines Projektvorhabens bei den Entscheidungsträgern von idealen Bedingungen ausgegangen wird
■ im Laufe des Projektvollzugs ständig neue Ideen vorgebracht werden
□ keine geeigneten Methoden der Projektkontrolle zur Verfügung stehen

18. Ein Projektcontroller nimmt folgende Aufgaben wahr:

■ die Planung und Kontrolle von Kosten
□ die Zusammenstellung des Projektteams
■ die Beschaffung und Aufbereitung von Informationen für die Projektleitung

19. Die Portfolio-Analyse ist eine Methode zur

■ Optimierung der Multiprojektplanung
□ Überwachung des Projektfortschrittes

20. Ein projektorientiertes Unternehmen

■ zeichnet sich dadurch aus, dass das Projektmanagement in die Entwicklung des gesamten Unternehmens integriert ist.
□ nimmt nur dann Projekte in Angriff, wenn eine Ausnahmesituation zu bewältigen ist

1 Grundlagen und Begriffe

1. **Bitte ergänzen Sie: Die informationslogistischen Prinzipien bestehen in der Bereitstellung von Daten und Informationen ...**
   - ■ am richtigen Ort
   - □ für den Anwender
   - ■ zur richtigen Zeit
   - ■ in der richtigen Menge
   - ■ in der erforderlichen Qualität

2. **Was ist eine Besonderheit der Wirtschaftsinformatik?**
   - □ die Übernahme betriebswirtschaftlicher Ansätze
   - □ die Anwendung von Verfahren aus der IT
   - ■ der interdisziplinäre Ansatz, der Methodiken aus BWL und IT vereint
   - □ der mathematisch-formale Ansatz
   - □ die maschinelle Informationsverarbeitung

3. **Welche Faktoren sind für die zunehmende Bedeutung der Wirtschaftsinformatik verantwortlich?**
   - □ IT wird immer billiger.
   - ■ Der Faktor Information wird immer geschäftskritischer.
   - □ IT wird immer schneller.
   - ■ die Abhängigkeit der Firmen von IT bzw. Informationssystemen nimmt zu.

4. **Wo befinden sind typische Betätigungsfelder der Wirtschaftsinformatik?**
   - ■ Modellierung von IT-Systemen
   - □ Vermarktung von Produkten
   - □ Fertigung von Produkten
   - ■ Erfassung der betrieblichen Anforderungen
   - ■ Beratung oder Schulung von Anwendern

5. **Welche Tätigkeiten gehören typischerweise zur Wirtschaftsinformatik?**
   - ☐ der Einkauf betrieblicher Informationssysteme
   - ■ der Betrieb betrieblicher Informationssysteme
   - ■ die Implementierung betrieblicher Informationssysteme
   - ■ der Entwurf betrieblicher Informationssysteme
   - ☐ der Verkauf betrieblicher Informationssysteme

6. **In welchen Arbeitsgebieten sind Absolventen der Wirtschaftsinformatik normalerweise zu finden?**
   - ■ Geschäftsprozessmodellierung
   - ■ IT-Projektmanagement
   - ■ Enterprise Resource Planning (ERP)
   - ■ Customer Relationship Management (CRM)
   - ■ Supply Chain Management (SCM)

7. **Was ist das Ziel der Wirtschaftsinformatik?**
   - ☐ IT als Selbstzweck
   - ■ Unterstützung für den Unternehmenserfolg
   - ☐ Steigerung der Mitarbeiteranzahl
   - ■ Umsetzung der Unternehmensziele mittels IT und Informationssystemen

2 Informationssysteme und Unternehmensorganisation/-strategie

1. **Welche Einflussfaktoren sind für die erfolgreiche Implementierung einer Unternehmens-IT ausschlaggebend?**
   - ■ wie das Unternehmen organisiert ist
   - ■ wie viel Budget für IT-Investitionen zur Verfügung steht
   - □ welche der neuesten Technologien verwendet werden
   - ■ welche Unternehmensziele verfolgt werden (z.B. Gewinnsteigerung, Marktanteile erhöhen etc.)
   - □ welche Projektmanagementmethode verwendet wird

2. **Was versteht man unter dem Primat der Unternehmensstrategie?**
   - □ Die IT-Strategie bestimmt die Unternehmensstrategie.
   - □ Die IT-Strategie ist unabhängig von anderen Vorgaben.
   - ■ Die Unternehmensstrategie gilt als Leitbild für die IT-Strategie.
   - □ dass die Unternehmensstrategie noch zu primitiv ist

3. **Nennen Sie typische Unternehmensziele, welche durch die IT-Strategie unterstützt werden.**
   - ■ Umsatzsteigerung
   - □ Erhöhung der IT-Personalkosten
   - ■ Gewinnung weiterer Marktanteile
   - ■ Kostensenkung
   - □ Einführung von Call-Centern

4. **Was erklärt bzw. beschreibt das Enterprise Wide Information Management Model (EWIM)?**
   - □ Es beschreibt exakt den Einsatz von neuen Informationssystemen.

- ■ Es beschreibt den Zusammenhang zwischen der Strategischen Planung, der Geschäftsplanung, der Informationssystemarchitektur und der Informationstechnologie.
- ■ Man kann damit die Beeinflussung der Strategischen Planung durch die IT erklären (Enablement).
- ■ Man kann damit die Ausrichtung von Informationssystemarchitekturen und Informationstechnologien an die Unternehmensziele erklären (Alignment).
- ☐ Es beschreibt genau, wie neue Informationssysteme implementiert werden müssen.

5. Was ist unter IT Outsourcing zu verstehen?

- ■ die (Teil-)Auslagerung von IT-Systemen und -Prozessen an Drittanbieter
- ☐ der Verkauf der IT-Abteilung an die Konkurrenz
- ☐ der Verkauf von Informationssystemen an den Endkunden
- ☐ die Verschiebung von IT-Systemen in ein zweites Rechenzentrum, um den Datenzugriff zu sichern

6. Warum werden Informationssysteme immer bedeutender für Unternehmen?

- ■ Weil die technische Leistungsfähigkeit der Systeme immer weiter zunimmt und sich damit neue Möglichkeiten für ein Unternehmen eröffnen können.
- ■ Weil immer mehr Geschäftsprozesse durch Informationssysteme formalisiert und damit automatisiert werden.
- ☐ Weil Informationssysteme immer einfacher werden und weniger vernetzt sind.
- ☐ Weil Informationssysteme immer günstiger werden.

7. Was sind die Konsequenzen eines verstärkten IT-Einsatzes auf die Unternehmensorganisation?

- ■ flache Hierarchien
- ■ erhöhte Agilität
- □ weniger IT-Personal
- ■ neue Geschäftsmodelle (z.B. weltweiter Vertrieb über das Internet)
- □ weniger Flexibilität

8. Durch wen werden die Belange der IT in der Regel im Vorstand oder in der Geschäftsführung vertreten?

- □ COO
- □ CFO
- □ CEO
- ■ CIO
- □ CSI

9. Was ist die primäre Herausforderung beim Entwurf von Informationssystemen?

- □ die Auswahl von Programmiersprachen
- ■ die Abstimmung des Informationsflusses auf die Bedürfnisse der Anwender
- □ die Implementierung der Systeme in ein Netzwerk
- □ die Dokumentation der nötigen Änderungen an der Informationssystemarchitektur
- □ die Verschlüsselung der benötigten Informationen

3 Betriebliche Informationssysteme

1. Welche technischen Komponenten kann ein Anwendungssystem haben?

- ■ Datenbank
- ■ Speicher
- ■ Prozessoren
- ■ Netzwerk

2. Was sind die drei Kernelemente eines betrieblichen Informationssystems?

- □ Zahlenreihen
- ■ Organisation
- □ Internet
- ■ Management
- ■ Anwendungssystem

3. Was ist unter dem Customizing eines Anwendungssystems zu verstehen?

- □ die Einführung eines Anwendungssystems
- □ die Implementierung eines Anwendungssystems
- ■ die Anpassung eines Anwendungssystems
- □ der Entwurf eines Anwendungssystems

4. Nennen Sie die drei Hierarchieebenen eines Unternehmens, nach denen sich Informationssysteme kategorisieren lassen.

- ■ operativ
- □ relational
- ■ taktisch
- □ synergetisch
- ■ strategisch

5. **Nach welchen weiteren Kriterien könnte eine Unterteilung der Informationssysteme erfolgen?**
   - ■ funktional
   - ■ formal
   - ☐ rational
   - ☐ sequenziell
   - ☐ bilateral

6. **Was sind häufig vorkommende Informationssysteme im Unternehmen?**
   - ☐ Enterprise Relation Chain (ERC)
   - ■ Enterprise Resource Planning (ERP)
   - ■ Customer Relationship Management (CRM)
   - ☐ Supply Customer Planning (SCP)
   - ■ Supply Chain Management (SCM)

7. **Welche(s) Informationssystem(e) kann/können als strategisch bezeichnet werden?**
   - ■ Executive Support Systems (ESS)
   - ☐ Decision Transaction Systems (DTS)
   - ☐ Transaction Processing Systems (TPS)
   - ☐ Decision Support Systems (DSS)
   - ☐ Management Information Systems (MIS)

8. **Was ist unter „durchgängiger Digitalisierung der Geschäftsprozesse entlang der Wertschöpfungskette" zu verstehen?**
   - ■ Dass einzelne Informationssysteme nahtlos ineinander greifen und keine Medienbrüche entstehen.
   - ☐ Dass alle Informationssysteme digitale Übertragungswege nutzen.
   - ☐ Dass einzelne Informationen digitalisiert werden.
   - ☐ Dass alle Informationen digitalisiert werden.
   - ☐ Dass nur Standardsoftware eingesetzt wird.

9. **Wie heißen bekannte Rahmenwerke/Frameworks für das Enterprise Architecture Management?**
   - ☐ AFAP (Architecture for Advanced Programming)
   - ■ TOGAF (The Open Group Architecture Framework)
   - ■ Zachman
   - ☐ Prince 2
   - ☐ PMBOK

4 E-Business & E-Commerce

1. Was ist der Unterschied zwischen E-Business und E-Commerce?

- ■ E-Commerce ist Teil des E-Business.
- ■ E-Commerce bezieht sich nur auf den elektronischen Handel von Waren und Dienstleistungen.
- ■ E-Business umfasst alle digitalen Geschäftsprozesse.
- ☐ Es gibt keinen Unterschied. E-Commerce und E-Business sind identisch.
- ☐ E-Business bezieht sich nur auf den Handel von digitalen Waren und Dienstleistungen, aber E-Commerce umfasst alle digitalen Geschäftsprozesse.

2. Was sind Intranet-Services?

- ☐ Es umfasst alles, was im WWW steht.
- ☐ Es handelt sich hierbei um ein besonders schnelle Art des Internet.
- ■ Es geht dabei um die Digitalisierung interner Geschäftsprozesse.
- ■ Es dient zur Verbesserung der internen Informationsbeschaffung und -verarbeitung.
- ☐ Es handelt sich um einen internen IT-Dienstleister, welchen man nicht outsourcen kann.

3. Was löste die „Digitale Revolution“ aus?

- ☐ das Intranet
- ☐ das Darknet
- ☐ das Deep-Web
- ☐ das ARPANET
- ■ das Internet

4. **Was wird durch ein Geschäftsmodell beschrieben?**
   - ■ Was ein Unternehmen an Waren und Dienstleistungen anbietet.
   - ■ Wie Waren und Dienstleistungen geschaffen werden.
   - ■ Wie Waren und Dienstleistungen vermarktet werden.
   - ■ Wie Erträge realisiert und reinvestiert werden.
   - ■ Wie die Nachhaltigkeit des Geschäftsmodells sichergestellt werden kann.

5. **Wie nennt man die Kategorie des E-Commerce, welche den Handel zwischen Unternehmen beschreibt?**
   - ■ B2B
   - □ B2C
   - □ R2D2
   - □ C2C
   - □ C2B

6. **Was beschreibt das „Pure-Play"-Geschäftsmodell?**
   - □ reiner Vertrieb über klassische Vertriebskanäle
   - ■ reiner Vertrieb über digitale Vertriebskanäle
   - □ Testumgebung eines Geschäftsmodells
   - □ Vertrieb über klassische und digitale Vertriebskanäle
   - □ Handel mit Spielekonsolen

7. **Was lief in der „Dot-Com-Ära" schief?**
   - ■ Es wurden nicht überlebensfähige Geschäftsmodelle einfach nur digitalisiert.
   - □ Es wurden nicht genug „Pure-Play"-Geschäftsmodelle geschaffen.
   - □ Es wurden zu viele „Click-and-Mortar"-Geschäftsmodelle geschaffen
   - □ Das Internet wurde durch falsche Geschäftsmodelle analogisiert.

8. Was ist im E-Business beim Thema Datenerhebung, Datenschutz und Datensicherheit zu beachten?

- ■ Möglichst viele und für unser Unternehmen relevante Daten sammeln, damit man besser auf den Kunden eingehen kann.
- ☐ Alle kundenbezogenen Daten an alle Zulieferer und Vertriebspartner weiterleiten, auch wenn diese nicht überprüft und gesichert sind. Nur so kann man Wettbewerbsvorteile sichern.
- ■ Kundendaten möglichst sicher verschlüsseln, sodass Dritte keinen unbefugten Zugriff bekommen können und die Kundendaten nicht missbraucht werden können.
- ☐ Möglichst die Kontaktdaten aller Kunden ins Internet stellen, sodass sich Kunden auch gegenseitig kontaktieren können.

9. Was ist speziell am Mobile-Commerce?

- ☐ Es handelt sich dabei um eine Web-Portal zum Autokauf.
- ☐ Waren und Dienstleistungen werden mittels eines mobilen Kiosks vertrieben.
- ■ Es werden dabei spezielle Vertriebs- und Servicewege für mobile Endgeräte entwickelt.
- ■ Es können über QR-Codes und GPS-Daten individualisierte Angebote gemacht werden.
- ■ Mobile-Commerce ist eine spezialisierte Form des E-Commerce.

10. Welches sind bekannte Internet-Geschäftsmodelle?

- ■ Information Broker
- ■ Content Provider
- ■ Web-Portale
- ■ Virtuelle Gemeinschaften
- ■ Social Media-Plattformen

5 Informationstechnik: Infrastruktur und Tendenzen

1. **Was ist eine IT-Infrastruktur?**
   - ☐ eine Gruppe von Anwendungen
   - ☐ eine Kategorie von Computern
   - ■ eine Kombination von Hardware und Software, die eine Plattform bildet
   - ☐ ein betriebliches Rechenzentrum

2. **Welche der folgenden Faktoren tragen zur Leistungssteigerung von IT-Systemen bei?**
   - ■ Verbesserung der Performance von Prozessoren
   - ☐ Preise
   - ■ Erhöhung der Kapazität von Haupt- und Massenspeicher
   - ☐ Ausweitung des Angebots an Programmiersprachen

3. **Welche der folgenden Technologien werden als Plattformen angesehen?**
   - ■ Web
   - ■ Java
   - ☐ Tablets
   - ☐ Handys

4. **Was sind die wesentlichen Vorteile einer Plattform?**
   - ■ Standardisierung
   - ☐ Einfachheit
   - ■ Kontinuität für die Entwicklung großer Anwendungen
   - ■ Ermöglicht die Reduzierung von Entwicklungskosten durch die Konzentration auf wenige Plattformen.

5. **Welche gegenläufigen Trends sind bei der Entwicklung von Softwareprodukten zu beobachten?**
   - ■ Mobile Apps, die einfach zu installieren und zu bedienen sind.
   - ☐ immer billigere Software
   - ■ komplexe und teure Produktsuiten
   - ☐ Große Softwarepakete, die einfach einzusetzen sind.

6. **Wann lohnt sich der Einsatz von Individualsoftware?**
   - ■ Wenn keine Standardsoftware verfügbar ist.
   - ■ Wenn der zu erwartende Nutzen die möglichen Risiken und Aufwendungen deutlich überwiegt.
   - ☐ Immer, weil Individualsoftware immer besser ist.
   - ☐ Überall, wo Individualsoftware billiger als Standardsoftware ist.

7. **Warum ist Open Source-Software eine interessante Alternative zu kommerzieller Software?**
   - ☐ wegen besserer Technologien
   - ■ wegen geringerer Lizenzkosten
   - ■ wegen günstiger Supportkosten
   - ■ wegen der Unabhängigkeit von einem Hersteller
   - ■ wegen der individuellen Anpassbarkeit

8. **Was ist Outsourcing?**
   - ☐ Verkauf von Rechnern an einen Dritten
   - ☐ Verkauf von Software an einen Dritten
   - ☐ Versteigerung von Dienstleistungen in Form einer Auktion
   - ■ Auslagerung von Dienstleistungen an einen externen Drittanbieter
   - ☐ Einkauf von IT-Dienstleistungen

9. Was ist Cloud Computing?

- ☐ die Bereitstellung von IT-Diensten
- ■ die Bereitstellung von IT-Diensten durch einen Drittanbieter über das Internet
- ☐ die Bereitstellung von Wetterdiensten
- ☐ der Kauf von Hard- oder Software über das Internet

10. Was ist eine Service-orientierte Architektur?

- ☐ eine normale Softwarearchitektur
- ■ eine Architektur von aufeinander abgestimmten externen Services
- ☐ eine Architektur beliebiger Dienste
- ☐ eine Zusammenstellung eines Softwarepakets

6 Softwareentwicklung

1. **Welche drei Faktoren sind bei der Softwareentwicklung relevant?**
   - ☐ Hardware, Prozesse, Werkzeuge
   - ☐ Hardware, Software, Menschen
   - ☐ Hardware, Software, Prozesse
   - ■ Prozesse, Menschen, Werkzeuge

2. **Welche zusätzlichen Aspekte bringt die Wirtschaftsinformatik bei der Softwareentwicklung mit ein?**
   - ☐ Technologien
   - ■ Entwicklungszeit und -kosten
   - ☐ Prozessabläufe
   - ■ Unternehmensintegration

3. **Welche der folgenden Namen sind Vorgehensmodelle für die Softwareentwicklung?**
   - ■ Wasserfallmodell
   - ☐ Try-and-error
   - ■ V-Modell
   - ☐ X-Modell
   - ■ Agile Modelle

4. **Welche der folgenden Phasen sind Bestandteile des Zyklus der Softwareentwicklung?**
   - ■ Wartung
   - ■ Codierung
   - ■ Entwurf
   - ■ Test
   - ■ Anforderungen

5. **Wodurch zeichnen sich die agilen Vorgehensmodelle aus?**
   - ☐ lange Implementierungszyklen
   - ■ kurze Implementierungszyklen
   - ■ kontinuierliche Integration des Codes
   - ☐ konsequente Ausgrenzung der Nutzer
   - ■ frühzeitige Einbindung der Nutzer

6. **Was sind die Vorteile agiler Verfahren?**
   - ☐ Einfachheit
   - ■ Flexibilität
   - ☐ Zuverlässigkeit
   - ■ schnelles Feedback
   - ■ Fokus auf die nächsten Umsetzungsschritte

7. **Welche Konzepte gibt es auf der Ebene der Programmiersprachen, um die Entwicklung komplexer Anwendungen zu unterstützen?**
   - ■ unternehmensweite Version einer Programmiersprache
   - ■ Frameworks zur Ergänzung der Programmiersprache
   - ☐ Skriptsprachen
   - ☐ Einbettung in Entwicklungsumgebungen
   - ☐ Kommandozeile

8. **Welche Trends sind bei den Werkzeugen für die Softwareentwicklung zu sehen?**
   - ■ zunehmender Open Source-Einsatz
   - ■ Abdeckung des gesamten Produktlebenszyklus
   - ☐ Fokussierung auf eine bestimmte Technologie
   - ■ Nutzung von Frameworks oder Komponentenmodellen
   - ☐ Integration verschiedener Hersteller

9. **Was versteht man unter „green field"-Anwendungen?**
   - ☐ ökologische Anwendungen
   - ☐ Anwendungen mit Fokus auf die Landschaftsarchitektur und Parks

- ■ völlig neu zu entwickelnde Anwendungen
- ☐ zu überarbeitende, alte Anwendungen

10. Was sind Methoden bei agilen Verfahren zur Bearbeitung existierender Anwendungen?

- ☐ manuelle Tests
- ■ automatische Tests
- ■ Refactoring
- ☐ Wiederverwendung
- ☐ Objektorientierung

1 Rechneraufbau und Gebiete der Informatik

1. Welche Elemente gehören zur Software-Ebene?

- ■ Anwendungsprogramme
- □ Central Processing Unit
- ■ Grafische Benutzeroberfläche
- ■ Systemnahe Programme
- □ Datenbus

2. Welche Ein- und Ausgabegeräte („Peripherie") werden normalerweise an einen Rechner angeschlossen?

- □ Adressbus
- ■ Bildschirm
- □ Central Processing Unit
- □ RAM
- ■ Drucker

3. Wofür steht das EVA-Prinzip?

- □ Einarbeitung, Verarbeitung, Anzeige
- □ Einordnung, Verwaltung, Ausgabe
- ■ Eingabe, Verarbeitung, Ausgabe
- □ Eingang, Verknüpfung, Ausgang

4. Welche der folgenden Aussagen ist richtig?

- ☐ Falls ein Problem gelöst werden kann, dann existiert auch ein Algorithmus.
- ■ Falls ein effizienter Algorithmus existiert, dann kann das entsprechende Problem maschinell gelöst werden.
- ☐ Falls der Algorithmus nicht in Lösungsschritten beschrieben werden kann, ist es durch Computer berechenbar.
- ☐ Falls das Problem beschrieben werden kann, kann es auch gelöst werden.

5. Die Hardware besteht aus ...

- ☐ allem was man anfassen kann
- ☐ dem Computer und der Software
- ☐ dem Rechner und den Programmen
- ■ aus den physischen Rechnerkomponenten

6. Die Software besteht aus ...

- ☐ Programmen
- ■ Programmen und Dokumenten
- ☐ Zubehör, Programmen und Dokumenten

7. Mit welchen Begriffen befasst sich die Angewandte Informatik?

- ■ Datenbanken
- ☐ Robotik
- ■ Betriebssysteme
- ■ Programmiersprachen
- ☐ Bild- und Mustererkennung

8. Was ist die Aufgabe des Datenbusses?

- ☐ Speicherung der Daten
- ☐ Ein- und Ausgabesteuerung des Rechners
- ☐ Verarbeitung der Daten
- ■ Transport der Daten

9. Wo werden Dateien abgelegt?

- ■ Auf Medien
- ■ Auf der Festplatte
- ☐ Im Drucker
- ☐ Im Bildschirm
- ■ Im Hauptspeicher

10. Was ist ein Programm?

- ☐ Eine andere Bezeichnung für den Algorithmus
- ☐ Anweisungen für den Algorithmus
- ☐ Algorithmen für Computer
- ■ Umsetzung des Algorithmus in Anweisungen, die vom Computer ausgeführt werden können

11. Was ist die Komplexität eines Algorithmus?

- ☐ Anzahl der Programmzeilen
- ☐ Indikator wie aufwändig die Problemlösung ist
- ■ Theoretischer Aufwand eines Algorithmus
- ☐ Laufzeit des Programms

2 Rechnertypen

1. Was sind die aktuellen Trends bei Computern?

☐ Erhöhungen der Preise
■ Erhöhung der Verarbeitungsgeschwindigkeit
☐ Erhöhung der Speichermenge
■ Erhöhung der Speicherkapazität

2. Welcher Rechnertyp wurde zeitlich gesehen zuerst eingesetzt?

☐ PC
■ Großrechner
☐ Abteilungsrechner
☐ Server

3. Welche Eigenschaften zeichnen heutige Rechner, wie z. B. Tablets, Smartphones, oder Notebooks, aus?

■ performant
☐ komplex
☐ schwer
■ mobil
■ vernetzt

4. Wieviele Kategorien von IT können unterschieden werden?

☐ es gibt nur eine IT
■ private und professionelle IT
☐ private, berufliche und gewerbliche IT
☐ private, professionelle, persönliche und praktische IT

3 Interne Darstellung von Informationen

1. Welche der folgenden Gleichungen ist korrekt?

- [ ] Daten = Semantik + Information
- [ ] Semantik = Daten + Information
- [x] Information = Daten + Semantik
- [ ] Information = Daten

2. Was ist ein Bit?

- [x] Darstellung einer elementaren Speicherzelle
- [ ] Darstellung mehrerer Speicherzellen
- [x] Darstellung von 0 oder 1
- [ ] Darstellung von 1 oder 2
- [ ] Darstellung vieler Zustände

3. Wie wird eine Folge von 8 Bits genannt?

- [x] Byte
- [ ] Wort
- [ ] DoppelWort
- [ ] DoppelByte

4. Wieviele Zustände kann ein Byte darstellen?

- [ ] 8
- [ ] 16
- [ ] 64
- [ ] 128
- [x] 256

5. Was ist das Hexadezimalsystem?

■ Ein Zahlensystem auf der Basis 16.
■ Ein Zahlensystem dessen Ziffern aus 0, 1, … 9, A, … F bestehen.
☐ Alle Ziffern bestehen aus Bits.
☐ Beliebige Kombination von Zahlen und Buchstaben.

6. Wieviele Bits benötigt die binäre Darstellung der Oktalzahl 6?

■ 3
☐ 4
☐ 8
☐ 16

7. Wie werden Dateien vom Betriebssystem richtig erkannt?

☐ anhand des Inhalts
■ anhand der Typkennung
☐ anhand des Dateinamens
☐ gar nicht, alle Dateien werden gleich behandelt
☐ dank des Benutzers

8. Wie wird ein Zeichen auf eine Zahl abgebildet?

☐ gar nicht
■ mit Hilfe eines Codes
☐ mit Hilfe eines Satzzeichens
■ mit Hilfe eines Zeichensatzes

9. Woraus bestehen Dateien ausführbarer Programme?

☐ aus natürlichen Zahlen
☐ aus beliebigen Symbolen
■ aus Maschinensprache
☐ aus Text

10. Wie wird ein Bild als Datei dargestellt?

- ☐ als Folge von Text
- ☐ als Folge von Zahlen und Zeichen
- ■ als Folge von Bits, die Punkte darstellen
- ☐ als Abbild der Grafik

11. Von welchen Faktoren hängt der Umfang unkomprimierter Audio-Informationen ab?

- ☐ von der Musik
- ■ vom Umfang eines Samples
- ■ von der Anzahl der Samples über die Zeit
- ☐ von der Qualität

12. Wie werden ganze negative Zahlen binär dargestellt?

- ☐ mit einer vorangestellten 0
- ☐ mit einer vorangestellten 1
- ☐ mit einem vorangestellten Minus
- ■ über das Zweierkomplement
- ☐ über das Komplement von Binärzahlen

13. Was stellen Gleitkommazahlen dar?

- ☐ alle Zahlen
- ☐ ganze Zahlen
- ■ reale oder rationale Zahlen
- ☐ komplexe Zahlen

14. Was wird Mantisse genannt?

- ☐ Vorzeichen
- ☐ Exponent
- ■ Nachkommastellen
- ☐ Gleitkommazahl

15. Welche Rechnerkomponenten berechnen die arithmetischen Operationen mit Gleitkommazahlen?

☐ Central Processing Unit
■ spezialisierte Prozessorkomponenten
☐ Ein- und Ausgabeeinheiten
☐ I/O-Komponenten

16. Welche der folgenden Begriffe werden als Daten bezeichnet?

■ Bilder
■ Musik
■ Text
☐ Hardware
■ Zahlen

17. Wodurch können dieselben Daten unterschiedlich interpretiert werden und so zu Informationen werden?

■ Semantik
☐ Wert der Daten
☐ Datentyp

18. Wozu dienen Binär-, Oktal- und Hexadezimalzahlen?

☐ Modelle der theoretischen Informatik
■ Verarbeitung und Darstellung von Zahlen im Computer
☐ Erweiterung der Theorie über Zahlen
☐ Keine praktische Anwendung

19. Wovon hängt die Auflösung eines Bildes ab?

- ■ Anzahl der Bildpunkte
- ☐ Anzahl der Bilder
- ☐ Anzahl der Bildpunkte und Umfang der Farbinformation
- ☐ Bildschirm

20. Welches prinzipielle Problem besteht bei Gleitkommazahlen?

- ☐ Komplexität
- ☐ Umfang der Zahlen
- ☐ Anzahl der Zahlen
- ☐ Unendlichkeit
- ■ Rechenungenauigkeit

21. In welche andere Zahlen kann eine Dezimalzahl umgewandelt werden?

- ■ Binärzahl
- ■ Oktalzahl
- ■ Hexadezimalzahl
- ■ Gleitkommazahl

22. Ein Text ist …

- ■ eine Folge von Zeichen
- ☐ eine Folge von Buchstaben
- ■ eine Folge von Buchstaben, Ziffern und Sonderzeichen
- ☐ eine Folge von Ziffern und Sonderzeichen

4 Rechnerarchitekturen

1. Charakteristik der von-Neumann-Architektur?

- ■ Ablage von Daten und Programmen in demselben Speicher
- □ Speichern von Daten
- □ Speichern von Programmen
- □ Ablage von Daten

2. Wie greift der Prozessor auf den Hauptspeicher zu?

- ■ über Bussysteme
- □ über ein Transportsystem
- ■ über den Adressbus und den Datenbus

3. Was ist der Engpass der von-Neumann-Architektur?

- □ Geschwindigkeitsunterschied der Speicher RAM und ROM
- ■ Geschwindigkeitsunterschied von CPU und Speicher
- □ die CPU
- □ die Anbindung der I/O-Geräte

4. Welche Komponenten gehören zum Steuerwerk?

- □ Akkumulator
- ■ Programmzähler
- □ Register
- ■ Decodierer

5. Welche Schritte gehören zur Fetch-Phase?

- ■ Laden des Programmzählers in das Speicheradressregister
- □ Ausführung des Befehls
- ■ Aktualisierung des Programmzählers
- ■ Laden der Speicherzelle in das Instruktionsregister

6. Welche Arten von Hauptspeicher gibt es?

- ■ Random Access Memory (RAM)
- □ Really Awesome Memory (RAM)
- □ Read Original Memory (ROM)
- ■ Read-Only Memory (ROM)
- □ Memory

7. Welche Komponenten gehören zum Rechnerwerk?

- ■ Akkumulator
- □ Speicheradressregister
- ■ Arithmetisch-logische Einheit
- ■ Statusregister
- □ Decodierer

8. Welche einzelnen Phasen umfasst der Befehlsausführungszyklus?

- ■ Fetch-Phase
- ■ Execute-Phase
- □ Store-Phase
- □ Compute-Phase

9. In welcher Reihenfolge werden die Aktionen der Fetch-Phase ausgeführt?

- [5] Laden des Programmzählers in das Speicheradressregister
- [4] Zugriff auf die Speicherzelle, die durch das Speicheradressregister adressiert wird
- [1] Laden der Speicherzelle in das Instruktionsregister
- [2] Abhängig vom Befehl(styp) das Laden weiterer Operanden
- [3] Aktualisierung des Programmszählers

5 Rechnerkomponenten

1. Weshalb beschleunigen mehrere Prozessorkerne die Verarbeitung?

■ Mögliche Parallelisierung
☐ Höhere Ausfallsicherheit

2. I/O-Einheiten sind verbunden mit?

■ Festplatte
■ Netzwerk
■ Monitor

3. Optische Laufwerke

■ haben geringere Speicherkapazitäten als Festplatten
■ enthalten Medien die ausgetauscht werden können
☐ haben höhere Zugriffsgeschwindigkeiten als Festplatten

4. Was ist Multitasking?

☐ Mehrere Benutzer können gleichzeitig arbeiten
☐ Mehrere Aufgaben können gleichzeitig eingegeben werden
■ Mehrere Aufgaben können gleichzeitig bearbeitet werden

5. Ein Grafikprozessor ist ein zusätzlicher Prozessor, um

■ die CPU zu entlasten
■ Grafiken zu berechnen
☐ Grafiken aus dem aus dem Speicher zu laden oder zu speichern

6. Welche typischen Netzwerke werden von den meisten Rechner unterstützt?

☐ Super Area network (SAN)
■ Local Area Network (LAN)
☐ Wired Local Area Network (WLAN)
■ Wireless Local Area Network (WLAN)

7. Welche Festplattentechnologie wird die Zugriffsgeschwindigkeiten beschleunigen?

☐ Super Speed Drive (SSD)
☐ Speed Disks (SD)
■ Solid State Drive (SSD)

8. Was sind typische Aufgaben eines Betriebssystems?

☐ Aufgabenverwaltung
■ Prozessverwaltung
■ Hauptspeicherverwaltung
☐ Datenverwaltung

9. Was sind die Ziele eines Betriebssystems?

☐ Interaktion mit den Benutzern
☐ Verwaltung
■ Abstimmung der Ausführung der Anwendungen
■ Verwaltung aller Ressourcen des Rechners

10. Über welche Komponenten verfügt ein Betriebssystem um mit Benutzern zu interagieren?

■ Grafische Benutzeroberfläche
☐ Tastatur
☐ Bildschirm
■ Kommandozeile

6 Programmiersprachen

1. Was sind die Ziele einer Programmiersprache?

■ Softwareentwickler bei der Umsetzung von Programmen zu unterstützen
☐ möglichst komplex zu sein
■ einfach erlernbar und bedienbar zu sein
☐ möglichst viele Funktionen anzubieten

2. Welche der folgenden Programmiersprachen ist eine objektorientierte Programmiersprache?

☐ C
■ Java
■ C#
☐ Pascal

3. Was sind typische Eigenschaften einer objektorientierten Programmiersprache?

☐ Prozeduren
☐ Funktionen
■ Vererbung
■ Polymorphismus

4. Welche Phasen werden bei der Übersetzung des Quelltextes benötigt?

■ Lexikalische Analyse
■ Semantische Analyse
☐ Intelligente Analyse
■ Optimierung
■ Zielcodegenerierung

5. Wie häufig übersetzt der Compiler den Quelltext?

- ■ einmal
- □ mehrfach, bei jedem Ablauf der Anwendung
- □ abhängig vom Benutzer

6. Was ist die Aufgabe der lexikalischen Analyse?

- ■ Einlesen des Textes
- ■ Suche nach reservierten Wörtern bzw. Zeichen
- □ Verständnis des Textes

7. Was prüft die syntaktische Analyse?

- □ Den Sinn des Programms
- □ Die Ausführbarkeit des Programms
- ■ Die sprachliche Richtigkeit des Programms

8. Was prüft die semantische Analyse?

- □ Die sprachliche Richtigkeit des Programms
- ■ Den Sinn des Programms
- □ Die Ausführbarkeit des Programms

9. Wie nennt sich die Disziplin zur systematischen Entwicklung von Software?

- □ Software Development
- □ Software Building
- □ Software Coding
- ■ Software Engineering

10. Welche der folgenden Elemente gehört zu den Kontrollstrukturen einer Programmiersprache?

- ■ Sequenz
- □ Folge
- ■ Iteration
- □ elementare Aweisung

11. Nennen Sie ein Beispiel für eine elementare Anweisung.

- ■ Berechnung
- □ Verzweigung
- ■ Methodenaufruf
- ■ Wertzuweisung
- □ Schleife

12. Ordnen Sie die verschiedenen Phasen bei der Übersetzung des Quelltextes in der richtigen Ausführungsreihenfolge an.

- [3] Semantische Analyse
- [5] Zielcodegenerierung
- [1] Lexikalische Analyse
- [4] Zwischencodegenerierung
- [2] Syntaktische Analyse

2 Geschäftsprozesse

1. Welche der folgenden Elemente werden für die klassische Definition eines Geschäftsprozesses benötigt?

■ Ein Geschäftsprozess ist eine Menge von Aktivitäten,

☐ die hintereinander ausgeführt werden

■ für die eine oder mehrere Eingaben benötigt werden

2. Was sind die typischen Elemente eines Geschäftsprozesses?

☐ Eingaben und Ergebnisse, Bearbeitungsschritte

☐ Aufbau und Ablauforganisation, IT-Systeme

☐ Eingaben und Ergebnisse, IT-Systeme

■ Eingaben und Ergebnisse, Bearbeitungsschritte, Aufbau und Ablauforganisation, IT-Systeme

3. Woher werden die Prozessziele abgeleitet?

☐ IT-Strategie

■ Unternehmensstrategie

☐ Prozessstrategie

☐ Gesamtstrategie

4. Was ist notwendig, damit die implementierten Geschäftsprozesse auch den ursprünglichen Geschäftszielen entsprechen?

☐ Abstimmung zwischen den Entwicklern

☐ Abstimmung mit den Kunden

☐ Abstimmung zwischen allen Beteiligten

- ■ Abstimmung zwischen allen Beteiligten, Organisationen und IT-Systemen
- □ Abstimmung zwischen allen Beteiligten und Organisationen

5. Was ist eine Geschäftsprozessmodellierung?

- ■ Formalisierung eines bestehenden Geschäftsablaufs in einem Modell
- □ Modell für mögliche Abläufe
- □ informelle Ablaufbeschreibung
- □ Ablaufmodell
- □ Implementierung eines Programms

6. Was sind typische Ziele einer Geschäftsprozessmodellierung?

- ■ Kostenermittlung
- ■ Dokumentation der Abläufe
- ■ Zertifizierung für Qualitätssicherung
- □ Darstellung der Abläufe für die Öffentlichkeit
- ■ Schulung von Mitarbeitern

7. Was ist Business Alignment?

- □ Ausrichtung der Geschäftsziele auf die Ziele der IT-Strategie
- ■ Ausrichtung der IT-Systeme auf die Geschäftsziele
- □ Ausrichtung der Geschäftsprozesse auf die IT-Systeme
- □ gegenseitige Abstimmung von Geschäftszielen und IT-Systemen

3 Geschäftsprozessmodellierung mit BPMN

1. Nach welchen Kriterien wird die Geschäftsprozessmodellierung generell unterschieden?

■ Zielen

■ Formen

☐ Problemen

■ Werkzeugen

■ Definitionen

2. Was bedeutet BPMN?

☐ Basic Process Modeling Name

☐ Business Profile Method Notation

☐ Business Process Method Name

☐ Basic Process Modeling Notation

■ Business Process Modeling Notation

3. Was zeichnet BPMN aus?

☐ Modellierungssprache mit undefinierter Syntax und Semantik

■ Modellierungssprache mit definierter Syntax und Semantik

☐ Modellierungssprache mit definierter Syntax

☐ Modellierungssprache mit definierter Semantik

☐ Modellierungssprache

4. Was zeichnet fachliche Modelle aus?

■ Sie dienen hauptsächlich der Analyse.

■ Sie können auf einer Process Engine ausgeführt werden.

□ Sie benötigen eine definierte Syntax und Semantik.

■ Sie sind eher grob formuliert.

□ Sie sind eher fein formuliert.

5. Was zeichnet operative Modelle aus?

□ Sie dienen hauptsächlich der Analyse.

■ Sie können auf einer Process Engine ausgeführt werden.

■Sie benötigen eine definierte Syntax und Semantik.

□ Sie sind eher grob formuliert.

■ Sie sind eher fein formuliert.

4 BPMN: Pools, Aktivitäten und Sequenzflüsse

1. Wie wird ein Pool dargestellt?

□ Kreis

□ Quadrat

□ Dreieck

■ Rahmen

□ Gerade

2. Was wird durch einen Pool definiert?

□ ein Schritt

■ ein Prozess

□ der Beginn des Ablaufs

☐ das Ende des Ablaufs

☐ der Name der Einheit

3. Was ist ein Sequenzfluss?

☐ Verbindung von Ereignissen

☐ Verbindung von Ereignissen und Aktivitäten

☐ Verbindung von Aktivitäten

■ Verbindung von Ereignissen, Aktivitäten und Gateways

4. Durch was wird ein Sequenzfluss dargestellt?

■ Pfeil

☐ Gerade

☐ Rahmen

☐ Doppelpfeil

☐ Dreieck

5. Was ist eine Aktivität?

☐ eine Sequenz von Ereignissen

☐ ein vollständiger Geschäftsprozess

■ eine Aufgabe des Geschäftsprozesses

6. Was begrenzt einen Sequenzfluss?

☐ ein Start- und ein Endpunkt

■ ein Start- und ein Endereignis

☐ Prozessrahmen

7. **Wie werden Anmerkungen dargestellt?**

☐ runde Klammer mit Bemerkungen

☐ Kreis mit Bemerkungen

☐ gestrichelte Linie mit Bemerkungen

■ eckige Klammer mit Bemerkungen

8. **Wie wird ein elementarer Schritt genannt, der nicht weiter unterteilt werden kann?**

■ Task

☐ Step

☐ Atom

☐ Element

5 BPMN: Kollaboration und Nachrichtenflüsse

1. **Wie synchronisieren sich Prozesse, die parallel ablaufen?**

☐ durch den Versand und den Empfang von Ereignissen

■ durch den Versand und den Empfang von Nachrichten

☐ durch den Versand und den Empfang von Informationen

☐ durch den Versand und den Empfang von Dateien

2. **Was beschreibt ein Kollaborationsdiagramm?**

☐ Nachrichtenflüsse

☐ Prozessablauf

■ Abstimmung zwischen zwei Prozessen

☐ Austausch von Dateien

3. **Was ist in diesem Kontext die wichtigste Darstellungsform?**

☐ Ereignis

☐ Information

☐ Datei

■ Nachricht

4. **Was bedeutet ein ausgefülltes Briefsymbol?**

☐ Anfragenachricht

☐ initiale Nachricht

☐ finale Nachricht

■ Antwortnachricht

5. **Welche der folgenden Aussagen ist richtig?**

☐ Pools werden durch Sequenzflüsse synchronisiert.

■ Pools werden durch Nachrichten synchronisiert.

☐ Sequenzflüsse werden durch Nachrichten synchronisiert.

6 BPMN: Bahnen und Gateways

1. **Was repräsentiert eine Bahn?**

☐ Aufgabe

☐ Ablauf

■ Rolle

☐ Kategorie von Aktivitäten

2. Was ist ein Gateway?

■ Es verzweigt in parallele Sequenzflüsse.

■ Es fasst parallele Sequenzflüsse zu einem Prozess zusammen.

☐ Es beendet einen Sequenzfluss.

☐ Es startet einen Sequenzfluss.

3. Was ist die Darstellungsform eines Gateways?

☐ Dreieck

☐ Quadrat

☐ Trapez

■ Raute

4. Was ist die Aufgabe einer Bedingung?

☐ Ausführung einer Aktion

☐ Auslösung eines Ereignisses

■ Auswahl eines Sequenzflusses

☐ Überprüfung einer Bahn

5. Welche der folgenden Gateway-Typen gibt es in BPMN?

■ exklusiv

☐ obskur

■ inklusiv

■ parallel

☐ beschränkt

6. Was erlaubt ein exklusives Gateway?

☐ parallele Verzweigung

☐ keine Verzweigung

■ eindeutige Verzweigung

☐ beliebige Verzweigung

☐ mehrfache Verzweigungen

7. Was erlaubt ein inklusives Gateway?

☐ parallele Verzweigung

☐ keine Verzweigung

☐ eindeutige Verzweigung

☐ beliebige Verzweigung

■ mehrfache Verzweigungen

8. Was erlaubt ein ereignisbasiertes Gateway?

☐ Abbruch der Verarbeitung

☐ zufällige Verzweigung

■ Verzweigung bei Eintreffen eines Ereignisses

☐ mehrfache Verzweigungen

7 BPMN: Ereignisse

1. Was sind typische Ereignisse?

☐ Zeitdauer

■ Eintreffen einer Nachricht

■ Erreichen eines Zeitpunkts

- ■ Eintreten eines Zustands
- ■ Erreichen eines Fehlers

2. Was sind die drei Kategorien von Ereignistypen?

- ■ Start-, Zwischen- und Endereignis
- ☐ Start-, Mittel- und Endereignis
- ☐ Fehler-, Zwischen- und Nachrichtenereignis
- ☐ Fehler-, Zustands- und Nachrichtenereignis

3. Was sind Beispiele für konkrete Ereignisse in BPMN?

- ■ Abbruch
- ■ Eskalation
- ☐ Wecker
- ■ Timer
- ■ Signal

4. Wozu dienen angeheftete Ereignisse?

- ☐ Merker, dass ein Ereignis im Detail modelliert werden soll
- ☐ Kennzeichnung, dass ein Ereignis gelöscht werden soll.
- ■ Kennzeichnung, dass eine Aktivität ein Ereignis auslösen kann
- ☐ als Platzhalter

5. Welche Aufgabe hat die Kompensation?

- ☐ Ausgleich verbrauchter Ressourcen
- ■ Zurücksetzen einer Aktion
- ☐ Modellierung der Bezahlung
- ☐ Löschen einer Aktion

6. **Welche Funktion hat ein ausgelöstes Zwischenereignis?**

- ☐ Es informiert den Benutzer.
- ☐ Es beendet den Prozess.
- ☐ Es modelliert den Warenausgang.
- ■ Es kann an anderer Stelle gefangen werden.

7. **Welche Funktion hat ein empfangendes Zwischenereignis?**

- ☐ Es modelliert den Wareneingang.
- ■ Reaktion auf ein ausgelöstes Zwischenereignis
- ☐ Es informiert die Prozessbetreiber.
- ☐ Es führt eine Kompensation aus.

8 BPMN: Ereignisbehandlung

1. **Welchen Effekt hat ein ausgelöstes Zwischenereignis auf den auslösenden Prozess?**

- ☐ Der Prozess unterbricht an dieser Stelle und wartet.
- ■ Der Prozess wird zurückgesetzt.
- ☐ Der Prozess läuft weiter.
- ☐ Der Prozess wird beendet.

2. **Welchen Effekt hat ein empfangendes Zwischenereignis auf den empfangenden Prozess?**

- ■ Der Prozess unterbricht an dieser Stelle und wartet.
- ☐ Der Prozess wird zurückgesetzt.

- ☐ Der Prozess läuft weiter.
- ☐ Der Prozess wird beendet.

3. Mit welchem Ereignis kann ein Prozessschritt zurückgesetzt werden?

- ☐ Abbruch
- ☐ Eskalation
- ■ Kompensation
- ☐ Fehler
- ☐ Nachricht

4. Welches Merkmal haben unterbrechende Ereignisse?

- ☐ Der Prozess läuft weiter und kann einen parallelen Prozess starten.
- ☐ Der Prozess wird neu gestartet.
- ■ Der Prozess unterbricht an dieser Stelle und wartet.
- ☐ Der Prozess gibt eine Unterbrechungsmeldung aus.

5. Welches Merkmal haben nicht-unterbrechende Ereignisse?

- ■ Der Prozess läuft weiter und kann einen parallelen Prozess starten.
- ☐ Der Prozess wird neu gestartet.
- ☐ Der Prozess unterbricht an dieser Stelle und wartet.
- ☐ Der Prozess gibt eine Startmeldung aus.

6. Welche Ereignisse können implizit ausgelöst werden?

- ■ Timer
- ☐ Eskalation

- ■ Fehler
- □ Nachricht
- □ Kompensation

9 Modellierung, Analyse und Optimierung von Geschäftsprozessen

1. Woraus besteht der erste Schritt bei der Modellierung?

- □ Normierung der Einheiten
- □ Normalisierung der Daten
- □ Vereinheitlichung der Formate
- ■ Sammlung und Vereinheitlichung der Begriffe

2. Woraus besteht der zweite Schritt bei der Modellierung?

- □ Optimierung der Prozesse
- ■ Dokumentation der Prozesse
- □ Umgestaltung der Prozesse
- □ Diskussion der Prozesse

3. Wie werden normalerweise funktionale Zusammenhänge in Bearbeitungsschritten dargestellt?

- □ als informelle Ausdrücke
- ■ als mathematische Ausdrücke
- □ als semiformale Ausdrücke
- ■ in textueller Form

4. Welche Formen der Ablauforganisation gibt es?

■ funktionsorientiert

□ datenorientiert

■ ergebnisorientiert

□ ereignisorientiert

5. Was ist der Ansatz des Business Process Reengineerings?

□ Umgestaltung der IT-Landschaft

■ radikale Änderung aller Prozesse eines Unternehmens

□ Änderung ausgewählter Prozesse eines Unternehmens

□ Liquidierung eines Unternehmens

6. Was ist der Ansatz der Geschäftsprozessoptimierung?

□ Umgestaltung der IT-Landschaft

□ radikale Änderung aller Prozesse eines Unternehmens

■ Änderung ausgewählter Prozesse eines Unternehmens

□ Liquidierung eines Unternehmens

7. Was sind typische Anzeichen für Probleme zwischen Schnittstellen von Prozessen?

□ hohe Telefonrechnungen

■ zahlreiche Rückfragen

□ hoher Papierverbrauch

■ mehrfache Validierung der Eingabedaten

8. Welches sind Möglichkeiten der Optimierung von IT-Systemen?

- ■ Einsatz von Enterprise Application Integration-Lösungen (EAI)
- ☐ Installation neuer Datenbanken
- ■ einheitliche Datenbasis für alle Prozessbeteiligten
- ☐ Neuinstallation der Rechner

1 Einführung

1. Was ist ein Vorgehensmodell?

☐ Es beschreibt ein möglichst allgemeines Verfahren.

■ Es zerlegt die Softwareentwicklung in Teilschritte und legt deren Aktivitäten und Ergebnisse fest.

☐ Es beschreibt allgemeine Aktivitäten und Ergebnisse.

2. Was ist die übliche Reihenfolge der Schritte?

☐ Entwurf, Analyse, Implementierung

☐ Implementierung, Entwurf, Analyse

☐ Analyse, Implementierung, Entwurf

■ Analyse, Entwurf, Implementierung

3. Was ist das Charakteristikum neuer Vorgehensmodelle?

☐ vollständige und sequenzielle Abläufe

☐ sequenzielle Abläufe

■ flexible und iterative Abläufe

☐ iterative Abläufe

4. Was legen die funktionalen Anforderungen fest?

☐ die Qualität des Systems

☐ die Zuverlässigkeit des Systems

☐ die Leistung des Systems

■ die funktionalen Abläufe des Systems

5. Was definiert die Qualität des Systems?

☐ die funktionalen Anforderungen

- ☐ die allgemeinen Anforderungen
- ■ die nicht-funktionalen Anforderungen
- ☐ die hochwertigen Anforderungen

2 Vorgehen

1. Wodurch zeichnet sich die Analyse aus?

- ■ Sammlung der Anforderungen
- ☐ Sammlung der Überlegungen
- ☐ Sammlung der Lösungsvorschläge
- ☐ Sammlung der Meinungen

2. Was ermöglicht der objektorientierte Entwurf?

- ☐ den direkten Weg zur Codierung
- ☐ die Analyse der Domänenobjekte
- ☐ den Übergang vom Entwurf zur Codierung
- ■ den einfacheren Übergang von den Domänenobjekten der Analyse zu den Systemobjekten des Entwurfs

3. Welche der vorgeschlagenen Aktivitäten wird beim Vorgehen für das zentrale Beispiel benötigt?

- ■ objektorientierte Analyse mit Hilfe eines Domänenwörterbuchs
- ☐ Codierung der Algorithmen in Java
- ■ Auswahl und Definition einer geeigneten Systemarchitektur mit Hilfe von Paketdiagrammen
- ■ Verfeinerung der Architektur mit Hilfe von Klassen- und Sequenzdiagrammen
- ☐ Auswahl und Durchführung der Tests in Java

4. Wozu dienen UML-Strukturdiagramme?

- ☐ Beschreibung der Dynamik des Systems
- ■ Beschreibung der Statik des Systems
- ☐ Beschreibung der Aufteilung des Systems

5. Wozu dienen UML-Verhaltensdiagramme?

- ■ Beschreibung der Dynamik des Systems
- ☐ Beschreibung der Statik des Systems
- ☐ Beschreibung der Aufteilung des Systems

6. Woraus bestehen UML-Diagramme?

- ☐ aus Punkten und Bildern
- ■ aus Knoten und Kanten
- ☐ aus Linien und Abbildungen
- ☐ aus Pfeilen und Knoten

3 Objektorientierte Analyse

1. Was ist das Ziel der objektorientierten Analyse?

- ☐ Ermittlung der Anforderungen
- ☐ Ermittlung aller Begriffe und deren Beziehungen
- ■ Ermittlung der Anforderungen in Form von Domänenobjekten und deren Beziehungen
- ☐ Ermittlung aller Kunden
- ☐ Ermittlung der Domänenobjekte

2. Was ist ein Domänenwörterbuch?

- ☐ Übersetzung von Kundenanforderungen
- ■ Sammlung und Definition aller zentralen Begriffe
- ☐ Sammlung und Definition aller objektorientierten Begriffe

3. Was ist die Aufgabe der Anwendungsfallanalyse?

- ■ Sie ordnet die Begriffe und stellt sie zueinander in Beziehung.
- ☐ Sie definiert die Begriffe.
- ☐ Sie ordnet die Beziehungen zwischen den Begriffen.
- ☐ Sie definiert die Beziehungen.

4. Was sind typische Elemente eines Anwendungsfalldiagramms?

- ■ System, Anwendungsfall, Beziehungen, Akteure
- ☐ System, Beziehungen, Akteure
- ☐ System, Anwendungsfall, Akteure
- ☐ System, Anwendungsfall, Beziehungen, Akteure, Domänenobjekte

5. Welche der folgenden Antworten sind Komponenten einer Anwendungsfallbeschreibung?

- ■ Vor-/Nachbedingungen/Auslöser des Anwendungsfalls
- ■ Standardszenario
- ■ Alternativ-/Fehlszenarien
- ☐ Benennungen und Begriffe
- ☐ Domänenobjekte

6. Was umfasst ein Aktivitätsdiagramm?

- ☐ Aktionen und deren Verbindungen
- ☐ Start- und Endknoten oder Aktionen und deren Verbindungen
- ☐ Objekt- und Kontrollknoten oder Aktionen und deren Verbindungen

- ■ Start-, End-, Objekt- und Kontrollknoten oder Aktionen und deren Verbindungen

4 Objektorientierter Entwurf: Systemarchitektur

1. Was beschreibt ein Architekturmuster?

- ☐ Es beschreibt den Aufbau der Anwendung und die zugehörigen Klassen.
- ■ Es beschreibt die Komponenten der Anwendung, ihren Aufbau und ihre Interaktionen.
- ☐ Es beschreibt die Komponenten der Anwendung und ihre Interaktionen.
- ☐ Es beschreibt die Anwendung und ihre Interaktionen.

2. Welcher Diagrammtyp wird hierfür vorzugsweise verwendet?

- ☐ Klassendiagramm
- ☐ Aktivitätsdiagramm
- ☐ Anwendungsdiagramm
- ■ Paketdiagramm

3. Was sind die typischen Elemente dieses Diagrammtyps?

- ☐ Aktivitäten
- ☐ Klassen
- ■ Pakete
- ■ Zugriffsbeziehungen
- ☐ Aktionen

5 Objektorientierter Entwurf: Klassen

1. **Was sind die beiden Eigenschaftstypen einer Klasse?**

■ statische und nicht-statische Eigenschaften
☐ dynamische und nicht-dynamische Eigenschaften
☐ objektorientierte und funktionale Eigenschaften
☐ objektorientierte und prozedurale Eigenschaften

2. **Was sind die Darstellungselemente eines Klassendiagramms?**

☐ Klasse und Instanzen
☐ Attribute, Operationen, Instanzen
■ Klasse, Attribute, Operationen
☐ Klasse, Operationen, Instanzen

3. **Wozu dienen die Schnittstellen einer Klasse?**

☐ Sie erlauben, die Beschreibung von der Implementierung zu entkoppeln.
■ Sie erlauben, die Spezifikation von der Implementierung zu entkoppeln.
☐ Sie beschreiben die Beziehungen zwischen den Klassen.
☐ Sie erlauben, den Entwurf von der Implementierung zu entkoppeln.

4. **Was sind die typischen Elemente eines Schnittstellendiagramms?**

☐ Interface und Methoden
☐ Interface und Attribute
☐ Interface, Attribute und Methoden

■ Interfaces und Signaturen

5. Was versteht man unter einer Assoziation?

■ eine Beziehung zwischen Klassen oder Interfaces

□ eine Beziehung zwischen Klassen und Methoden

□ eine Beziehung zwischen Interfaces

□ eine Beziehung zwischen Attributen

□ eine Beziehung zwischen Instanzen

6. Was ist eine Membership-Beziehung?

■ Sie definiert Attributwerte, die Instanzen der Klassen aufnehmen können.

□ Sie definiert Klassen.

□ Sie definiert die Attribute einer Klasse.

□ Sie definiert das Verhalten der Klasse.

7. Was sind die wesentlichen Darstellungselemente einer Membership-Beziehung?

□ Assoziation, Rolle der Klasse, Multiplizität

□ Assoziation, Multiplizität

□ Assoziation, Rolle der Klasse

■ Assoziation, Assoziationsname, Rolle der Klasse, Multiplizität

8. In welcher Beziehung steht die „ist Teil von"-Beziehung zur Membership-Beziehung?

□ Verallgemeinerung

■ Spezialisierung

□ keine

- ☐ Äquivalenz
- ☐ Vererbung

9. **Was sind übliche Darstellungselemente einer Membership-Beziehung?**

- ■ Assoziation, Aggregatklasse, Navigationsrichtung, Multiplizität
- ☐ Assoziation, Navigationsrichtung, Multiplizität
- ☐ Assoziation, Aggregatklasse, Multiplizität
- ☐ Assoziation, Aggregatklasse, Navigationsrichtung

6 Objektorientierter Entwurf: Verhalten

1. **Welche Diagrammtypen beschreiben die dynamischen Abläufe?**

- ☐ Aktivitäts-, Klassen- und Sequenzdiagramme
- ☐ Aktivitäts- und Klassendiagramme
- ■ Aktivitäts- und Sequenzdiagramme
- ☐ Ablauf- und Aktivitätsdiagramme

2. **Welche Nachrichtentypen können in diesen Diagrammtypen dargestellt werden?**

- ☐ synchrone
- ☐ asynchrone
- ☐ keine
- ■ synchrone und asynchrone

3. Was zeichnet synchrone Nachrichten aus?

- ☐ Die Nachricht kommt immer rechtzeitig an.
- ■ Der Aufrufer wartet auf das Ergebnis.
- ☐ Die Nachricht wird rückverfolgt.
- ☐ Der Aufrufer wartet nicht auf das Ergebnis.

4. Was zeichnet asynchrone Nachrichten aus?

- ☐ Die Nachricht kommt immer rechtzeitig an.
- ☐ Der Aufrufer wartet auf das Ergebnis.
- ☐ Die Nachricht wird rückverfolgt.
- ■ Der Aufrufer wartet nicht auf das Ergebnis.

1 Einführung

1. Welche Versionen von Java gibt es?

- ☐ Java Super Edition (JSE)
- ■ Java Standard Edition (JSE)
- ☐ Java Community Edition (JCE)
- ☐ Java Company Edition (JCE)
- ■ Java Enterprise Edition (JEE)

2. Was gehört alles zu Java?

- ■ Javas Virtuelle Maschine (JVM)
- ■ Java Development Kit (JDK)
- ☐ Java Tutorial Kit (JTK)
- ☐ Java Virtual Accelerator (JAVA)
- ☐ Java Deveopment Tools (JDT)

3. Was ist die ausführbare Definition einer Java-Klasse?

- ■ **`public class`** `Klassenname { Anweisungen }`
- ☐ **`class`** `Klassenname { Anweisungen } ;`
- ☐ **`class ; class`** `Klassenname { Anweisungen }`
- ☐ `Klassenname` **`class`** `{ Anweisungen }`
- ☐ **`class`** `{ Anweisungen }`

4. Welche der folgenden Klassendefinitionen von Summe ist ausführbar?

- ■ `public class Summe { int i=4; int j=5; int summe = i + j;}`
- ☐ `Summe class { int i=4; int j=5; int summe = i + j;} ;`
- ■ `public class Summe { }`
- ☐ `public class { }`

5. Unter welchem Dateinamen muss die Klasse Summe abgespeichert werden?

- ☐ Summe.class
- ■ Summe.java
- ☐ Summe.exe
- ☐ Summe.txt
- ☐ Summe.source

6. Mit welchem Kommando wird die Quelltextdatei mit der Java-Klasse Summe übersetzt?

- ☐ java Summe.java
- ☐ java Summe.class
- ☐ javac Summe.class
- ☐ java Summe.java
- ■ javac Summe.java

7. Wie lautet die Datei der übersetzten Java-Klasse Summe?

- ☐ Summe.java
- ☐ Summe
- ☐ Summe.exe
- ☐ Summe.binary
- ■ Summe.class

8. Wie lautet die Eingabe um das übersetzte Java-Programm Summe auszuführen?

- ☐ Summe
- ☐ java Summe.class
- ■ java Summe
- ☐ javac Summe.class
- ☐ run Summe

9. Wie heißt der Code in den das Java-Programm durch den Compiler übersetzt wird?

- ☐ Quellcode
- ☐ Javacode
- ■ Java-Byte-Code
- ☐ Ausführbarer Code
- ☐ Binary

10. Was sind die typischen Merkmale von Java?

- ■ objektorientiert
- ☐ prozedural
- ☐ logisch
- ■ plattformunabhängig
- ■ typisiert

2 Variablen und Datentypen

1. Welche beiden Kategorien von Datentypen werden unterschieden?

- [ ] elementare und referenzierte Typen
- [ ] elementare und komplexe Typen
- [x] einfache Typen und Referenztypen
- [ ] direkte und Referenztypen
- [ ] einfache und schwierige Typen

2. Welche der aufgeführten Datentypen werden in Java angeboten?

- [x] `short`
- [ ] `integer`
- [ ] `complex`
- [x] `long`
- [x] `float`

3. Welche Aufgabe hat eine Variable?

- [x] Speicherung eines Wertes
- [ ] Überprüfung des Wertes
- [x] Flexibilität bei der Berechnung
- [ ] Anzeige des Wertes
- [ ] Löschung des Wertes

4. Wie erfolgt die Deklaration einer Variablen?

- [ ] `Variablenname;`
- [ ] `Variablenname Typ;`
- [x] `Typ Variablenname;`
- [ ] `Typ: Variablenname;`
- [ ] `Typ; Variablenname;`

5. Welche der folgenden Variablendeklarationen und -zuweisungen ist korrekt?

- ☐ `i int ;`
- ■ `int i,j;`
- ■ `int i = 10;`
- ☐ `i int = 10;`
- ☐ `i: int = 10;`

6. Welche der folgenden Konvertierungen kann automatisch vorgenommen werden?

- ■ `short` → `int`
- ☐ `double` → `byte`
- ■ `long` → `double`
- ☐ `float` → `long`
- ■ `int` → `float`

7. Welche der folgenden Ausdrucke ist gültig?

- ■ `i = 10 * j++;`
- ■ `i++;`
- ☐ `i = !(&a);`
- ■ `i = a && b;`
- ☐ `+i`

8. Was ist eine Konstante?

- ■ ein Wert
- ☐ der Name für eine besondere Variable
- ☐ eine Kategorie von Datentypen
- ■ ein unveränderlicher Wert
- ☐ eine Zahl

9. Was wird bei der folgenden Deklaration eines Feldes alles festgelegt? `int [] feld = new int[4];`

- ☐ die Werte
- ■ der Datentyp
- ■ die Dimension
- ■ die Anzahl der Elemente
- ☐ die Nutzung

10. Wie kann die Länge eines Feldes festgestellt werden?

- ■ Bei der Deklaration des Feldes.
- ■ Durch das Attribut length.
- ☐ Durch die Methode length().
- ☐ Gar nicht.

3 Kontrollstrukturen

1. Was ist eine Sequenz?

- ☐ eine einzelne Anweisung
- ☐ arithmetische Anweisungen, die inhaltlich zusammengehören
- ■ eine Abfolge von Anweisungen
- ☐ eine Verzweigung des Programmflusses
- ☐ eine Schleife

2. Welche der folgenden Konstrukte setzt eine Auswahl um?

- ☐ `if-then-else`
- ■ `if-else`
- ☐ `case`
- ☐ `switch`
- ■ `switch-case`

3. Welche Schleifen sind in Java vorhanden?

- ☐ `repeat-until`
- ■ `for`
- ■ `while`
- ☐ `while-do`
- ■ `do-while`

4. Welches der folgenden Code-Beispiele stellt eine ausführbare Sequenz dar?

- ■ `i = 10; j++; k = 20;`
- ■ `i = 10; if (i < j) { j++; }`
- ☐ `for(int i=1; i++)`
- ■ `{ i = 10; j++; k = 20;}`
- ■ `i++; ; ++j;`

5. Welcher der folgenden Ausdrücke zur Auswahl ist korrekt?

■ `if (true) { i = 1; }`
□ `if (true) then { i = 1; }`
■ `if (i < j) i = 1;`
□ `if (i < j) then { i = 1; }`
■ `if (i < j) { i = 1; } else { i=2; }`

6. Welcher der folgenden for-Schleifenausdrücke ist ausführbar?

■ `for(;;);`
□ `for(int i=1; i++);`
□ `for(i = 1; i++; );`
■ `for(i=1; true;) { j++;};`

7. Welcher while-Schleifenausdruck ist korrekt?

■ `while (i > 0) {i++;}`
■ `while (i > 0) i++;`
■ `while (true) i++;`
□ `while (i++) {j++;}`

8. Welcher der folgenden for-Schleifenausdrücke führt zu einer Endlosschleife?

■ `for(;true;);`
■ `for(int i=-1; true; );`
□ `for(int i=-1; i <0; i++);`
□ `for(int i=1; i >0; i--);`
□ `for(int i=-1; i >0; i--);`

9. Weche drei Arten von Kontrollstrukturen gibt es?

- ■ Sequenz
- □ Addition
- ■ Auswahl
- ■ Schleife
- □ Subtraktion

10. Was bedeutet das Update in der for-Scheife?

- ■ Eine Änderung der Scheifenkontrollvariable.
- □ Abbruch der Schleife.
- □ Eine Auswertung der Bedingung.
- □ Eine Aktualisierung aller Variablen.

4 Methoden

1. Was ist eine Methode?

- ☐ eine Reihe von Anweisungen
- ■ eine Zusammenfassung von Anweisungen unter einem Methodennamen
- ☐ eine Anweisung die auf eine andere folgt

2. Welches Element gehört nicht zur Definition einer Methode?

- ☐ Rückgabetyp
- ☐ Methodenname
- ■ Methodenaufruf
- ☐ Parameternamen
- ☐ Parametertypen

3. Was ist als Rückgabetyp zu deklarieren, wenn die Methode keinen Rückgabewert liefert?

- ☐ `null`
- ☐ `default`
- ☐ `nothing`
- ■ `void`
- ☐ `Object`

4. Aus welchen Elementen setzt sich die Signatur der Methode zusammen?

- ☐ Modifier
- ■ Methodenname
- ☐ Rückgabetyp
- ■ Parametertypen
- ☐ Parameternamen

5. Gegeben ist der folgende Programmausschnitt

```
public int summe(int a, int b){
 return a + b;
}
public static void main(String[] args){
 int c = summe(2, 3);
}
```

Welche der folgenden Aussagen ist richtig?

- ■ a ist ein formaler Parameter der Methode summe
- □ a ist ein aktueller Parameter der Methode summe
- □ 2 ist ein formaler Parameter der Methode summe
- ■ 2 ist ein aktueller Parameter der Methode summe
- □ c ist ein formaler Parameter der Methode main

6. Gegeben ist die folgende Methode

```
public int summe(int n){
 if(n == 0)
  return 0;
 else
  return summe(n-1) + n;
}
```

Welche der folgenden Aussagen ist richtig?

- □ summe ist eine iterative Methode
- □ summe liefert ein Resultat für Werte < 0
- ■ summe ist eine rekursive Methode
- □ summe ist nicht lauffähig
- ■ summe liefert die Summe von 0 bis n

7. Welches Verhalten hat das return in einer Methode?

- ☐ Es gibt ein Ergebnis am Bildschirm aus.
- ■ Es gibt ein Ergebnis zurück.
- ■ Es beendet die Abarbeitung der Methode.
- ☐ Es beendet die Abarbeitung des Programms.
- ☐ Es wiederholt die Abarbeitung der Methode.

8. Was regelt der Zugriffsmodifier?

- ☐ Die Geschwindigkeit der Methode.
- ☐ Die Zugriffszeit auf die Methode.
- ■ Die Sichtbarkeit einer Methode
- ☐ Den Speicherbedarf einer Methode.
- ■ Von welcher Stelle die Methode ausgeführt werden kann.

9. Gegeben ist die folgende Methode

```
public int summe(int a, int b){
 return a + b;
}
```

Welches ist die Signatur der Methode?

- ☐ `public int summe(int a, int b)`
- ☐ `int summe(int a, int b)`
- ☐ `summe(int a, int b)`
- ☐ `int summe(int, int)`
- ■ `summe(int, int)`

10. Welche der folgenden Aussagen sind richtig?

- ■ Statische Methoden sind der Klasse zugeordnet.
- ☐ Rekursive Methoden müssen immer public sein.
- ■ Abstrakte Methoden haben keinen Methodenkörper.
- ☐ Private Methoden dürfen keine formalen Parameter besitzen.
- ☐ Finale Methoden können nur einmal ausgeführt werden.

5 Sichtbarkeit / Gültigkeit

1. Aus welchen Elementen besteht eine Klasse?

■ Variablen
■ Methoden
□ Objekten
□ Paketen

2. Was ist das Java-Schlüsselwort für ein Paket?

□ `paket`
□ `box`
■ `package`
□ `pack`

3. Was ist das Geheimnisprinzip?

□ Alle Informationen werden vor externen Zugriffen versteckt.
■ Nur die benötigten Informationen werden sichtbar gemacht.
□ Der externe Zugriff erfolgt einfach durch die Variablen.
■ Der externe Zugriff ist in Form spezieller Methoden implementiert.

4. Welches der folgenden Schlüsselwörter bezeichnet keinen Modifier?

□ `public`
□ `protected`
□ `private`
■ `secure`
■ `closed`

5. Was wird für den Import von Java-Klassen, der sog. Qualifikation, benötigt?

- [ ] Verzeichnispfad
- [x] Paketnamen
- [x] Klassennamen
- [ ] Methodennamen
- [ ] Variablennamen

6. Gegeben ist die folgende Klasse

```
public class K{
 private int n;
 public void m(int n){
  System.out.println(n);
  }
 }
```

Welche der folgenden Aussagen ist richtig?

- [ ] Die Instanzvariable n ist in der Methode m sichtbar.
- [x] Die Instanzvariable n ist in der Methode m gültig.
- [ ] Die doppelte Verwendung von Variablennamen führt zu einem Fehler.
- [ ] Die Instanzvariable n ist in der Methode m nicht erreichbar.
- [x] Die Instanzvariable n ist in der Methode m überdeckt.

7. Welchen Effekt hat der private-Modifier bei einer Variablen?

- [ ] Die Variable ist nur innerhalb der Methode sichtbar.
- [ ] Die Variable ist nur innerhalb des Pakets sichtbar.
- [x] Die Variable ist nur innerhalb der Klasse sichtbar.
- [ ] Die Variable kann nicht verändert werden.
- [ ] Die Variable verschlüsselt die gespeicherten Daten.

8. Welchen Effekt hat der public-Modifier bei einer Methode?

- ☐ Die Methode kann nur public-Variablen bearbeiten.
- ■ Die Methode kann von überall aufgerufen werden.
- ☐ Die Methode kann nur von außerhalb der Klasse aufgerufen werden.
- ☐ Die Methode darf nur den Rückgabetyp `void` haben.
- ☐ Die Methode muss einen sinnvollen Namen haben.

9. Welchen Effekt hat eine Import-Deklaration?

- ☐ Die importierende Klasse kann alle privaten Elemente der importierten Klasse verwenden.
- ☐ Die importierte Klasse wird kopiert.
- ☐ Die importierte Klasse muss eine export-Deklaration haben.
- ■ Die importierende Klasse kann alle öffentlichen Elemente der importierten Klasse ohne Qualifikation verwenden.
- ☐ Keinen.

10. Sollte ein Import per Wildcard (*) durchgeführt werden?

- ☐ Ja, da er Schreibarbeit spart.
- ■ Nein, da das Geheimnisprinzip verletzt ist.
- ☐ Ja, da das Programm dadurch schneller wird.
- ■ Nein, da die Abhängigkeiten verschleiert werden.
- ☐ Nein, da das Programm dadurch langsamer wird.

6 Objektorientierte Programmierung

1. Welche der folgenden Variablendeklarationen ist korrekt?

☐ `private static zahl int;`
■ `public static int zahl;`
☐ `protected zahl int;`
☐ `private zahl;`
■ `int zahl;`

2. Welche der folgenden Methodendeklarationen ist korrekt?

■ `private int getNull(){ return 0; )`
☐ `public getEins():int { return 1; )`
■ `public final int getZwei(){ return 2; )`
☐ `public private int getDrei(){ return 3; )`
■ `static int getVier(){ return 4; )`

3. Was ist ein Getter?

☐ Methode zum Setzen des Wertes einer Variablen
■ Methode zum Lesen des Wertes einer Variablen
☐ Zugriffsmethode zum Lesen und Setzen einer Variablen

4. Wie lautet das Java-Schlüsselwort für die Deklaration der Vererbung (von einer Klasse)?

☐ `inherits`
■ `extends`
☐ `extension`
☐ `includes`
☐ `uses`

5. **Was ist das Java-Schlüsselwort für die Deklaration einer abstrakten Klasse oder Methode?**

☐ `abstrakt`
■ `abstract`
☐ `abstraction`
☐ `abstracted`

6. **Was sind die Merkmale einer abstrakten Klasse?**

■ Es können keine Instanzen davon erzeugt werden.
☐ Sie muss vollständig implementiert werden.
☐ Sie enthält nur abstrakte Methoden.
☐ Sie enthält nur Klassenvariablen.
☐ Sie enthält nur Instanzvariablen.

7. **Welche der folgenden Interfacedeklarationen ist korrekt?**

☐ `abstract interface I1{ public int m1(); }`
■ `public interface I2{ public int m2(); }`
☐ `public interface class I3{ public int m3(); }`
☐ `public class as interface I4{ public int m4(); }`
■ `public interface I5 extends I2{ public int m5(); }`

8. **Wie ist die Beziehung zwischen Klasse und Schnittstelle?**

☐ Die Schnittstelle definiert alle Methoden der Klasse.
☐ Die Schnittstelle implementiert die Klasse.
■ Die Klasse implementiert die Schnittstelle.
☐ Die Klasse definiert alle Methoden der Schnittstelle.

9. Was sind Eigenschaften einer statischen Methode?

☐ Sie kann nur von der Klasse ausgeführt werden.
☐ Sie darf nicht private sein.
■ Sie ist der Klasse zugeordnet.
■ Sie kann von Klassen und Objekten ausgeführt werden.
☐ Sie kann nicht von Objekten ausgeführt werden.

10. Was ist ein Setter?

■ Methode zum Setzen des Wertes einer Variablen
☐ Methode zum Lesen des Wertes einer Variablen
☐ Zugriffsmethode zum Lesen und Setzen einer Variablen

11. Welche der folgenden Anweisungen nutzt Polymorphismus?

☐ `Integer i = 10;`
☐ `int i = (int)10.5;`
■ `Object o = "abc";`
☐ `String s = "a".trim();`
■ `Collection c = new ArrayList();`

12. Welches sind Best Practices der objektorientierten Programmierung?

☐ Variablen als public deklarieren
■ Fachlich arbeiten
☐ Speicherbedarf reduzieren.
■ Verwendung genereller Eigenschaften
■ Konsequente Delegation

13. Welche der folgenden Methoden sind korrekte Konstruktoren der folgenden Klasse `public class K{ private int n, m; }`

- ☐ `public void K(int n){ this.n = n; }`
- ■ `public K(int n){ this.n = n; }`
- ☐ `public k(int n){ this.n = n; }`
- ☐ `public K new(int n){ this.n = n; }`
- ■ `public K(){ this.n = 10; }`

14. Was ist die Aufgabe des Konstruktors?

- ☐ Speicherung eines neu erzeugten Objekts.
- ☐ Initialisierung der Klasse.
- ☐ Bereitstellung von Speicherplatz.
- ■ Initialisierung eines neu erzeugten Objekts
- ☐ Erzeugung eines neuen Objekts.

15. Was ist das Ziel der Delegation?

- ☐ Die Aufgaben werden von dem Objekt ausgeführt, das als letztes erzeugt wurde.
- ■ Die Aufgaben werden von dem Objekt ausgeführt, das die dazu notwendigen Daten besitzt.
- ☐ Die Aufgaben werden von dem Objekt ausgeführt, das als erstes erzeugt wurde.
- ☐ Die Aufgaben werden möglichst schnell ausgeführt.
- ☐ Die Aufgaben werden vom Java-Laufzeitsystem ausgeführt.

7 Ausnahmen / Exceptions

1. Warum ist eine Fehlerbehandlung sinnvoll?

☐ Um die Anwendung sofort zu stoppen.
☐ Um den Benutzer zu verunsichern.
☐ Um den Benutzer zu informieren.
■ Um den Fehler zu berücksichtigen und eventuell korrigieren zu können.
☐ Um den Fehler an andere Programme weiterzuleiten.

2. Was ist ein Error?

☐ ein zu behebender Fehler
■ ein nicht zu behebender Fehler
☐ eine Fehlernachricht der JVM
■ eine eigene Fehlerklasse

3. Was ist eine Exception?

■ ein zu behebender Fehler
☐ ein nicht zu behebender Fehler
☐ eine Fehlernachricht der JVM
■ eine eigene Fehlerklasse

4. Mit welchen zwei Konstrukten können Exceptions verarbeitet werden?

☐ `try`
■ `try-catch`
☐ `catch`
■ `throws`
☐ `ignore`

5. Mit welcher Kombination von Schlüsselwortern wird eine Exception aufgefangen?

- ☐ `try - throws`
- ☐ `try - get`
- ☐ `throws - catch`
- ☐ `throws - get`
- ■ `try - catch`

6. Wie lautet das Schüssewort, so dass die Bearbeitung einer Exception an die aufrufende Methode delegiert werden?

- ☐ `try`
- ☐ `get`
- ☐ `catch`
- ■ `throws`
- ☐ `pass`

7. Was ist die Aufgabe des try-Blocks?

- ☐ Die Fallunterscheidung, in Abhängigkeit von den Exceptions, zu treffen.
- ■ Den kritischen Java-Code einzuklammern.
- ☐ Auf die Exception zu zugreifen.
- ☐ Die Exception anzuzeigen.

8. Was ist die Aufgabe des catch-Teils?

- ■ Die Fallunterscheidung, in Abhängigkeit von den Exceptions, zu treffen.
- ☐ Den kritischen Java-Code einzuklammern.
- ■ Java-Code auszuführen, der auf den Fehler reagiert und ihn eventuell korrigiert.
- ☐ Die Exception weiterzuleiten.

9. Wo wird die Delegation bzw. Weiterleitung der Exception angezeigt?

- ☐ Im Paket.
- ☐ In der Klasse.
- ■ In der Methode.
- ☐ In geschweiften Klammern.

10. Welche Konsequenzen hat das Schlüsselwort finally?

- ☐ Es ist notwendig und verpflichtend.
- ■ Es ist optional.
- ■ Der dadurch aufgerufene Java-Code wird als letztes ausgeführt.
- ☐ Die Exception wird beendet.

1 Einführung und 2 Grundlagen

1. Was sind die besonderen Vorteile von Linux?

- ☐ Kompatibilität zu Windows
- ■ Offenheit des Quellcodes
- ■ große Modularität
- ☐ hoher Marktanteil
- ■ gute Anpassbarkeit

2. Was sind die „3 Cs“ bei Open Source?

- ☐ Costs
- ■ Code
- ☐ Complexity
- ■ Community
- ■ Copyright

3. Linux ist besonders verbreitet bei …

- ☐ Spielern
- ■ professioneller Informationstechnik
- ■ eingebetteten Systemen
- ☐ Bildungsbereich
- ☐ industrieller Fertigung

4. Was ist eine Linux-Distribution?

- ☐ kommerzielle Firma
- ☐ gemeinnützige Organisation
- ■ Zusammenstellung einer Linux-Version

☐ Name einer spezifischen Linux-Marke

5. Was sind Gründe für den Einsatz von Linux auf Servern?

☐ komplexe Installation

☐ Abhängigkeit von einem Unternehmen

■ Stabilität

■ geringe Lizenz- und Supportkosten

■ Unabhängigkeit von einem Technologieanbieter

6. Wozu dient der Betriebssystemkern (Kernel)?

■ Verwaltung von Betriebsmitteln

☐ Steuerung der graphischen Benutzeroberfläche

☐ Verwaltung der Lizenz

☐ Verwaltung der Anwendungen

☐ Kontrolle des Netzwerks

3 Benutzeroberfläche und Kommandozeile

1. Was ist das Charakteristische der Kommandozeile?

■ Verzicht auf grafische Symbole und Icons

■ einfache, schnelle Eingabe von Befehlen in Textform

☐ Setzt auf die Unterstützung durch Maus und grafische Benutzeroberfläche.

☐ Basiert auf Spracherkennung und setzt die gesprochenen Befehle um.

☐ Es gibt keine.

2. Was sind typische Nutzer der Kommandozeile?

■ erfahrene Benutzer, die regelmäßig Befehle in textueller Form eingeben

□ Spieler

■ Softwareentwickler

■ Systemadministratoren

□ Einsteiger und Neulinge

3. Was sind die Vorteile einer Kommandozeile?

■ hohe Produktivität durch die schnelle Eingabe von typischen Befehlen

■ Benutzer müssen nicht ständig zwischen Tastatur und Maus wechseln.

□ schnelle Einarbeitung

□ Sprachunterstützung

4. Was sind die Voraussetzungen für die Nutzung der Kommandozeile?

□ keine

□ Unterstützung durch die grafische Benutzeroberfläche

■ Kenntnis der Kommandos

■ gute Tippgeschwindigkeit

□ Sprachunterstützung

5. Aus welchen möglichen Komponenten besteht ein Befehl?

■ Kommando

□ kryptischen Symbolen

☐ grafischen Symbolen

■ Optionen

■ Parametern

6. Was ist eine typische Schwierigkeit bei der Eingabe von Anweisungen?

☐ schnell tippen

☐ verständlich sprechen

■ Kommandos merken

☐ Eingaben editieren

4 Hierarchie der Verzeichnisse

1. Wie sind die Verzeichnisse eines Betriebssystems angeordnet?

☐ in konzentrischen Kreisen

☐ parallel zueinander

■ hierarchisch

☐ linear

☐ sequenziell

2. Welche der folgenden Verzeichnisse sind bei Linux vordefiniert, d.h. bereits vorhanden?

■ etc

■ bin

☐ xxx

■ doc

3. **Was ist ein Verzeichnispfad?**

■ Weg zur Position einer Datei innerhalb des Dateisystems

☐ Dateiname

☐ Beschreibung aller wesentlichen Dateieigenschaften

☐ alle möglichen Wege zur Datei innerhalb des Dateisystems

4. **Was ist ein absoluter Verzeichnispfad?**

■ Weg von der obersten Ebene bis hin zur aktuellen Position der Datei

☐ absolute Auflistung aller Bestandteile des Dateinamens

☐ absolute Auflistung aller Dateieigenschaften

5. **Was ist ein relativer Verzeichnispfad?**

☐ relative Auflistung aller Bestandteile des Dateinamens

■ Weg von der aktuellen Position zur spezifizierten Datei

☐ relative Auflistung aller Dateieigenschaften

6. **Woran erkennt man einen absoluten Verzeichnispfad?**

☐ durch das vorangestellte *

■ durch das vorangestellte /

☐ durch das vorangestellte \

7. **Was ist das Heimatverzeichnis?**

☐ Ausgangspunkt aller Dateioperationen

■ ein für jeden Benutzer reserviertes Verzeichnis

☐ Verzeichnis aller Dateien

☐ Gesamtheit aller Benutzerverzeichnisse

8. Was ist das Arbeitsverzeichnis?

☐ das Startverzeichnis

☐ das Systemverzeichnis

☐ das Benutzerverzeichnis

■ das aktuelle Verzeichnis

☐ das frühere Verzeichnis

5 Interne Handbücher und Dokumentation

1. Was ist die interne Dokumentation?

☐ Beschreibung der Dokumente

☐ Beschreibung der Benutzereigenschaften

■ Beschreibung aller Befehle des Betriebssystems

☐ die Dokumentation des Herstellers

☐ die nichtöffentlichen Teile der Linux-Dokumentation

2. Mit welchem Kommando kann auf die interne Dokumentation zugegriffen werden?

☐ men

☐ manual

☐ doc

■ man

☐ manuals

3. Aus welchen Komponenten setzt sich die Dokumentation eines Befehls zusammen?

☐ semantischer Aufbau des Befehls

■ syntaktischer Aufbau des Befehls

- ☐ Stichworte zum Befehl
- ■ detaillierte Informationen zum Befehl
- ☐ Beispiele zum Befehl

4. Wie wird die Kurzübersicht aufgerufen?

- ☐ what
- ☐ was
- ☐ whatsup
- ☐ whatshort
- ■ whatis

5. Welcher Befehl listet die Benutzer des Systems?

- ■ who
- ☐ whom
- ☐ whoare
- ☐ whois
- ☐ users

6. Wie kann der Rechnername ermittelt werden?

- ☐ name
- ☐ host
- ☐ computer
- ☐ computername
- ■ hostname

6 Dateien

1. Für was steht eine Wildcard?

- ☐ nur für Buchstaben
- ■ für ein Zeichen
- ☐ nur für Ziffern
- ■ für eine Zeichenkette
- ☐ für ein Leerzeichen

2. Welche Symbole stehen für eine Wildcard?

- ☐ +
- ☐ !
- ■ *
- ■ ?
- ☐ $

3. Wofür steht cd?

- ☐ close directory
- ☐ copy directory
- ☐ create directory
- ■ change directory

4. Was sind die Voraussetzungen für einen erfolgreichen Wechsel des Verzeichnisses?

- ■ Das Zielverzeichnis existiert.
- ☐ Das Zielverzeichnis enthält Dateien und Verzeichnisse.
- ☐ Das Zielverzeichnis liegt unmittelbar über oder unter dem aktuellen Verzeichnis.

- ☐ Das Zielverzeichnis liegt innerhalb des Benutzerverzeichnisses.
- ■ Der Benutzer hat hierfür die erforderlichen Zugriffsrechte.

5. Wie lautet das Kommando für die Anzeige der Dateien und Unterverzeichnisse?

- ☐ list
- ☐ dir
- ■ ls
- ☐ listfiles
- ☐ listdirectory

6. Was sind mögliche Parameter für die Anzeige von Dateien und Verzeichnissen?

- ■ Dateipfad
- ■ Wildcards
- ☐ weitere Befehle
- ☐ Benutzer

7. Was bedeutet der Befehl cp?

- ☐ Löschen von Dateien
- ☐ Verschieben von Dateien
- ■ Kopieren von Dateien
- ☐ Vergleichen von Dateien

8. Mit welchem Befehl können alle Dateien in einem Verzeichnis gelöscht werden?

- ☐ rm
- ☐ rm all
- ■ rm *
- ☐ rm ?
- ☐ del

9. Welche drei unterschiedlichen Benutzerkategorien gibt es?

- ☐ User, Company, Admin
- ■ Owner, Group, Others
- ☐ Owner, Group, Company
- ☐ Owner, Others, Company
- ☐ Owner, Users, Others

10. Wozu dient der Verbose-Modus?

- ■ Ausgabe aller beteiligten Dateien
- ☐ Bereitstellung zusätzlicher Optionen
- ☐ Ausgabe des Benutzers
- ☐ Ausgabe des Befehlsnamens

7 Texteditor vi

1. Welche drei Modi gibt es beim Texteditor vi?

- ☐ Navigations-, Exit-, Editmodus
- ☐ Grafik-, Exit-, Einfügemodus
- ☐ Grafik-, Befehls-, Einfügemodus

- ☐ Grafik-, Einfüge-, Befehlsmodus
- ■ Befehls-, Exit-, Einfügemodus

2. Mit welchen Tasten gelangt man in den Einfügemodus?

- ■ i, I, a, A
- ☐ e, E, a, A
- ☐ i, a
- ☐ x, X, i, I
- ☐ x, X, e, E

3. Mit welchem Kommando wird der Inhalt einer Datei gesichert?

- ☐ :s
- ☐ :q
- ■ :w
- ☐ :q!

4. Wie kann man innerhalb der Datei navigieren?

- ■ Pfeiltasten
- ■ h, j, k, l
- ■ w, b
- ☐ x, y
- ☐ x, dw, dd

5. Wie wird die letzte Eingabe rückgängig gemacht?

- ☐ undone
- ☐ t
- ☐ y

■ u

☐ z

6. **Mit welcher Taste gelangt man wieder zurück in den Befehlsmodus?**

☐ Delete

■ Escape

☐ Enter

☐ Space

☐ Control

8 Kommando-Interpreter bash

1. **Was ist die Aufgabe eines Kommandointerpreters?**

☐ Verwaltung der Betriebsmittel

■ Verarbeitung der Benutzereingaben

☐ grafische Darstellung der Oberfläche

☐ Verwaltung der Netzwerktätigkeiten

2. **Wozu dient eine Umgebungsvariable?**

■ Sie ermöglicht die Anpassung des Kommandointerpreters an die Präferenzen des Benutzers.

☐ Sie stellt den Kommandointerpreter immer auf die Standardvorgaben des Systems ein.

☐ Sie legt die wesentlichen Eigenschaften des Betriebssystems fest.

☐ Sie definiert die Standardvariablen einer Programmiersprache.

3. Was enthält die Variable PATH?

- ☐ den Pfad des aktuellen Arbeitsverzeichnisses
- ☐ den Pfad des Benutzerverzeichnisses
- ■ die Liste aller Verzeichnisse, die für die Ausführung der Kommandos durchsucht werden
- ☐ die Liste aller Verzeichnisse, die regelmäßig gespeichert werden
- ☐ die Liste aller Verzeichnisse, in denen sich Anwendungen befinden

4. In welcher Umgebungsvariable befindet sich das aktuelle Verzeichnis?

- ☐ HOME
- ☐ PATH
- ■ PWD
- ☐ SYSTEM
- ☐ USER

5. Was ist eine Pipe?

- ☐ logische UND-Verknüpfung zweier Kommandos
- ☐ logische ODER-Verknüpfung zweier Kommandos
- ■ Verknüpfung der Ausgabe des ersten Befehls mit der Eingabe des zweiten
- ☐ automatisches Drucken der Ergebnisse eines Befehls

6. Wie kann man alle Umgebungsvariablen anzeigen?

- ■ env
- ☐ display environment
- ☐ show ENV

☐ ENV

☐ display ENV

7. Wie nennt man die Programme des Kommandointerpreters, die typische Abläufe automatisieren?

☐ Shell-Programme

☐ Shell-Kommandos

☐ Shell-Anwendungen

■ Shell-Skripte

8. Wie können alle zuvor ausgeführten Befehle in der Kommandozeile aufgerufen werden?

☐ hist

■ history

☐ prev

☐ previous

☐ p